高等学校环境类教材

环境分析化学

吴蔓莉　张崇淼　等　编著

清华大学出版社
北京

内容简介

本书是根据近年来环境样品分析的需求和实际教学情况,结合编著者多年的教学经验完成的。全书共17章,包括容量法中的滴定法、重量法,光学分析法中的紫外-可见吸收光谱法、红外吸收光谱法、原子吸收和发射光谱法、分子发光光谱法、核磁共振波谱法、质谱法,电化学分析法中的电导法、电位法、电解法、极谱分析法,色谱法中的气相色谱法、高效液相色谱法,并对环境样品分析中常用的气相色谱-质谱联用技术、高效液相色谱-串联质谱联用技术、四大波谱分析法(紫外吸收光谱法、红外吸收光谱法、核磁共振波谱法、质谱法)的综合利用等也作了详细介绍。本教材对常量样品分析作了简要介绍,重点介绍仪器分析部分。在介绍各种分析方法的同时突出了各种分析方法在环境样品测定中的实际应用。

本书可作为高等院校本科生、研究生的教材或参考书,也可供相关科技人员参考使用。

版权所有,侵权必究。举报:010-62782989,beiqinquan@tup.tsinghua.edu.cn。

图书在版编目(CIP)数据

环境分析化学/吴蔓莉等编著. --北京:清华大学出版社,2013(2024.7重印)
高等学校环境类教材
ISBN 978-7-302-34720-0

Ⅰ. ①环… Ⅱ. ①吴… Ⅲ. ①环境分析化学-高等学校-教材 Ⅳ. ①X132

中国版本图书馆 CIP 数据核字(2013)第 292349 号

责任编辑:柳　萍
封面设计:傅瑞学
责任校对:赵丽敏
责任印制:宋　林

出版发行:清华大学出版社
网　　址:https://www.tup.com.cn,https://www.wqxuetang.com
地　　址:北京清华大学学研大厦 A 座　　　　邮　编:100084
社 总 机:010-83470000　　　　　　　　　　邮　购:010-62786544
投稿与读者服务:010-62776969,c-service@tup.tsinghua.edu.cn
质 量 反 馈:010-62772015,zhiliang@tup.tsinghua.edu.cn
印 装 者:三河市龙大印装有限公司
经　　销:全国新华书店
开　　本:185mm×260mm　　　印　张:18.5　　　字　数:446 千字
版　　次:2013 年 12 月第 1 版　　　　　　　　印　次:2024 年 7 月第 10 次印刷
定　　价:58.00 元

产品编号:051032-04

前 言

近几年,随着新的环境污染物的不断出现以及对测定精准度要求的提高,出现了许多新型的分析仪器,检测方法也不断处于更新中。因此,出版新的环境分析相关教材,将环境样品分析技术系统、全面地介绍给广大环境工作者的任务迫在眉睫。

本书结合环境专业的学科特点,突出环境样品分析中常用的方法和技术,在介绍环境样品常用分析方法的原理同时,结合了该方法在环境样品分析、环境污染指标测定中的应用进行编写。这样读者既能通过本书掌握每种分析方法的原理,同时又对方法在环境样品分析中的应用有很好的理解,进而明确如何选择合适的分析方法对目标污染物进行分析测定。另外,本书还引入了大量的英文词汇,便于学生查阅参考外文资料。

本书由吴蔓莉编写第1,2,3,4,12,13,15,16,17章,张崇淼编写第5,6,7,8,9,10,11章,玉亚编写第14章,徐会宁编写15.1节和15.2节并负责第1,2,3,4,12,13,15,16,17章插图的绘制工作,李伟参加了第15章部分内容的编写工作。全书由吴蔓莉、张崇淼审校定稿。

由于编者水平有限,编写时间仓促,书中不足之处在所难免,敬请读者批评指正。

编 者
2013年9月于西安建筑科技大学

目 录

第1章 绪论 ·· 1
　1.1 环境分析化学的任务和作用 ··· 1
　1.2 分析方法的分类 ··· 1
　　1.2.1 化学分析方法 ·· 1
　　1.2.2 仪器分析方法 ·· 2
　1.3 环境分析化学的发展趋势 ··· 3

第1篇　化学分析方法

第2章 滴定分析方法 ·· 7
　2.1 酸碱滴定法及其在环境样品分析中的应用 ·· 7
　　2.1.1 酸碱平衡的理论基础 ·· 7
　　2.1.2 酸碱指示剂 ·· 8
　　2.1.3 酸碱滴定法的基本原理 ··· 9
　　2.1.4 酸碱滴定法在环境样品分析中的应用 ·· 14
　2.2 配位滴定法及其在环境样品分析中的应用 ·· 17
　　2.2.1 配位反应及配合物稳定常数 ·· 17
　　2.2.2 EDTA 与金属离子的配合物及其稳定性 ·· 18
　　2.2.3 pH 对配位滴定的影响 ·· 19
　　2.2.4 水的硬度及其测定 ··· 21
　2.3 沉淀滴定法及其在环境样品分析中的应用 ·· 22
　　2.3.1 莫尔法及其在环境样品分析中的应用 ··· 22
　　2.3.2 佛尔哈德法及其在水质分析中的应用 ··· 23
　　2.3.3 法扬司法及其在水质分析中的应用 ·· 24
　2.4 氧化还原滴定法及其在环境样品分析中的应用 ·· 25
　　2.4.1 高锰酸钾法 ··· 25
　　2.4.2 重铬酸钾法 ··· 28
　　2.4.3 碘量法ــــ ··· 29
　　2.4.4 溴酸钾法 ·· 33
　思考题 ·· 34
　习题 ··· 35

第3章 重量分析方法 ... 38

3.1 重量分析方法简介 ... 38
3.1.1 沉淀法 ... 38
3.1.2 气化法 ... 38
3.1.3 电解法 ... 38
3.1.4 萃取法 ... 38
3.1.5 滤膜阻留法 ... 39

3.2 重量分析法在环境样品分析中的应用 ... 39
3.2.1 水中残渣的测定 ... 39
3.2.2 矿化度的测定 ... 40
3.2.3 矿物油的测定 ... 40
3.2.4 硫酸盐化速率的测定 ... 40
3.2.5 大气中总悬浮颗粒物的测定 ... 40
3.2.6 大气中 PM_{10} 和 $PM_{2.5}$ 的测定 ... 40

思考题 ... 41

第2篇 仪器分析方法

第4章 仪器分析方法概述 ... 45

4.1 仪器性能及其表征 ... 45
4.1.1 精密度 ... 45
4.1.2 准确度 ... 46
4.1.3 灵敏度 ... 46
4.1.4 检出限 ... 46
4.1.5 信噪比 ... 47
4.1.6 线性范围 ... 47
4.1.7 选择性 ... 47

4.2 仪器分析的校正方法 ... 48
4.2.1 标准曲线法 ... 48
4.2.2 标准加入法 ... 48
4.2.3 内标法 ... 49

4.3 分析数据的处理和分析结果的表达 ... 50
4.3.1 可疑数据的取舍 ... 50
4.3.2 方法准确度的检验——t 检验 ... 52
4.3.3 组间精密度的判断——F 检验 ... 53
4.3.4 分析结果的表达 ... 53

思考题 ... 54

习题 ... 55

第5章 光学分析法导论 ·· 56

- 5.1 电磁辐射与电磁波谱 ·· 56
  - 5.1.1 电磁辐射 ·· 56
  - 5.1.2 电磁波谱 ·· 57
- 5.2 光与物质的作用和光学分析法 ·· 58
  - 5.2.1 光与物质的作用 ·· 58
  - 5.2.2 光学分析法的分类 ·· 59
- 5.3 光谱仪的构成 ·· 60
  - 5.3.1 光源 ·· 60
  - 5.3.2 单色器 ·· 61
  - 5.3.3 吸收池 ·· 62
  - 5.3.4 检测器 ·· 62
  - 5.3.5 读出装置 ·· 63
- 习题 ·· 64

第6章 紫外-可见吸收光谱法 ·· 65

- 6.1 分子光谱概述 ·· 65
  - 6.1.1 分子中的能级变化 ·· 65
  - 6.1.2 分子光谱的产生和类型 ·· 66
- 6.2 紫外-可见吸收光谱的产生和影响因素 ·· 66
  - 6.2.1 电子跃迁类型与相应的吸收带 ·· 66
  - 6.2.2 紫外-可见光谱的影响因素 ·· 69
- 6.3 光的吸收定律 ·· 70
  - 6.3.1 透光率和吸光度 ·· 70
  - 6.3.2 朗伯-比尔(Lambert-Beer)定律 ·· 71
  - 6.3.3 灵敏度的表示方法 ·· 72
- 6.4 紫外-可见分光光度计 ·· 73
  - 6.4.1 紫外-可见分光光度计的主要部件 ·· 73
  - 6.4.2 紫外-可见分光光度计的类型 ·· 74
- 6.5 紫外-可见吸收光谱法的应用 ·· 76
  - 6.5.1 分析条件的选择 ·· 76
  - 6.5.2 定性分析 ·· 80
  - 6.5.3 定量分析 ·· 80
  - 6.5.4 在环境分析中的应用 ·· 82
- 习题 ·· 84

第7章 红外吸收光谱法 ·· 85

- 7.1 红外吸收光谱的基本原理 ·· 85

　　　　7.1.1　红外吸收光谱产生的条件 …………………………………………………… 85
　　　　7.1.2　分子振动 ……………………………………………………………………… 86
　　　　7.1.3　分子振动与红外吸收 ………………………………………………………… 88
　　　　7.1.4　红外吸收光谱 ………………………………………………………………… 89
　　7.2　红外吸收光谱与分子结构 ……………………………………………………………… 90
　　　　7.2.1　基团频率区与指纹区 ………………………………………………………… 90
　　　　7.2.2　影响基团频率位移的因素 …………………………………………………… 94
　　7.3　红外光谱仪和试样制备 ………………………………………………………………… 97
　　　　7.3.1　红外光谱仪的类型 …………………………………………………………… 97
　　　　7.3.2　试样制备 ……………………………………………………………………… 100
　　7.4　红外吸收光谱法的应用 ………………………………………………………………… 101
　　　　7.4.1　定性分析 ……………………………………………………………………… 101
　　　　7.4.2　定量分析 ……………………………………………………………………… 103
　　　　7.4.3　在环境分析中的应用 ………………………………………………………… 103
　　习题 …………………………………………………………………………………………… 105

第8章　原子吸收光谱法 ……………………………………………………………………… 107

　　8.1　原子吸收光谱法的基本原理 …………………………………………………………… 107
　　　　8.1.1　共振线与吸收线 ……………………………………………………………… 107
　　　　8.1.2　基态原子数与原子吸收定量基础 …………………………………………… 108
　　　　8.1.3　谱线轮廓及影响因素 ………………………………………………………… 109
　　　　8.1.4　原子吸收的测量 ……………………………………………………………… 110
　　8.2　原子吸收光谱仪 ………………………………………………………………………… 112
　　　　8.2.1　光源 …………………………………………………………………………… 112
　　　　8.2.2　原子化系统 …………………………………………………………………… 113
　　　　8.2.3　单色器 ………………………………………………………………………… 115
　　　　8.2.4　检测系统 ……………………………………………………………………… 116
　　8.3　干扰及其消除方法 ……………………………………………………………………… 116
　　　　8.3.1　物理干扰 ……………………………………………………………………… 116
　　　　8.3.2　电离干扰 ……………………………………………………………………… 116
　　　　8.3.3　化学干扰 ……………………………………………………………………… 116
　　　　8.3.4　光谱干扰 ……………………………………………………………………… 117
　　8.4　原子吸收光谱法的特点及应用 ………………………………………………………… 118
　　　　8.4.1　原子吸收光谱法的特点 ……………………………………………………… 118
　　　　8.4.2　测定条件的优化 ……………………………………………………………… 118
　　　　8.4.3　定量分析方法 ………………………………………………………………… 119
　　　　8.4.4　灵敏度和检出限 ……………………………………………………………… 120
　　　　8.4.5　在环境分析中的应用 ………………………………………………………… 121
　　8.5　原子荧光光谱法 ………………………………………………………………………… 122

  8.5.1 原子荧光光谱的基本原理 …………………………………………………… 122
  8.5.2 原子荧光光度计 …………………………………………………………… 123
 习题 …………………………………………………………………………………………… 124

第9章 原子发射光谱法 ………………………………………………………………… 125

 9.1 原子发射光谱分析的基本原理 ………………………………………………………… 125
  9.1.1 原子发射光谱的产生 ……………………………………………………… 125
  9.1.2 原子能级与能级图 ………………………………………………………… 126
  9.1.3 谱线强度 …………………………………………………………………… 128
 9.2 光谱分析仪 ……………………………………………………………………………… 128
  9.2.1 光源 ………………………………………………………………………… 128
  9.2.2 光谱仪 ……………………………………………………………………… 131
  9.2.3 光电直读光谱仪 …………………………………………………………… 132
 9.3 原子发射光谱分析方法 ………………………………………………………………… 133
  9.3.1 光谱定性分析 ……………………………………………………………… 133
  9.3.2 光谱半定量分析 …………………………………………………………… 134
  9.3.3 光谱定量分析 ……………………………………………………………… 134
 9.4 原子发射光谱法在环境分析中的应用 ………………………………………………… 137
  9.4.1 原子发射光谱法的特点 …………………………………………………… 137
  9.4.2 在环境分析中的应用 ……………………………………………………… 137
 习题 …………………………………………………………………………………………… 138

第10章 分子发光光谱法 ………………………………………………………………… 139

 10.1 荧光和磷光的产生原理 ………………………………………………………………… 139
  10.1.1 分子荧光和磷光的产生 …………………………………………………… 139
  10.1.2 分子的去活化过程 ………………………………………………………… 140
  10.1.3 激发光谱和发射光谱 ……………………………………………………… 141
  10.1.4 荧光光谱的特征 …………………………………………………………… 141
  10.1.5 荧光与分子结构的关系 …………………………………………………… 142
  10.1.6 影响荧光强度的环境因素 ………………………………………………… 143
  10.1.7 荧光定量分析原理 ………………………………………………………… 144
 10.2 荧光和磷光分析仪 ……………………………………………………………………… 145
 10.3 化学发光分析法 ………………………………………………………………………… 146
 10.4 荧光和磷光分析法的特点及应用 ……………………………………………………… 148
  10.4.1 荧光和磷光分析法的特点 ………………………………………………… 148
  10.4.2 荧光和磷光分析法的应用 ………………………………………………… 148
 习题 …………………………………………………………………………………………… 149

第 11 章 核磁共振波谱法 ··· 150

11.1 核磁共振的基本原理 ··· 150
11.1.1 原子核的自旋与磁性 ·· 150
11.1.2 核磁共振现象 ·· 151
11.1.3 饱和与弛豫 ··· 152
11.1.4 核磁共振波谱法的灵敏度 ···································· 153

11.2 核磁共振波谱仪与样品处理 ··· 153
11.2.1 连续波核磁共振波谱仪 ······································· 153
11.2.2 脉冲傅里叶变换核磁共振波谱仪 ··························· 154
11.2.3 样品的处理 ··· 155

11.3 核磁共振波谱与分子结构 ·· 155
11.3.1 化学位移 ·· 155
11.3.2 自旋耦合与自旋裂分 ··· 158
11.3.3 核的等价性 ··· 161

11.4 核磁共振氢谱的解析 ·· 161

习题 ··· 164

第 12 章 质谱法 ··· 165

12.1 概述 ··· 165

12.2 质谱仪的结构和工作原理 ·· 166
12.2.1 进样系统 ·· 166
12.2.2 离子源 ··· 168
12.2.3 质量分析器 ··· 172
12.2.4 检测器 ··· 175
12.2.5 真空系统 ·· 175

12.3 质谱谱图解析 ··· 175
12.3.1 质谱图上离子峰的主要类型 ································· 175
12.3.2 质谱图解析的一般步骤 ······································· 178
12.3.3 质谱图解析举例 ··· 180

思考题 ··· 181

第 13 章 波谱综合分析法 ··· 182

13.1 四大波谱法简介 ··· 182
13.1.1 质谱图解析要点 ··· 182
13.1.2 紫外吸收光谱解析要点 ······································· 183
13.1.3 红外吸收光谱图解析要点 ··································· 184
13.1.4 核磁共振波谱解析要点 ······································· 185

13.2 四大波谱的综合利用 ··· 186

习题 190

第 14 章 色谱法 192

14.1 色谱分析理论基础 192
14.1.1 色谱法发展简史 192
14.1.2 色谱法分类 192
14.1.3 色谱术语 194
14.1.4 色谱分析的基本原理 196

14.2 色谱定性和定量分析方法 199
14.2.1 色谱定性分析 199
14.2.2 色谱定量分析 203

14.3 气相色谱法概述 208
14.3.1 气相色谱分析流程 208
14.3.2 气相色谱仪的主要部件及其性能 209
14.3.3 气相色谱分析操作条件的选择 212

14.4 液相色谱法概述 214
14.4.1 液相色谱分析流程 214
14.4.2 液相色谱仪的主要部件及其性能 215
14.4.3 液相色谱分析操作条件的选择 217

思考题 221

第 15 章 色谱-质谱联用技术 222

15.1 气相色谱-质谱联用技术 222
15.1.1 GC-MS 联用仪及其工作原理 222
15.1.2 GC-MS 分析方法 223
15.1.3 GC-MS 的实验条件 224
15.1.4 GC-MS 的谱图信息 225
15.1.5 GC-MS 定性及定量分析 226

15.2 气相色谱-质谱法在环境样品分析中的应用 227
15.2.1 GC-MS 用于大气颗粒物中多环芳烃的分析 227
15.2.2 GC-MS 测定饮用水和地表水中挥发性有机污染物 228
15.2.3 土壤中有机氯农药类 POPs 的测定 228

15.3 液相色谱-质谱联用技术 229
15.3.1 液相色谱-质谱法的主要接口技术 229

15.4 液相色谱-质谱分析条件的选择和优化 230
15.4.1 接口的选择 230
15.4.2 正负离子模式的选择 231
15.4.3 流动相的选择 231
15.4.4 温度的选择 232

15.4.5 系统背景的消除 ································ 232
15.5 超高效液相色谱-串联质谱法简介 ················ 232
   15.5.1 超高效液相色谱法的特点 ················ 232
   15.5.2 超高效液相色谱法的原理 ················ 233
   15.5.3 串联质谱 ································ 234
15.6 效液相色谱-质谱联用技术在环境样品分析中的应用 ··· 235
   15.6.1 液相色谱-质谱联用确定水中微囊藻毒素 MC-LR 的相对分子
         质量 ······································ 235
   15.6.2 超高效液相色谱-大气压光化学电离源-串联质谱
         (UPLC-APPI-MS/MS)分析 16 种多环芳烃 ········ 235
   15.6.3 超高效液相色谱-电喷雾电离源-串联质谱(UPLC-ESI-MS/MS)
         分析消毒副产物卤乙酸(HAAs) ··············· 236
思考题 ·· 237

第 16 章 电化学分析法 ···························· 238

16.1 概述 ·· 238
16.2 电导分析法 ··································· 239
   16.2.1 电导的基本概念和测量方法 ··············· 239
   16.2.2 电导分析方法的应用 ····················· 240
16.3 电位分析法 ··································· 240
   16.3.1 电极 ···································· 241
   16.3.2 直接电位法在环境样品分析中的应用 ······· 245
16.4 电解分析法 ··································· 248
   16.4.1 控制电位电解分析法 ····················· 248
   16.4.2 库仑分析法 ····························· 249
16.5 极谱分析法 ··································· 253
   16.5.1 普通电解法与极谱分析法的区别 ··········· 253
   16.5.2 极谱分析法的基本原理 ··················· 254
   16.5.3 极谱分析法中的干扰电流及消除办法 ······· 255
   16.5.4 几种极谱分析法简介 ····················· 256
   16.5.5 极谱法在环境样品分析中的应用 ··········· 260
   16.5.6 电化学工作站简介 ······················· 263
思考题 ·· 263

第 17 章 环境分析化学中的预处理技术 ············· 265

17.1 试样的分解 ··································· 265
   17.1.1 试样的溶解 ····························· 265
   17.1.2 试样的消解和灰化 ······················· 265
17.2 试样的分离和富集 ····························· 268

		17.2.1	挥发分离法	268
		17.2.2	沉淀分离法	269
		17.2.3	液-液萃取分离法	270
		17.2.4	蒸馏法	271
		17.2.5	离子交换法	272
		17.2.6	柱色谱法	272
		17.2.7	固相萃取法	274
		17.2.8	固相微萃取法	276
	17.3	提取和浓缩		277
		17.3.1	提取方法	278
		17.3.2	浓缩方法	278
思考题				279

参考文献 ······ 280

第 1 章 绪　论

1.1　环境分析化学的任务和作用

分析化学是研究物质的化学组成和结构信息的一门科学。环境分析化学是利用分析化学的基本理论和方法，研究环境中污染物的种类、成分，并对环境中化学污染物进行定性和定量分析的一门学科。环境分析化学是环境化学的一个重要分支，也是环境监测和环境保护的重要基础。

人们为了准确、及时、全面地认识环境质量现状，为环境管理、环境规划、污染源控制提供可靠的科学依据，就必须了解引起环境质量变化的原因，这就需要对环境的各组成部分，特别是对某些危害大的污染物的性质、来源、含量及其分布状态，进行细致的分析和测定。目前，环境分析化学已渗透到整个环境科学的各个领域，起着侦察兵的作用。在某种意义上讲，环境科学的发展依赖于环境分析化学的发展。

根据分析任务的不同，环境分析化学可分为定性分析和定量分析。定性分析的任务是鉴定污染物由哪些元素或离子组成，其官能团和分子机构如何；定量分析的任务是测定各污染物的含量。例如，某一区域环境受到化学物质污染，首先要查明危害是由何种化学污染物引起。为此就需要鉴别污染物的结构和性质，也就是进行定性分析；其次，为了说明污染的程度，还需要测定污染物的含量，即进行定量分析。

科学技术的飞速发展也随之带来了严重的环境污染问题。而大量局部和全球的环境问题都直接或间接与化学物质有关，因此认识和解决环境问题必须弄清环境中的化学问题，即必须对环境中化学物质的性质、来源、含量及其形态进行细致的分析和监测。

1.2　分析方法的分类

分析方法一般可分为两大类，即化学分析方法和仪器分析方法。

1.2.1　化学分析方法

化学分析方法是以化学反应为基础的分析方法，主要包括重量分析法和滴定分析法。

重量分析法是将待测组分通过化学反应、过滤、气化等操作步骤转化为可称量的物质，通过称量确定待测组分含量的方法。

滴定分析法又称为容量法，是将已知准确浓度的溶液（即标准溶液），通过滴定管加入到待测液中，使其与待测液中的待测组分发生化学反应，待二者反应完全时停止滴定，利用消耗的标准溶液的体积和浓度并根据发生反应的化学反应方程式,计算出待测组分含量的方法。根据标准溶液和待测组分发生的化学反应类型的不同,滴定分析法可分为酸碱滴定法、配位(络合)滴定法、氧化还原滴定法和沉淀滴定法。

化学分析法常用于常量组分的分析。常量组分分析是指试样质量大于 0.1g 或试液体积大于 10mL,或者待测组分的质量分数大于 1%(表 1-1)。重量分析法的准确度比较高,但其分析速度慢,比较耗时。在环境样品分析中,重量法主要用于污水中悬浮固体(SS)、残渣、油类、硫酸盐化速率、大气中 TSP、PM_{10}、$PM_{2.5}$、降尘等的测定。与重量分析法相比,滴定分析法操作简便、快速,所用仪器设备简单,测定结果的准确度也较高,因此应用较多。在环境样品分析中,滴定法可用于测定水中酸度、碱度、硬度、氨氮、硫化物、溶解氧、氰化物、COD、高锰酸盐指数,以及一些金属离子的含量。

表 1-1 常量、半微量、微量、超微量分析分类

名 称	试 样 质 量	试 液 体 积	待测成分含量
常量分析	>0.1g	>10mL	>1%
半微量分析	0.01~0.1g	1~10mL	
微量分析	0.1~10mg	0.01~1mL	0.01%~1%
痕量分析	<0.1mg	<0.01mL	<0.01%

1.2.2 仪器分析方法

仪器分析方法是以物质的物理和物理化学性质为基础,借助仪器测定物质的光学性质、电学性质及其他的物理化学性质以求出待测组分含量的方法。仪器分析方法可分为光学分析法、电化学分析法、色谱法及一些其他的方法。

光学分析法是基于物质对光的吸收或被激发后光的发射所建立起来的一类方法。主要包括紫外-可见分光光度法、红外光谱法、原子发射与原子吸收光谱法、原子和分子荧光光谱法、拉曼光谱法等。光学分析法是分析污染物常用的一类方法。

电化学分析法是利用物质的电化学性质测定待测组分含量的方法。电化学分析法中通常将含有待测组分的溶液作为电解液,与电极及外电路构成电化学电池,通过测定电化学电池电信号的变化确定待测组分含量的方法。根据所测电信号的不同,电化学分析法可分为电导法、电位分析法、库仑分析法、伏安法、极谱法等多种分析方法。

色谱法是一类用以分离、分析多组分混合物的极有效的物理及物理化学分析法,是有机污染物分析的重要工具。具有高效、快速、灵敏、应用范围广等特点。色谱分析法可分为气相色谱法、液相色谱法、离子色谱法等。

还有其他的一些仪器分析方法,如核磁共振波谱法、质谱分析法等。

仪器分析方法的主要特点为:①灵敏度高:大多数仪器分析法适用于微量、痕量分析。例如,原子吸收分光光度法测定某些元素的绝对灵敏度可达 10^{-2}g。②取样量少:化学分析法的取样量一般大于 100mg,仪器分析的取样量为 $10^{-2} \sim 10^{-8}$g。③操作简便、快速。④有些仪器设备价格较高,维修及维护费用昂贵。

目前,仪器分析方法已广泛应用于甄别和测定环境中的污染物。例如光学分析法常用于测定大部分金属、无机污染物及部分有机污染物;电化学分析法可用于测定水的纯度及

矿化度、水体的 pH 值、一些电活性污染物（主要包括铜、锌、镉、铅等重金属离子）的含量；色谱法是有机污染物分析的重要工具，可用于分析苯系化合物、农药、烃类污染物等。对于污染物形态和结构的分析常采用紫外光谱、红外光谱、质谱及核磁共振波谱等技术。

环境分析化学研究的领域非常宽广，对象也相当复杂。它包括大气、水体、土壤、底泥、矿物、废渣，以及植物、动物、食品、人体组织等。环境分析化学所测定的污染元素或化合物的含量很低，特别是在环境、野生动、植物和人体组织中的含量极微，其绝对含量往往在 10^{-6} g 水平以下。而较低含量组分的测定，常常要用到仪器分析方法。因此，本书主要内容以仪器分析方法为主，对于化学分析方法只做简要介绍。

1.3 环境分析化学的发展趋势

环境分析化学的研究对象广，污染物含量低，通常处于痕量级（ppm, ppb）甚至更低，并且其基体组成复杂，流动性变异性大，所以对分析的灵敏度、准确度、分辨率和分析速度等提出了很高的要求。环境分析化学已由元素和组分的定性定量分析，发展到对复杂对象的组分进行价态、状态和结构分析，系统分析，微区和薄层分析。环境分析化学未来将在分析方法标准化、分析技术自动化、多种方法和仪器的联合使用以及环境样品的预处理技术等方面进一步发展。

分析方法标准化是环境分析的基础和中心环节。环境质量评价和环境保护规划的制定和执行，都要以环境分析数据作为依据，因而需要研究制订一整套的标准分析方法，以保证分析数据的可靠性和准确性。我国国家环境保护总局主编的《水和废水监测分析方法》（第四版）和《空气和废气监测分析方法》（第四版）分别规定了测定水中和空气中多种污染物的标准方法。书中的监测分析方法分为三类：A 类方法为国家或行业的标准方法；B 类方法为经过国内较深入研究、多个实验室验证，较成熟的统一方法；C 类方法为国内仅少数单位研究与应用过，或直接从发达国家引用的方法，尚未经国内多个实验室验证。A 类和 B 类方法均可在环境监测与执法中使用。

仪器分析方法具有简便、快速、灵敏度高、适合低含量组分的分析等特点，已成为环境样品分析的主要技术手段。但每一类分析仪器都有自己的局限性，限制了其在环境样品分析中的进一步应用。而多种方法和仪器的联合使用可以有效地发挥各种技术的特长，解决一些复杂的难题。例如气相色谱法是一种很好的分离分析技术，但其定性能力较差，而多数污染物组成复杂，需要首先甄别组分的结构性质后再对其进行准确的测定；质谱法具有灵敏度高、定性能力强等特点，但其定量分析能力较差，另一方面，质谱法不能对混合污染物直接进行分析，所分析的物质必须是纯物质的特点也限制了其在环境样品分析中的应用。二者联用，将复杂混合物经色谱仪分离成单个组分后，再利用质谱仪进行定性鉴定，就可以使分离和鉴定同时进行，对于复杂污染物的分析测定是一种理想的仪器。利用气相色谱-质谱联用，能快速测定各种挥发性有机物。这种方法已应用于废水的分析，可检测 200 种以上的污染物。除气相色谱-质谱联用技术外，目前已出现多种联用技术，在环境污染分析中还常采用高效液相色谱-质谱联用、气相色谱-微波等离子体发射光谱联用、色谱-红外光谱联用、色谱-原子吸收光谱联用、电感耦合等离子体-质谱联用技术等。

环境科学研究向纵深发展，对环境分析提出的新要求之一就是经常需要检测含量低达

$10^{-6} \sim 10^{-9}$ g(痕量级)和 $10^{-9} \sim 10^{-12}$ g(超痕量级)的污染物。对于试样中微量或痕量组分的测定,由于组分的含量常常低于方法的检测限,因此,多数需要经过富集等预处理后才能利用仪器分析法进行测定。一些经典的前处理方法,如沉淀、络合、衍生、萃取、蒸馏等,工作强度大,处理周期长,又要使用大量有机溶剂等。因此样品预处理是环境分析中较为薄弱的环节,是目前环境分析化学乃至分析化学中一个重要的关键环节和前沿研究课题。因此,今后环境分析化学的主要发展方向之一就是加强对新的灵敏度高、选择性好而又快速的痕量和超痕量预处理方法的研究,以解决更多、更新和更为复杂的环境问题。

第 1 篇

化学分析方法

第 1 篇

化学分析方法

第 2 章

滴定分析方法

2.1 酸碱滴定法及其在环境样品分析中的应用

2.1.1 酸碱平衡的理论基础

1. 酸碱质子理论(proton theory)

根据质子理论,凡能给出质子(H^+)的物质是酸,凡能接受质子(H^+)的物质是碱。酸和碱的关系可用下式表示:

$$酸 \rightleftharpoons 质子 + 碱$$

或者

$$HB \rightleftharpoons H^+ + B^-$$

酸(HB)给出一个质子而形成碱(B^-),碱(B^-)接受一个质子生成酸(HB)。这种组成上相差一个质子的两种物质称为共轭酸碱对($HB\text{-}B^-$)。共轭酸碱对具有互相依存的关系,彼此不能分开。共轭酸碱对之间得失一个质子的反应称为酸碱半反应,如:

共轭酸		质子		共轭碱	共轭酸碱对
HCl	$\rightleftharpoons$	H^+	$+$	Cl^-	$HCl\text{-}Cl^-$
H_2CO_3	$\rightleftharpoons$	H^+	$+$	HCO_3^-	$H_2CO_3\text{-}HCO_3^-$
HCO_3^-	$\rightleftharpoons$	H^+	$+$	CO_3^{2-}	$HCO_3^-\text{-}CO_3^{2-}$
NH_4^+	$\rightleftharpoons$	H^+	$+$	NH_3	$NH_4^+\text{-}NH_3$
HAc	$\rightleftharpoons$	H^+	$+$	Ac^-	$HAc\text{-}Ac^-$

由此可见,根据酸碱质子理论,酸、碱既可以是中性分子,也可以是正离子或负离子。有些物质既可以给出质子作为酸,也可以接受质子作为碱,这种物质称为两性物质(如HCO_3^-、HSO_4^-、HS^-、$H_2PO_4^-$、HPO_4^{2-}等)。H_2O是一种良好的两性溶剂。

2. 酸碱离解平衡

酸或碱的强弱取决于酸或碱给出质子的能力或接受质子能力的强弱。酸给出质子的能力越强,酸的酸性就越强;碱接受质子的能力越强,碱的碱性就越强。在共轭酸碱对中,酸的酸性越强,其共轭碱的碱性越弱;反之,碱的碱性越强,其共轭酸的酸性越弱。例如,$HClO_4$、HCl是强酸,它们的共轭碱ClO_4^-、Cl^-都是弱碱。反之,NH_4^+、HS^-等是弱酸,而其共轭碱NH_3是较强碱,S^{2-}是强碱。

酸或碱的强弱可以用离解常数K_a和K_b定量地说明。酸的K_a越大,酸的酸性越强;碱的K_b越大,碱的碱性越强。互为共轭酸碱的两种物质,其解离常数的乘积为水的离子积常数。即共轭酸碱对的 K_a 和 K_b 有下列关系：

$$K_a \cdot K_b = [H^+][OH^-] = K_w = 10^{-14}(25℃) \tag{2-1}$$

多元酸(例如三元酸 H_3B)共轭酸碱对之间的关系为

$$K_{a1} \cdot K_{b3} = K_{a2} \cdot K_{b2} = K_{a3} \cdot K_{b1} = [H^+][OH^-] = K_w = 10^{-14} \tag{2-2}$$

3. 几种酸溶液、两性物质溶液和缓冲溶液的[H^+]计算公式及使用条件

几种酸溶液、两性物质溶液和缓冲溶液的[H^+]计算公式及使用条件见表2-1。

表2-1　几种酸溶液、两性物质溶液和缓冲溶液的[H^+]计算公式及使用条件

	计 算 公 式	使 用 条 件
一元弱酸	(a) $[H^+] = \sqrt{cK_a + K_w}$	$c/K_a \geq 10^5$
	(b) $[H^+] = \frac{1}{2}(-K_a + \sqrt{K_a^2 + 4cK_a})$	$cK_a \geq 10K_w$
	(c) $[H^+] = \sqrt{cK_a}$	$c/K_a \geq 10^5$，且 $cK_a \geq 10K_w$
两性物质	(b) $[H^+] = \sqrt{cK_{a1}K_{a2}/(K_{a1}+c)}$	$cK_{a2} \geq 10K_w$
	(c) $[H^+] = \sqrt{K_{a1}K_{a2}}$	$cK_{a2} \geq 10K_w$，且 $c/K_{a1} \geq 10$
二元弱酸	(c) $[H^+] = \sqrt{cK_{a1}}$	$c/K_{a1} \geq 10^5$，$cK_{a1} \geq 10K_w$，且 $2K_{a2}/[H^+] \ll 1$
缓冲溶液	(c) $[H^+] = K_a \frac{c_a}{c_b}$	$c_a \gg [OH^-] - [H^+]$，且 $c_b \gg [H^+] - [OH^-]$

说明：在多数近似计算中，可近似使用最简式(c)式计算。当需要计算一元弱碱等碱性物质溶液的 pH 时，只需将计算式及使用条件中的[H^+]和 K_a 相应地换成[OH^-]和 K_b 即可。

2.1.2 酸碱指示剂

酸碱滴定中常用酸碱指示剂(acid base indicator)指示滴定终点。酸碱指示剂是有机弱酸或弱碱，当溶液的 pH 改变时，指示剂由于结构的改变而发生颜色的改变。例如酚酞为无色的二元有机弱酸(H_2In)，当溶液的 pH 升高时，酚酞先给出一个 H^+ 生成无色离子 HIn^-，当溶液的 pH 继续升高到大于等于9.1时，酚酞的 HIn^- 形式继续解离，给出第二个 H^+ 生成 In^{2-}，同时发生结构的改变，成为具有共轭体系醌式结构的红色离子。当溶液成强碱性时，又进一步变为无色离子而使溶液褪色。

根据实际测定，酚酞在 pH 小于8的溶液中呈无色，当溶液的 pH 大于10时酚酞呈红色，pH 由8到10是酚酞逐渐由无色变为红色的过程，称为酚酞的"变色范围"。甲基橙也是一种常用的指示剂。它本身是一种有机弱碱。经测定，当溶液 pH 小于3.1时，甲基橙呈红色，大于4.4时呈黄色，pH 从3.1到4.4是甲基橙的变色范围。

指示剂发生颜色改变的 pH 范围称为指示剂的变色范围。若指示剂的离解平衡常数的负对数为 pK_a，则指示剂的理论变色范围为 $pK_a \pm 1$。由于不同指示剂的离解平衡常数不同，因此各种指示剂的变色范围也不同。表2-2中列出了几种常用指示剂的变色范围。表中给出的变色范围是用目视判断得出的，称为实际变色范围。实际变色范围与理论变色范围($pK_a \pm 1$)之间有一定的差距，是由于人眼对于颜色的敏感程度不同。例如甲基橙的 pK_a

为3.4,因此其理论变色范围($pK_a \pm 1$)为2.4~4.4,颜色变化为红色~黄色;但由于浅黄色在红色中不明显,因此只有当黄色所占比重较大时才能观察到,因此甲基橙的实际变色范围为3.1~4.4。

表 2-2　几种常用酸碱指示剂的变色范围(室温)

指 示 剂	pK_a	变色范围 pH	颜色变化
百里酚蓝	1.7	1.2~2.8	红~黄
甲基黄	3.3	2.9~4.0	红~黄
溴酚蓝	4.1	3.0~4.6	黄~紫
甲基橙	3.4	3.1~4.4	红~黄
溴甲酚绿	4.9	4.0~5.6	黄~蓝
甲基红	5.0	4.4~6.2	红~黄
溴百里酚蓝	7.3	6.2~7.6	黄~蓝
中性红	7.4	6.8~8.0	红~黄橙
苯酚红	8.0	6.8~8.4	黄~红
百里酚蓝	8.9	8.0~9.6	黄~蓝
酚酞	9.1	8.0~10.0	无~红
百里酚酞	10.0	9.4~10.6	无~蓝

2.1.3　酸碱滴定法的基本原理

酸碱滴定法(acid-base titration)是以酸碱中和反应为基础的滴定分析法。在酸碱滴定中,酸碱滴定剂一般都是强酸或强碱,如 HCl、H_2SO_4、NaOH 和 KOH 等,被滴定的是各种具有碱性或酸性的物质。本书主要通过讨论强碱滴定强酸、强碱滴定弱酸、多元酸、多元碱的分步滴定介绍酸碱滴定中指示剂的选择原则、能够准确进行酸碱滴定的条件和多元酸碱的分步滴定等原理。

1. 强碱滴定强酸

在酸碱滴定过程中,随着滴定剂的逐渐加入,溶液中的 H^+ 浓度不断变化,因此,为了正确地运用酸碱滴定法进行分析滴定,必须了解酸碱滴定过程中 H^+ 的浓度变化规律,以便选择合适的指示剂进行滴定分析。

以 0.1000mol/L NaOH 溶液滴定 20.00mL 0.1000mol/L HCl 溶液为例,讨论强碱滴定强酸的滴定曲线和指示剂的选择。

为讨论滴定过程中溶液中 H^+ 的浓度变化规律,可以把整个滴定过程分为滴定前、滴定开始到计量点前、计量点时和计量点后四个阶段,分别计算每个阶段溶液的 pH。

(1) 滴定开始前,溶液中仅有 HCl 存在,所以溶液的 pH 取决于 HCl 溶液的原始浓度,即

$$pH = 1.00$$
$$[H^+] = 0.1000 \text{mol/L}$$

(2) 滴定开始至化学计量点前,由于加入了 NaOH,部分 HCl 被中和,组成 HCl+NaCl 溶液,NaCl 为中性物质,因此溶液的 pH 取决于剩余的 HCl 的浓度,因此这个阶段溶液的 pH 可根据剩余的 HCl 的浓度进行计算。例如,加入 19.98mL NaOH 时,还剩余 0.02mL

HCl 溶液未被中和,这时溶液中的 HCl 浓度及溶液的 pH 为

$$[H^+] = c_{HCl} = \frac{0.1000 \times 0.02 \times 10^{-3}}{(20.00 + 19.98) \times 10^{-3}} mol/L = 5.0 \times 10^{-5} mol/L$$

$$pH = -lg[H^+] = 4.30$$

(3) 计量点时,即滴入 20.00mL NaOH,此时 HCl 被完全中和,生成 NaCl 溶液,因此溶液的 pH=7。

(4) 计量点后,加入过量的 NaOH 溶液,溶液的构成为 NaOH+NaCl,其 pH 取决于过量的 NaOH。例如加入 20.02mL NaOH 时,溶液的 pH 为

$$[OH^-] = c_{NaOH} = \frac{0.1000 \times 0.02 \times 10^{-3}}{(20.00 + 20.02) \times 10^{-3}} mol/L = 5.0 \times 10^{-5} mol/L$$

$$pOH = -lg[OH^-] = 4.30$$

$$pH = 14 - 4.30 = 9.70$$

如此逐一计算,并把结果列于表 2-3 中,以 NaOH 溶液的加入量为横坐标,以对应的溶液 pH 为纵坐标,绘制关系曲线,则得到图 2-1 的滴定曲线。

表 2-3　0.1000mol/L NaOH 溶液滴定 20.00mL 0.1000mol/L HCl 溶液时的 pH 变化

加入 NaOH 溶液的体积/mL	滴定分数/%	剩余 HCl 溶液的体积/mL	过量 NaOH 溶液的体积/mL	pH
0	0	20		1.00
18.00	90.0	2.00		2.28
19.80	99.0	0.20		3.30
19.98	99.9	0.02		4.31(A)
20.00	100.0	0.00		7.00
20.02	100.1		0.02	9.70(B)
20.20	101.0		0.20	10.70
22.00	110.0		2.00	11.70
40.00	200.0		20.00	12.50

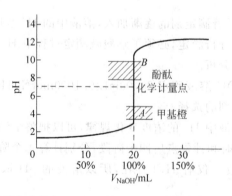

图 2-1　强碱滴定强酸的滴定曲线(0.1000mol/L NaOH 溶液滴定 20.00mL 0.1000mol/L HCl)

从表 2-3 和图 2-1 可以看出,用 0.1000mol/L NaOH 溶液滴定 20.00mL 0.1000mol/L HCl 时,当加入的滴定剂 NaOH 的量从 19.98mL 增加到 20.02mL,此时从剩余 HCl 0.02mL 到 NaOH 过量 0.02mL,总共滴入 NaOH 约 1 滴,溶液的 pH 从 4.30 增加到 9.70,改变了 5.40 个 pH 单位,形成滴定曲线中的突跃部分。

在酸碱滴定分析中,溶液 pH 急剧的变化称为滴定突跃(titration jump),具体是指化学计量点前后±0.1%范围内 pH 的急剧变化。根据滴定突跃可以选择合适的指示剂,应使指示剂的变色范围部分或全部处于滴定突跃范围内。对于本例讨论的情况,甲基橙、酚酞、溴百里酚蓝、苯酚红、甲基红等都可以用作强碱滴定强酸的指示剂。

强酸滴定强碱的滴定曲线与强碱滴定强酸类同,只是位置相反。强酸与强碱之间进行滴定时,滴定突跃大小与被滴溶液和滴定剂的浓度有关,浓度越大,突跃范围越大,指示剂的选择范围越宽。

2. 强碱滴定弱酸和强酸滴定弱碱

以 0.1000mol/L NaOH 溶液滴定 20.00mL 0.1000mol/L HAc 溶液为例,讨论强碱滴定弱酸的滴定曲线和指示剂的选择。已知 HAc 的解离常数 $K_a = 1.8 \times 10^{-5}$。

(1) 滴定开始前,溶液中仅有 HAc 存在,所以溶液的 pH 取决于 HAc 溶液的原始浓度,所以

$$[H^+] = \sqrt{cK_a} = \sqrt{0.1000 \times 1.8 \times 10^{-5}} \text{mol/L} = 1.35 \times 10^{-3} \text{mol/L}$$
$$pH = 2.87$$

(2) 滴定开始至化学计量点前,由于加入了 NaOH,部分 HAc 被中和,组成 HAc+NaAc 溶液,HAc-NaAc 为两性物质,因此这个阶段溶液的 pH 可根据两性物质的 pH 计算公式 $[H^+] = K_a \cdot \dfrac{c_a}{c_b}$ 进行计算。例如,加入 19.98mL NaOH 时,还剩余 0.02mL HAc 溶液未被中和,这时溶液中的 HAc、Ac$^-$ 浓度及溶液的 pH 为

$$c_{HAc} = \frac{0.1000 \times 0.02 \times 10^{-3}}{(20.00 + 19.98) \times 10^{-3}} \text{mol/L} = 5.0 \times 10^{-5} \text{mol/L}$$

$$c_{Ac^-} = c_{NaAc} = \frac{0.1000 \times 19.98 \times 10^{-3}}{(20.00 + 19.98) \times 10^{-3}} \text{mol/L} = 5.0 \times 10^{-2} \text{mol/L}$$

$$[H^+] = K_a \cdot \frac{c_a}{c_b} = 1.8 \times 10^{-5} \times \frac{5.0 \times 10^{-5}}{5.0 \times 10^{-2}} = 10^{-7.74}$$

$$pH = 7.74$$

(3) 计量点时,即滴入 20.00mL NaOH,此时 HAc 被完全中和,生成 NaAc 溶液,此时溶液的 pH 值取决于 NaAc 的浓度:

$$[OH^-] = \sqrt{cK_b} = \sqrt{0.0500 \times \frac{10^{-14}}{1.8 \times 10^{-5}}} \text{mol/L} = 5.27 \times 10^{-6} \text{mol/L}$$

$$pOH = 5.28$$
$$pH = 14 - pOH = 8.72$$

(4) 计量点后,加入过量的 NaOH 溶液,溶液的构成为 NaOH+NaAc,其 pH 取决于过量的 NaOH。例如加入 20.02mL NaOH 时,溶液的 pH 为

$$[OH^-] = c_{NaOH} = \frac{0.1000 \times 0.02 \times 10^{-3}}{(20.00 + 20.02) \times 10^{-3}} \text{mol/L} = 5.0 \times 10^{-5} \text{mol/L}$$

$$pOH = -\lg[OH^-] = 4.30$$
$$pH = 14 - 4.30 = 9.70$$

如此逐一计算,并把结果列于表 2-4 中,以 NaOH 溶液的加入量为横坐标,以对应的溶液 pH 为纵坐标,绘制关系曲线,则得到图 2-2 的滴定曲线。

表 2-4 0.1000mol/L NaOH 溶液滴定 20.00mL 0.1000mol/L HAc 溶液时的 pH 变化

加入 NaOH 溶液的体积/mL	滴定分数/%	剩余 HCl 溶液的体积/mL	过量 NaOH 溶液的体积/mL	pH
0	0	20		2.87
10.00	50.0	10.00		4.74
18.00	90.0	2.00		5.70
19.80	99.0	0.20		6.74
19.98	99.9	0.02		7.74(A)
20.00	100.0	0.00		8.72
20.02	100.1		0.02	9.70(B)
20.20	101.0		0.20	10.70
22.00	110.0		2.00	11.70
40.00	200.0		20.00	12.50

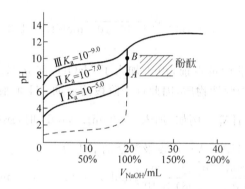

图 2-2 强碱滴定弱酸的滴定曲线(0.1000mol/L NaOH 溶液滴定 20.00mL 0.1000mol/L HAc)

从表 2-4 和图 2-2 可以看出,用 0.1000mol/L NaOH 溶液滴定 20.00mL 0.1000mol/L HAc 时的滴定突跃范围为 7.74~9.70,根据指示剂的选择原则,应选择酚酞或百里酚蓝等在碱性范围内变色的指示剂指示滴定终点。

强碱滴定弱酸时,滴定突跃大小与被滴溶液的浓度和被滴溶液的解离常数有关,浓度和解离常数越大,突跃范围越大,指示剂的选择范围越宽。一般来讲,当弱酸溶液浓度 c 和弱酸的解离常数 K_a 的乘积 $cK_a \geqslant 10^{-8}$ 时,这时人眼能够辨别指示剂颜色的改变,滴定就可以直接进行。

强酸滴定弱碱,例如用 HCl 滴定 $NH_3 \cdot H_2O$($K_{NH_3 \cdot H_2O} = 1.8 \times 10^{-5}$)时,滴定曲线与强碱滴定弱酸的滴定曲线的形状呈镜像关系,滴定突跃范围为 6.25~4.30,可选用甲基红、溴甲酚绿、溴酚蓝等作指示剂。与滴定弱酸的情况类似,只有当 $cK_b \geqslant 10^{-8}$ 时,才能用标准酸直接滴定。

3. 多元酸的滴定

对于多元酸的滴定,首先要考虑的是能否分步滴定的问题。多元酸能被分步滴定必须同时满足下列条件:

$$c_0 K_{a1} \geqslant 10^{-9}$$
$$K_{a1}/K_{a2} \geqslant 10^4$$

(2-3)

式中:c_0——酸的初始浓度。

若需要测定某一多元酸的总量,则应从强度最弱的那一级解离开始考虑,其滴定可行性的条件为

$$c_0 K_{an} \geqslant 10^{-8} \tag{2-4}$$

下面以 NaOH 溶液滴定 H_3PO_4 为例,讨论多元酸的分步滴定问题。

H_3PO_4 为三元酸,分级解离如下:

$$H_3PO_4 \rightleftharpoons H^+ + H_2PO_4^- \quad K_{a1} = 7.5 \times 10^{-3}$$
$$H_2PO_4^- \rightleftharpoons H^+ + HPO_4^{2-} \quad K_{a2} = 6.3 \times 10^{-8}$$
$$HPO_4^{2-} \rightleftharpoons H^+ + PO_4^{3-} \quad K_{a3} = 4.4 \times 10^{-13}$$

用 NaOH 溶液滴定 0.1000mol/L H_3PO_4 溶液时,中和反应可以写成:

$$H_3PO_4 + NaOH \rightleftharpoons NaH_2PO_4 + H_2O$$
$$NaH_2PO_4 + NaOH \rightleftharpoons Na_2HPO_4 + H_2O$$
$$Na_2HPO_4 + NaOH \rightleftharpoons Na_3PO_4 + H_2O$$

H_3PO_4 的浓度 c 和三级解离常数均满足式(2-3),因此 H_3PO_4 可以被分步滴定。即用 NaOH 滴定 H_3PO_4 时,首先生成 NaH_2PO_4,出现第一个计量点;待全部 H_3PO_4 反应成 NaH_2PO_4 后,NaH_2PO_4 才开始反应转化为 Na_2HPO_4,出现第二个计量点;但第三个计量点时,由于 Na_2HPO_4 的 K_{a3} 太小,故不能直接准确滴定。下面分别计算两个计量点的 pH 值并选择合适的指示剂。

第一计量点:H_3PO_4 被中和生成 $H_2PO_4^-$,其浓度为 0.0500mol/L,$H_2PO_4^-$ 为两性物质,因此,

$$[H^+] = \sqrt{K_{a1} \cdot K_{a2}} = \sqrt{7.5 \times 10^{-3} \times 6.3 \times 10^{-8}} \text{mol/L} = 10^{-4.66} \text{mol/L}$$
$$pH = 4.66$$

指示剂的选择:使指示剂的离解平衡常数与计量点时的 pH 尽可能接近。因此可选择甲基橙作为指示剂,终点由红变黄。

第二计量点:$H_2PO_4^-$ 被中和生成 HPO_4^{2-},其浓度为 0.1000/3=0.033mol/L,HPO_4^{2-} 也是两性物质,因此,

$$[H^+] = \sqrt{K_{a2} \cdot K_{a3}} = \sqrt{6.3 \times 10^{-8} \times 4.4 \times 10^{-13}} \text{mol/L} = 10^{-9.78} \text{mol/L}$$
$$pH = 9.78$$

指示剂的选择:使指示剂的解离常数与计量点时的 pH 尽可能接近。因此可选择百里酚酞作为指示剂,终点由无色变为浅蓝色。图 2-3 为用 NaOH 溶液滴定 H_3PO_4 的滴定曲线。

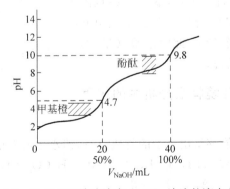

图 2-3 以 NaOH 溶液滴定 H_3PO_4 溶液的滴定曲线

4. 多元碱的滴定

多元碱的滴定与多元酸的滴定相类似，有关多元酸分步滴定的结论也适用于强酸滴定多元碱的情况，只是需将 K_a 换成 K_b。

标定 HCl 溶液浓度时，常用 Na_2CO_3 作基准物，Na_2CO_3 为多元碱，现以 HCl 溶液滴定 Na_2CO_3 为例讨论多元碱的滴定。

Na_2CO_3 是二元弱碱，其共轭酸为 H_2CO_3，已知 H_2CO_3 的二级解离常数分别为：$K_{a1}=10^{-6.38}$，$K_{a2}=10^{-10.25}$。因此，可求得 Na_2CO_3 的一、二级解离常数分别如下：

$$K_{b1} = K_w/K_{a2} = \frac{10^{-14}}{10^{-10.25}} = 1.79 \times 10^{-4}$$

$$K_{b2} = K_w/K_{a1} = \frac{10^{-14}}{10^{-6.38}} = 2.38 \times 10^{-8}$$

由于 $c_0 K_{b1} \geqslant 10^{-9}$，且 $K_{b1}/K_{b2} \cong 10^4$，因此认为 Na_2CO_3 可被分步滴定。

当用 0.10mol/L HCl 滴定 0.10mol/L Na_2CO_3 时，两个化学计量点的 pH 分别计算如下：

第一化学计量点时，生成的 HCO_3^- 为两性物质，因此，

$$[H^+] = \sqrt{K_{a1} \cdot K_{a2}} = \sqrt{10^{-6.38} \times 10^{-10.25}} \text{mol/L} = 10^{-8.32} \text{mol/L}$$
$$pH = 8.32$$

第二化学计量点时，生成 H_2CO_3 的饱和溶液，H_2CO_3 饱和溶液的浓度为 0.04mol/L，所以有

$$[H^+] = \sqrt{K_{a1} \cdot c} = \sqrt{10^{-6.38} \times 0.04} \text{mol/L} = 10^{-3.89} \text{mol/L}$$
$$pH = 3.89$$

图 2-4 为以 0.10mol/L HCl 滴定 0.10mol/L Na_2CO_3 溶液时的滴定曲线。第一计量点，若选用酚酞指示第一终点，变色不明显，如果改用甲酚红和百里酚蓝混合指示剂(变色时的 pH 为 8.3)，则终点变色会明显些。第二计量点时，可选用甲基橙(变色范围为 pH 为 3.1～4.4)或溴甲酚绿-甲基红混合指示剂(变色点 pH 为 4.8)作为指示剂。第二计量点附近易形成 CO_2 的过饱和液导致终点过早出现。因此，滴定至终点附近时，应缓慢滴定。在以甲基红为指示剂滴定至甲基红由黄变红后，加热煮沸赶除 CO_2，此时溶液又呈黄色，冷却后再滴至橙色，变色敏锐。

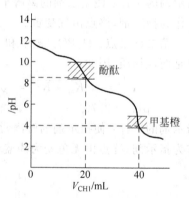

图 2-4 以 HCl 滴定 Na_2CO_3 溶液时的滴定曲线

2.1.4 酸碱滴定法在环境样品分析中的应用

1. 酸度的测定

酸度是指水中所含的能够给出质子的物质总量，即水中所有能与强碱定量作用的物质总量。这类物质包括无机酸(如 HCl、H_2SO_4、HNO_3、H_2CO_3、CO_2、H_2S 等)、有机酸(如单宁酸)、强酸弱碱盐(如 $FeCl_3$、$Al_2(SO_4)_3$)等。

地面水中，由于溶入二氧化碳或被机械、选矿、电镀、农药、印染、化工等行业排放的含酸

废水污染,水体 pH 值降低,破坏了水生生物和农作物的正常生活及生长条件,造成鱼类死亡,作物受害。所以,酸度是衡量水体水质的一项重要指标。水中酸度的测定对于衡量工业用水、农用灌溉用水、饮用水的水质都具有实际意义。

酸度的测定可采用酸碱指示剂滴定法和电位滴定法。酸碱指示剂滴定法使用 NaOH 标准溶液作为滴定剂滴定水样至一定的 pH 值,根据 NaOH 消耗的量计算酸度。通常分为两种酸度:用甲基橙作指示剂滴定至终点时,溶液由橙红色变为橘黄色(此时 pH=3.7),测得的酸度称为强酸酸度或甲基橙酸度。甲基橙酸度代表一些较强的酸,适用于废水和严重污染水中酸度的测定。用酚酞作指示剂滴定至终点时,溶液由无色至刚好变为浅红色(此时 pH=8.3),测得的酸度称为总酸度(也叫酚酞酸度)。总酸度包括水样中强酸和弱酸的总和。酸碱滴定法主要用于未受工业废水污染或轻度污染水中酸度的测定。

利用电位滴定法测定酸度时,以 pH 玻璃电极为指示电极,以甘汞电极为参比电极,与被测水样组成原电池并接入 pH 计,用 NaOH 标准溶液滴定至 pH 计指示 4.5 和 8.3,根据其消耗的 NaOH 溶液量分别计算两种酸度。

电位滴定法适用于各种水体酸度的测定,不受水样有色、浑浊的限制。测定时应注意温度、搅拌状态、响应时间等因素的影响。

酸度的单位常用 $CaCO_3$ mg/L 表示。

2. 碱度的测定

碱度是指水中所含能与强酸定量作用的物质总量。这类物质包括强碱(如 NaOH、$Ca(OH)_2$)、弱碱(如 NH_3、$C_6H_5NH_2$)、强碱弱酸盐(如 Na_2CO_3、$NaHCO_3$)等。

天然水中的碱度主要是由重碳酸盐、碳酸盐和氢氧化物引起的,其中重碳酸盐是水中碱度的主要形式。引起碱度的污染源主要是造纸、印染、化工、电镀等行业排放的废水及洗涤剂、化肥和农药在使用过程中的流失。

碱度和酸度一样,是判断水质和废水处理控制的重要指标。碱度也常用于评价水体的缓冲能力及金属在其中的溶解性和毒性等。此外,碱度的测定在水处理工程实践中,如饮用水、锅炉用水、农田灌溉用水和其他用水中,应用很普遍。碱度又常作为混凝效果、水质稳定和管道腐蚀控制的依据以及废水好氧厌氧处理设备良好运行的条件等。

测定水中碱度的方法和测定酸度的方法一样,有酸碱指示剂法和电位滴定法。前者使用酸碱指示剂指示滴定终点,后者使用 pH 计指示滴定终点。

水样碱度的一般测定方法是,用标准酸溶液(如 HCl 溶液)滴定至酚酞指示剂由红色变为无色时(此时 pH=8.3),所测得的碱度称为酚酞碱度,此时 OH^- 已被中和、CO_3^{2-} 被中和为 HCO_3^-;继续加入甲基橙作指示剂,滴定至甲基橙指示剂由橘黄色变为橘红色时(此时 pH=4.4),所测得的碱度称为甲基橙碱度,此时水中的 HCO_3^- 已被中和完,即全部致碱物质都已被强酸中和完,故甲基橙碱度又称总碱度。

设水样以酚酞为指示剂滴定消耗强酸量为 P,继续以甲基橙为指示剂滴定消耗强酸量为 M,二者之和为 T,则测定水中的碱度时,可能出现下列 5 种情况:

(1) $M=0$,P 为一定值

水样中加入酚酞后显红色,利用强酸标准溶液滴定至水样由红色变为无色后,继续加入甲基橙显红色。可判断出水样中只含氢氧化物。此时,

OH^- 碱度消耗的盐酸量 $=P$

总碱度消耗的盐酸量 $=P$

(2) $P>M, M\neq 0$

水样中加入酚酞后显红色,利用强酸标准溶液滴定至水样由红色变为无色后,继续加入甲基橙显橘黄色。继续用酸滴定至溶液由橘黄色变为橘红色,但酸的消耗量较用酚酞作指示剂时少,说明水中有氢氧化物和碳酸盐共存。此时,

OH^- 碱度消耗的盐酸量 $=P-M$

CO_3^{2-} 碱度消耗的盐酸量 $=2M$

总碱度消耗的盐酸量 $=P+M$

(3) $P=M\neq 0$

水样中加入酚酞后显红色,利用强酸标准溶液滴定至水样由红色变为无色后,继续加入甲基橙显橘黄色。继续用酸滴定至溶液由橘黄色变为橘红色,两次消耗酸量相等,说明水中只含有碳酸盐碱度。

CO_3^{2-} 碱度消耗的盐酸量 $=2M=2P=P+M$

总碱度消耗的盐酸量 $=2M=2P=P+M$

(4) $P=0, M$ 为一定值

水样中加入酚酞后显无色,继续加入甲基橙显橘黄色。用酸滴定至溶液由橘黄色变为橘红色,说明水中只有碳酸氢盐存在。

HCO_3^- 碱度消耗的盐酸量 $=M$

总碱度消耗的盐酸量 $=M$

(5) $P<M, P\neq 0$

水样中加入酚酞后显红色,利用强酸标准溶液滴定至水样由红色变为无色后,继续加入甲基橙显橘黄色。继续用酸滴定至溶液由橘黄色变为橘红色,但消耗酸量较酚酞时多,说明水中是碳酸盐和碳酸氢盐共存。

CO_3^{2-} 碱度消耗的盐酸量 $=2P$

HCO_3^- 碱度消耗的盐酸量 $=M-P$

总碱度消耗的盐酸量 $=P+M$

碱度的计算:

$$\text{总碱度}(CaO \text{计}, mg/L) = \frac{c \times (P+M) \times 28.04}{V} \times 1000 \quad (2-5)$$

$$\text{总碱度}(CaCO_3 \text{计}, mg/L) = \frac{c \times (P+M) \times 50.05}{V} \times 1000 \quad (2-6)$$

式中:28.04——CaO 摩尔质量的 $\frac{1}{2}$, g/mol;

50.05——$CaCO_3$ 摩尔质量的 $\frac{1}{2}$, g/mol;

V——水样的体积, mL;

P——酚酞为指示剂滴定至终点时消耗的 HCl 标准溶液的体积, mL;

M——甲基橙为指示剂滴定至终点时消耗的 HCl 标准溶液的体积, mL。

2.2 配位滴定法及其在环境样品分析中的应用

2.2.1 配位反应及配合物稳定常数

配位滴定法(也称为络合滴定法)是以配位反应为基础的滴定分析方法。在环境样品分析中,配位滴定法主要用于水的硬度和铝盐、铁盐混凝剂有效成分的测定。也可用于间接测定水中 SO_4^{2-}、PO_4^{3-} 等阴离子。

许多金属离子与多种配位体通过配位共价键形成的化合物称为配位化合物或络合物。例如,亚铁氰化钾($K_4[Fe(CN)_6]$)配合物中,$Fe(CN)_6^{4-}$ 称为络阴离子,络阴离子中的金属离子 Fe^{2+} 提供空轨道,称为中心离子,与中心离子结合的阴离子 CN^- 提供孤对电子,称为配位体,配位体也叫络合剂。与中心离子络合的配位原子的数目称为配位数。许多可与金属离子发生配位反应的显色剂、萃取剂、沉淀剂、掩蔽剂等都是络合剂。

金属离子(M)与配位剂(L)的反应,如果只形成化学计量数为 1∶1 的配合物,则其反应方程式为(为讨论方便,略去所带电荷):

$$M + L \Longrightarrow ML \tag{2-7}$$

当反应平衡时,其反应平衡常数为配合物的稳定常数,用 $K_{稳}$ 表示:

$$K_{稳} = \frac{[ML]}{[M][L]} \tag{2-8}$$

$K_{稳}$ 越大,表示配位反应进行得越完全,生成的配合物稳定性越大。各种配合物都有其稳定常数,从配合物稳定常数的大小可以判断配位反应进行的完全程度以及能否满足滴定分析的要求。

金属离子与许多无机配位剂(L)之间存在着逐级络合现象,即络合反应是逐级进行的,相应的逐级稳定常数用 K_1、K_2、K_3、…、K_n 表示。则有:

$$M + L \Longrightarrow ML \quad K_1 = \frac{[ML]}{[M][L]}$$

$$ML + L \Longrightarrow ML_2 \quad K_2 = \frac{[ML_2]}{[ML][L]}$$

$$\vdots$$

$$ML_{n-1} + L \Longrightarrow ML_n \quad K_n = \frac{[ML_n]}{[ML_{n-1}][L]}$$

将逐级稳定常数依次相乘,得到络合物的累积稳定常数,用 β_i 表示,即

$$\beta_1 = K_1 = \frac{[ML]}{[M][L]}$$

$$\beta_2 = K_1 K_2 = \frac{[ML_2]}{[M][L]^2}$$

$$\vdots$$

$$K_n = \frac{[ML_n]}{[ML][L]^n}$$

由于多数无机配位剂与金属离子之间均存在以上逐级络合现象,因此无机配位剂在配位滴定中的应用受到一定的限制。配位滴定中常用有机配位剂,配位法中最常用的有机配

位剂是乙二胺四乙酸(EDTA)。

2.2.2 EDTA与金属离子的配合物及其稳定性

乙二胺四乙酸(ethylene diamine tetraacetic acid, EDTA)是一种常见的氨羧络合剂，它是一种四元酸，可用 H_4Y 表示。在强酸溶液中，EDTA 的两个羧酸根可再接受质子，形成 H_6Y^{2+}，这样 EDTA 就相当于六元酸。在室温下它的溶解度很小(22℃时，每 100mL 水中仅能溶解 0.02g)，故常用它的二钠盐($Na_2H_2Y \cdot 2H_2O$，相对分子质量 $M=372.24$)，也简称为 EDTA。EDTA 二钠盐的溶解度为 11.2g/100mL 水(22℃)，其浓度为 0.3mol/L。滴定分析中常用浓度为 0.01mol/L 的 EDTA(pH=4.4)。EDTA 与金属离子的配位反应具有以下几个特点：①EDTA 与许多金属离子可形成 1:1 的稳定配合物；②EDTA 与多数金属离子形成的配合物具有相当稳定性；③EDTA 与金属离子的配合物大多带电荷，水溶性好，反应速度快；④无色金属离子与 EDTA 形成的配合物仍为无色，有色的金属离子与 EDTA 形成的配合物其颜色将加深，例如，CuY 为深蓝色，FeY 为黄色。

上述特点说明 EDTA 与金属离子的配位反应符合滴定分析对反应的要求。因此，配位滴定法中常用 EDTA 作为滴定剂测定一些金属离子的含量。金属离子(用 M 表示)与滴定剂 EDTA(用 Y^{4-} 表示)的配位反应可表示为

$$M + Y^{4-} \Longleftrightarrow MY \tag{2-9}$$

其稳定常数 $K_{稳}$ 为

$$K_{稳} = \frac{[MY]}{[M][Y^{4-}]} \tag{2-10}$$

一些常见金属离子与 EDTA 配合物的稳定常数见表 2-5。

表 2-5 EDTA 与金属离子的配合物的 $\lg K_{稳}$ ($I=0.1\text{mol/L}, 20\sim25℃$)

金属离子	$\lg K_{稳}$	金属离子	$\lg K_{稳}$	金属离子	$\lg K_{稳}$
Na^+	1.66	Ce^{4+}	15.98	Cu^{2+}	18.8
Li^+	2.79	Al^{3+}	16.3	Ga^{3+}	20.3
Ag^+	7.32	Co^{2+}	16.31	Ti^{3+}	21.3
Ba^{2+}	7.86	Pt^{2+}	16.31	Hg^{2+}	21.8
Mg^{2+}	8.69	Cd^{2+}	16.46	Sn^{2+}	22.1
Sr^{2+}	8.73	Zn^{2+}	16.50	Th^{4+}	23.2
Be^{2+}	9.20	Pb^{2+}	18.04	Cr^{3+}	23.4
Ca^{2+}	10.69	Y^{3+}	18.09	Fe^{3+}	25.1
Mn^{2+}	13.87	VO_2^+	18.1	U^{4+}	25.8
Fe^{2+}	14.33	Ni^{2+}	18.60	Bi^{3+}	27.94
La^{3+}	15.50	VO^{2+}	18.8	Co^{3+}	36.0

由表 2-5 可见，金属离子与 EDTA 形成的配合物的稳定性主要决定于金属离子的电荷、离子半径和电子层结构等因素。碱金属离子的配合物最不稳定；碱土金属离子的配合物 $\lg K_{稳}=8\sim11$；过渡元素、稀土元素、Al^{3+} 的配合物 $\lg K_{稳}=15\sim19$；其他三价、四价金属离子和 Hg^{2+} 的配合物 $\lg K_{稳}>20$。

EDTA 与金属离子形成的配合物的稳定性对配位滴定反应的完全程度有着重要的影

响。但外界条件如溶液的酸度、其他配位剂、干扰离子等对配位滴定反应的完全程度都有着较大的影响,尤其是溶液的酸度对 EDTA 在溶液中的存在形式、金属离子在溶液中存在的形式和 EDTA 与金属离子形成的配合物的稳定性均产生显著的影响。

2.2.3 pH 对配位滴定的影响

1. EDTA 滴定金属离子过程中存在的副反应

(1) EDTA 的酸效应及其副反应系数 $\alpha_{Y(H)}$

在配位滴定中,滴定剂 EDTA(Y^{4-})与被测金属离子(M)形成 MY 的反应是主反应(式(2-9))。

由于 EDTA 是四元有机弱酸,在酸度高的溶液中以六元酸的形式存在,因此在水溶液中 EDTA 可能会以 H_6Y^{2+}、H_5Y^+、H_4Y、H_3Y^-、H_2Y^{2-}、HY^{3-}、Y^{4-} 七种形式存在。各种存在形式的相对含量取决于溶液的 pH 的大小。而能与金属离子发生配位反应的只有 Y^{4-} 形式。我们把 EDTA 的其他六种存在形式看作是由于 Y^{4-} 和 H^+ 发生了副反应产生的。

这种由于 H^+ 的存在,使 EDTA 参加主反应能力降低的现象叫做酸效应。酸效应的大小用酸效应系数($\alpha_{Y(H)}$)来衡量,酸效应系数表示在一定 pH 条件下 EDTA 各种存在形式的总浓度([Y'])与游离的 EDTA 浓度(用[Y^{4-}])之比,即

$$\alpha_{Y(H)} = \frac{[Y']}{[Y^{4-}]} \tag{2-11}$$

式中,$[Y'] = [H_6Y^{2+}] + [H_5Y^+] + [H_4Y] + [H_3Y^-] + [H_2Y^{2-}] + [HY^{3-}] + [Y^{4-}]$。

经推导,

$$\alpha_{Y(H)} = \frac{[Y']}{[Y^{4-}]} = 1 + \beta_1[H^+] + \beta_2[H^+]^2 + \beta_3[H^+]^3 + \beta_4[H^+]^4 + \beta_5[H^+]^5 + \beta_6[H^+]^6 \tag{2-12}$$

式中,β 为[Y^{4-}]与[H^+]发生配位反应时的累积稳定常数,在一定温度下为定值。

由式(2-12)可知,酸效应系数仅与溶液的 pH 有关,溶液 pH 越小,即酸度越大,$\alpha_{Y(H)}$ 越大,表示酸效应引起的副反应越严重。$\alpha_{Y(H)} = 1$ 时,表示 EDTA 全部以 Y^{4-} 形式存在,即 Y^{4-} 与 H^+ 之间没有副反应。表 2-6 列出了不同 pH 时的酸效应对数值。

表 2-6 不同 pH 时的 $\lg\alpha_{Y(H)}$

pH	$\lg\alpha_{Y(H)}$	pH	$\lg\alpha_{Y(H)}$	pH	$\lg\alpha_{Y(H)}$
0.0	23.64	3.8	8.55	7.4	2.88
0.4	21.32	4.0	8.44	7.8	2.47
0.8	19.08	4.4	7.64	8.0	2.27
1.0	18.01	4.8	6.84	8.4	1.87
1.4	16.02	5.0	6.45	8.8	1.48
1.8	14.27	5.4	5.69	9.0	1.28
2.0	13.51	5.8	4.98	9.5	0.83
2.4	12.19	6.0	4.65	10.0	0.45
2.8	11.09	6.4	4.06	11.0	0.07
3.0	10.60	6.8	3.55	12.0	0.01
3.4	9.70	7.0	3.32	13.0	0.00

(2) 金属离子的配位效应及其副反应系数 α_M

根据表 2-6，只有当 pH≥12 时，EDTA 才能全部以有效浓度 Y^{4-} 的形式存在。但当 pH 过大时，由于溶液中 OH^- 浓度较大，许多金属离子与 OH^- 发生羟基配位反应（例如 Fe^{3+} 在水溶液中能生成 $Fe(OH)^{2+}$、$Fe(OH)_2^+$ 等）。羟基配位反应也称为金属离子的水解效应。使金属离子参与主反应的能力下降。金属离子的羟基配位效应可用副反应系数 $\alpha_{M(OH)}$ 表示：

$$\alpha_{M(OH)} = \frac{[M]+[MOH]+[M(OH)_2]+\cdots+[M(OH)_n]}{[M]}$$

$$= 1 + \beta_1[OH^-] + \beta_2[OH^-]^2 + \beta_3[OH^-]^3 + \cdots + \beta_n[OH^-]^n \quad (2\text{-}13)$$

金属离子的另一类副反应是金属离子与辅助配位剂的作用。有时为防止金属离子在滴定条件下生成沉淀或掩蔽干扰离子等情况，在试液中需加入某些辅助配位剂，使金属离子与辅助配位剂发生作用，产生金属离子的辅助配位效应。例如，在 pH=10 时滴定 Zn^{2+}，加入 $NH_3 \cdot H_2O\text{-}NH_4Cl$ 缓冲溶液，这是为了控制滴定所需要的 pH 值，同时又使 Zn^{2+} 与 NH_3 配位形成 $[Zn(NH_3)_4]^{2+}$，从而防止 $Zn(OH)_2$ 沉淀析出。辅助配位效应可用副反应系数 $\alpha_{M(L)}$ 表示：

$$\alpha_{M(L)} = \frac{[M]+[ML]+[ML_2]+\cdots+[ML_n]}{[M]}$$

$$= 1 + \beta_1[L] + \beta_2[L]^2 + \beta_3[L]^3 + \cdots + \beta_n[L]^n \quad (2\text{-}14)$$

综合上面两种情况，金属离子的总副反应系数 α_M 为

$$\alpha_M = \frac{[M']}{[M]} = \alpha_{M(OH)} + \alpha_{M(L)} - 1 \quad (2\text{-}15)$$

2. 条件稳定常数

在用 EDTA 作为滴定剂滴定金属离子的反应中存在着诸多副反应（如酸效应、金属离子的水解效应、络合效应等），这些副反应对 EDTA 与金属离子的主反应（式(2-9)）有着不同程度的影响。因此，在计算 MY 的稳定常数时，必须考虑副反应的影响。

若仅考虑 EDTA 酸效应的影响，则从式(2-11)可得：

$$[Y^{4-}] = \frac{[Y']}{\alpha_{Y(H)}} \quad (2\text{-}16)$$

将式(2-16)代入式(2-10)，则得

$$K_{稳} = \frac{[MY]}{[M][Y^{4-}]} = \frac{[MY]\alpha_{Y(H)}}{[M][Y']}$$

定义

$$K'_{稳} = \frac{K_{稳}}{\alpha_{Y(H)}} = \frac{[MY]}{[M][Y']}$$

取对数得

$$\lg K'_{稳} = \lg K_{稳} - \lg \alpha_{Y(H)} \quad (2\text{-}17)$$

上式中 $K'_{稳}$ 是考虑了酸效应后 EDTA 与金属离子配合物的稳定常数，称为条件稳定常数。它的大小说明溶液酸度对配合物实际稳定性的影响。pH 越大，$\lg\alpha_{Y(H)}$ 越小，条件稳定常数 $K'_{稳}$ 越大，配位反应越完全，对滴定越有利。

若综合考虑 EDTA 的酸效应和金属离子的配位效应，此时的条件稳定常数为

$$\lg K'_{稳} = \lg K_{稳} - \lg \alpha_{Y(H)} - \lg \alpha_{M} \tag{2-18}$$

影响配位滴定主反应完全程度的因素很多。一般情况下若系统中无共存离子干扰,也不存在辅助配位剂时,影响主反应的是 EDTA 的酸效应和金属离子的羟基配位效应;当金属离子不会形成羟基配合物时,影响主反应的因素就是 EDTA 的酸效应。因此,欲使配位滴定反应完全,必须控制适宜的 pH 值。

3. 配位滴定中适宜 pH 值的控制

配位滴定中适宜 pH 值的控制由 EDTA 的酸效应和金属离子的羟基配位效应决定。根据酸效应可确定滴定时允许的最小 pH 值,根据羟基配位效应可以大致估计滴定时允许的最高 pH 值,从而得出滴定的适宜 pH 值。

(1) 配位滴定时允许的最小 pH 值

配位滴定法中单一金属离子可被准确滴定的条件是:

$$\lg(cK'_{稳}) \geqslant 6 \tag{2-19}$$

式中:c——金属离子的浓度。

将式(2-19)和式(2-17)结合可得:

$$\lg c + \lg K_{稳} - \lg \alpha_{Y(H)} \geqslant 6$$

即

$$\lg \alpha_{Y(H)} \leqslant \lg K_{稳} + \lg c - 6 \tag{2-20}$$

若 $c = 0.01 \text{mol/L}$,则上式变为

$$\lg \alpha_{Y(H)} \leqslant \lg K_{稳} - 8 \tag{2-21}$$

根据式(2-20)或式(2-21)计算出 $\lg \alpha_{Y(H)}$,再查表 2-6,可以求出滴定某一金属离子时所能允许的最小 pH 值。

(2) 配位滴定时允许的最大 pH 值

有些金属离子在 pH 较大时容易发生羟基配位效应(如 Cu^{2+})或者生成氢氧化物沉淀(如 Mg^{2+}),在用 EDTA 作为滴定剂测定这些金属离子时,还应考虑不使金属离子发生羟基配位效应的 pH 值。这个允许的最大 pH 值通常由金属离子的氢氧化物溶度积常数求得,即

$$[OH^-] = \sqrt[n]{\frac{K_{sp}}{0.01}} \tag{2-22}$$

配位滴定法中适宜 pH 的选择是决定配位滴定能否准确进行的关键因素,要重点学习和掌握。

2.2.4 水的硬度及其测定

水的硬度是指水中 Ca^{2+}、Mg^{2+} 浓度的总量,是水质的重要指标之一。水的硬度对健康影响不大,但长期饮用硬度过高的水会引起肠胃不适。我国生活饮用水水质标准规定饮用水硬度应小于 450mg/L。工业生产过程中,汽动力工业、运输业、纺织印染部门等都对硬度有一定要求。锅炉用水对硬度有极高的要求。若水的硬度过大,锅炉内壁会结锅垢,不仅造成燃料浪费,而且受热不均容易引起锅炉的爆炸。硬度的测定采用 EDTA 配位滴定法。

水硬度的测定方法:取一定体积的待测水样,向其中加入 $NH_3 \cdot H_2O-NH_4Cl$ 缓冲溶液控制水样 pH=10.0(pH 的控制是保证配位滴定法顺利完成的重要条件之一)。然后加

入铬黑 T(EBT)作指示剂,EBT 是一种常用的金属指示剂,可与溶液中少量的 Ca^{2+}、Mg^{2+} 发生配位反应,生成酒红色的配合物而使溶液显酒红色:

$$Ca^{2+} + EBT \rightleftharpoons Ca^{2+}\text{-}EBT（酒红色）$$

$$Mg^{2+} + EBT \rightleftharpoons Mg^{2+}\text{-}EBT（酒红色）$$

接着用 EDTA 标准溶液滴定水中的 Ca^{2+}、Mg^{2+},反应开始时,加入的 EDTA 首先和水样中游离态的 Ca^{2+}、Mg^{2+} 离子发生配位反应,生成无色的 Ca^{2+}-EDTA 和 Mg^{2+}-EDTA 配合物:

$$Ca^{2+} + EDTA \rightleftharpoons Ca^{2+}\text{-}EDTA（无色）$$

$$Mg^{2+} + EDTA \rightleftharpoons Mg^{2+}\text{-}EDTA（无色）$$

滴定过程中溶液仍显酒红色。

计量点附近时,由于游离态的 Ca^{2+}、Mg^{2+} 已经全部被 EDTA 络合完毕。再继续加入的 EDTA 就会从 Ca^{2+}-EBT、Mg^{2+}-EBT 中夺取 Ca^{2+}、Mg^{2+},使得 EBT 指示剂游离出来而显蓝色:

$$Ca^{2+}\text{-}EBT + EDTA \rightleftharpoons Ca^{2+}\text{-}EDTA + EBT（蓝色）$$

$$Mg^{2+}\text{-}EBT + EDTA \rightleftharpoons Mg^{2+}\text{-}EDTA + EBT（蓝色）$$

因此,当溶液的颜色由酒红色变为蓝色时,表示滴定终点已经到达。根据消耗的 EDTA 的体积可以计算硬度:

$$总硬度(CaCO_3 计, mg/L) = \frac{c_{EDTA} \times V_{EDTA} \times 100.10}{V_{水样}} \times 1000 \tag{2-23}$$

式中:c_{EDTA}——EDTA 的浓度,mol/L;

V_{EDTA}——EDTA 的体积,mL;

100.10——$CaCO_3$ 的摩尔质量,g/mol;

$V_{水样}$——水样的体积,mL。

2.3 沉淀滴定法及其在环境样品分析中的应用

沉淀滴定法是以沉淀反应为基础的滴定分析法。沉淀反应虽然很多,但并不是所有的沉淀反应都能用于滴定分析。最常用的一类沉淀滴定法为银量法。银量法是以生成难溶银盐沉淀为基础的滴定分析法。用银量法可以测定 Cl^-、Br^-、I^-、Ag^+、CN^-、SCN^- 等离子。根据滴定过程中所用指示剂的不同,可将银量法分为莫尔法、佛尔哈德法、法扬斯法,下面将分别介绍这三种银量法及其在水质分析中的应用。

2.3.1 莫尔法及其在环境样品分析中的应用

以铬酸钾(K_2CrO_4)作指示剂的银量法称为莫尔法。

用莫尔法测定水中 Cl^- 时,以 K_2CrO_4 为指示剂,用 $AgNO_3$ 标准溶液进行滴定。由于 AgCl 的溶解度比 Ag_2CrO_4 小,所以在用 $AgNO_3$ 标准溶液进行滴定的过程中,首先生成 AgCl 沉淀,待 Cl^- 全部生成 AgCl 沉淀后,过量的一滴 $AgNO_3$ 溶液才与 K_2CrO_4 反应,生成砖红色的 Ag_2CrO_4 沉淀,指示终点的到达。在滴定过程中发生如下反应:

滴定开始至化学计量点前：
$$Ag^+ + Cl^- = AgCl\downarrow（白色沉淀）$$
计量点时：
$$Ag^+ + CrO_4^{2-} = Ag_2CrO_4\downarrow（砖红色沉淀）$$

利用莫尔法测定一些离子的含量时注意以下几点。①指示剂的用量：指示剂 K_2CrO_4 的用量对指示终点有较大的影响，K_2CrO_4 浓度过高或过低，会导致砖红色沉淀析出提前或推迟，对测定结果产生一定的误差，一般滴定溶液中 K_2CrO_4 的浓度控制在 5×10^{-3} mol/L；②pH 的控制：莫尔法只能在中性至弱碱性(pH＝6.5～10.5)溶液中进行；③滴定时必须剧烈摇动锥形瓶，使被 AgCl 沉淀吸附的 Cl^- 脱附重新进入溶液中；④莫尔法多适用于测定 Cl^- 和 Br^-，不适用于测定 I^- 和 SCN^-；⑤能与 Ag^+ 生成沉淀的 PO_4^{3-}、CO_3^{2-}、AsO_4^{3-}、S^{2-}、$C_2O_4^{2-}$，以及在中性或弱碱性溶液中发生水解的 Fe^{3+}、Al^{3+}、Bi^{3+}、Sn^{4+} 等均干扰测定，应预先将其分离。

莫尔法在水质分析中的应用：莫尔法主要用于测定天然水和生活饮用水的 Cl^-。天然水中含有一定数量的 Cl^-，城镇自来水厂的生活饮用水经消毒处理后含有一定含量的余氯。当饮用水中的 Cl^- 含量超过 4.0g/L 时，将有害于人的身体健康。因此，测定水中 Cl^- 的含量具有重要的意义。多数情况下，采用莫尔法测定水中 Cl^- 的含量。

2.3.2 佛尔哈德法及其在水质分析中的应用

以铁铵矾($NH_4Fe(SO_4)_2$)作指示剂的银量法称为佛尔哈德法。

直接滴定法测定水中 Ag^+：用佛尔哈德法测定水中 Ag^+ 时，以 $NH_4Fe(SO_4)_2$ 为指示剂，用 NH_4SCN 标准溶液进行滴定。滴定过程中首先生成 AgSCN 白色沉淀，滴定到化学计量点附近，待几乎 Ag^+ 全部生成 AgSCN 沉淀后，稍过量的 NH_4SCN 溶液与铁铵矾中的 Fe^{3+} 反应，生成红色的 $FeSCN^{2+}$ 配合物，指示终点的到达。在滴定过程中发生如下反应：

滴定开始至化学计量点前：
$$Ag^+ + SCN^- = AgSCN\downarrow（白色沉淀）$$
计量点时：
$$Fe^{3+} + SCN^- = FeSCN^{2+}（红色配合物）$$

在上述滴定过程中需要剧烈摇动锥形瓶，使被 AgSCN 吸附的 Ag^+ 重新脱附进入到溶液中。根据消耗的 NH_4SCN 标准溶液的量，求得水中 Ag^+ 的含量。

间接滴定法测定水中卤素离子：用佛尔哈德法测定水中卤素离子时，先向待测液中加入已知过量的 $AgNO_3$ 标准溶液，使水样中卤素离子全部生成卤化银(AgX)沉淀。然后，加入 $NH_4Fe(SO_4)_2$ 指示剂，用 NH_4SCN 标准溶液回滴定剩余的 Ag^+。例如，用佛尔哈德法测定水中 Cl^- 时，发生的反应如下：
$$Ag^+（过量）+ Cl^- = AgCl\downarrow（白色沉淀）$$
$$Ag^+（剩余）+ SCN^- = AgSCN\downarrow（白色沉淀）$$

计量点时，稍过量的 NH_4SCN 溶液与铁铵矾中的 Fe^{3+} 反应，生成红色的 $FeSCN^{2+}$ 配合物，指示终点的到达。
$$Fe^{3+} + SCN^- = FeSCN^{2+}（红色配合物）$$

根据所加入的 $AgNO_3$ 标准溶液的总量和消耗的 NH_4SCN 标准溶液的量，求得水中

Cl^- 的含量。

注意：用间接佛尔哈德法测定水中卤素离子时，由于 AgSCN 的溶解度小于 AgCl 的溶解度，所以用 NH_4SCN 标准溶液回滴定剩余的 Ag^+ 达到化学计量点后，稍过量的 NH_4SCN 可能与 AgCl 作用，使 AgCl 沉淀转化为 AgSCN 沉淀：

$$AgCl + SCN^- \Longleftrightarrow AgSCN \downarrow + Cl^-$$

这样，到达终点时，已经多消耗了一部分 NH_4SCN 标准溶液。为了避免上述误差，通常可采用以下两种措施：

(1) 在加入过量 $AgNO_3$ 标准溶液，形成 AgCl 沉淀后，加入 1~2mL 硝基苯，摇动后，AgCl 沉淀进入硝基苯层，不再与滴定溶液接触，这样就防止了 AgCl 与 SCN^- 发生转化反应。

(2) 在加入过量 $AgNO_3$ 标准溶液后，将水样煮沸，使生成的 AgCl 沉淀凝聚，以减少 AgCl 沉淀对 Ag^+ 的吸附。滤去 AgCl 沉淀，并用稀 HNO_3 洗涤沉淀，然后用 NH_4SCN 标准溶液滴定滤液中的剩余 Ag^+。

利用佛尔哈德法测定一些离子的含量时注意以下几点：①pH 的控制：在强酸性条件下滴定。由于指示剂中 Fe^{3+} 在中性及碱性条件下水解，因此佛尔哈德法应该在酸度大于 0.3mol/L 的溶液中进行；② 指示剂的用量：指示剂 $NH_4Fe(SO_4)_2$ 的浓度控制在 0.015mol/L 左右；③滴定时必须剧烈摇动锥形瓶，使被 AgSCN 沉淀吸附的 Ag^+ 脱附重新进入溶液中；④ 在酸性条件下，许多干扰莫尔法的弱酸根离子如 PO_4^{3-}、CO_3^{2-}、CrO_4^{2-}、AsO_4^{3-} 等不干扰测定，因此扩大了佛尔哈德法的适用范围。佛尔哈德法可用于测定 Cl^-、Br^-、I^- 和 Ag^+。

佛尔哈德法在水质分析中的应用：佛尔哈德法以间接滴定方式广泛用于水中卤素离子的测定。如果用于测定水中 Br^- 或 I^-，则由于不发生沉淀转化反应，因此不必加入硝基苯。但是测定 I^- 时，应先加入过量 $AgNO_3$，后加入指示剂铁铵矾，否则会有干扰反应发生使得测定结果偏低。

2.3.3 法扬司法及其在水质分析中的应用

用吸附指示剂指示滴定终点的银量法称为法扬司法。

吸附指示剂是一类有色的有机化合物，它被吸附在胶体微粒表面后，发生分子结构的变化，从而引起颜色的变化。

例如用 $AgNO_3$ 标准溶液测定水中 Cl^- 时，可用荧光黄作指示剂，荧光黄是一种有机弱酸，可用 HFI 表示。在溶液中它可解离为荧光黄阴离子 FI^-，呈黄绿色。在化学计量点前，溶液中存在过量的 Cl^-，AgCl 沉淀胶体微粒吸附 Cl^- 而带有负电荷，不会吸附指示剂阴离子 FI^-，溶液仍呈 FI^- 的黄绿色；而在化学计量点后，稍过量的 $AgNO_3$ 标准溶液即可使 AgCl 沉淀胶体微粒吸附 Ag^+ 而带有正电荷，形成 $AgCl \cdot Ag^+$，这种带正电荷的胶体微粒将吸附 FI^-，并使 FI^- 发生分子结构的变化而由黄绿色转变为淡红色，指示终点的到达：

计量点时：

$$AgCl \cdot Ag^+ + FI^- \Longleftrightarrow AgCl \cdot Ag^+ | FI^- （淡红色）$$

利用法扬司法测定一些离子的含量时注意以下几点。①pH 的控制：使用荧光黄作为指示剂时，应控制溶液的 pH 在 7~10 之间。②卤化银沉淀应具有较大的表面积：由于吸附指示剂的颜色变化发生在沉淀微粒表面上，因此，应尽可能使卤化银沉淀呈胶体态而具有较大的表面积。为此，滴定前将溶液稀释，并加入糊精、淀粉等高分子化合物保护胶体。③滴定过程中应避免强光照射：防止生成的卤化银沉淀见光分解析出银。④吸附指示剂的吸附能力要适中：胶体微粒对指示剂离子的吸附能力，应略小于对待测离子的吸附能力，否则指示剂将在化学计量点前变色。卤化银对卤素离子、SCN^- 和几种吸附指示剂吸附能力大小的关系为：$I^->SCN^->Br^->$ 曙红 $>Cl^->$ 荧光黄。因此，测定氯离子时，不能用曙红作为指示剂。⑤溶液中被滴离子的浓度不能太低：测定 Cl^- 时，Cl^- 的浓度要在 0.005mol/L 以上；测定 Br^-、I^- 和 SCN^- 时，浓度低至 0.001mol/L 仍可确定。

2.4 氧化还原滴定法及其在环境样品分析中的应用

根据使用滴定剂的不同，氧化还原滴定法可分为高锰酸钾法、重铬酸钾法、碘量法、溴酸钾法、硫酸铈法和亚硝酸钠法。在水质分析中经常用到高锰酸钾法、重铬酸钾法、碘量法和溴酸钾法。下面将分别进行介绍。

2.4.1 高锰酸钾法

高锰酸钾法(potassium permanganate titration)是以高锰酸钾($KMnO_4$)作为滴定剂的分析方法。

1. 高锰酸钾的氧化特性

高锰酸钾是一种强氧化剂，在强酸性溶液中，$KMnO_4$ 与还原剂作用时得到 5 个电子，被还原为 Mn^{2+}，半反应如下：

$$MnO_4^- + 8H^+ + 5e^- = Mn^{2+} + 4H_2O \qquad \varphi^{\ominus}_{MnO_4^-/Mn^{2+}} = 1.49 \sim 1.51V$$

在中性或弱碱性溶液中，$KMnO_4$ 获得 3 个电子，被还原为 MnO_2，半反应为：

$$MnO_4^- + 2H_2O + 3e^- = MnO_2 + 4OH^- \qquad \varphi^{\ominus}_{MnO_4^-/MnO_2} = 0.58V$$

在 NaOH 浓度大于 2mol/L 的强碱性溶液中，获得 1 个电子，被还原为 MnO_4^{2-}（绿色），半反应如下：

$$MnO_4^- + e^- = MnO_4^{2-} \qquad \varphi^{\ominus}_{MnO_4^-/MnO_4^{2-}} = 0.56V$$

由此可见，高锰酸钾法既可以在酸性条件下使用，也可以在中性、弱碱性及强碱性条件下使用。由于 $KMnO_4$ 在强酸性条件下的氧化能力最强，因此一般都在强酸性条件下使用。高锰酸钾法的优点：$KMnO_4$ 氧化能力强，应用广泛，且自身颜色的变化即可指示滴定终点，不需要另加指示剂。但由于氧化能力强，它可以和很多还原性物质发生作用，所以干扰也比较严重。另外，$KMnO_4$ 试剂中常含少量杂质，因此其标准溶液的配制需采用间接法，且配好的溶液稳定性较差。

2. 高锰酸钾标准溶液的配制

市售的高锰酸钾常含有少量杂质，如硫酸盐、氯化物和硝酸盐等，因此不能用直接法配制准确浓度的标准溶液。

为了配制较稳定的高锰酸钾溶液，可称取稍多于理论量的 $KMnO_4$ 固体，溶解在一定体积的蒸馏水中。例如配制 $c\left(\dfrac{1}{5}KMnO_4\right)=0.1mol/L$ 的 $KMnO_4$ 时，首先称取 $KMnO_4$ 固体

$3.3 \sim 3.5 \mathrm{g}\left(M\left(\frac{1}{5}\mathrm{KMnO_4}\right)=\frac{158.03}{5}\mathrm{g/mol}=31.606\mathrm{g/mol}\right)$，用蒸馏水溶解并稀释至1L。将配制好的 $KMnO_4$ 溶液加热至沸,并保持微沸1h,然后放置 $2\sim 3d$,使溶液中可能存在的还原性物质完全氧化,然后用玻璃砂芯漏斗过滤除去析出的 MnO_2 沉淀,将过滤后的 $KMnO_4$ 溶液贮存于棕色试剂瓶中,并存放于暗处以待标定。如果需要较稀的 $KMnO_4$ 溶液,则用蒸馏水稀释至所需浓度。$KMnO_4$ 标准溶液不宜长期贮存,使用经久放置的 $KMnO_4$ 溶液时应重新标定其浓度。

标定 $KMnO_4$ 溶液的基准物质主要有 $Na_2C_2O_4$、$H_2C_2O_4 \cdot H_2O$、$(NH_4)_2Fe(SO_4)_2 \cdot 6H_2O$、$As_2O_3$、纯铁丝等。其中 $Na_2C_2O_4$ 不含结晶水,容易提纯,是最常用的基准物质。

在 H_2SO_4 溶液中 $C_2O_4^{2-}$ 与 MnO_4^- 的反应如下:

$$2MnO_4^- + 5C_2O_4^{2-} + 16H^+ = 2Mn^{2+} + 10CO_2\uparrow + 8H_2O$$

标定时,应注意以下滴定条件:

(1) 温度控制在 $70\sim 85°C$。温度过低反应速度缓慢,温度过高部分 $H_2C_2O_4$ 会发生分解导致结果偏高。通常用水浴加热控制温度。

(2) $[H^+]$ 控制在 $0.5\sim 1\mathrm{mol/L}$。酸度过低溶液生成 MnO_2 沉淀,酸度过高又会导致 $H_2C_2O_4$ 分解。

(3) 滴定速度先慢后快。滴定开始时,加入的第一滴 $KMnO_4$ 红色溶液褪色很慢,所以开始滴定时滴定速度要慢些,在 $KMnO_4$ 红色没有褪去之前,不要加入第二滴。等生成一定量的 Mn^{2+} 起到自催化作用后,滴定速度可稍快些,但不能让 $KMnO_4$ 溶液像流水似地流下。

(4) 滴定终点溶液呈粉红色且 $0.5\sim 1\mathrm{min}$ 内不褪色。$KMnO_4$ 法滴定终点是不稳定的,这是由于空气中的还原性气体及尘埃等杂质落入溶液中能使 $KMnO_4$ 缓慢分解,而使粉红色消失,所以经过半分钟不褪色就可以认为终点已到。

3. 高锰酸钾法在水质分析中的应用——高锰酸盐指数的测定

高锰酸盐指数(permanganate index)是指在一定条件下,以高锰酸钾为氧化剂,处理水样时消耗的高锰酸钾的量,以氧的 mg/L 表示。

按测定溶液的介质不同,高锰酸盐指数的测定分为酸性高锰酸钾法和碱性高锰酸钾法。因碱性条件下高锰酸钾的氧化能力比酸性条件下弱,此时不能氧化水中的氯离子,故碱性高锰酸钾法适用于测定氯离子浓度较高的水样。酸性高锰酸钾法适用于氯离子含量不超过 $300\mathrm{mg/L}$ 的水样。多数情况下,均采用酸性高锰酸钾法测定水样。下面介绍酸性高锰酸钾法测定高锰酸盐指数的原理。

向水样中加入 $(1+3)H_2SO_4$ $5mL$（$(1+3)H_2SO_4$ 是指1体积浓硫酸与3体积蒸馏水混合）,使水样呈酸性,在此条件下加入过量 $KMnO_4$ 标准溶液（一般加入 $c\left(\frac{1}{5}KMnO_4\right)\approx 0.01\mathrm{mol/L}$ 的 $KMnO_4$ 标液 $10.00\mathrm{mL}$）,在沸水浴中反应 $30\mathrm{min}$,然后加入过量的 $Na_2C_2O_4$ 标准溶液（一般加入 $c\left(\frac{1}{2}Na_2C_2O_4\right)=0.01\mathrm{mol/L}$ 的 $Na_2C_2O_4$ 标液 $10.00\mathrm{mL}$）还原剩余的 $KMnO_4$,最后再用 $KMnO_4$ 标液返滴剩余的 $Na_2C_2O_4$ 至出现粉红色并在半分钟内不褪色为止。根据加入的 $KMnO_4$ 和 $Na_2C_2O_4$ 的量以及最后滴定消耗的 $KMnO_4$ 的量,计算高锰酸盐指数:

$$\text{高锰酸盐指数}(O_2, \text{mg/L}) = \frac{[c_1 \times (V_1 + V_1') - c_2 V_2] \times 8}{V_\text{水}} \times 1000 \tag{2-24}$$

式中：c_1——$\frac{1}{5}$KMnO$_4$ 标准溶液的浓度，mol/L；

c_2——$\frac{1}{2}$Na$_2$C$_2$O$_4$ 标准溶液的浓度，mol/L；

V_1——开始加入的 KMnO$_4$ 标准溶液的体积，mL；

V_1'——滴定水样消耗的 KMnO$_4$ 标准溶液的体积，mL；

V_2——加入 Na$_2$C$_2$O$_4$ 标准溶液的体积，mL；

8——$\frac{1}{4}$O$_2$ 的摩尔质量，g/mol；

$V_\text{水}$——水样的体积，mL。

在高锰酸盐指数的实际测定中，往往引入 KMnO$_4$ 标准溶液的校正系数，它的测定方法如下。

将上述用 KMnO$_4$ 标液滴定过的水样，加热至约 70℃，然后加入准确体积的 Na$_2$C$_2$O$_4$ 标准溶液(一般加 10.00mL)，再用 KMnO$_4$ 标液滴定至粉红色半分钟不褪去。记录消耗的 KMnO$_4$ 标液的量(V_2, mL)，则高锰酸钾标准溶液的校正系数为 K：

$$K = \frac{10}{V_2} \tag{2-25}$$

引入高锰酸钾标准溶液校正系数 K 后，高锰酸盐指数的计算公式如下：

$$\text{高锰酸盐指数}(O_2, \text{mg/L}) = \frac{[K \times (10 + V_1') - 10] \times c \times 8}{V_\text{水}} \times 1000 \tag{2-26}$$

式中：K——KMnO$_4$ 标准溶液的校正系数；

V_1'——滴定水样消耗的 KMnO$_4$ 标准溶液的体积，mL；

c——$\frac{1}{2}$Na$_2$C$_2$O$_4$ 标准溶液的浓度，mol/L；

8——$\frac{1}{4}$O$_2$ 的摩尔质量，g/mol；

$V_\text{水}$——水样的体积，mL。

当高锰酸盐指数超过 5mg/L 时，应将水样稀释后再测定。并在水样稀释测定的同时，另取一份与未稀释水样测定时相同量的蒸馏水，按同样步骤进行空白试验。然后按下式进行计算：

高锰酸盐指数(O_2, mg/L)

$$= \frac{\{[K \times (10 + V_1') - 10] - [K \times (10 + V_0) - 10] \times f\} \times c \times 8}{V_2} \times 1000 \tag{2-27}$$

式中：V_0——空白试验中消耗的 KMnO$_4$ 标准溶液的体积，mL；

f——蒸馏水在稀释水样中占的比例，例如 10.0mL 水样用 90.0mL 蒸馏水稀释至 100.0mL，则 $f = 0.90$；

V_2——分取水样的体积，mL；

其他项同水样不经稀释计算式。

高锰酸盐指数的测定方法只适用于较清洁水样。

2.4.2 重铬酸钾法

重铬酸钾法(potassium dichromate titration)是以重铬酸钾（$K_2Cr_2O_7$）作为滴定剂的分析方法。

1. 重铬酸钾的性质

重铬酸钾是橙红色晶体，溶于水。其主要特点如下：

(1) $K_2Cr_2O_7$ 固体试剂易纯制并且稳定。在 120℃ 干燥 2~4h，可直接配制标准溶液，不需要标定。

(2) $K_2Cr_2O_7$ 标准溶液非常稳定，在密闭容器中浓度可长期保持不变。

(3) 需外加指示剂。用 $K_2Cr_2O_7$ 法测定一些还原性物质时，常用二苯胺磺酸钠或试亚铁灵作指示剂。

(4) 滴定反应速度快，通常可在室温下滴定，一般不需要加入催化剂。

(5) $K_2Cr_2O_7$ 只能在酸性条件下使用，其半反应式为：

$$Cr_2O_7^{2-} + 14H^+ + 6e^- = 2Cr^{3+} + 7H_2O \quad \varphi^{\ominus}_{Cr_2O_7^{2-}/2Cr^{3+}} = 1.33V$$

2. 重铬酸钾法在水质分析中的应用——化学需氧量的测定

化学需氧量(chemical oxygen demand, COD)是指在一定条件下，以重铬酸钾为氧化剂，处理水样时消耗的重铬酸钾的量，以氧的 mg/L 表示。

在强酸性条件下，向待测水样中加入 $AgSO_4$ 作催化剂，并加入过量的 $K_2Cr_2O_7$ 标准溶液，加热回流 2h，使 $K_2Cr_2O_7$ 标液与水中有机物等还原性物质充分反应后，以试亚铁灵为指示剂，用硫酸亚铁铵（$(NH_4)_2Fe(SO_4)_2$）标准溶液返滴定剩余的 $K_2Cr_2O_7$。滴定终点溶液由黄色变为蓝绿色最终变为红棕色。发生的化学反应如下：

$$Cr_2O_7^{2-} + 14H^+ + 6e^- = 2Cr^{3+} + 7H_2O$$

$$Cr_2O_7^{2-} + 14H^+ + 6Fe^{2+} = 6Fe^{3+} + 2Cr^{3+} + 7H_2O$$

测定水样时同时取不含有机物的蒸馏水做空白试验。根据 $(NH_4)_2Fe(SO_4)_2$ 标准溶液的用量求出化学需氧量。测定结果按下式计算：

$$COD(O_2, mg/L) = \frac{(V_0 - V_1) \times c \times 8}{V_{水}} \times 1000 \quad (2-28)$$

式中：V_0——滴定空白时消耗的硫酸亚铁铵标准溶液体积，mL；

V_1——滴定水样时消耗的硫酸亚铁铵标准溶液的体积，mL；

c——硫酸亚铁铵标准溶液的浓度，mol/L；

8——$\frac{1}{4}O_2$ 的摩尔质量，g/mol；

$V_{水}$——水样的体积，mL。

注意事项：①在滴定过程中所用的 $K_2Cr_2O_4$ 标准溶液的基本单元为 $\frac{1}{6}K_2Cr_2O_7$。多数情况下使用 $c\left(\frac{1}{6}K_2Cr_2O_7\right) = 0.25 mol/L$ 的 $K_2Cr_2O_4$ 标准溶液 100mL。②COD 的测定方法适用于江河湖水、生活污水和工业废水，常用来表示这些水中有机污染物的含量。③重铬酸钾氧化性强,可将大部分有机物氧化,但吡啶不被氧化,芳香族有机物不易被氧化,挥发性直链脂肪族化合物、苯存在于蒸气相,氧化不明显。氯离子能被氧化,并与硫酸银作用生成沉淀,应加入适量硫酸汞络合。

2.4.3 碘量法

碘量法(iodimetry)是利用 I_2 的氧化性和 I^- 的还原性进行滴定的方法。

1. 碘量法分类

(1) 直接碘量法(direct iodimetry)

利用 I_2 的氧化性直接滴定一些还原性物质的方法称为直接碘量法。直接碘量法的半反应为

$$I_2 + 2e^- = 2I^-$$

由于固体 I_2 难溶于水,因此实际应用时通常将 I_2 溶解在 KI 中,此时 I_2 在溶液中以 I_3^- 形式存在,其半反应为

$$I_3^- + 2e^- = 3I^- \quad \varphi^{\ominus}_{I_3^-/3I^-} = 0.534V$$

I_3^- 与 I_2 的化学性质相同,为方便起见,一般仍简写为 I_2。

(2) 间接碘量法(indirect iodimetry)

$I_2/2I^-$ 的电极电位值较小(0.534V),因此 I_2 是一种较弱的氧化剂。而 I^- 为中等强度的还原剂,当测定一些强氧化剂(如 $KMnO_4$、$K_2Cr_2O_7$、H_2O_2、KIO_3 等)时,用过量 I^- 还原这些强氧化剂可析出与待测氧化物质量相当的 I_2,例如:

$$2MnO_4^- + 10I^- + 16H^+ = 2Mn^{2+} + 5I_2 + 8H_2O$$

析出的 I_2 可用还原剂 $Na_2S_2O_3$ 标准溶液滴定:

$$I_2 + 2S_2O_3^{2-} = 2I^- + S_4O_6^{2-}$$

因此,可以用 I^- 的还原性测定一些氧化性物质的含量,这种方法叫做间接碘量法。间接碘量法的基本反应为

$$2I^- - 2e^- = I_2$$
$$I_2 + 2S_2O_3^{2-} = 2I^- + S_4O_6^{2-}$$

I_2 与 $Na_2S_2O_3$ 的反应必须在中性或弱碱性溶液中进行。氧化析出的 I_2 必须立即进行滴定。滴定时不要剧烈摇动。

碘量法的终点用淀粉作指示剂来确定。淀粉溶液应用新鲜配制的。若放置过久,则与 I_2 形成的配合物不呈蓝色而呈紫红色。

碘量法用的标准溶液主要有硫代硫酸钠和碘标准溶液。

2. 标准溶液的配制与标定

(1) $Na_2S_2O_3$ 标准溶液

硫代硫酸钠($Na_2S_2O_3 \cdot 5H_2O$)一般都含有杂质,且易风化、潮解。因此不能用直接法配制。只能先配制成近似浓度的溶液,然后再进行标定。

配制:用新煮沸并煮沸的蒸馏水,加入少量 Na_2CO_3(约0.02%)使溶液呈弱碱性,并加入少量 HgI_2(10mg/L)进行配制。将配好的溶液保存在棕色瓶中,放置暗处,经8~14d再标定。

标定：标定 Na_2CO_3 标准溶液的基准物质有 $K_2Cr_2O_7$、$KBrO_3$、KIO_3、$K_3[Fe(CN)_6]$、纯铜等。其中最常用的为 $K_2Cr_2O_7$、$KBrO_3$、KIO_3。它们在酸性溶液中，与过量 KI 反应析出等化学计量的 I_2：

$$Cr_2O_7^{2-} + 14H^+ + 6I^- = 3I_2 + 2Cr^{3+} + 7H_2O$$

$$IO_3^- + 6H^+ + 5I^- = 3I_2 + 3H_2O$$

$$BrO_3^- + 6H^+ + 6I^- = 3I_2 + 3H_2O + Br^-$$

以淀粉为指示剂，用配制好的 $Na_2S_2O_3$ 标准溶液滴定至蓝色消失：

$$I_2 + 2S_2O_3^{2-} = 2I^- + S_4O_6^{2-}$$

$Na_2S_2O_3$ 标准溶液浓度的计算：

$$c_{Na_2S_2O_3}(mol/L) = \frac{c_{K_2Cr_2O_7} \times V_1}{V_2} \tag{2-29}$$

式中：$c_{Na_2S_2O_3}$——$Na_2S_2O_3$ 标准溶液的浓度，mol/L；

$c_{K_2Cr_2O_7}$——$\frac{1}{6} K_2Cr_2O_7$ 标准溶液的浓度，mol/L；

V_1——$K_2Cr_2O_7$ 标准溶液的体积，mL；

V_2——消耗的 $Na_2S_2O_3$ 标准溶液的体积，mL。

标定时应注意以下几点。①基准物与 KI 反应时，酸度为 0.2～0.4mol/L。②$K_2Cr_2O_7$ 与 KI 的反应速度较慢，应将溶液在暗处放置一定时间(5min)，再用 $Na_2S_2O_3$ 溶液滴定。若是 KIO_3 与 KI 的反应，则不需要放置，应及时滴定。③以淀粉为指示剂时，应先以 $Na_2S_2O_3$ 溶液滴定至成浅黄色(此时大部分 I_2 已作用)，然后加入淀粉，用 $Na_2S_2O_3$ 溶液继续滴定至蓝色恰好消失，即为滴定终点。否则，若淀粉指示剂加入过早，则大量 I_2 与淀粉结合生成蓝色物质，这部分 I_2 就不易与 $Na_2S_2O_3$ 反应，引起滴定误差。④滴定至终点后，经过 5min 以上，溶液又会出现蓝色。这是由于空气中氧气氧化 I^- 引起的，不影响分析结果。但若滴定终点后，很快又转为蓝色，表示 $K_2Cr_2O_7$ 与 KI 的反应不完全，应另取溶液重新标定。

(2) I_2 标准溶液

用升华法制得的纯碘，可以直接配制标准溶液。但通常是用市售的纯碘先配制成近似浓度的溶液，再进行标定。

配制：将称好的碘溶于 KI 溶液中，待全部溶解后，用水稀释至一定体积，放入棕色瓶中于暗处保存。碘溶液应避免与橡皮等有机物接触，也要防止见光、遇热，否则浓度将发生变化。

标定：用已标定好的 $Na_2S_2O_3$ 标准溶液标定。

3. 碘量法在水质分析中的应用

(1) 溶解氧的测定

溶解于水中的氧气称为溶解氧(dissolved oxygen)，用 DO 表示，单位为 mg/L。天然水中溶解氧的饱和含量与空气中氧的分压、大气压力和水温有密切关系，与水中含盐量也有一定的关系。一般大气压力减小、温度升高、水中含盐量增加，都会使水中的溶解氧减少。其中温度影响尤为显著。0℃时水中溶解氧的浓度为 14.6mg/L，随着温度的升高，溶解氧浓度降低。温度升高至 30℃时水中溶解氧的浓度为 7.6mg/L。

清洁地面水溶解氧一般接近饱和状态。如果水中含有藻类植物，可使水中 DO 过饱和。

相反,若水源被有机物质污染,DO不断减少,甚至接近于零,使厌氧菌繁殖,有机物质腐败,水质发臭。因此,DO的测定,对于了解水源自净作用有重要的意义。在水污染控制和废水处理工艺控制中,DO是一项水质综合指标。

测定水中溶解氧的方法有碘量法及其修正法和氧电极法。清洁水可用碘量法,受污染的地面水和工业废水须用修正的碘量法和氧电极法。

碘量法：碘量法适用于清洁的地面水和地下水。水样中加入$MnSO_4$和$NaOH$,水中的O_2将Mn^{2+}氧化成水和氧化锰($MnO(OH)_2$)棕色沉淀,将水中全部溶解氧固定起来;在酸性条件下,$MnO(OH)_2$与KI作用,释放出等化学计量的I_2;然后,以淀粉为指示剂,用$Na_2S_2O_3$标准溶液滴定至蓝色消失,指示滴定终点到达。根据$Na_2S_2O_3$标准溶液的消耗量,计算水中DO的含量。其发生的主要反应如下：

$$Mn^{2+} + 2OH^- = Mn(OH)_2 \downarrow （白色）$$

$$Mn(OH)_2 + \frac{1}{2}O_2 = MnO(OH)_2 \downarrow （棕色）$$

$$MnO(OH)_2 + 2I^- + 4H^+ = Mn^{2+} + I_2 + 3H_2O$$

$$I_2 + 2S_2O_3^{2-} = 2I^- + S_4O_6^{2-}$$

DO的计算：

$$DO(mg/L) = \frac{V \times c \times 8}{V_{水}} \times 1000 \qquad (2-30)$$

式中：DO——水中溶解氧,mg/L;

c——$Na_2S_2O_3$标准溶液的浓度,mol/L;

V——$Na_2S_2O_3$标准溶液的体积,mL;

$V_{水}$——所取水样的体积,mL。

叠氮化钠修正法：水样中含有亚硝酸盐会干扰碘量法测定溶解氧。亚硝酸盐主要存在于经生化处理的废水和河水中,它能与碘化钾作用释放出游离碘而产生正干扰。向水样中加入叠氮化钠(NaN_3),可消除亚硝酸根的影响。这种方法称为叠氮化钠修正法。具体做法是：将水中溶解氧固定之后,在水样瓶中加入数滴5%NaN_3溶液,或者在配制碱性KI溶液时,将1%NaN_3和碱性KI同时加入,然后加入浓H_2SO_4使棕色沉淀物全部溶解,其他步骤同普通碘量法。其反应如下：

$$2NaN_3 + H_2SO_4 = 2HN_3 + Na_2SO_4$$

$$HN_3 + HNO_2 = N_2 \uparrow + N_2O + H_2O$$

注意：叠氮化钠是剧毒、易爆炸试剂,不能将碱性碘化钾-叠氮化钠溶液直接酸化,以免产生有毒的叠氮酸雾。若水样中干扰物质较多,色度又高时,采用碘量法有困难,可用膜电极法测定。

(2) 生物化学需氧量(biochemical oxygen demand,BOD)的测定

生物化学需氧量是指在有溶解氧的条件下,好氧微生物在分解水中有机物的生物化学过程中消耗的溶解氧的量。

水体中的有机物种类繁多,难以一一测定其成分。利用水中有机物在好氧微生物的作用下消耗的氧,来间接表示水中有机物的量。因此,BOD是反映水体受有机物污染程度的综合指标,也是研究废水的可生化降解性和生化处理效果,以及生化处理废水工艺设计和动

力学研究中的重要参数。

有机物在微生物作用下好氧分解大体上分为两个阶段。第一阶段称为碳化阶段（含碳物质氧化阶段），主要是含碳有机物氧化为二氧化碳和水；第二阶段称为硝化阶段，主要是含氮有机物在硝化菌的作用下分解为亚硝酸盐和硝酸盐。这两个阶段并非截然分开，而是各有主次。碳化阶段 20d 左右完成，硝化过程大约在第 5~7d 后才开始。所以碳化的开始阶段不受硝化过程的影响，且第 5d 末，消耗的氧量约为第一阶段需氧总量的 70%~80%。因此，各国规定用 5d 作为 BOD 测定的标准时间，20℃为标准温度。即将水样在 20℃±1℃培养 5d，培养前后溶解氧之差就是生物化学需氧量。

生物化学需氧量的测定：生物化学需氧量的测定中，根据水样中 DO 和有机物含量的多少，分为直接测定法和稀释测定法。方法中溶解氧的测定一般采用叠氮化钠修正法。

① 直接测定法

对水中溶解氧含量较高、有机物含量较少的清洁地面水，一般 $BOD_5<7mg/L$ 时，可不经稀释，直接测定。将水样调整到 20℃左右，用曝气法使水中溶解氧接近饱和，直接以虹吸法将水样转移至数个溶解氧瓶内（转移过程中注意不产生气泡），水样充满后并溢出少许，加塞，瓶内不应留有气泡。其中至少取一瓶直接测定水中的溶解氧。其余的瓶口进行水封后，放入培养箱中，在 20℃±1℃培养 5d（培养期间注意添加封口水），5d 后弃去封口水，测定剩余的溶解氧。则培养 5d 前后溶解氧的减少量即为 BOD_5。直接稀释法 BOD_5 的计算公式如下：

$$BOD_5(mg/L) = c_1 - c_2 \tag{2-31}$$

式中：c_1——水样在培养前的溶解氧浓度，mg/L；

c_2——水样在 5d 培养后的溶解氧浓度，mg/L。

② 稀释测定法

对于污染的地面水和大多数工业废水，因含较多的有机物，需要稀释后再培养测定，以保证在培养过程中有充足的溶解氧。其稀释程度应使培养中所消耗的溶解氧大于 2mg/L，而剩余的溶解氧在 1mg/L 以上。

稀释水一般用蒸馏水配制，先通入经活性炭吸附及水洗处理的空气，曝气 2~8h，使水中溶解氧接近饱和，然后再在 20℃下放置数小时。临用前加入少量氯化钙、氯化铁、硫酸镁等营养盐溶液及磷酸盐缓冲溶液，混匀备用。稀释水的 pH 值保持在 6.5~8.5 之间，$BOD_5<0.2mg/L$。

若水样中无微生物（如一些酸性废水、碱性废水、高温废水或经过氯化处理的废水等），则应于废水中接种微生物，即在每升稀释水中加入生活污水上层清液 1~10mL，或表层土壤浸出液 20~30mL，或河水、湖水 10~100mL，这种水称为接种稀释水。

为检查稀释水和接种液的质量，将每升含葡萄糖和谷氨酸各 150mg 的标准溶液以 1:50 稀释比稀释后，与水样同步测定 BOD_5，测得值应在 180~230mg/L 之间。

水样稀释倍数的计算：地面水的稀释倍数，由测得的高锰酸盐指数乘以一个系数（表 2-7）。工业废水的稀释倍数由 COD_{Cr} 值分别乘以系数 0.075、0.15、0.25 获得。通常同时作三个稀释比的水样。

表 2-7　由高锰酸盐指数估算稀释倍数乘以的系数

高锰酸盐指数/(mg/L)	系　　　数	高锰酸盐指数/(mg/L)	系　　　数
<5	—	10~20	0.4,0.6
5~10	0.2,0.3	>20	0.5,0.7,1.0

稀释测定法的 BOD_5 计算公式如下：

$$BOD_5(mg/L) = \frac{(c_1 - c_2) - (B_1 - B_2) \cdot f_1}{f_2} \tag{2-32}$$

式中：c_1——水样在培养前的溶解氧浓度,mg/L；

c_2——水样在 5d 培养后的溶解氧浓度,mg/L；

B_1——稀释水(或接种稀释水)在培养前的溶解氧浓度,mg/L；

B_2——稀释水(或接种稀释水)在 5d 培养后的溶解氧浓度,mg/L；

f_1——稀释水(或接种稀释水)在培养液中所占的比例；

f_2——水样在培养液中所占的比例。

f_1、f_2 的计算：例如培养液的稀释比为 4%，即 4 份水样,96 份稀释水，则 $f_1 = 0.96$，$f_2 = 0.04$。水样中含有铜、铅、锌、铬、砷、氰等有毒物质时，对微生物活性有抑制作用，可使用经驯化微生物接种的稀释水，或提高稀释倍数。若含少量氯，则放置 1~2h 使氯自行消失；若游离氯短时间内不能自行消失，则加入亚硫酸钠除去。

利用以上方法测定的 BOD_5 大于等于 2mg/L，最大不超过 6000mg/L。

利用氧化还原滴定法可以测定高锰酸盐指数、化学需氧量(COD)和生物化学需氧量(BOD)，这三个指标都是间接地表示水体有机物污染的综合指标。前两者是在规定条件下，水中有机物被 $KMnO_4$、$K_2Cr_2O_7$ 氧化所需氧量，两者均不能反映出被微生物氧化分解的有机物的量；后者是在有溶解氧的条件下，可分解有机物被微生物氧化分解所需氧的量，但由于微生物的氧化能力有限，也不能反映全部有机物的总量。对水中同一种有机物的氧化率大小是 COD>BOD_5>高锰酸盐指数。一般，废水中 BOD_5/COD=0.4~0.8。COD 与 BOD_5 的差值为没有被微生物氧化分解的有机物的含量。

2.4.4　溴酸钾法

1. 概述

溴酸钾法(potassium bromate titration)是利用 $KBrO_3$ 作为氧化剂进行滴定的方法。$KBrO_3$ 是无色晶体或白色结晶粉末，溶于水。130℃ 烘干后，可利用 $KBrO_3$ 直接配制标准溶液。$KBrO_3$ 在酸性溶液中是一种强氧化剂。其半反应式为

$$2BrO_3^- + 12H^+ + 10e^- \Longrightarrow Br_2 + 6H_2O \quad \varphi^{\ominus}_{BrO_3^-|Br_2} = 1.44V$$

凡是能与 $KBrO_3$ 迅速反应的物质，如 As^{3+}、Sb^{3+}、Sn^{2+}、Tl^+、Cu^+、NH_2NH_2 等，可用直接滴定法测定。在酸性溶液中，以甲基橙为指示剂，用 $KBrO_3$ 标准溶液直接滴定上述还原物质；计量点时，微过量的 $KBrO_3$ 将甲基橙氧化而褪色，指示滴定终点的到达。但由于 $KBrO_3$ 与还原物质反应速度很慢，必须缓慢滴定，因此实际应用不多。

实际应用较多的是溴酸钾法与碘量法联合使用，即间接的 $KBrO_3$ 滴定法。这种方法是在酸性溶液中，加入过量 $KBrO_3$ 与水中还原性物质作用完全后，用过量 KI 还原剩余的

KBrO$_3$ 为 Br$^-$,并析出等化学计量的 I$_2$,以淀粉为指示剂,用 Na$_2$S$_2$O$_3$ 标准溶液滴定析出的 I$_2$,根据加入的 KBrO$_3$ 的量和消耗的 Na$_2$S$_2$O$_3$ 标准溶液的量,即可求出水中还原性物质的量。

在实际测定中,通常将 KBrO$_3$ 标准溶液和过量 KBr 的混合溶液作为标准溶液,KBrO$_3$-KBr 溶液十分稳定,只是在酸性溶液中反应生成与 KBrO$_3$ 化学计量相当的 Br$_2$。

因此,KBrO$_3$ 标准溶液就相当于 Br$_2$ 标准溶液,此时,Br$_2$ 如果与水中还原性物质反应完全,剩余的 Br$_2$ 与 KI 作用,析出等化学计量的 I$_2$,便可用 Na$_2$S$_2$O$_3$ 标准溶液滴定。

2. 溴酸钾法在水质分析中的应用

溴酸钾法主要用于水中苯酚等有机化合物的测定。

水中苯酚的测定:水样酸化后,加入过量的 KBrO$_3$-KBr 溶液和 KI 溶液,则苯酚与过量的 Br$_2$(KBrO$_3$ 与 KBr 在酸性条件下反应生成 Br$_2$)反应完全后,剩余的 Br$_2$ 被 KI 还原,析出的 I$_2$ 用 Na$_2$S$_2$O$_3$ 标准溶液滴定。其主要反应:

$$C_6H_5OH + 3Br_2 = C_6H_2Br_3OH\downarrow(白色) + 3Br^- + 3H^+$$

$$Br_2(剩余) + 2I^- = I_2 + 2Br^-$$

$$I_2 + 2S_2O_3^{2-} = 2I^- + S_4O_6^{2-}$$

根据消耗的 Na$_2$S$_2$O$_3$ 标准溶液的量,即可求出水中苯酚的含量。

$$苯酚(mg/L) = \frac{(V_0 - V_1) \times c \times 15.68}{V_水} \times 1000 \tag{2-33}$$

式中:V_0——滴定空白时消耗的 Na$_2$S$_2$O$_3$ 标准溶液体积,mL;

V_1——滴定水样时消耗的 Na$_2$S$_2$O$_3$ 标准溶液的体积,mL;

c——Na$_2$S$_2$O$_3$ 标准溶液的浓度,mol/L;

15.68——$\frac{1}{6}$C$_6$H$_5$OH 的摩尔质量,g/mol;

$V_水$——水样的体积,mL。

思考题

2-1 质子理论和电离理论的最主要不同点是什么?

2-2 根据质子理论,HCl 比 HAc 的酸性强的原因是什么?在 1mol/L 的 HCl 和 1mol/L 的 HAc 溶液中,哪一个的[H$^+$]较高?它们中和 NaOH 的能力哪一个较大?为什么?

2-3 已知下列物质的 K_a 或 K_b,比较它们的相对强弱,并写出它们共轭酸(或碱)的化学式。

(1) HCN($K_a = 6.2 \times 10^{-10}$);NH$_4^+$($K_a = 5.6 \times 10^{-10}$);H$_2C_2O_4$($K_{a1} = 5.9 \times 10^{-2}$;$K_{a2} = 6.4 \times 10^{-5}$)

(2) NH$_2$OH($K_b = 9.1 \times 10^{-9}$);CH$_3$NH$_2$($K_b = 4.2 \times 10^{-4}$);Ac$^-$($K_b = 5.9 \times 10^{-10}$)

2-4 酸碱滴定中指示剂的选择原则是什么?

2-5 利用强碱滴定弱酸性物质时,一般选择哪种类型的指示剂?利用强酸滴定弱碱性物质时,一般选择哪种类型的指示剂?

2-6 下列物质可否在水溶液中直接滴定?
(1) 0.1mol/L 的 HAc ($K_a=1.8\times10^{-5}$)
(2) 0.1mol/L 的 HCOOH ($K_a=1.8\times10^{-4}$)
(3) 0.1mol/L 的 CH_3NH_2 ($K_b=4.2\times10^{-4}$)

2-7 下列物质可否分步滴定?
(1) 0.1mol/L 的 $H_2C_2O_4$ ($K_{a1}=5.9\times10^{-2}$, $K_{a2}=6.4\times10^{-5}$)
(2) 0.1mol/L 的 $H_2NCH_2CH_2NH_2$ ($K_{b1}=8.5\times10^{-5}$; $K_{b2}=7.1\times10^{-8}$)

2-8 如何配制0.1mol/L 的 NaOH 标准溶液?如何配制0.1mol/L 的 HCl 标准溶液?

2-9 什么是酸度?简述酸度的测定原理。

2-10 什么是碱度?简述碱度的测定原理。

2-11 什么是配位反应?EDTA 与金属离子形成的配合物有哪些特点?

2-12 什么是酸效应?酸效应的大小如何表示?

2-13 络合物的稳定常数和条件稳定常数有什么不同?两者之间有什么关系?哪些因素影响条件稳定常数的大小?

2-14 什么是水的硬度?简要说明测定水中硬度的测定原理与测定条件。

2-15 什么是莫尔法?简述利用莫尔法测定水中 Cl^- 的原理。

2-16 什么是佛尔哈德法?简述利用佛尔哈德法测定水中 Br^- 的原理。

2-17 什么是法扬司法?简述利用法扬司法测定水中 Cl^- 的原理。

2-18 为什么通常会在酸性条件下利用高锰酸钾溶液测定一些组分的含量?

2-19 简述 $c\left(\dfrac{1}{5}KMnO_4\right)=0.1mol/L$ 的高锰酸钾标准溶液的配制过程。

2-20 什么是高锰酸盐指数?简述高锰酸盐指数的测定原理。

2-21 什么是 COD?简述 COD 的测定原理。

2-22 什么是间接碘量法?为什么碘量法不适于在强酸或强碱条件下进行?

2-23 分别说明高锰酸钾法、重铬酸钾法、碘量法中常使用哪种指示剂?

2-24 简述 $c\left(\dfrac{1}{2}Na_2S_2O_3\right)=0.1mol/L$ 的硫代硫酸钠标准溶液的配制过程。

2-25 什么是溶解氧?简述溶解氧的测定原理。

2-26 什么是生化需氧量?简述生化需氧量的测定原理。

2-27 什么是溴酸钾法?简述利用溴酸钾法与碘量法联合测定苯酚的原理。

习题

2-1 已知下列各种弱酸的 pK_a(已在括号内注明),求它们的共轭碱的 pK_b。
(1) HCN(9.21);(2) HCOOH(3.74);(3) 苯酚(9.95);(4) 苯甲酸(4.21)

2-2 已知 H_3PO_4 的 $pK_{a1}=2.12$, $pK_{a2}=7.20$, $pK_{a3}=12.36$。求其共轭碱 PO_4^{3-} 的 pK_{b1}, HPO_4^{2-} 的 pK_{b2} 和 $H_2PO_4^-$ 的 pK_{b3}。

2-3 已知 HAc 的 $K_a=1.8\times10^{-5}$, $NH_3\cdot H_2O$ 的 $K_b=1.8\times10^{-5}$,计算下列溶液的 pH。

(1) 0.1mol/L 的 HAc；(2) 0.1mol/L 的 $NH_3 \cdot H_2O$；

(3) 0.15mol/L 的 NH_4Cl；(4) 0.15mol/L 的 NaAc。

2-4　欲配制 pH＝10 的缓冲溶液 1L，用了 16.0mol/L $NH_3 \cdot H_2O$ 420mL，需加 NH_4Cl 多少克？

2-5　将一弱碱 0.950g 溶解成 100mL 溶液，其 pH＝11.0，已知该弱碱的相对分子质量为 125，求弱碱的 pK_b。

2-6　标定 HCl 溶液的浓度时，以甲基橙为指示剂，用 Na_2CO_3 为基准物，称取 Na_2CO_3 0.6135g，用去 HCl 溶液 24.96mL，求 HCl 溶液的浓度。

2-7　称取混合碱试样 0.6524g，加酚酞指示剂，用 0.1992mol/L HCl 标准溶液滴定至终点，用去酸溶液 21.76mL。再加甲基橙指示剂，滴定至终点，又耗去酸溶液 27.15mL。求试样中各组分的质量分数。

2-8　称取混合碱试样 0.9476g，加酚酞指示剂，用 0.2785mol/L HCl 标准溶液滴定至终点，用去酸溶液 34.12mL。再加甲基橙指示剂，滴定至终点，又耗去酸溶液 23.66mL。求试样中各组分的质量分数。

2-9　取某工业废水水样 100.0mL，以酚酞为指示剂，用 0.0500mol/L HCl 滴定至指示剂刚好变色，用去 25.00mL，再加甲基橙指示剂时不需要滴加 HCl 溶液，就已经呈现终点颜色，问水样中有何种碱度？其含量为多少（分别以 CaO mg/L、$CaCO_3$ mg/L、mmol/L 表示）？

2-10　计算 pH＝5 和 pH＝12 时，EDTA 的酸效应系数 $\alpha_{Y(H)}$ 和 $lg\alpha_{Y(H)}$，此时 Y^{4-} 在 EDTA 总浓度中所占百分数是多少？计算结果说明了什么问题？

2-11　假设 Mg^{2+} 和 EDTA 的浓度皆为 0.01mol/L，在 pH＝6 时，Mg^{2+} 和 EDTA 配合物的条件稳定常数是多少（不考虑羟基配位等副反应）？并说明在此 pH 条件下能否用 EDTA 标准溶液滴定 Mg^{2+}。如不能滴定，求其允许的最小 pH。

2-12　用 EDTA 标准溶液滴定水样中的 Ca^{2+}、Mg^{2+} 总量时的最适 pH 值是多少？实际分析中用哪种缓冲溶液控制 pH 值（已知 $Mg(OH)_2$ 的溶度积为 1.8×10^{-11}）？

2-13　准确称取 0.2000g 纯 $CaCO_3$，用盐酸溶解并煮沸除去 CO_2 后，在容量瓶中稀释至 500mL，吸取 50.0mL，调节 pH＝12，用 EDTA 溶液滴定，用去 18.82mL，求算 EDTA 溶液的物质的量浓度。

2-14　取水样 100.0mL，调节 pH＝10.0，用 EBT 作指示剂，以 10.0mmol/L EDTA 溶液滴定至终点，消耗 25.00mL，求水样中的总硬度（以 mmol/L 和 $CaCO_3$ mg/L 表示）。

2-15　取水样 100.0mL，加入 20.00mL 0.1120mol/L $AgNO_3$ 溶液，然后用 0.1160mol/L NH_4SCN 溶液滴定过量的 $AgNO_3$ 溶液，用去 10.00mL，求该水样中 Cl^- 的含量（以 mg/L 表示）。

2-16　取水样 100.0mL，用 H_2SO_4 酸化后，加入 10.00mL 高锰酸钾溶液$\left(c\left(\frac{1}{5}KMnO_4\right)=0.0100mol/L\right)$，在沸水浴中加热 30min，趁热加入 10.00mL 草酸钠溶液$\left(c\left(\frac{1}{2}Na_2C_2O_4\right)=0.0100mol/L\right)$，摇匀，立即用同浓度的高锰酸钾标准溶液滴定至微红色，消耗 2.15mL，求该水样中高锰酸盐指数。

2-17 用回流法测定某废水中的COD。取水样20.00mL（同时取无有机物蒸馏水20.00mL作空白试验），放入回流锥形瓶中，加入10.00mL重铬酸钾溶液$\left(c\left(\frac{1}{6}K_2Cr_2O_7\right)=0.2500\text{mol/L}\right)$和30mL硫酸-硫酸银溶液，加热回流2h；冷却后加蒸馏水稀释至140mL，加试亚铁灵指示剂，用0.1000mol/L硫酸亚铁铵溶液返滴至红褐色，水样和空白分别消耗11.20和21.20mL。求该水样中的COD。

2-18 吸取已将溶解氧固定的某水样100mL，用0.0102mol/L $Na_2S_2O_3$滴定至淡黄色，加淀粉指示剂，继续用同浓度的$Na_2S_2O_3$溶液滴定至蓝色刚好消失，共消耗9.82mL。求该水样中溶解氧的含量。

重量分析方法

3.1 重量分析方法简介

重量分析法(gravimetry)是用适当方法将试样中待测组分与其他组分分离,然后用称量的方法测定该组分含量的一类方法。根据待测组分与试样中其他组分分离的方法不同,可以把重量法分为以下几种方法。

3.1.1 沉淀法

沉淀法(precipitator method)是使待测组分生成难溶化合物沉淀下来,然后称量沉淀的质量,根据沉淀的质量算出待测组分的含量。例如,测定试液中 SO_4^{2-} 含量时,在试液中加入过量 $BaCl_2$ 溶液,使 SO_4^{2-} 定量生成难溶的 $BaSO_4$ 沉淀,经过滤、洗涤、干燥后,称量 $BaSO_4$ 的质量,从而计算出试液中 SO_4^{2-} 的含量。

3.1.2 气化法

气化法适用于挥发性组分的测定。一般是用加热或蒸馏等方法使被测组分转化为挥发性物质逸出,然后根据试样质量的减少计算试样中该组分的含量。或用吸收剂将逸出的挥发性物质全部吸收,根据吸收剂质量的增加来计算该组分的含量。例如,要测定氯化钡晶体($BaCl_2 \cdot 2H_2O$)中结晶水的含量,可准确称量一定质量的氯化钡晶体并将其加热,使水分逸出,根据试样质量的减少计算其结晶水的含量。也可用吸湿剂(如高氯酸镁)吸收逸出的水分,根据吸湿剂质量的增加计算试样的含湿量。

3.1.3 电解法

电解法也称为电重量法(electropravimetry),是利用电解原理,使金属离子在电极上析出,然后称重,求得其含量的方法。例如测定试液中 Cu^{2+} 的含量时,可将待测液作为电解液,用铂丝网作为阴极进行电解,使得待测 Cu^{2+} 在阴极系析出。电解完全后,根据铂丝网重量的增加即可求出 Cu^{2+} 的含量。

3.1.4 萃取法

萃取法(extraction gravimetric method)是根据待测组分在互不相溶的两种溶剂中溶解度的不同,将被测组分从一种溶剂定量萃取到另一种溶剂中,然后将萃取液中的溶剂蒸去,干燥至恒重,通过称量干燥物的质量计算被测组分的含量的方法。例如测定水中矿物油时,用石油醚将水相中的矿物油萃取至四氯化碳相并转移至坩埚中,蒸发使溶剂逸出,通过称量坩埚质量的增加即可求出水中矿物油的含量。

3.1.5 滤膜阻留法

滤膜阻留法(membrane filtration)主要用于大气中颗粒物和水中悬浮物的测定。滤膜阻留法是将待测组分阻留在过滤材料(滤纸、滤膜等)上,通过称量过滤材料上富集的颗粒物质量即可计算出待测组分的含量。

3.2 重量分析法在环境样品分析中的应用

在环境样品分析中,重量分析法主要用于水中残渣、矿化度、矿物油的测定和大气中悬浮颗粒物的测定。下面分别加以介绍。

3.2.1 水中残渣的测定

残渣分为总残渣、总可滤残渣和总不可滤残渣。它们是表征水中溶解性物质、不溶性物质含量的指标。

总残渣(total volatile solids)是水和废水在一定的温度下蒸发、烘干后剩余的物质,包括总不可滤残渣和总可滤残渣。其测定方法是取适量(如 50mL)振荡均匀的水样于称至恒重的蒸发皿中,在蒸汽浴或水浴上蒸干,移入 103~105℃烘箱内烘至恒重,增加的质量即为总残渣。计算式如下:

$$总残渣(mg/L) = \frac{(A-B)}{V} \times 1000 \times 1000 \tag{3-1}$$

式中:A——总残渣和蒸发皿重,g;
B——蒸发皿重,g;
V——水样的体积,mL。

总可滤残渣是指将过滤后的水样放在称至恒重的蒸发皿内蒸干,再在一定温度下烘至恒重所增加的质量。一般测定 103~105℃烘干的总可滤残渣,但有时要求测定 180℃±2℃烘干的总可滤残渣。水样在此温度下烘干,可将吸着的水全部赶尽,所得结果与化学分析结果所计算的总矿物质量接近。总可滤残渣的计算方法同总残渣。

总不可滤残渣也称悬浮物(suspended substance,SS)。是指水样经过滤后留在过滤器上的固体物质,于 103~105℃烘至恒重得到的物质量称为总不可滤残渣。总不可滤残渣包括不溶于水的泥砂、各种污染物、微生物及难溶有机物等。常用的滤器有滤纸、滤膜、石棉坩埚。由于这些滤器的滤孔大小不一致,故报告结果时应注明。石棉坩埚通常用于过滤酸或碱浓度高的水样。总不可滤残渣的计算方法同总残渣。

总不可滤残渣是必测的水质指标之一。地面水中的 SS 使水体浑浊,透明度降低,影响水生生物呼吸和代谢;工业废水和生活污水含大量无机、有机悬浮物,易堵塞管道,污染环境。

3.2.2 矿化度的测定

矿化度(salinity)用于评价水中的总含盐量,是农田灌溉用水适用性评价的主要指标之一。对无污染的水样,测得的矿化度值与该水样在103~105℃烘干的总可滤残渣值接近。

矿化度的测定:取适量经过滤去除悬浮物和沉降物的水样于称至恒重的蒸发皿中,在水浴上蒸干,加过氧化氢除去有机物并蒸干,移至103~105℃烘箱中烘干至恒重,计算出矿化度。

3.2.3 矿物油的测定

水中的矿物油(mineral oil)来自工业废水和生活污水。工业废水中石油类污染物主要来自原油开采、加工及各种炼制油的使用部门。矿物油漂浮在水表面,影响空气与水体界面间的氧交换;分散于水中的油可被微生物氧化分解,使水质恶化。

重量法测定矿物油的原理是以硫酸酸化水样,用石油醚萃取矿物油,然后蒸发除去石油醚,称量残渣重,计算矿物油含量。重量法适于测定10mg/L以上的含油水样。

3.2.4 硫酸盐化速率的测定

硫酸盐化速率(sulphation rate)是指大气中含硫污染物演变为硫酸雾和硫酸盐雾的速度。可以用二氧化铅-重量法测定。

大气中的 SO_2、硫酸雾、H_2S 等与二氧化铅反应生成硫酸铅,用碳酸钠溶液处理,使硫酸铅转化为碳酸铅,释放出硫酸根离子,再加入 $BaCl_2$ 溶液,生成 $BaSO_4$ 沉淀,用重量法测定,结果以每日在 $100 cm^2$ 二氧化铅面积上所含 SO_3 的毫克数表示。最低检出浓度为 $0.05 mgSO_3/(100cm^2 PbO_2 \cdot d)$。发生的反应为

$$SO_2 + PbO_2 = PbSO_4$$
$$H_2S + PbO_2 = PbO + H_2O + S$$
$$S + PbO_2 + O_2 = PbSO_4$$
$$PbSO_4 + Na_2CO_3 = PbCO_3 + Na_2SO_4$$
$$Na_2SO_4 + BaCl_2 = NaCl + BaSO_4 \downarrow$$

3.2.5 大气中总悬浮颗粒物的测定

大气中总悬浮颗粒物(total suspended particulates, TSP)的测定采用重量法。测定原理是用抽气动力抽取一定体积的空气通过已恒重的滤膜,则空气中的悬浮颗粒物被阻留在滤膜上,根据采样前后滤膜质量之差及采样体积,即可计算 TSP 的质量浓度。

3.2.6 大气中 PM_{10} 和 $PM_{2.5}$ 的测定

PM_{10} 是指悬浮在空气中,空气动力学直径 $\leqslant 10\mu m$ 的颗粒物。$PM_{2.5}$ 是指悬浮在空气中,空气动力学直径 $\leqslant 2.5\mu m$ 的颗粒物。方法的测定原理是分别通过具有一定切割特性的采样器,以恒速抽取定量体积的空气,使环境空气中 PM_{10} 和 $PM_{2.5}$ 被截留在已知质量的滤膜上,根据采样前后滤膜的质量差和采样体积,计算 PM_{10} 和 $PM_{2.5}$ 的浓度。

重量法中的数据均需用天平称量得到,在分析过程中不需要基准物质和由容量器皿引入的数据,因而避免了这方面的误差。重量分析法对高含量组分的测定比较准确。不足之处是操作繁琐,费时较多,对低含量组分的测定误差较大。

思考题

3-1　什么是重量法？重量法的一般步骤及特点是什么？

第 2 篇

仪器分析方法

第 2 篇

仪器分析方法

第 4 章

仪器分析方法概述

仪器分析法(titrimetric analysis)是指采用比较复杂或特殊的仪器设备,通过测量物质的某些物理或物理化学性质的参数及其变化来获取物质的化学组成、成分含量及化学结构等信息的一类方法。与化学分析方法相比较,仪器分析方法具有灵敏度高、检出限低、适合复杂样品的分离分析等特点,因此特别适合用于对复杂的环境样品中微量甚至痕量组分的分析测定。一般来说,在用仪器分析方法对某一环境样品进行分析测定时,首先要明确以下几个问题:①需要解决哪种环境问题;②如何选择合适的方法;③采集的样品的代表性如何;④如何对样品进行预处理以利于下一步的分析测试;⑤如何消除干扰;⑥选择何种仪器分析方法进行分析测定;⑦如何进行分析结果的数据处理;⑧如何报告最终分析测定结果。

4.1 仪器性能及其表征

在用仪器分析法分析某一试样时,一要选择合适的仪器分析方法;二要注重选用仪器的基本性能指标。仪器的基本性能指标可用来对同一类型的不同型号仪器进行比较,可作为购置仪器、考察仪器工作状况的依据;也可对不同类型仪器进行比较,预测其用途,判断哪种仪器分析方法可用于解决某个分析问题。因此了解仪器的主要性能指标很有必要。

4.1.1 精密度

精密度(precision)是指多次重复测定同一量时各测定值之间相互符合的程度。精密度的好坏用偏差表示。偏差的值越小,表示测定结果的精密度越高。偏差有绝对偏差、相对偏差、平均偏差、相对平均偏差、绝对标准偏差、相对标准偏差等多种表示形式。按 IUPAC 的有关规定,精密度通常用相对标准偏差(relative standard difference,RSD,也称为变异系数)来量度。

$$\text{RSD} = \frac{s}{\bar{x}} \times 100\% = \frac{\sqrt{\dfrac{\sum_{i=1}^{n}(x_i-\bar{x})^2}{n-1}}}{\bar{x}} \times 100\% \tag{4-1}$$

式中:s——标准偏差;

$\bar{x}$——多次测定结果的平均值。

精密度分日内精密度(intra-day precision)和日间精密度(inter-day precision)。日内精密度是指在同一天、同一批样品或用同一批试剂、同一条标准曲线测得的精密度,考察的是方法的重复性;日间精密度是利用分析方法在不同时间测定结果的精密度,考察样品测定时仪器的性能、试剂、标准曲线、环境条件等发生微小变化而导致测定结果的变异。日内精密度的测定方法是在一天内分别选择不同浓度的标准样,每个浓度连续多次进样(3次以上)测定,计算每个浓度的多个样的RSD即为日内精密度。日间精密度是将不同浓度的标准样连续测定3天,计算每个浓度3天间测得数值的RSD即为日间精密度。

4.1.2 准确度

准确度(accuracy)是指在一定实验条件下多次测定结果的平均值与真值相符合的程度。准确度用误差($\bar{x}-\mu$,μ为真实值)或相对误差$\left(\dfrac{\bar{x}-\mu}{\mu}\times100\%\right)$表示,误差或相对误差值越小,准确度越高。准确度用来表示系统误差的大小。在实际工作中,通常用标准物质或标准方法进行对照试验,利用标准物质或标准方法进行实验测得的值可看做是真实值μ。在建立新的分析方法时,可通过测量标准物质找出误差的来源并通过空白分析和仪器校正来消除误差。

在无标准物质或标准方法时,常用加入被测定组分的纯物质进行回收试验来估计和确定准确度。回收实验(recovery test)是在测定试样某组分含量的基础上(x_1),加入已知量的被测组分纯物质(x_2)后,再次测定其组分含量(x_3),根据测定数据计算回收率(recovery,R):

$$回收率(R) = \frac{x_3 - x_1}{x_2} \times 100\% \tag{4-2}$$

根据回收率的高低可判断测定结果的准确度。对常量组分,回收率一般要求为99%以上,对微量组分,回收率要求在95%~110%。

精密度和准确度之间的关系:好的精密度是保证获得良好准确度的先决条件。精密度不好,不可能获得良好的准确度。但是,测得的精密度好,准确度不一定好,原因是有可能在分析测定过程中存在系统误差。也就是说,只有在消除系统误差的情况下,精密度好的测定结果准确度才高,才是可靠准确的结果。

4.1.3 灵敏度

灵敏度(sensitivity)是指仪器或方法对测量试样的敏感程度,反映了仪器或方法区别微小浓度或含量变化的能力。也就是说,当浓度或含量有微小变化时,仪器或方法均可以觉察出来,就表示仪器或方法的灵敏度高。根据IUPAC的规定,灵敏度的定量定义指在测定浓度范围内校正曲线的斜率。校正曲线的斜率表示被测组分浓度改变一个单位时分析信号的变化量。校正曲线的斜率越大,灵敏度越高。在仪器分析中,分析灵敏度直接依赖于检测器的灵敏度与仪器的放大倍数。随着灵敏度的提高,噪声也随之增大,而信噪比(S/N)和分析方法的检出能力不一定会改善和提高。如果只给出灵敏度,而不给出获得此灵敏度的仪器条件,则各分析方法之间的检测能力没有可比性。由于灵敏度没有考虑到噪声的影响,因此,现在已不用灵敏度而用检出限来表征分析仪器或分析方法的最大检出能力。

4.1.4 检出限

检出限(detection limit)表示能被仪器检出的组分的最低浓度或最低质量。在误差服从正态分布的条件下,指能用该方法以适当置信度(通常置信度取 99.7%)检出被测组分的最小量或最小浓度。检出限一般是指能给出 3 倍噪声的标准偏差读数或信号时,被测组分的相应浓度或质量,一般用 μg/mL 或 ppm 表示。

检出限的计算:测定空白样品(或浓度接近空白值的样品)20~30 次,求其标准偏差 s_b,以测定的信号值为纵坐标、浓度值(低浓度区)为横坐标做校正曲线,若校正曲线的斜率为 k,则检出限 c_L 为

$$c_L = \frac{3s_b}{k} \tag{4-3}$$

式中:c_L——检出限,μg/mL 或 ppm;

s_b——标准偏差,$s_b = \sqrt{\dfrac{\sum_{i=1}^{n}(x_i - \bar{x})^2}{n-1}}$;

k——低浓度区校准曲线的斜率,即灵敏度。

由检测限公式(4-3)可知,检出限与灵敏度密切相关,灵敏度越高,检出限值越低。灵敏度是指分析信号随组分含量变化的大小,因此,它同检测器的放大倍数有关;而检出限是指定量分析方法可能检测的组分的最低量或最低浓度,是与测定噪声直接相联系的,具有明确的统计意义。

4.1.5 信噪比

任何测量值均由两部分组成——信号及噪声。其中信号反映了待测物的信息,是我们所关心的,而噪声是不可避免的,它降低分析的准确度和精密度,提高检出限,是我们不希望见到的。多数情况下,噪声是恒定的,与信号值大小无关。当测量信号较小时,测量的相对误差将增加。因此信噪比(singnal-to-noise ratio,S/N)是恒量仪器性能和分析方法好坏较为有效的指标。当 S/N<2~3 时,分析信号将很难测定。

$$信噪比(S/N) = \frac{平均值}{标准偏差} = \frac{\bar{x}}{s_b} = \frac{1}{RSD} \tag{4-4}$$

4.1.6 线性范围

线性范围(linear range)即校正曲线的直线部分,是指从定量测定的最低浓度扩展到校正曲线偏离线性浓度的范围,一般取定量测定的下限到线性响应的最大值。定量测定的下限等于重复测定空白试样标准偏差的 10 倍信号所对应的浓度值$\left(\dfrac{10s_b}{k}\right)$;线性响应的最大值是指偏离线性时信号所对应的浓度值。线性范围越宽越好。在实际应用中,分析方法的线性范围至少应有 2 个数量级。

4.1.7 选择性

选择性(selectivity)是指该方法不受试样基体中所含其他物质干扰的程度。

到目前为止,除电位分析法中的离子选择性电极用选择性系数($k_{i,j}$)来表征其选择性外,其他方法都还没有具体的选择性指标,主要依靠实验研究或查阅相关资料来降低或消除基体中其他组分的干扰。

4.2 仪器分析的校正方法

利用仪器分析法对样品进行分析测试时,在测定过程中经常受到各种因素的影响,使得在同样条件下测得的数据参差不齐,具有波动性。另外环境样品的复杂性也会给测定结果带来很大的波动。因此,在获得测试数据后,首先要对所得结果进行分析和处理,剔除异常数据,从测试数据中发现其中的统计规律,进而得出符合事实的科学结论。仪器分析获得的结果是表征待测物质物理或者物理化学性质的信号值,而不是待测组分的真实含量,因此,必须利用某种校正方法将信号值转换为组分含量值。

所谓校正(calibration),就是将仪器分析产生的各种信号与待测物浓度(或其他形式表示的待测物含量)联系起来的过程。仪器分析法中,除重量法和库仑法之外,所有仪器分析方法都要进行校正。常用的仪器分析校正方法包括标准曲线法、标准加入法和内标法。

4.2.1 标准曲线法

标准曲线法(calibration curve)也称为校准曲线法、工作曲线法。标准曲线法的步骤为:

(1) 用被测组分的基准物质(标准样)配制一系列已知浓度的标准溶液:0(空白)、c_1、c_2、c_3、…、c_n;

(2) 选用一定的分析条件,通过仪器分别测量以上各标准液的响应信号值 S_0、S_1、S_2、S_3、…、S_n;

(3) 以浓度 c(或相应的质量)为横坐标,以相对应的响应信号 S 为纵坐标作 S-c 图,得到标准曲线;

(4) 在相同的分析条件下,测定待测样品的净响应信号 S_x,由工作曲线中得到 c_x。

图 4-1 为分光光度法的标准曲线,纵坐标 A 为光度值,横坐标 c 为标准样品的浓度。标准曲线法的准确性与两个因素有关:标准物浓度配制的准确性,标准基体与样品基体的一致性。

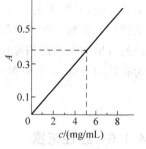

图 4-1 标准曲线

4.2.2 标准加入法

标准加入法(standard addition method)就是将已知量的标准物质加入到一定量的待测试样中后,测定加入标准物质前后试样的净响应值,然后进行定量分析。标准加入法的步骤为:

(1) 将待测试样等分成若干等分(4~5 份);

(2) 向上述每份试样中成比例加入标准物质,加标后每份试样的浓度为 c_x+0、c_x+c_1、c_x+c_2、c_x+c_3、…,并稀释到一定体积;

(3) 通过仪器分别测量以上系列的响应信号值 S_0、S_1、S_2、S_3、S_4、…;

(4) 以 0、c_1、c_2、c_3、c_4、…为横坐标,仪器的响应信号值 S_0、S_1、S_2、S_3、S_4、…为纵坐标作 S-c 图,得到一条不通过原点的线段,将线段反向延长与浓度轴相交,此点对应的浓度即为待测样品中待测组分稀释后的浓度。图 4-2 为标准加入法的曲线。

标准加入法的优点是每份溶液的基体(matrix)相近,或者说基体干扰相同,因此当待测样的基体较复杂而干扰测定时,可选用标准加入法进行测定。但标准加入法只适用于数量较少时的样品分析。

标准加入法的另外一种测定形式是取一份待测液,向其中准确加入一小体积、大浓度的标准溶液进行测定,根据测定结果可求出试液中待测组分的含量。例如,在电位分析法中,若某一试液的离子强度大并且试液中存在配位剂,要测定试液中待测金属离子的总浓度,常采用以下标准加入法进行测定。

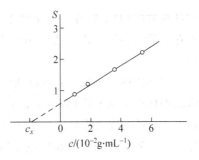

图 4-2 标准加入法曲线

设试液中待测离子浓度为 c_x,试液的体积为 V_0,利用电位分析法测得该试液与电极构成的工作电池的电动势为 E_1,则 E_1 与 c_x 符合如下关系:

$$E_1 = K' + \frac{2.303RT}{nF}\lg(x_1 r_1 c_x) \tag{4-5}$$

式中:r_1——活度系数;

x_1——游离待测离子的摩尔分数。

然后在试液中准确加入一小体积 V_s(约为试液体积的 1/100)的待测离子的标准溶液(浓度为 c_s,此处 c_s 约为 c_x 的 100 倍),测得工作电池的电动势为 E_2,于是

$$E_2 = K' + \frac{2.303RT}{nF}\lg(x_2 r_2 c_x + x_2 r_2 \Delta c) \tag{4-6}$$

式中:r_2——加入标准溶液后的活度系数;

x_2——加入标准溶液后的游离待测离子的摩尔分数;

Δc——加入标准溶液后试液浓度的增加量,$\Delta c = \dfrac{c_s V_s}{V_0}$。

由于 V_s 远小于 V_0,所以可认为试液的活度系数实际上保持恒定,即 $r_1 \approx r_2$,假定 $x_1 \approx x_2$,则

$$E_2 - E_1 = \Delta E = \frac{2.303RT}{nF}\lg\left(1 + \frac{\Delta c}{c_x}\right)$$

令

$$S = \frac{2.303RT}{nF}$$

则

$$\Delta E = S\lg\left(1 + \frac{\Delta c}{c_x}\right)$$

即

$$c_x = \Delta c \,(10^{\Delta E/S} - 1)^{-1} \tag{4-7}$$

该法的优点是仅需一种标准溶液,操作简单快速,适用于组成比较复杂,份数较少的试样。

4.2.3 内标法

内标法(internal standard method)是在浓度不同的系列标准试样中,分别加入固定量

的纯物质即内标物,在一定条件下,进行分析测定的方法。内标法中的内标物必须是试样中不存在的纯物质。内标法可用于克服或减少仪器或方法的不足等引起的随机误差或系统误差。

　　内标法的具体操作:将待测组分的纯物质配成不同浓度的标准溶液,取固定量的不同浓度的标准溶液和内标物,混合后进样分析,测出待测物的峰面积 S_i 和内标物的峰面积 S_s,以 S_i/S_s 对标准溶液浓度 c 作图,得到一线性校正曲线,即为内标法的标准曲线。分析时,称取与绘制标准曲线时相同量的试样和内标物,测出其峰面积比,由标准曲线即可查出待测组分的含量。

　　用色谱法分析待测试样中待测组分含量时,当试样中所有组分不能全部出峰,或者试样中各组分含量差异很大,或仅需测定其中某个或某几个组分时,一般选用内标法进行测定。具体做法是,准确称取一定量的试样,加入一定量选用的内标物(内标物为试样中不存在的纯物质,加入的量应接近待测组分的量,内标物的色谱峰位于待测组分色谱峰附近或几个待测组分色谱峰的中间),利用色谱法进行测定。根据内标物和试样的质量以及色谱图上相应的峰面积(或峰高),利用下式计算待测组分的含量:

$$w_i = \frac{m_s f_i A_i}{m_{试} f_s A_s} \times 100\% \tag{4-8}$$

式中:w_i——待测组分的百分含量;

　　　　m_s——加入的内标物的质量;

　　　　f_i——待测物的质量校正因子;

　　　　A_i——待测物的峰面积;

　　　　$m_{试}$——称取的试样质量;

　　　　A_s——内标物的峰面积;

　　　　f_s——内标物的质量校正因子,一般作为基准,即 $f_s=1$。

　　在色谱法中常用内标法测定某组分含量,优点是定量准确、进样量和操作条件不需要严格控制,由于待测物与内标物的响应值的波动一致,因此内标法可抵消因仪器信号的波动和操作上的不一致所引起的测定误差。该方法的缺点是每次分析都要称取试样和内标物质量,比较费时,不适用于快速控制分析;另外寻找合适内标物也比较费时。

　　内标法最高级的形式是同位素稀释模式。此时,内标物是和分析物相同的化学物质,但在结构中至少有一个原子被其另一个同位素所取代,如有机物中氘原子取代氢或 ^{13}C 取代 ^{12}C。若测定离子或原子,则加入具有不同同位素丰度的已知量离子或原子,使样品中分析物的同位素比发生改变。但这种技术需要同位素选择性检测器,一般都用质谱法,这种方法称为同位素稀释质谱法(isotope dilution)。

4.3　分析数据的处理和分析结果的表达

4.3.1　可疑数据的取舍

　　在一组平行测定结果中,有时个别的测定值比其余的测定值明显地偏大或偏小,此值称为可疑数据。可疑数据的取舍应用以下统计学方法判断。

1. 格鲁布斯(Grubbs)检验法

在一组测定值中只有一个异常值的情况下,用格鲁布斯法检验可疑值。

(1) 将一组测量数据按从小到大顺序排列为 x_1、x_2、…、x_n,x_1 或 x_n 为最小可疑值和最大可疑值。

(2) 利用式(4-9)计算 G 值:

$$G = \frac{|x_d - \bar{x}_n|}{s_n} \tag{4-9}$$

式中:x_d——该组测定值中的可疑值,即该组测定数据中的最大值 x_n 或最小值 x_1;

$\bar{x}_n$——该组测定值的平均值,$\bar{x}_n = \frac{1}{n}\sum_{i=1}^{n}x_i$;

s_n——该组测定值的标准偏差,$s_n = \sqrt{\dfrac{\sum_{i=1}^{n}(x_i-\bar{x})^2}{n-1}}$。

(3) 判断:若计算的统计值 G 大于格鲁布斯检验临界值表(表 4-1)中给定显著性水平 α 下的临界值 $G_{\alpha,n}$,则将可疑值舍去,否则将保留。

表 4-1 格鲁布斯检验临界值表

n	$\alpha=0.05$	$\alpha=0.01$	n	$\alpha=0.05$	$\alpha=0.01$
3	1.15	1.15	10	2.17	2.41
4	1.46	1.49	11	2.23	2.48
5	1.67	1.74	12	2.28	2.55
6	1.82	1.94	13	2.33	2.60
7	1.93	2.09	14	2.37	2.65
8	2.03	2.22	15	2.40	2.70
9	2.11	2.32	16	2.44	2.74

格鲁布斯法也可用于检验多组测量值均值的一致性,即

$$G = \frac{|\bar{\bar{x}} - \bar{x}|}{s_{\bar{x}}} \tag{4-10}$$

式中:$\bar{\bar{x}}$——本组测量均值的总均值;

$\bar{x}$——本组测量均值中的可疑均值,可能是最大均值或最小均值;

$s_{\bar{x}}$——本组测量均值的标准偏差。

判定:$G > G_{表}$,舍去;$G \leqslant G_{表}$,保留。

2. 狄克松(Dixon)检验法

在一组测定值中有一个以上异常值的情况下,用狄克松法检验可疑值。狄克松检验法对最小可疑值和最大可疑值进行检验的公式因测定次数 n 的不同而异。检验方法如下:

(1) 将一组测量数据按从小到大顺序排列为 x_1、x_2、…、x_n,x_1 和 x_n 分别为最小可疑值和最大可疑值。

(2) 按表 4-2 计算式求 Q 值。

表 4-2　狄克松检验法 Q 计算公式

n	可疑数据为最小值 x_1 时	可疑数据为最大值 x_n 时	n	可疑数据为最小值 x_1 时	可疑数据为最大值 x_n 时
3～7	$Q=\dfrac{x_2-x_1}{x_n-x_1}$	$Q=\dfrac{x_n-x_{n-1}}{x_n-x_1}$	11～13	$Q=\dfrac{x_3-x_1}{x_{n-1}-x_1}$	$Q=\dfrac{x_n-x_{n-2}}{x_n-x_2}$
8～10	$Q=\dfrac{x_2-x_1}{x_{n-1}-x_1}$	$Q=\dfrac{x_n-x_{n-1}}{x_n-x_2}$	14～25	$Q=\dfrac{x_3-x_1}{x_{n-2}-x_1}$	$Q=\dfrac{x_n-x_{n-2}}{x_n-x_3}$

（3）根据给定的显著性水平 α 和测定次数 n，从表 4-3 查临界值 $Q_\text{表}$。

（4）若 $Q > Q_{\text{表},0.01}$，则舍去；$Q \leqslant Q_{\text{表},0.01}$，则保留。

表 4-3　狄克松检验临界值表（$Q_\text{表}$）

n	$\alpha=0.05$	$\alpha=0.01$	n	$\alpha=0.05$	$\alpha=0.01$
3	0.941	0.988	10	0.477	0.597
4	0.889	0.926	11	0.576	0.679
5	0.780	0.821	12	0.546	0.642
6	0.698	0.740	13	0.521	0.615
7	0.637	0.680	14	0.546	0.641
8	0.554	0.683	15	0.525	0.616
9	0.512	0.635	16	0.507	0.595

4.3.2　方法准确度的检验——t 检验

为了检验一个新的分析方法是否可靠，是否有足够的准确度，常用已知含量的标准物质进行实验。但实际工作中，有时无法找到基体、量值与被测定样品相匹配的标准物质。此时可用标准分析方法对新方法进行检验，以验证新的分析方法测定结果的可靠性。具体做法是：用标准方法与新分析方法同时测定同一样品，比较两种方法的测定结果，如果两者的测定结果在一定置信度下没有显著性差异，说明新的测定方法不存在系统误差，测定方法是可靠的。两个测定结果在一定置信度下是否存在显著性差异，可用 t 检验法进行检验。

$$t = \frac{|\bar{x}-\mu|}{s_{\bar{x}}}\sqrt{n} \tag{4-11}$$

式中：$\bar{x}$——新的分析方法测定结果的平均值；

　　　μ——标准物质的含量或者标准方法测定的样品含量；

　　　$s_{\bar{x}}$——测定值的标准偏差；

　　　n——测定次数。

查表 4-4，若 $t > t_\text{表}$，则 $\bar{x}$ 与 μ 存在显著差别，表明被检验的方法存在系统误差；若 $t \leqslant t_\text{表}$，则说明新方法与标准方法之间不存在系统误差。

表 4-4 t 值表

n	α=0.05	n	α=0.05
2	12.706	8	2.365
3	4.303	9	2.306
4	3.182	10	2.262
5	2.776	11	2.228
6	2.571	21	2.086
7	2.447	∞	1.960

4.3.3 组间精密度的判断——F 检验

判断两组之间的测定结果是否有显著性差异时,可用 F 检验法。

$$F = \frac{s_{大}^2}{s_{小}^2} \tag{4-12}$$

式中,$s_{大}$ 和 $s_{小}$ 分别代表两组数据中标准偏差大的数值和小的数值。

若 $F < F_{表}$(表 4-5),再继续用 t 检验判断两组数据的平均值之间是否存在显著性差异;若 $F \geq F_{表}$,不能用 t 检验法判定两者之间是否存在系统误差。

表 4-5 置信度 95% 时的 F 值

$Fs_{小}$ \ $Fs_{大}$	2	3	4	5	6	7	8	9	10
2	19.00	19.16	18.25	19.30	19.33	19.36	19.37	19.38	19.39
3	9.55	9.28	9.12	9.01	8.94	8.88	8.84	8.81	8.78
4	6.94	6.59	6.39	6.26	6.16	6.09	6.04	6.00	5.96
5	5.79	5.41	5.19	5.05	4.95	4.88	4.82	4.77	4.74
6	5.14	4.76	4.53	4.39	4.28	4.21	4.15	4.10	4.06
7	4.74	4.35	4.12	3.97	3.87	3.79	3.73	3.68	3.63
8	4.46	4.07	3.84	3.69	3.58	3.50	3.44	3.39	3.34
9	4.26	3.86	3.63	3.48	3.37	3.29	3.23	3.18	3.13
10	4.10	3.71	3.48	3.33	3.22	3.14	3.07	3.02	2.97

4.3.4 分析结果的表达

在分析测试中,常用的数据表示方式有:①数值表示法;②列表法;③图形表示法。不管采用什么方式表示数据,其基本要求是准确、明晰和便于应用。

1. 数值表示法

在用数值表示法表示待测物质含量时,一般用 ($\bar{x} \pm \text{RSD}$) 的形式给出最终结果,$\bar{x}$ 为多次测定结果的平均值(要求至少进行 3 次平行测定),RSD 表示测定结果的相对标准偏差。一个好的分析结果应该是随机误差小,又没有系统误差。随机误差影响测定结果的精密度,用标准偏差或相对标准偏差表征。系统误差影响测定结果的准确度,用误差或相对误差表征。获得一个同等精密度和准确度的分析结果,对不同的分析人员所花费的劳动是有差异的,表征所花费的代价用测定次数表征。因此,科学地评价一个分析结果,在报告分析结果时,应该给出测定平均值、偏差、误差(若不存在系统误差可以不给出)、测定次数等基本参数。

2. 列表法

列表法是以表格形式表示数据。其优点是列入的数据是原始数据,可以清晰地看出数据的大小,也便于对计算结果进行检查和复核。其缺点是当数据很多时,与图形表示法相比,不能很好地看出系列数据的变化趋势。完整的表格包括表名、表头和数据资料三部分。用列表法表示数据时,需要注意规范格式,主要注意以下几点:

(1) 表名(表的标题,包括表号)放在表的上方,主要用于说明表的内容。当表名不足以充分说明表中数据含义时,可在表的下方加表注。

(2) 选择合适的表格形式。在多数科技文献中,通常采用三线制表格。也可在三线表内适当位置加一些竖线。

(3) 表的第一行为表头,表头常放在表的第一行或第一列,也称为行标题或列标题,主要表示所研究问题的类别名称和指标名称。表头要清楚表明表内各列数据的名称和单位(若整个表中数据的单位都相同,也可将数据的单位标在标题的后面)。同一列(或行)数据单位相同时,将单位标注于该列数据的表头,各数据后不再加写单位。例如该列数据表示温度 T,则该列的表头写成 $T/℃$,或者 $T(℃)$。

(4) 表中的某个或某些数据需要特殊说明时,可在数据上作一标记,如"*",再在表的下方加注说明。

3. 图形表示法

图形表示法的优点是简明、直观。可以将多条曲线同时描绘在同一图上,便于比较,可以很清晰地看出一系列数据的变化趋势。目前,撰写科技文献时常用"Excel"或"Origin"软件绘图。科技文献中常用的图表类型包括"曲线图"、"折线图"、"散点图"、"柱形图"等。绘制图形时应注意以下几点:

(1) 图必须有图号和图题(图名),图号和图题一般放在图的下方。

(2) 坐标轴上必须标明该坐标所代表的变量名称、符号及所用单位,一般用 y 轴代表因变量,用 x 轴代表自变量。

(3) 坐标轴的分度要与使用的测量工具、仪器的精度相一致,标记分度的有效数字位数应与原始数据的位数相同。坐标分度值不一定自零起,可用低于最低测定值的某一合适的值作起点,高于最高测定值的某一合适值作为终点,以使整个图形占满全幅坐标纸为合适。图形的大小要适当。

思考题

4-1 正确理解准确度和精密度,误差和偏差的概念。

4-2 如何减少偶然误差?

4-3 如何检查测定结果中是否存在系统误差?

4-4 什么是检出限?什么是灵敏度?为什么常用检出限来表征分析仪器或分析方法

的最大检出能力?

4-5 简要说明仪器分析的校正方法有哪些?各有什么优缺点。

4-6 某铁矿石中含铁 39.16%,若甲 3 次平行分析结果为 39.12%、39.15% 和 39.18%,乙 3 次平行分析结果为 39.19%、39.24% 和 39.28%,试比较甲、乙两人分析结果的准确度和精密度。

习题

4-1 某试样经分析测得的含锰质量分数(%)为 41.24、41.27、41.23、41.26,求分析结果的相对标准偏差。

4-2 一组测量值从小到大的顺序排列为:14.65、14.90、14.92、14.95、14.96、15.00、15.01、15.02。分别用格鲁布斯检验法和狄克松检验法检验最小值 15.65 和最大值 15.02 应舍去还是保留。

4-3 有一标准样,其标准值为 0.123%,今用一新方法测定,得 4 次数据如下(%):0.112、0.118、0.115 和 0.119,判断新方法是否存在系统误差(置信度选 95%)。

4-4 用两种不同方法测得数据如下:

方法 1:$n_1 = 6$;$\bar{x}_1 = 71.26$;$s_1 = 0.13\%$。

方法 2:$n_2 = 9$;$\bar{x}_2 = 71.38$;$s_2 = 0.11\%$。

判断两种方法间有无显著性差异。

4-5 用比色法测酚得到下表所列数据,试做吸光度(A)和浓度(c)的回归直线方程,并求出直线方程的相关系数。

酚浓度(c)/(mg/L)	0.005	0.010	0.020	0.030	0.040	0.050
吸光度(A)	0.020	0.046	0.100	0.120	0.140	0.180

第 5 章

光学分析法导论

光学分析法(optical analysis)是基于电磁辐射与物质相互作用后产生的辐射信号或发生的变化来测定物质的性质、含量和结构的一类分析方法,是仪器分析的重要分支。

5.1 电磁辐射与电磁波谱

5.1.1 电磁辐射

光的本质是电磁辐射,又称电磁波,是一种以极大的速度(c)通过空间,而不需要以任何物质作为传播媒介的能量形式。它包括无线电波、微波、红外光、可见光、紫外光以及 X 射线和 γ 射线等。

光具有波粒二象性,即波动性和微粒性。

1. 波动性

光按照波动形式进行传播的特性称为波动性,光的波动性可以用电场矢量 E 和磁场矢量 H 来描述。如图 5-1 所示,以单一频率的平面偏振电磁波为例,平面偏振是指电磁波的电场矢量 E 在一个平面内振动,磁场矢量 H 在与电场矢量相垂直的另一个平面内振动。这两种矢量都是正弦波形,并垂直于电磁波的传播方向,当辐射通过物质时,与物质的电场或磁场发生作用,进而在辐射和物质之间产生了能量传递。与物质的电子相互作用的是电磁波的电场,所以通常情况下磁场矢量可以忽略,仅用电场矢量表示电磁波。光的传播以及反射、衍射、干涉、折射等现象都体现了光具有波动性,可以用波长、频率和波数等参数来表征。

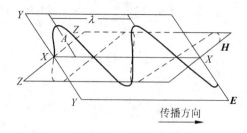

图 5-1 电磁波的电场矢量和磁场矢量

(1) 波长(λ)

波长是指相邻两个波峰或波谷之间的距离。波长较短时用 μm 和 nm,较长时用 cm 和 m 表示。

(2) 频率(ν)

频率是指单位时间内波通过传播方向上某一固定点的波峰或波谷的数目,即单位时间内电磁场振动的次数。频率的单位为赫[兹](Hz),1Hz=1/s。频率与波长的关系如下:

$$\nu = \frac{c}{\lambda} \tag{5-1}$$

式中,c 为光速,即光在真空中传播速度,为 2.9979×10^8 m/s。

(3) 波数(σ)

波数是波长的倒数,即单位长度中所含波的数目。在红外光谱分析中,常用每厘米中包含光波的个数来表示,单位为 cm^{-1}。

$$\sigma = \frac{\nu}{c} \tag{5-2}$$

2. 微粒性

当物质发射光或者光被物质吸收时,就会体现出光的微粒性。直到 20 世纪人们才完全认识光的这一特性。最著名的例子是光电效应的发现和解释。光电效应现象最早是德国物理学家赫兹(H. R. Hertz)在 1887 年在实验过程中发现的:当使用紫外线照射两个锌质小球的其中一个时,则在两个小球之间非常容易跳过电花。光电效应存在一系列无法用经典电磁理论解释的问题:当入射光的频率低于金属的极限频率时,无论多强的光都无法使电子逸出;光电子脱出物体表面时的初速度与入射光的频率有关而与光强无关。无论光的亮度强弱,光电流的产生都是瞬时的,当光照停止时,光电流也立即停止。

量子理论最初是由德国物理学家普朗克(M. K. E. L. Planck)提出的,他认为物质粒子处于特定的不连续的能量状态,即能量是量子化的。1905 年,爱因斯坦(A. Enistein)将量子理论进一步推广,提出了光子假设,成功解释了光电效应。物质粒子各能态具有特定的能量,当粒子的状态发生变化时,该粒子将吸收或发射完全等于两个能级之间的能量差,反之亦成立。光也是量子化的,可以将其看作是不连续的粒子流,这种粒子称为光子,其能量为 $h\nu$。当物质粒子从低能级跃迁到高能级,或从高能级回迁到低能级时,就会吸收或发射与能量差相等的光子,即

$$\Delta E = h\nu \tag{5-3}$$

式中,ΔE——物质两个能级之间的能级差,焦[耳](J);

h——普朗克常数,为 6.626×10^{-34} J·s。

该式表明:光的能量与其频率成正比,与波长成反比,而与光强无关。它统一了属于粒子概念的光子能量与属于波动概念的光频率之间的关系。光子的能量单位除了 J 之外,还常用电子伏(eV),1eV 表示一个电子通过电位差为 1V 的电场所获得的能量(1eV=1.602×10^{-19} J)。

5.1.2 电磁波谱

电磁辐射的产生或吸收是物质内部运动变化的一种客观表现。电磁波所包括的波谱范围十分宽广,从短波到长波有 γ 射线、X 射线、紫外光、红外光、微波、无线电波等。将它们按照波长或频率的大小顺序排列起来所构成的图或表即称为电磁波谱。

根据波长范围、光子能量和跃迁类型的不同,可以将电磁波谱分为不同的区域。表 5-1

列出了光谱分析中常用的区域。

表 5-1　光谱分析中常用的电磁波谱

光谱区域	波长范围	光子能量/eV	跃迁类型
远紫外区	10～200nm	125～6	内层电子能级跃迁
近紫外区	200～400nm	6～3.1	原子外层电子能级跃迁
可见光区	400～800nm	3.1～1.7	分子外层电子能级跃迁
近红外区	0.8～2.5μm	1.7～0.5	分子振动能级跃迁
中红外区	2.5～50μm	0.5～0.025	分子振动能级跃迁
远红外区	50～1000μm	0.025～0.0012	分子转动能级跃迁

5.2　光与物质的作用和光学分析法

5.2.1　光与物质的作用

当光照射到物质上时,就会与物质发生相互作用,作用随光的波长及物质的性质而异。光可以透射,也可以被吸收、被折射、被散射或发生偏振等。物质受到电磁辐射或其他能量(例如电能或热能)作用被激发后,又常以发射光的形式将得到的能量释放出来。这些光学现象就成为建立光学分析方法的依据。

1. 吸收

当物质粒子吸收光子的能量满足它们的基态能量与激发态能量之差时,将从基态跃迁至激发态,这一过程称为吸收。若将测得的吸收强度对入射光的波长或波数作图,就得到该物质的吸收光谱。对吸收光谱的研究可以确定试样的组成、含量以及结构。根据吸收光谱原理建立的分析方法称为吸收光谱法。

2. 发射

物质粒子吸收能量后从基态跃迁至激发态,但处于激发态的粒子很不稳定,经过极短的时间后(约 10^{-8} s)就从激发态回迁至低能态或基态,同时释放出能量。如果是以光的形式释放能量,这一过程就称为发射。能够引起物质粒子激发的方式有很多种,包括电弧、火焰以及适当波长的光照等。

3. 散射

当介质颗粒尺寸比光的波长小很多时,会发生瑞利散射(Rayleigh scattering),其散射光的强度与入射光波长的 4 次方成反比。晴朗的天空呈现蔚蓝色就是由于空气分子对入射的太阳光中的蓝光散射更强而造成的。如果介质颗粒与光波长相差不多,就会出现另一种散射现象。例如当可见光通过胶体溶液时,在垂直于光束的方向上就可以观察到有一浑浊发亮的"光路",这就是丁达尔效应(Tynall effect),是胶体颗粒对可见光散射的结果。瑞利散射是光子与介质颗粒之间发生弹性碰撞所产生的,碰撞只改变光子的运动方向,散射光的频率与入射光相同。其实还可能有另一种散射发生,即光子与介质颗粒之间发生非弹性碰撞。不仅光子的运动方向改变,而且还有能量交换,散射光的频率也会发生变化。这种散射非常微弱,直到 1928 年才被印度科学家拉曼(S. V. Raman)发现,因此被称为拉曼散射。

4. 反射与折射

当光从介质 A 射到另一介质 B 的界面时,一部分光在界面上改变方向返回介质 A,称为光的反射,入射角与反射角相等。另一部分光则改变方向以折射角进入介质 B,称为光的折射。

折射的程度用折射率表示。介质的折射率定义为光在真空中的速度与光在该介质中的速度之比。当光通过具有不同折射率的两种介质的界面时会产生反射和折射。不同介质的折射率不同,同一介质对于不同波长光的折射率也不相同,波长越长,折射率越小。折射率随光的频率或波长的改变而变化的现象称为"色散",利用色散现象可以将波长范围很宽的复合光分散开来,形成许多频率范围窄小的"单色光",这种作用称为"分光"。棱镜的分光作用就是基于光的这种物理性质。

5. 干涉

光波叠加时,会产生一个其强度视各波的相位而定的加强或减弱的合成波,这种现象称为光的干涉。当两个波的相位差 180°时,将发生最大相消干涉;两个波相位相同时,则发生最大相长干涉。通过光的干涉作用,可以获得明暗相间的条纹。如果两波相互加强,得到明亮条纹;如果相互抵消,就得到暗条纹。

6. 衍射

光波绕过障碍物或通过狭缝时,以大约 180°的角度向外辐射,波前的方向发生了弯曲,这种现象就是波的衍射。

5.2.2 光学分析法的分类

光学分析法是基于光与物质相互作用后产生的辐射信号或发生的变化来测定物质的性质、含量和结构的一类分析方法。根据是否涉及物质内部能级的跃迁,可以分为光谱分析法和非光谱分析法两大类。

1. 光谱分析法

光谱分析法是基于辐射能与物质相互作用时,测量由物质内部粒子发生能级跃迁产生的发射或吸收光谱的波长和强度变化而进行分析的方法。

依据辐射作用的物质对象,光谱分析法一般可以分为原子光谱法和分子光谱法两大类。原子光谱是由于原子外层或内层电子能级的跃迁所产生的光谱,它的表现形式为线状光谱,包括原子发射光谱(AES)、原子吸收光谱(AAS)、原子荧光光谱(AFS)、X 射线荧光光谱(XFS)等。分子光谱是由于分子中电子能级、振动和转动能级的跃迁所产生的光谱,其表现形式为带状光谱,分析方法包括紫外-可见吸收光谱法(UV-Vis)、红外吸收光谱法(IR)、分子荧光光谱法(MFS)、分子磷光光谱法(MPS)、核磁共振波谱法(NMR)。

依据物质与辐射相互作用的性质,光谱法还可以分为吸收光谱法、发射光谱法、拉曼散射光谱法三种类型,前两者较为常见。物质吸收的电磁辐射与物质内部粒子两个能级间的能量差相等时,就产生吸收光谱。通过测量物质吸收光谱的波长和强度进行定性和定量分析的方法叫做吸收光谱法。物质内部粒子从激发态回迁至低能态或基态时产生发射光谱。通过测量物质的发射光谱的波长和强度进行定性和定量分析的方法叫做发射光谱法。

2. 非光谱分析法

非光谱分析法是基于辐射与物质相互作用时，测量辐射的某些性质，如折射、散射、干涉、衍射和偏振等变化的分析方法。非光谱分析法不涉及物质内部能级的跃迁，不测定光谱。属于非光谱分析法的有折射法、偏振法、光散射法（比浊法）、干涉法、衍射法、旋光法和圆二色性法等。

5.3 光谱仪的构成

用来研究吸收或发射光谱波长和强度关系的仪器叫做光谱仪或分光光度计。光谱仪一般包括五个基本单元：光源、单色器、吸收池、检测器和读出装置。在仪器的结构上，这些基本单元的排列顺序根据检测方法原理以及为了减小光源及杂散光等的影响而有所不同（图5-2）。

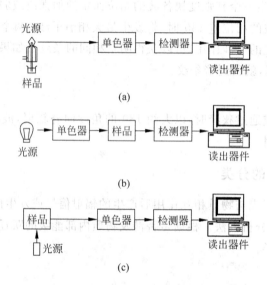

图 5-2 不同光谱仪中基本单元的排列顺序
(a) 发射光谱仪；(b) 吸收光谱仪；(c) 荧光和散射光谱仪

5.3.1 光源

光源电磁辐射功率的波动与电源功率的变化呈指数关系，电源功率微小的改变就会引起电磁辐射功率大幅度的变化，从而导致检测失败。因此，光谱仪中的光源不仅要有足够的输出功率，而且要有良好的稳定性。在实践中，往往使用稳压电源来保证光源的稳定性，或者利用参比光束的方法来减少光源输出变化对测定产生的影响。

根据产生谱线的宽度，可以将光源分为连续光源和线光源。连续光源是指在波长范围内主要发射强度平稳的具有连续光谱的光源，光谱范围宽广。常用的连续光源有以下几种。

(1) 紫外光源

紫外光区主要采用气体放电光源，以氢灯和氘灯应用最广泛。在低压（约 1.3×10^3 Pa）下以电激发的方式产生的连续光谱，光谱范围为 $160 \sim 375$ nm。氘灯的辐射强度比氢灯大

3~5倍,寿命也更长。

(2) 可见光源

可见光区最常见的光源是钨丝灯。在大多数仪器中,钨丝的工作温度约为2870K,光谱波长范围为320~2500nm。在一些高级光学仪器中,还使用氙灯作为紫外可见光源。这是一种利用氙气放电发光的光源,能够发射190~700nm范围的连续光谱。

(3) 红外光源

常用的红外光源是将惰性固体用电加热到温度在1500~2000K之间来产生的,常用的有能斯特灯、硅碳棒。红外光源光强最大的区域在波数6000~5000cm^{-1}范围内。

线光源是指光谱带宽极窄的光源,在原子光谱法中比较常用,主要有以下几种。

(1) 金属蒸气灯

在透明封套内含有低压气体元素,常见的是汞灯和钠蒸气灯。把电压加到固定在封套上的一对电极上,会激发出元素的特征线光谱。汞灯产生的线光谱的波长范围为254~734nm,钠灯主要是589.0nm和589.6nm处的一对谱线。

(2) 空心阴极灯

空心阴极灯是一种阴极呈空心圆柱形的气体放电管,在原子吸收光谱中应用最为广泛。灯管内充有惰性气体Ar或Ne,压强为400~800Pa。阴极内壁是使用待测元素或含待测元素的合金来制作的,可以发射待测元素的特征光谱。

(3) 激光光源

激光的强度高,方向性和单色性好,作为一种新型光源应用于拉曼光谱、荧光光谱、傅里叶变换红外光谱等领域。它使光谱分析的灵敏度和分辨率都大大改善。激光发生器包括气体激光器、固体激光器、染料激光器和半导体激光器等。常用的气体激光器有He/Ne激光器和Ar^+激光器等。He/Ne激光器的发射线是632.8nm,Ar^+激光器的发射线为514.5nm和488.0nm。光谱分析中常用的固体激光器是红宝石激光器和Nd/YAG(掺钕的钇铝石榴石)激光器。前者的激光波长为694.3nm,后者的激光波长为1064nm。此外,光谱分析中使用的激光器还有染料激光器和半导体激光器等。

5.3.2 单色器

将复合光按波长或频率大小分散开形成谱带的装置称为单色器。单色器通常由入射狭缝、准直镜、色散元件、聚焦元件和出射狭缝组成。色散元件起分光作用,是单色器的核心。棱镜和光栅是最常用的色散元件,其光学示意图如图5-3所示。

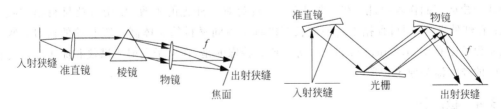

图5-3 棱镜和光栅的光学示意图

(1) 棱镜

棱镜的作用是把复合光分解为单色光。不同波长的光在同一介质中具有不同的折射率,波长短的光折射率大,波长长的光折射率小。因此,平行光经色散后按波长顺序分解为不同波长的光,经聚焦后在焦面的不同位置成像,得到按波长展开的光谱。

在 400~800nm 波长范围内,玻璃棱镜比石英棱镜的色散率大,使用玻璃棱镜更合适。但在 200~400nm 的波长范围内,由于玻璃强烈地吸收紫外光,只能采用石英棱镜。由于介质材料的折射率与入射光的波长有关,因此棱镜给出的光谱与波长有关,是非均排光谱。

(2) 光栅

光栅由玻璃片或金属片制成,其上准确地刻有大量宽度和距离都相等的平行刻痕,可近似地将它看成一系列等宽度和等距离的透光狭缝。光栅分为透射光栅和反射光栅,常用的是反射光栅。反射光栅又可分为平面反射光栅(或称闪耀光栅)和凹面反射光栅。光栅是一种多狭缝部件,光栅光谱的产生是多狭缝干涉和单狭缝衍射两者联合作用的结果。通常的刻线数为 300~2000 刻槽/mm。在紫外可见光谱仪中常用的光栅刻线数是 1200~1400 刻槽/mm,而红外光谱仪的是 100~200 刻槽/mm。光栅单色器的分辨率与光栅的总刻线数和衍射级次有关,与波长无关,因此光栅给出的光谱是均排光谱。

总的来说,光栅作为色散元件要优于棱镜:光栅的色散几乎与波长无关;在相同色散率时,光栅的尺寸要小;光栅可以应用在棱镜不适用的远紫外区和远红外区。近年来随着技术的进步,光栅的杂散辐射和高级光谱干扰等问题已经可以解决,光栅的价格也显著下降,因此目前很多光学仪器中都使用光栅作为色散元件。

(3) 滤光片

滤光片由有色玻璃或夹在两玻璃片之间的有色染料明胶片组成。通常使用的滤光片有带通滤光片和高通滤光片两种。前者使一定波长范围内的光透过,而其他波长的光被阻隔;后者则可以保证波长在某一值之上的光都透过。与光栅和棱镜相比,滤光片所产生的谱带较宽,一般用于简易的比色计中。

(4) 狭缝

狭缝是由两片经过精密加工,且具有锐利边缘的金属片组成。金属片的两边保持平行,并且处于同一平面上。在光谱仪中它是一个很狭窄的长方形孔,光谱图中每一条线都是狭缝的像。在光谱仪中,通常有两个狭缝——入射狭缝和出射狭缝,主要用于保证光谱纯度并控制光辐射能量大小。

5.3.3 吸收池

光谱仪中的吸收池也常被称为样品池或比色皿,一般由透明材料制成。在可见光区,采用硅酸盐玻璃制作吸收池;在紫外光区,为避免对紫外光的吸收,使用石英材料制作吸收池;在红外光区,则可根据不同的波长范围选用不同材料的晶体制成吸收池的窗口。吸收池光程长度有 1cm、2cm、5cm、10cm 等。比较特殊的是,在原子发射光谱仪和原子吸收光谱仪中的样品池为原子化器。

5.3.4 检测器

检测器是一种将透射光信号转变为电信号的装置,根据作用原理大致可分为两类:一类是对光子有响应的光检测器,另一类是对热产生响应的热检测器。光检测器有硒光电池、光电管、光电倍增管、光电晶体管、光二极管阵列检测器、CCD 检测器等。热检测器吸收辐射并根据吸收引起的热效应来测量入射辐射的强度,包括真空热电偶、热释电检测器等。

(1) 光电池

最常用的光电池是硒光电池,其适用的波长范围是 350～750nm,在 550nm 左右最为敏感。图 5-4 是硒光电池的示意图。硒光电池一般是把硒沉积在铁板上,作为一个电极。在半导体材料上喷上一层薄而透明的银、金或铅金属膜作为第二个电极,即集电极。两个电极通过两根线柱与外路相连。当光线照射在半导体表面时,就在银硒交界面激发出电子,释放出电子向银膜流动,并通过外电路流向铁板,形成一个大小与照射到半导体表面上的光子数成正比的电流。

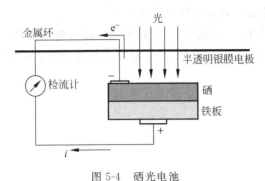

图 5-4　硒光电池

(2) 光电管

由封在真空玻璃(或石英)壳内的光发射阴极和阳极收集器构成。当光照射在光敏阴极上时,阴极就发射出电子,在电场力作用下,电子奔向阳极收集器,电路中立即产生电流。光电管产生的电流一般只有光电池的 1/4,但其内阻很大,光电流易于放大,所以其灵敏度较光电池大得多。光电管的光谱灵敏度及敏感的光谱范围与阴极镀层物质的组成及其性质有关。常用的阴极材料有碱金属、碱金属氧化物、银和氧化银及锑。按其敏感的光谱范围不同而为分蓝敏光电管(也称紫敏电管)和红敏光电管两种。前者是在阴极表面上沉积了锑和铯,应用范围为 210～625nm;后者在阴极面上沉积了银和氧化铯,应用范围为 625～1000nm。真空光电管的响应时间很短,一般在 10^{-3} s 以下,可以用来检测脉冲光束。

(3) 光电倍增管(PMT)

光电倍增管是一类高灵敏度的光电转换元件,其灵敏度比光电管高 200 多倍。它是由阴极、阳极和在它们之间的多个打拿极(倍增阴极)构成的。它可将透射光线照射到阴极上时产生的光电子到达阳极前进行倍增放大。光电倍增管的阴极面的组成与光电管相似,并由阴极材料决定它的工作波长范围。

5.3.5　读出装置

读出装置的作用是放大检测器的输出信号,并以适当的方式将结果显示或记录下来。信号处理过程有时也会包括一些数学运算,例如对数运算、微积分运算等。常用的读出装置有检流计、微安表、记录器和数字显示器等。随着电子技术的飞速发展,目前大多数光谱仪都与电子计算机相连,通过操作界面进行运行控制,并自动记录和处理数据。

习题

5-1 光的波动性和微粒性是如何体现的？请举例说明。

5-2 光和物质能够发生哪些作用？在光谱分析法中主要使用的是哪些？

5-3 简述棱镜和光栅的分光原理。

5-4 光谱仪由哪几个基本单元组成？它们分别起什么作用？

5-5 光谱分析法和非光谱分析法的本质区别是什么？

5-6 什么是连续光源？可分为哪几种类型？

5-7 请给出近紫外光区、可见光区、红外光区的波长范围和频率范围。

5-8 波数为 $980 cm^{-1}$ 的电磁辐射，在电磁波谱中属于哪个区域？

第 6 章

紫外-可见吸收光谱法

紫外-可见吸收光谱法(ultraviolet and visible spectrophotometry,UV-VIS)是研究物质在波长 200～800nm 光区内的分子吸收光谱的一种方法,广泛应用于无机物和有机物的定性和定量测定。紫外-可见吸收光谱属于分子光谱,是由分子中价电子在电子能级间的跃迁产生的。

6.1 分子光谱概述

6.1.1 分子中的能级变化

分子中不仅存在电子相对于原子核的运动,还有核间相对位移引起的振动和转动。这些运动状态都是量子化的,并且有相对应的能级,也就是说可以用能级来描述分子所处的能量状态。

事实上,分子总能量还包括分子内能和分子平动能,但它们不会因外界的电磁辐射而发生变化,因此在光谱分析中并不研究这两类能量。分子吸收或发射电磁辐射之后,会发生电子能级、分子转动和振动能级的变化,这三类能量的变化构成了分子总能量的变化。

$$\Delta E = \Delta E_e + \Delta E_v + \Delta E_r \tag{6-1}$$

式中:ΔE——分子总能量的变化;

ΔE_e——分子中外层电子跃迁引起的能量变化;

ΔE_v——分子振动能级跃迁引起的能量变化;

ΔE_r——分子转动能级跃迁引起的能量变化。

如图 6-1 所示,A、B 表示分子不同的电子能级,在每一能级上有许多间距较小的振动能级,分别以 $v=0、1、2、3、\cdots$ 表示。在每一个振动能级中,还有间距更小的转动能级,分别用 $j=0、1、2、3、\cdots$ 表示。由此可见,分子的电子能级差、振动能级差、转动能级差是依次减小的,即 $\Delta E_e > \Delta E_v > \Delta E_r$。这就意味着从能级上来看,分子可以处于很多种状态。处于同一电子能级上的分子,可能会处于不同的振动能级或转动能级。

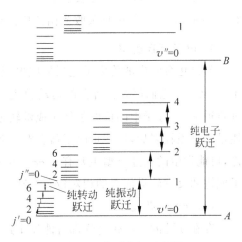

图 6-1 分子能级示意图

6.1.2 分子光谱的产生和类型

分子光谱是分子内部运动变化的一种客观表现。频率为 ν 的光，其能量为 $\Delta E = h\nu$。如果使用该光照射分子，分子中某种能级差恰好等于 ΔE，则该分子就从较低的能级跃迁到较高的能级，在宏观上体现为吸收了入射光，使透射光的强度减弱。如果用不同频率的光照射该分子，并将照射后光强度的变化转变为电信号记录下来，就可以得到光强度对波长的关系曲线图，即分子吸收光谱，简称为分子光谱。

由于能级差不同，产生能级跃迁所需吸收光的波长也不同。分子的电子跃迁能级差为 $1 \sim 20 \mathrm{eV}$，吸收光的波长范围为 $1240 \sim 62 \mathrm{nm}$，主要位于紫外区和可见光区，产生的光谱称为紫外-可见吸收光谱。分子的振动能级差一般在 $0.05 \sim 1 \mathrm{eV}$，需要吸收波长为 $25 \sim 1.25 \mu\mathrm{m}$ 的红外光才能产生跃迁；而分子转动能级差更小，仅为 $0.005 \sim 0.05 \mathrm{eV}$，产生跃迁需要吸收红外光的波长更长，为 $250 \sim 25 \mu\mathrm{m}$。分子振动能级、转动能级跃迁对应的吸收光主要在红外光区，产生的光谱称为红外光谱。

从理论上来讲，单一的能级跃迁仅吸收某一固定波长的光，形成的吸收光谱应该是一条很窄的锐线。实际上这种情况只有在处于气相的单个原子发生电子能级跃迁时才能观察到，而分子光谱往往都是连续的带状光谱。这是什么原因呢？从图 6-1 可以看出，分子的电子能级差、分子振动能级差和分子转动能级差是层层包含的。在分子发生电子能级跃迁时总是伴随着分子振动能级和分子转动能级的跃迁，发生分子振动能级跃迁时会伴随分子转动能级的跃迁，因此原本看似单一的能级跃迁实际上包含了许多小的能级跃迁，所形成的吸收光谱包含了大量谱线，这些谱线相互叠加就形成了连续的带状光谱。

6.2 紫外-可见吸收光谱的产生和影响因素

6.2.1 电子跃迁类型与相应的吸收带

紫外-可见吸收光谱主要是由分子中价电子的跃迁而产生的，吸收光的波长范围为 $200 \sim 800 \mathrm{nm}$。紫外-可见吸收光谱法广泛应用于无机和有机物质的定性和定量测定。

1. 电子跃迁类型

有机化合物中的价电子包括形成单键的 σ 电子、形成双键的 π 电子和非成键的孤对电子（n 电子），它们都处在各自的运动轨道上。分子中还有一些空轨道，即反键轨道 σ^* 和反键轨道 π^*。分子中的价电子处于成键轨道时比较稳定，此时的能级较低。当分子吸收一定能量的电磁辐射后，这些价电子就会跃迁到较高的能级，即进入反键轨道。根据分子轨道理论，可能发生的跃迁类型主要有 $\sigma \rightarrow \sigma^*$、$n \rightarrow \sigma^*$、$\pi \rightarrow \pi^*$、$n \rightarrow \pi^*$ 和电荷转移跃迁，图 6-2 显示了成键和反键轨道能级的相对位置和跃迁类型。

(1) $\sigma \rightarrow \sigma^*$ 跃迁

存在 σ 键的有机化合物都可能发生这类跃迁。从图 6-2 可以看出，$\sigma \rightarrow \sigma^*$ 跃迁需要能量最大，吸收光的波长最短，处于远紫外区（真空紫外区）。$\sigma \rightarrow \sigma^*$ 跃迁一般发生在饱和烃分子

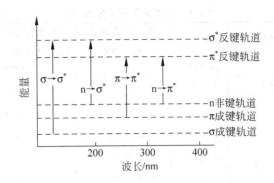

图 6-2 电子能级和电子跃迁示意图

中,例如甲烷的最大吸收波长 λ_{max} 为125nm,乙烷的 λ_{max} 为135nm,它们在近紫外-可见光区没有吸收带。由于一般的紫外可见光谱仪都无法在远紫外区工作,因此 σ→σ* 跃迁引起的吸收谱带并不在紫外可见光谱分析范围内。正是由于饱和烃的这种特性,不会影响其他跃迁产生的谱带,因此常被用作紫外-可见光谱法分析中的溶剂。

(2) n→σ* 跃迁

含有杂原子(例如O、N、S、Cl、Br、I)的饱和烃衍生物一般都含有n电子,如甲醇、氯仿等,会发生 n→σ* 跃迁。这种跃迁所需能量比 σ→σ* 跃迁小,吸收峰大约在200nm附近,且强度大都较弱,在紫外光谱分析中用途不大。

(3) π→π* 跃迁

π→π* 跃迁一般发生在不饱和烃、共轭烯烃和芳香烃等含有 π 键的不饱和有机化合物中,这类跃迁所需能量较小,吸收波长一般位于紫外区,在200nm左右。π→π* 跃迁的明显特征是摩尔吸光系数很大,一般在 10^4 L·mol^{-1}·cm^{-1} 以上。在共轭体系中,吸收峰随双键共轭程度的增加向长波方向移动。

(4) n→π* 跃迁

含有杂原子的不饱和有机化合物,例如丙酮、乙酰胺等,分子中既有 π 电子,又有 n 电子,可以发生 n→π* 跃迁。这类跃迁所需的能量最低,吸收光波长最长,一般都在近紫外区和可见光区,但吸收强度一般较弱。

(5) 电荷转移跃迁

某些分子具有电子给予体和电子接受体部分,它们可以吸收电磁辐射,使电子从给予体向接受体迁移,叫做电荷转移跃迁,所产生的吸收光谱称为电荷转移光谱。电荷转移跃迁实质上是分子内的氧化-还原过程,电子给予部分是一个还原基团,电子接受部分是一个氧化基团,而激发态是氧化-还原的产物。

2. 常用术语

(1) 生色团

分子中能吸收紫外-可见光产生 π→π* 或 n→π* 跃迁的结构单元,称为生色团(chromophore)。表6-1列出了常见生色团的吸收特征。

表 6-1 常见生色团的吸收特征

生色团	实例	溶剂	最大吸收波长 λ_{max}/nm	最大摩尔吸光系数 ε_{max}/(L·mol^{-1}·cm^{-1})	跃迁类型
烯烃	$C_6H_{13}CH=CH_2$	正庚烷	177	13000	$\pi \rightarrow \pi^*$
炔烃	$C_5H_{11}C\equiv CCH_3$	正己烷	178	10000	$\pi \rightarrow \pi^*$
羰基	$H_3C-\overset{O}{\underset{\|}{C}}-CH_3$	正己烷	186	1000	$n \rightarrow \sigma^*$
羧基	$H_3C-\overset{O}{\underset{\|}{C}}-OH$	乙醇	204	41	$n \rightarrow \pi^*$
酰胺基	$H_3C-\overset{O}{\underset{\|}{C}}-NH_2$	水	214	60	$n \rightarrow \pi^*$
偶氮基	$CH_3N=NCH_3$	乙醇	339	5	$n \rightarrow \pi^*$
硝基	CH_3NO_2	异辛烷	280	22	$n \rightarrow \pi^*$
亚硝基	C_4H_9NO	乙醚	300	100	$n \rightarrow \pi^*$
硝酸酯	$C_2H_5ONO_2$	二氧六环	270	12	$n \rightarrow \pi^*$

(2) 助色团

助色团(auxochrome)是指与生色团相连,能使化合物的吸收峰向长波方向移动,且吸收强度增大的取代基。助色团一般是带有未成键的孤对电子的基团,例如—OH、—OR、—NHR、—SH、—Cl、—Br、—I 等,它们本身不能吸收波长大于 200nm 的光,但与生色团相连时,n 电子就可以与 π 电子发生 p-π 共轭作用形成大 π 键,使电子云偏移极化,基态能量升高,基态和激发态的能级差缩小,从而导致整个分子吸收峰红移,吸光强度增大。

(3) 红移和蓝移

在有机化合物中,常常因取代基或溶剂的改变,使其吸收带的最大吸收波长 λ_{max} 发生移动,向长波方向移动的称为红移(bathochromic shift),向短波方向移动的称为蓝移(hypsochromic shift)。

(4) 增色和减色

由于引入取代基或改变溶剂使有机化合物的吸收强度(即摩尔吸光系数)增大或减小的现象称为增色效应和减色效应。

3. 吸收带的划分

物质的 $\pi \rightarrow \pi^*$ 跃迁和 $n \rightarrow \pi^*$ 跃迁所产生的吸收带一般都处于近紫外区或可见光区,是紫外-可见吸收光谱所研究的主要吸收带,一般分为以下 4 种类型。

(1) R 吸收带

含有 O、N、S 等杂原子的不饱和基团中的孤对电子由 n 轨道向反键轨道 π^* 跃迁所产生的吸收峰称为 R 吸收带。这类基团常见的有 $\diagup C=O$、—N=N—、—N=O、—NO$_2$。R 吸收带的吸收波长较长,大约在300nm,但摩尔吸光系数ε在100L·mol^{-1}·cm^{-1}以内,属于弱吸收,容易被附近较强的吸收峰所掩盖。

(2) K 吸收带

K 吸收带是由非封闭的共轭体系中 $\pi \to \pi^*$ 跃迁产生的。例如共轭烯烃、烯酮等都会产生该吸收带,其特点是最大吸收波长大于 200nm,吸收强度很强,摩尔吸光系数 ε 大于 10^4 L·mol^{-1}·cm^{-1}。随着分子中的共轭体系增大,吸收峰红移,吸收强度增强。

(3) B 吸收带

B 吸收带是由闭合环状共轭体系中 $\pi \to \pi^*$ 跃迁所产生的,是芳环化合物的特征吸收带。B 吸收带波长较长,大约在 250nm 附近,但吸收强度比较弱,摩尔吸光系数 ε 在 200~3000L·mol^{-1}·cm^{-1}。B 吸收带通常具有精细结构,在气态或非极性溶剂中会出现,但在取代基或极性溶剂的影响下会减弱甚至消失。

(4) E 吸收带

E 吸收带也是芳环化合物的特征吸收带,同样是由 $\pi \to \pi^*$ 跃迁产生的。E 吸收带又可分为 E1 带和 E2 带,前者波长约为 180nm,摩尔吸光系数 ε 在 10^4 L·mol^{-1}·cm^{-1} 以上,后者波长略高于 200nm,ε 约为 8000L·mol^{-1}·cm^{-1}。尽管 E1 带比 E2 带的吸收强度更大,但由于在远紫外区,应用却不如 E2 带广泛。

6.2.2 紫外-可见光谱的影响因素

取代基、溶剂以及 pH 都会对物质的紫外-可见光谱产生影响,主要体现为谱带的位移和吸收强度的变化。

(1) 共轭效应

共轭体系可以促使电子离域到多个原子之间,使 $\pi \to \pi^*$ 跃迁所需能量降低,电子的跃迁几率增大,从而导致最大吸收波长红移,摩尔吸光系数增大。这种由共轭体系产生的影响称为共轭效应。共轭体系越大,共轭效应越显著。

(2) 立体化学效应

立体化学效应是指由空间位阻、分子构象等因素引起的谱带位移和吸收强度变化。空间位阻会妨碍分子内共轭的生色团处于同一平面,从而导致共轭效应减弱或消失,出现 λ_{max} 蓝移和 ε 减小。有些生色团虽不共轭,但其空间排列方式使它们的电子云仍能相互影响,引起谱带和吸收强度的变化。

(3) 溶剂效应

一般来说,分子激发态的极性大于基态,溶剂极性越大,分子与溶剂的静电作用越强,使激发态稳定,能量降低。因此在极性溶剂中,分子 π^* 轨道能量降低的程度大于 π 轨道的,$\pi \to \pi^*$ 跃迁能量差减小,最大吸收波长红移。但 $n \to \pi^*$ 跃迁产生的吸收峰却会蓝移,这是由于 n 电子能够与极性溶剂形成氢键,使基态 n 轨道能量降低的程度大于 π^* 轨道的,$n \to \pi^*$ 跃迁能量差反而增大所导致的。

溶剂还会影响紫外-可见吸收光谱的精细结构。这些精细结构主要是由分子的振动跃迁和转动跃迁产生的。当溶质分子处于溶剂的包围中,其转动和振动都会受到限制。溶剂的极性越大,对溶质分子的限制越明显。分子在气态时,或在非极性溶剂中,其光谱的精细结构比较清楚,而在极性溶剂中会减弱甚至消失,呈现出宽峰。

此外,溶剂本身也会吸收电磁辐射形成谱带,如果与溶质的谱带重叠,就会干扰溶质吸收带的观察和分析。因此在选择溶剂时,必须注意其吸收谱带的位置。每种溶剂都有其"截止波长",对波长大于截止波长的光基本没有吸收。因此,溶剂截止波长就是其能够使用的波长极限,当低于此波长时,溶剂本身吸收造成的影响就不能忽略。表 6-2 中列出了常见溶剂的截止波长。

表 6-2 紫外-可见吸收光谱法中常见溶剂的截止波长

溶 剂	截止波长/nm	溶 剂	截止波长/nm
甲醇	210	甲基环己烷	210
乙醇	210	1,4-二氧六环	225
正丁醇	210	水	210
异丙醇	215	乙醚	220
乙酸	215	甘油	220
二氯甲烷	233	丙酮	330
氯仿	245	吡啶	305
四氯化碳	265	N,N-二甲基甲酰胺	270
苯	280	二硫化碳	380
甲苯	285	苯甲腈	300
环己烷	210	硝基甲烷	380
正己烷	220	甲酸甲酯	260
正庚烷	210	乙酸乙酯	260

溶剂对物质的紫外-可见光谱影响很大,因此在进行分析时,必须注明是在何种溶剂中进行测定的。选择溶剂应注意以下几点:

① 溶剂能够很好地溶解待测试样,溶剂对溶质是惰性的,形成的溶液具有良好的稳定性。

② 在溶解度允许地范围内,尽量选择极性较小的溶剂。

③ 溶剂在样品的吸收光谱区无明显吸收。

(4) 溶液 pH 的影响

溶液 pH 对溶质分子紫外-可见吸收光谱的影响比较普遍,pH 值的改变可能引起共轭体系的增大或减小,从而导致吸收峰红移或蓝移。对烯醇、不饱和酸、酚和苯胺类化合物的影响尤为显著。

6.3 光的吸收定律

6.3.1 透光率和吸光度

当一束平行单色光通过均匀的非散射介质时,一部分光被溶液吸收,还有一部分则透过介质,即

$$I_0 = I_a + I_t \tag{6-2}$$

式中:I_0——入射光的强度;

I_a——介质吸收光的强度;

I_t——透过光的强度。

当入射光强度 I_0 一定时,介质吸收光的强度 I_a 越大,则透过光的强度 I_t 越小。用 $\dfrac{I_t}{I_0}$ 表示光线透过介质的能力,称为透光率,以 T 表示,即

$$T = \frac{I_t}{I_0} \tag{6-3}$$

透光率的数值为百分数,取值范围为 0～100%。如果光被介质全部吸收,$I_t=0$,$T=0$;而若光全部透过,则 $I_t=I_0$,$T=100\%$。透光率的倒数反映了介质对光的吸收程度。为了便于计算,取透光率倒数的对数作为吸光度,用 A 来表示,即

$$A = \lg \frac{1}{T} = \lg \frac{I_0}{I_t} = -\lg T \tag{6-4}$$

6.3.2 朗伯-比尔(Lambert-Beer)定律

当一束平行单色光射入溶液,溶液的吸光度与溶液的浓度和液层厚度有关。法国科学家布格(P. Bouguer)和德国科学家朗伯(J. H. Lambert)分别在 1729 年和 1760 年研究了物质对光的吸收程度和吸收介质厚度之间的关系,发现用适当波长的单色光照射一固定浓度的均匀溶液时,吸光度与液层厚度成正比。1852 年德国科学家比尔(A. Beer)阐明了光的吸收程度和吸光物质浓度也具有定量关系。两者结合起来就得到了光吸收的基本定律——布格-朗伯-比尔定律,简称朗伯-比尔定律或比尔定律:当一束平行的单色光通过单一均匀的、非散射的吸光物质溶液时,溶液的吸光度与液层厚度和溶液的浓度的乘积成正比,即

$$A = \varepsilon b c \tag{6-5}$$

式中:A——吸光度;

ε——摩尔吸光系数,L·mol^{-1}·cm^{-1};

b——光程,即液层厚度,cm;

c——溶液浓度,mol·L^{-1}。

摩尔吸光系数 ε 是吸光物质在一定波长和溶剂条件下的特征常数,与吸光物质的性质有关,而与浓度和液层厚度无关。ε 在数值上等于 1mol·L^{-1} 的吸光物质在 1cm 的光程中的吸光度。在相同条件下,同种物质的 ε 值相同,所以 ε 可以作为物质定性鉴定的参数。需要注意的是,同种物质在不同波长下的 ε 值并不相同。物质在最大吸收波长处的摩尔吸光系数称为最大摩尔吸光系数,以 $\varepsilon_{\max}$ 表示。

如果溶液中含有多种溶质,各种溶质浓度都比较低,且无相互作用,则该溶液对波长为 λ 的光的总吸光度 $A_\text{总}$ 等于每一种组分对这种光的吸光度之和,这被称为吸光度的加和性,结合式(6-5)可得

$$A_\text{总} = \sum_{i=1}^{n} A_i = b \sum_{i=1}^{n} \varepsilon_i c_i \tag{6-6}$$

式中:A_i——每种组分对波长为 λ 的光的吸光度;

ε——每种组分对该光的摩尔吸光系数;

c——该组分的浓度;

b——光通过的液层厚度。

朗伯-比尔定律是光吸收的基本定律,适用于所有的电磁辐射和各种吸光物质(包括气

体、液体、固体、原子和离子),是分光光度法、比色分析法和光电分析法的定量基础。朗伯-比尔定律在宏观世界和微观世界之间架起了桥梁,被认为是自然科学中最重要的定律之一。但它是一个有限的定律,其成立条件是:

(1) 入射光为平行单色光,且垂直照射;

(2) 吸光物质为均匀非散射体系;

(3) 吸光物质之间不发生相互作用;

(4) 电磁辐射与物质之间的作用仅限于光吸收,无荧光和光化学现象发生。

在实际应用中,往往会出现测定结果与朗伯-比尔定律理论值不一致的情况。如果溶液的实际吸光度比理论值大,称为正偏离;吸光度比理论值小,则为负偏离。导致偏离的原因有很多,大体上可分为光源和溶液性质两个方面。

(1) 入射光不纯引起的偏离

当入射光为单色光时,溶液的吸收才严格服从朗伯-比尔定律。但真正的单色光却难以得到,在实际应用中是选用合适的光源,并通过单色器进行分光,所得到的入射光其实是一个波段很窄的谱带。这也就意味着在测定波长附近或多或少含有其他的杂色光,这就会导致朗伯-比尔定律的偏离,并会使检测灵敏度下降。

当然,目前分光光度计都具有良好的分光性能。一般情况下,这些杂色光带来的不良影响都可以忽略不计。

(2) 溶液浓度过高引起的偏离

朗伯-比尔定律要求吸光物质是均匀的非散射体系,且吸光物质之间不发生相互作用。对于含有某种吸光物质(溶质)的溶液而言,高浓度时吸光粒子之间的平均距离小,受到电荷分布的影响比较强烈,使摩尔吸光系数明显改变,导致吸收定律的偏离。因此,朗伯-比尔定律适用于均匀的稀溶液,即浓度小于 0.01mol/L 的溶液。

(3) 介质不均匀引起的偏离

朗伯-比尔定律适用于均匀的、非散射的介质,如果待测溶液是胶体溶液、乳浊液或悬浮液,则入射光通过溶液后,除了一部分被吸收以外,还会有反射和散射,从而导致透光率减小,使实际测算出的吸光度增大,使标准曲线偏离直线向吸光度轴弯曲,即形成朗伯-比尔定律的偏离。

(4) 化学反应引起的偏离

如果待测体系中发生了电离、酸碱反应、氧化还原反应、配位反应以及缔合反应等,则吸光物质的性质和浓度就发生了改变,导致偏离朗伯-比尔定律。常见的情况是溶剂和溶质发生反应,例如碘在四氯化碳溶液中呈紫色,在乙醇中呈棕色,在四氯化碳溶液中即使含有1%乙醇也会使碘溶液的吸收曲线形状发生变化。这是由于溶质和溶剂的作用,生色团和助色团也发生相应的变化,使吸收光谱发生红移或蓝移。此外,溶液中有色物质的聚合和互变异构,在光照下的化学分解,自身的氧化还原,以及干扰离子和显色剂的作用等,都会造成朗伯-比尔定律的偏离。

6.3.3 灵敏度的表示方法

在紫外-可见吸收光谱法中,常用摩尔吸光系数和桑德尔(Sandell)灵敏度来表示检测方法的灵敏度。

1. 摩尔吸光系数

摩尔吸光系数 ε 是吸光物质的特征常数,在同样波长和溶剂条件下,物质的 ε 越大,说明对该波长光的吸收能力越强,相应测定的灵敏度就越高。通常认为,$\varepsilon < 10^4 \text{L} \cdot \text{mol}^{-1} \cdot \text{cm}^{-1}$ 时,检测的灵敏度较低;在 $10^4 \text{L} \cdot \text{mol}^{-1} \cdot \text{cm}^{-1} < \varepsilon < 5 \times 10^4 \text{L} \cdot \text{mol}^{-1} \cdot \text{cm}^{-1}$ 时,灵敏度中等;在 $6 \times 10^4 \text{L} \cdot \text{mol}^{-1} \cdot \text{cm}^{-1} < \varepsilon < 10^5 \text{L} \cdot \text{mol}^{-1} \cdot \text{cm}^{-1}$ 时,属于高灵敏度;$\varepsilon > 10^5 \text{L} \cdot \text{mol}^{-1} \cdot \text{cm}^{-1}$ 时,属于超高灵敏度。一般认为 ε 达到 $10^4 \text{L} \cdot \text{mol}^{-1} \cdot \text{cm}^{-1}$ 以上就是强吸收,大多数分光光度法所测定的吸光物质的最大摩尔吸光系数都能达到这一标准,因此检测是比较灵敏的。

2. 桑德尔灵敏度

桑德尔灵敏度最初用于目视比色法,后来推广到光学分析法中,其定义为:对于截面积为 1cm^2 的液层,在一定波长下测得吸光度 $A=0.001$ 时,溶液中所含吸光物质的量,以 S 表示,单位为 $\mu\text{g} \cdot \text{cm}^{-2}$。

由朗伯-比尔定律可知:

$$A = \varepsilon bc = 0.001$$
$$bc = 0.001/\varepsilon$$

将两边同乘以摩尔质量 $M(\text{g} \cdot \text{mol}^{-1})$、$10^6 (\mu\text{g} \cdot \text{g}^{-1})$、$10^{-3}(\text{L} \cdot \text{cm}^{-3})$,经量纲分析后可得:

$$S = \frac{M}{\varepsilon} \tag{6-7}$$

一般分光光度法的 S 为 $0.001 \sim 0.01 \mu\text{g} \cdot \text{cm}^{-2}$。摩尔吸光系数 ε 也被称为"固有灵敏度",是由吸光物质本身的性质决定的,其大小与吸光物质分子的截面积及电子跃迁几率有关。而桑德尔灵敏度 S 除了与吸光物质的本性有关之外,还与仪器区别溶液透光率的能力有关。当表示某一分光光度法能够达到的最低检测能力时,采用 S 更加直观方便。

6.4 紫外-可见分光光度计

6.4.1 紫外-可见分光光度计的主要部件

紫外-可见光谱仪常被称为紫外-可见分光光度计,是一种应用十分广泛的光学分析仪器。1854 年,杜包斯克(Duboscq)和奈斯勒(Nessler)设计了第一台比色计。1918 年,美国国家标准局制成了第一台紫外-可见分光光度计,此后经过不断改进,功能日趋完善。从仪器结构上来看,紫外-可见分光光度计通常由光源、单色器、吸收池、检测器和读出装置 5 个部分组成。

在紫外光区常采用气体放电光源,尤以氢灯和氘灯应用最广泛,适宜检测的波长范围为 200~350nm。在可见光区的常用光源为钨灯和碘钨灯,发射光的波长范围为 320~2500nm。由于钨灯的能量输出会随外加电压产生大幅度变化,因此需用稳压器严格控制电源电压,以保证发光强度稳定。

由于紫外-可见分光光度计的光源发射出来的是具有连续波长范围的复合光,而用于测定物质吸光度时使用的是单色光,因此必须使用单色器进行分光。色散元件主要有棱镜和光栅两类。棱镜是根据色散原理进行分光的,得到的光谱属于非均排光谱,长波长区密,短波长区疏。光栅则是利用光的衍射与干涉作用制成的,得到的是均排光谱,各谱线之间距离相等。近年来随着技术的成熟,光栅制作成本不断降低,在紫外-可见分光光度计上已有比较广泛的应用。

紫外-可见分光光度计吸收池的材质有玻璃和石英两种。玻璃对紫外光有吸收,因此只能用于可见光区,而石英吸收池则在可见光区和紫外光区都可以使用。吸收池的宽度即为平行光通过待测液体样品的光程,最常用的是 1cm 宽的吸收池,其他还有 2cm、5cm、10cm 等不同宽度。当待测样品浓度一定时,使用较宽的吸收池即增加了光程,吸光度就会提高。这有利于检测低浓度的样品。

检测器的功能是将光信号转变为电信号,要求灵敏度高,相应时间短,稳定性好。常用的光电池、光电管、光电倍增管都属于单道光子检测器,它们存在通量较低、检测速度较慢的问题,而多道光子检测器的出现则克服了这一缺点,极大地提高了检测速度。这类检测器主要包括光电二极管阵列(PDA)、电荷转移元件阵列(CTD)以及电荷耦合阵列(CCD)检测器,其基本工作原理是:含有电子线路的硅半导体芯片上以线性或二维模式排列有一组光电敏感单元。该芯片置于光谱仪的焦平面上,从单色器色散出的各种光谱均能够通过芯片上的敏感单元转变为电信号输出,从而在极短时间内检测到多种光信号。例如韩国新科 S-1400 仪器使用了 1024 个 PDA 检测器,能够在 0.02s 内获得 190～1100nm 范围内所有的光谱数据,被同时检测到。

紫外-可见分光光度计中常用的读出装置有检流计、微安表、电位计、荧光显示器、打印机等,但近年来仪器基本都与电子计算机紧密结合,通过软件进行运行条件控制、自动校正以及结果输出。

6.4.2 紫外-可见分光光度计的类型

紫外-可见分光光度计可分为单波长、双波长分光光度计以及多通道分光光度计,单波长分光光度计还可以进一步分为单光束和双光束两种。

1. 单波长单光束分光光度计

单波长单光束分光光度计的原理如图 6-3 所示。光源发出的复合光经单色器后获得单色光,入射到吸收池的溶液中,透射光被检测器捕获并转换为电信号,在读出装置上显示出透光率或吸光度值。在测定样品之前,首先需要让单色光入射到盛有参比溶液的吸收池,并在读出装置上调节使之显示为透光率为 100% 或吸光度为 0。然后再用待测样品替换参比溶液进行测定,从而获得最终的吸光度值。

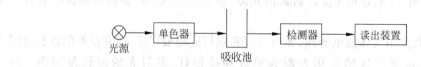

图 6-3 单波长单光束分光光度计原理图

单波长单光束分光光度计的光路系统结构简单,光源能量损失小,运行噪声低,但测量结果易受光源波动性的影响,误差较大。常见的 721 型、722 型和 751 型紫外-可见分光光度计都属于这一类。

2. 单波长双光束分光光度计

单波长双光束分光光度计的原理如图 6-4 所示。光源发出的光经单色器分光后被同步旋转镜转变为两束光,交替入射到参比溶液和样品中,再进入同一检测器,即检测器交替接收来自参比池和样品池的信号,两信号的比值通过对数转换为样品的吸光度 A。设入射光强度为 I_0,参比池和样品池的透射光强度分别为 I_R 和 I_S,吸光度分别为 A_R 和 A_S,则由式(6-4)可得:

$$A_R = \lg \frac{I_0}{I_R}$$

$$A_S = \lg \frac{I_0}{I_S}$$

$$A = A_S - A_R = \lg \left(\frac{I_0}{I_S} \cdot \frac{I_R}{I_0} \right) = \lg \frac{I_R}{I_S} \tag{6-8}$$

由此可见,最终输出的吸光度 A,其大小取决于两个光束强度之差,而与入射光强度 I_0 无关,因此就消除了检测结果受光源强度变化的影响。双光束分光光度计对参比信号和样品信号的测量几乎是同时进行的,补偿了光源和检测系统的不稳定性,具有较高的测量精密度和准确度。双光束分光光度计可以不断地变更入射光波长,自动测量不同波长下样品的吸光度,实现吸收光谱的自动扫描。国产的 710 型、730 型、740 型、日立 UV-340 型光度计等均属此类仪器。

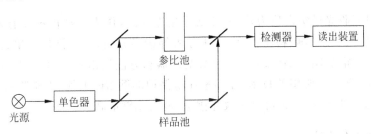

图 6-4　单波长双光束分光光度计

3. 双波长分光光度计

双波长分光光度计采用了两个单色器,这是它与单波长分光光度计的主要差别。如图 6-5 所示,光源发出的光分别经过两个单色器,得到两束光强度都为 I_0、波长分别为 λ_1 和 λ_2 的单色光。通过切光器(旋转镜)调制,使两束不同波长的单色光交替照射到同一吸收池上,其透射光被检测器接收,经信号处理系统可获得对两束单色光的吸光度之差值 ΔA。设对 λ_1 光的吸光度为 A_1,摩尔吸光系数为 ε_1,对 λ_2 光的吸光度为 A_2,摩尔吸光系数为 ε_2。根据朗伯-比尔定律可得:

$$A_1 = \lg \frac{I_0}{I_1} = \varepsilon_1 bc$$

$$A_2 = \lg \frac{I_0}{I_2} = \varepsilon_2 bc$$

$$\Delta A = A_2 - A_1 = (\varepsilon_2 - \varepsilon_1)bc \tag{6-9}$$

式(6-9)表明,样品溶液中吸光物质对两个波长 λ_1 和 λ_2 光的吸光度差值与其浓度成正比,这就是双波长分光光度计进行定量检测的依据。双波长分光光度计只使用一个吸收池,且不需要参比溶液,这样就消除了参比池不同和参比溶液制备所带来的误差,灵敏度高。此外,双波长分光光度计可以通过选择不同的波长来方便地校正背景吸收,从而消除吸收光谱重叠的干扰,不仅适用于单一溶质的溶液,还可用于混浊液和多组分混合物的定量分析。

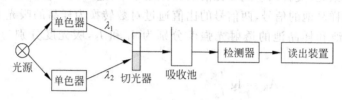

图 6-5 双波长分光光度计原理图

4. 多通道分光光度计

多通道分光光度计与上述其他光度计的主要区别在于它使用了多道光子检测器。最常见的是 PDA 检测器,它是由几百个光电二极管构成的线性阵列,排列在一只几厘米长的芯片上。入射光通过吸收池之后到达光栅,经分光后照射到 PDA 检测器上,大量复杂的光信号转变为电信号并输出,整个仪器由计算机控制,具有很高的灵敏度和极快的检测速度。

6.5 紫外-可见吸收光谱法的应用

紫外-可见吸收光谱法也称为紫外-可见分光光度法,作为一种传统而有效的仪器分析技术,广泛应用于环境监测、检验检疫、生化分析等诸多方面,具有操作简单、灵敏度高等特点。尽管随着分析科学的飞速发展,各种新型仪器和方法层出不穷,但紫外-可见吸收光谱法仍然是环境监测中最常用的技术,在国家环境保护部颁布的大气、水质监测项目的标准分析方法中,有近一半都是紫外-可见吸收光谱法,所占比例最高。

6.5.1 分析条件的选择

为了保证紫外-可见吸收光谱法有较高的灵敏度和准确度,选择最佳的分析条件是很重要的,这主要包括仪器测量条件、显色条件以及参比溶液的选择。

1. 仪器测量条件

利用光谱法检测的仪器误差主要来自入射光单色性、狭缝宽度以及吸光度范围等因素。

(1) 分析波长

待测物质在最大吸收波长 λ_{max} 处的吸光度值最大,选择 λ_{max} 处作为分析波长进行定量检测,可以获得最高的灵敏度。在 λ_{max} 附近,吸光度随波长的变化较小,波长的稍许偏移引起吸光度的测量偏差也较小,因此可以得到较好的测定精密度。但需要注意的是,如果显色剂或其他物质在待测物质的 λ_{max} 处也有较强的吸收,则要更换其他分析波长,否则测量误差就会较大。

(2) 狭缝宽度

狭缝宽度增大,会使入射光的单色性降低。从理论上来说,定性分析应采用最小的狭缝宽度。较小的狭缝宽度也有利于提高检测灵敏度,但如果狭缝太小,会使入射光强度太弱而导致信噪比降低。因此,可以通过试验来确定狭缝的合适宽度:狭缝宽度在某一范围内,样品的吸光度基本恒定,当狭缝增大到一定程度时,吸光度就会减小。合适的狭缝宽度就是在吸光度不减小时的最大狭缝宽度。一般来说,狭缝宽度大约是样品吸收峰半宽度的1/10。

(3) 吸光度范围

分光光度计直接测定的是透射光强度,与入射光强度相比即得到透光率T。对于同一台分光光度计来说,透光率的读数误差大约为1%。透光率T与吸光度A之间是对数关系,同样大小的透光率误差ΔT在不同吸光度值时会产生不同的吸光度误差ΔA。从图6-6可以看出,在不同吸光度下,浓度测定结果相对误差$\Delta c/c$也不相同。当透光率为36.8%或吸光度为0.434时,测量相对误差最小。事实上,吸光度只要在一个适当的范围内,由仪器引起的测量相对误差都可以接受。

在紫外-可见吸收光谱分析中,一般选择吸光度范围为$0.2\sim0.8$(T为65%~15%)。此时如果分光光度计的透光率读数误差为1%,引起的测定结果相对误差约为3%。

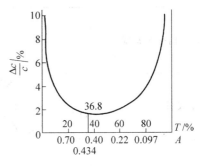

图6-6 吸光度与测定结果相对误差的关系

2. 显色条件

待测样品应该能够符合朗伯-比尔定律的适用条件,一般用于紫外-可见吸收光谱分析的都是溶液体系。在很多情况下,想要获知浓度的物质并不产生对光的吸收或只有弱吸收,例如大多数金属离子。必须通过加入适当的试剂,与待测物质反应生成对紫外或可见光有较强吸收的物质再进行测定,这种反应就称为显色反应,所用试剂称为显色剂。配位反应、氧化还原反应以及增加生色团的衍生化反应等都是常见的显色反应类型,其中尤以配位反应应用最广泛,所形成的配合物具有特征颜色,稳定性好。显色剂有无机和有机两类,无机显色剂种类较少,主要有硫氰酸盐、钼酸铵和过氧化氢,可以分别用来测定铁、钼、钨、硅、磷、钛,被测元素在酸性条件下与无机显色剂反应生成稳定的配合物,在可见光下即可定量检测。有机显色剂的种类繁多,而且还在不断发展之中。表6-3列出了一些常用的有机显色剂。

表6-3 常用的有机显色剂

显色剂名称	分子结构	测定的离子
偶氮胂Ⅲ	(结构式)	Zr^{4+}、Hf^{4+}、Th^{4+}
铬天青S	(结构式)	Be^{2+}、Al^{3+}、Y^{3+}、Ti^{4+}、Zr^{4+}、Hf^{4+}

续表

显色剂名称	分子结构	测定的离子
丁二酮肟	(结构式)	Ni^{2+}
α-亚硝基-β-萘酚	(结构式)	Co^{2+}
镉试剂	(结构式)	Cd^{2+}
铜试剂	(结构式)	Cu^{2+}
1,10-二氮菲	(结构式)	Fe^{2+}
磺基水杨酸	(结构式)	Fe^{3+}、Ti^{4+}
硫脲	(结构式)	Bi^{3+}、Os^{6+}
双硫腙	(结构式)	Pb^{2+}、Hg^{2+}、Zn^{2+}、Bi^{3+}
2,3,7-三羟基-9-(5'-苯偶氮)水杨基荧光酮(PASAF)	(结构式)	Mo^{6+}
1-(4-硝基苯)-3-(3-甲基吡啶)-三氮烯(NPMPT)	(结构式)	Zn^{2+}

显色反应一般应该满足下列要求:反应生成物对紫外光或可见光有较强的吸收,摩尔吸光系数大;显色剂有较高的选择性,生成物组成恒定,有良好的稳定性;显色剂与生成物的最大吸收波长的差别应在60nm以上。有些情况下,为了提高反应的灵敏度、选择性或者反应速率,还会加入其他试剂(例如表面活性剂、催化剂、氧化还原剂)作为反应助剂。

在实际使用中,应注意显色反应的条件:

(1) 显色剂用量

显色剂的用量取决于显色反应生成物的性质,显色剂太多或太少都可能引起朗伯-比尔定律的偏离。需要通过实验来确定最佳显色剂浓度。

(2) 溶液 pH

大多数显色剂都是有机弱酸或弱碱,溶液的酸度会直接影响显色剂的离解程度,此外 pH 还会对被测组分的存在形态和配合物的形成起到重要作用。因此也需要通过实验测定吸光度与 pH 的关系曲线,从而确定显色反应的最佳 pH。

(3) 温度

通常的显色反应都在室温下进行,但也有个别反应需要升温或降温。

(4) 时间

反应时间取决于显色反应的速率和生成物的稳定性。有些显色反应很快,但生成物稳定性较差,这就需要尽快测定;而有些显色反应则较慢,在加入显色剂后还需要放置一段时间。

(5) 试剂加入顺序

如果反应体系需要多种试剂,需要将它们按照一定的顺序加入,否则会发生干扰反应或显色反应不完全。

3. 参比溶液的选择

在紫外-可见吸收光谱法的测定过程中,需要用参比溶液来调节透光率为100%,即吸光度为0,以消除吸收池、溶剂以及溶液中其他成分对光的反射和吸收带来的误差。选择合适的参比溶液对于获得准确的测定结果十分重要。根据实际情况,有以下几类参比溶液可供选择。

(1) 溶剂参比

当试样溶液的组成简单,共存组分比较少,且对测定波长的光几乎没有吸收时,可以采用溶剂作为参比溶液,来消除溶剂和吸收池等因素的影响。蒸馏水是常见的溶剂,在很多物质的紫外-可见吸收光谱分析法中都使用蒸馏水作为参比。

(2) 试剂参比

如果显色剂或其他试剂在测定波长处有吸收,则使用不含待测物,而含有同样显色剂和其他试剂的溶液作为参比,这样可以消除外加试剂产生吸收造成的影响。

(3) 试样参比

如果试样基体在测定波长处有吸收,但不与显色剂反应,可以用不加显色剂的试样作为参比。这种参比溶液适用于样品中有较多的共存组分、加入显色剂量不大且显色剂在测定波长处无吸收的情况。

(4) 平行操作溶液参比

如果样品处理流程较长,在操作过程中由于器皿、试剂、水和气的使用引入一定量的会对被测组分产生干扰的离子时，可以采用不含待测组分的试样，在相同条件下与试样进行同样的处理，由此得到平行操作参比溶液。

6.5.2 定性分析

通常用吸收曲线来表示吸光物质对某一范围内不同波长光的吸收情况。吸收曲线的横坐标为波长 λ 或波数 σ（红外吸收光谱常用），纵坐标一般为吸光度 A。吸收曲线可以反映物质吸收峰的位置、数目、形状等，为物质的定性及结构分析提供有用的信息。此外，通过吸收曲线还可以确定物质的最大吸收波长，在此波长下进行定量分析能够获得较高的灵敏度。

紫外-可见吸收光谱中，吸光物质的最大摩尔吸光系数 ε_{max} 和最大吸收波长 λ_{max} 具有较强的特征性，可以通过比较待测试样与标准试样的光谱图进行定性分析。在溶剂和试样的浓度一致的情况下，如果两者的 λ_{max} 和 ε_{max} 相同，就表明它们是同一种有机化合物。

使用这种方法需要借助一些工具书或者谱图数据库，例如 Saltler Standard Spectra (Ultraviolet)、Organic Electronic Spectral Data 等。需要注意的是，使用标准谱图进行比较时，须确保待测物质是单一的，而不能是混合物。有机化合物的紫外吸收曲线通常只有 2~3 个较宽的吸收峰，具有相同生色团，而分子结构不同的化合物，它们的吸收曲线形状也基本相同。仅靠比较 λ_{max} 就无法区分，此时就需要着重比较它们的 ε_{max}。

紫外-可见吸收光谱的最大吸收波长 λ_{max} 与分子中生色团的种类、位置以及共轭情况密切相关。利用一些经验规律，例如 Woodward-Fieser 规则和 Scott 经验规则，可以对一些不饱和有机化合物的最大吸收波长值进行计算，通过与实验值比较来推断其结构。尽管紫外-可见吸收光谱法并不是定性分析的主要手段，但它可以为用红外吸收光谱、核磁共振波谱和质谱等方法进行有机物的结构分析提供有用的信息。

6.5.3 定量分析

紫外-可见吸收光谱法是重要的定量分析工具。如果待测样品符合使用朗伯-比尔定律的要求，就可以用该方法对吸光物质的浓度进行定量检测。常用的测定主要包括以下几类。

1. 单组分定量分析

对样品中某种单一组分的测定，通常采用标准曲线法。首先配制含有待测组分的标准溶液，并测定它的紫外-可见吸收曲线，找到最大吸收波长作为分析波长。在分析波长和最佳实验条件下分别测定一系列不同浓度标准溶液的吸光度，以吸光度对浓度作图得到一条直线，即标准曲线。在相同条件下测得样品溶液的吸光度，通过标准曲线就可以求出样品溶液的浓度。

标准曲线法的应用非常广泛，测定结果的准确度也较高。需要注意的是：应确定适用朗伯-比尔定律的浓度线性范围，在此范围内进行标准溶液和样品溶液的测定。

2. 多组分定量分析

一般来说，如果要测定样品中的多个组分，需要利用色谱等方法进行预先分离。但也可以利用吸光度的加和性，对样品中的多个组分进行同时定量测定。假设样品中含有 x、y 两种吸光物质，绘制其吸收光谱会出现图 6-7 所示的三种情况。

如果 x 和 y 组分互不干扰，即它们在紫外-可见吸收曲线上的吸收峰相互不重叠（图 6-7(a)），

这样就可以分别在 x、y 的最大吸收波长处按照单组分的定量分析方法进行测定。

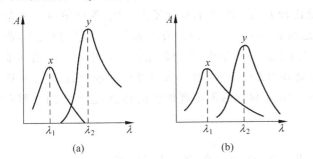
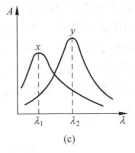

图 6-7 两组分的吸收光谱

(a) x 和 y 互不干扰；(b) x 干扰 y，y 不干扰 x；(c) x 和 y 相互干扰

如果一种组分对另一种组分有单向干扰，假设 x 干扰 y，而 y 不干扰 x，那么吸收光谱就如图 6-7(b) 所示。这时可以首先在 λ_1 处测定溶液吸光度 A_{λ_1}，从而求出 x 组分的浓度；然后再在吸收峰有重叠的 λ_2 处测得溶液吸光度 A_{λ_2}，用单一组分的溶液测得 x 和 y 在 λ_2 处的摩尔吸光系数 $\varepsilon_{\lambda_2}^x$ 和 $\varepsilon_{\lambda_2}^y$，根据吸光度的加和性，可得：

$$A_{\lambda_2} = \varepsilon_{\lambda_2}^x b c_x + \varepsilon_{\lambda_2}^y b c_y \tag{6-10}$$

将 A_{λ_2}、$\varepsilon_{\lambda_2}^x$ 和 $\varepsilon_{\lambda_2}^y$ 代入式(6-10)中即可求出组分 y 的浓度 c_y。

第三种情况是 x 和 y 相互干扰，如图 6-7(c) 所示。在 λ_1 和 λ_2 处，组分 x 和 y 对吸光度都有贡献。先在 λ_1 处测定溶液的吸光度 $A_{\lambda_1}^{x+y}$，用只含单一组分的溶液测得 x 和 y 的摩尔吸光系数 $\varepsilon_{\lambda_1}^x$ 和 $\varepsilon_{\lambda_1}^y$。类似地，再在 λ_2 处测定 $A_{\lambda_2}^{x+y}$、$\varepsilon_{\lambda_2}^x$ 和 $\varepsilon_{\lambda_2}^y$。根据吸光度的加和性，可得：

$$\begin{cases} A_{\lambda_1}^{x+y} = \varepsilon_{\lambda_1}^x b c_x + \varepsilon_{\lambda_1}^y b c_y \\ A_{\lambda_2}^{x+y} = \varepsilon_{\lambda_2}^x b c_x + \varepsilon_{\lambda_2}^y b c_y \end{cases} \tag{6-11}$$

式(6-11)为一个联立方程组，其中 $A_{\lambda_1}^{x+y}$、$A_{\lambda_2}^{x+y}$、$\varepsilon_{\lambda_1}^x$、$\varepsilon_{\lambda_1}^y$、$\varepsilon_{\lambda_2}^x$ 和 $\varepsilon_{\lambda_2}^y$ 都已测得，组分 x 和 y 的浓度 c_x 和 c_y 可通过解方程组求得。

对于含有更多组分的复杂的体系，也可以采用类似的方法，利用计算机来处理测定的结果。

3. 示差分光光度法

当溶液中待测组分的浓度过高时，吸光度超过了准确测定的范围，就会产生较大的仪器误差。除了将溶液稀释之外，还可以采用示差分光光度法来解决这一问题。

示差分光光度法的最大特点是采用比样品待测组分含量稍低的已知浓度的标准溶液作为参比溶液，调节透光率为 100%，然后测定未知试样的吸光度，再进而求出试样中待测组分的浓度。设参比溶液的浓度为 c_s，试样溶液浓度为 c_x，且 $c_x > c_s$。根据朗伯-比尔定律可知：

$$\Delta A = A_x - A_s = \varepsilon b c_x - \varepsilon b c_s = \varepsilon b (c_x - c_s) = \varepsilon b \Delta c \tag{6-12}$$

这时所测得试样的吸光度其实是试样相对于参比溶液的吸光度 ΔA，它处在正常的读数范围内。从式(6-12)可以看出，试样和参比溶液的浓度差 Δc 与 ΔA 成正比。根据测得的 ΔA 可求出 Δc，则 $c_x = c_s + \Delta c$，这样就获得了待测试样的浓度。

用示差法测定的准确度比一般的分光光度法高，其原因在于它扩展了透光率标尺。假设按照一般的分光光度法测定,参比溶液的透光率为 10%,样品溶液的透光率为 5%,两者差值很小,此时仪器测量误差是比较大的。改用示差分光光度法,参比溶液的透光率调至 100%,则样品溶液的透光率就达到了 50%。这样两者透光率的差值就被拉大了,测量误差自然就减小了(图 6-8)。示差法中的 Δc 固然很小,如果测量误差为 dc,$dc/\Delta c$ 有可能会比较大,但最后测定结果的相对误差是 $dc/(\Delta c + c_s)$,c_s 相当大且是已知准确的,因此最后测定结果的准确度非常高。示差分光光度法不仅能够测定高浓度的样品,也可以用于测定很低浓度的溶液。

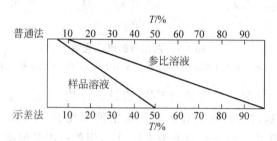

图 6-8 示差分光光度法测定原理图

4. 双波长分光光度法

对于浑浊试样或成分复杂、背景吸收较大的试样,采用一般的分光光度法难以找到合适的参比溶液来消除干扰。而使用双波长分光光度法,就不需要参比溶液,在两个波长处进行测定,定量检测依据如式(6-9)所示。可以将 λ_2 选择在待测组分的最大吸收波长处,而 λ_1 选择在基本无吸收的波长处,这样就可以从分析波长的信号中减去参比波长的信号,从而消除干扰,提高检测方法的选择性和灵敏度。

5. 导数光谱法

如果待测物质与干扰物质出现吸收光谱重叠,或者样品中有悬浮物的散射影响和背景吸收,可以采用导数光谱法来测定。通过数学变换可以获得物质吸收光谱的 1~4 阶导数光谱图,随着导数阶次增加,谱带变得越来越尖锐,分辨率提高。

6.5.4 在环境分析中的应用

紫外-可见吸收光谱法广泛应用于大气、水体、土壤中的污染物测定,是目前我国在环境监测项目上应用最多的一类方法。下面仅以水体中氮类物质的定量检测为例说明其应用。

水中含氮化合物主要来源于生活污水、工业含氮废水、农田排水以及畜牧养殖废水。水体的氮含量升高,会导致藻类等微生物的大量繁殖,消耗水中溶解氧,使水质恶化。所有氮类物质的总含量称为总氮,是衡量水质的重要指标之一。氮类物质包含很多种形式,它们最初进入水体多为复杂的有机氮,受到微生物分解作用后,逐渐变成简单的含氮化合物,最后产生氨,在有氧条件下氨还可以继续被转化为亚硝酸盐和硝酸盐。氨、亚硝酸盐、硝酸盐分别代表了有机氮转化为无机氮的各个阶段,与其相应的水质指标为氨氮、亚硝酸盐氮、硝酸盐氮。

1. 总氮的测定

总氮的测定通常采用过硫酸钾氧化-紫外分光光度法测定。在 120~124℃的碱性介质条件下,用过硫酸钾作氧化剂,能够将水中的有机氮和无机氮化合物都转变为硝酸盐。硝酸根离子在220nm波长处有吸收,而在275nm处没有吸收;溶解的有机物和杂质在这两处波长下都有吸收,因此用紫外分光光度法分别在220nm和275nm处测定样品的吸光度,用两者的吸光度差值来计算样品中总氮的含量。该方法主要适用于湖泊、水库、江河水中总氮的测定,方法检测的总氮浓度范围为 $0.05\sim4\text{mg}\cdot\text{L}^{-1}$。使用硝酸钾标准溶液制作标准曲线。当水样中含有 Cr^{6+} 和 Fe^{3+} 时,可加入 $1\sim2\text{mL}$ 5%盐酸羟胺溶液以消除影响。碳酸盐和碳酸氢盐对测定的影响在加入一定量盐酸后可以消除。硫酸盐及氯化物不会影响测定,但碘离子和较多的溴离子对测定有干扰。

2. 氨氮的测定

氨氮是以游离氨(NH_3)或铵盐(NH_4^+)的形式存在于水中,其测定方法有很多种,纳氏试剂分光光度法是最常用的方法之一。

纳氏试剂即碘化汞钾($K_2[HgI_4]$),在强碱性溶液中,氨(或铵)能与纳氏试剂反应生成淡黄到红棕色的氨基汞络离子的碘衍生物($[Hg_2O\cdot NH_2]I$),在较宽的波长范围内都有强烈吸收,通常采用的分析波长为420nm。该方法适用于地表水、地下水、工业废水和生活污水中氨氮的测定,最低检出浓度为 $0.025\text{mg}\cdot\text{L}^{-1}$,检测上限为 $2\text{mg}\cdot\text{L}^{-1}$。

纳氏试剂对氨的反应极为灵敏,在样品处理和测定过程中必须防止外界的氨进入样品,配制试剂用水均应为无氨水。一般使用氯化铵制备标准溶液。脂肪胺、芳香胺、醛类、醇类等有机化合物,以及钙、镁、铁、锰、硫等无机离子会在测定过程中产生异色或浑浊而干扰检测,因此通常需要对水样进行絮凝沉淀或蒸馏等预处理,对易挥发的还原性干扰物质可在酸性条件下加热除去,而对金属离子的干扰则通过酒石酸钾钠等掩蔽剂来消除。

3. 亚硝酸盐氮的测定

亚硝酸盐是氮循环的中间产物,不稳定。水中亚硝酸盐的测定方法通常采用重氮-偶联反应,生成红色染料,利用可见光分光光度法进行测定。所用的重氮和偶联试剂种类较多,对氨基苯磺酰胺和对氨基苯磺酸是最常用的重氮化试剂,而 α-萘胺和 N-(1-萘基)-乙二胺则是最常用的偶联试剂。这里简要介绍一下 N-(1-萘基)-乙二胺光度法。

在 pH 为 1.8 ± 0.3 的磷酸介质中,亚硝酸盐与对氨基苯磺酰胺反应生成重氮盐,再与 N-(1-萘基)-乙二胺偶联生成红色染料,可在最大吸收波长540nm处进行定量测定。该方法适用于饮用水、地表水、地下水、生活污水和工业废水中亚硝酸盐的测定,使用亚硝酸钠制备标准溶液,检测浓度范围为 $0.003\sim0.20\text{mg}\cdot\text{L}^{-1}$。需要注意的是,氯胺、氯、硫代硫酸盐、聚磷酸钠和高铁离子对测定有明显干扰。水样有色或浑浊时,可滴加氢氧化铝悬浮液并过滤来消除影响。

4. 硝酸盐氮的测定

硝酸盐是在有氧环境下最稳定的氮化合物,测定水中硝酸盐的方法很多,常用的除了上述紫外分光光度法之外,还有酚二磺酸光度法。将经过预处理的水样调节 pH 约为8,在水浴上蒸干后,加入无水的酚二磺酸进行反应,生成硝基二磺酸酚。加入氨水,硝基二磺酸酚在碱性环境中分子重排,形成黄色的硝基酚二磺酸三钾盐化合物,在410nm处测定其吸光度进行定量分析。该方法使用硝酸钾制备标准溶液,适用于测定饮用水、地下水和地表水中的硝酸盐氮,检测浓度范围 $0.02\sim2.0\text{mg}\cdot\text{L}^{-1}$。水中的氯化物、亚硝酸盐、铵盐、有机物和碳酸盐会产生干扰,应做适当的预处理。

习题

6-1 有机化合物紫外-可见吸收光谱的电子跃迁有哪几种类型?产生的吸收带有哪几类?分别有什么特点?

6-2 什么是红移和蓝移?什么是生色团和助色团?试举例说明。

6-3 什么是吸收曲线和标准曲线?在分析中各有何实用意义?

6-4 双波长分光光度法与单波长分光光度法相比有什么特点?

6-5 为什么要选择最大吸收波长作为分析波长?

6-6 朗伯-比尔定律的适用条件有哪些?

6-7 引起朗伯-比尔定律偏离的主要因素有哪些?如何消除这些因素对测量的影响?

6-8 简述溶剂对紫外-可见吸收光谱的影响。

6-9 如何选择参比溶液?

6-10 苯甲酸在紫外区有吸收带,其最大吸收波长为273nm,最大摩尔吸光系数为 970 L·mol^{-1}·cm^{-1},在1cm的比色皿中苯甲酸水溶液在273nm波长下的透光率为50%,请计算苯甲酸水溶液的浓度。

6-11 以丁二酮肟分光光度法测定镍,如果络合物 $NiDx_2$ 的浓度为 $1.7×10^{-5}$ mol·L^{-1},使用2.0cm比色皿在470nm处测得的 $T=30\%$,计算该络合物在此波长下的ε。

6-12 有a、b两份不同浓度的某有色溶液,当液层厚度为2.0cm时,对某一波长的光的透光率分别为55%和40%,试求出:

(1) a、b溶液的吸光度;

(2) 如果a溶液的浓度为 $5.0×10^{-5}$ mol·L^{-1},b溶液的浓度是多少?

(3) 如果吸光物质的 $M=81$ g·mol^{-1},它的ε和S分别是多少?

第 7 章

红外吸收光谱法

红外吸收光谱法(infrared absorption spectrometry,IR)也称为红外分光光度法,是基于研究物质分子对红外光的吸收特性来进行定性和定量分析的方法。红外吸收光谱也属于分子光谱的范畴,但与紫外-可见吸收光谱的产生机理有明显的区别,它来源于分子振动和分子转动能级的跃迁,因此红外吸收光谱也被称为分子振动转动光谱。

7.1 红外吸收光谱的基本原理

7.1.1 红外吸收光谱产生的条件

红外吸收光谱是由于分子振动能级的跃迁(同时伴随转动能级跃迁)而产生的。物质分子吸收红外光必须同时满足两个条件:①红外辐射能量等于分子产生振动能级跃迁所需要的能量;②红外辐射与物质分子之间有耦合(coupling)作用。

上述的第一个条件其实是光谱分析法中的普遍规则。根据 $\Delta E = h\nu$ 可知,只有当照射分子的红外辐射的频率与分子某种振动方式的频率相同时,分子才能够吸收这种红外辐射能量从而跃迁到较高能量的振动能级,在图谱上出现相应的吸收带。

第二个条件比较特别,关键在于如何理解红外辐射与分子之间的耦合作用。吸收红外辐射发生的跃迁是偶极矩诱导的,即能量转移的机制是通过振动过程所致的偶极矩变化和红外辐射形成的交变电磁场相互作用而发生的。这里所讲的耦合作用,其实就是分子振动的同时伴随有瞬时偶极矩的改变。

整个分子是呈电中性的,但构成分子的各原子因价电子得失的难易有别,从而表现出不同的电负性,分子也因此而显示不同的极性。通常可以用偶极矩(dipole moment)μ 来描述分子极性的大小。设分子中的正、负电中心的电荷分别为 $+q$ 和 $-q$,正负电荷中心距离为 d,则

$$\mu = q \times d \tag{7-1}$$

这对距离相近而电荷相反的正负电荷就构成了一对偶极子。事实上,分子内的原子一直处于在其平衡位置附近不断振动的状态。如果将分子置于一个电磁辐射的交变电场中,由于电场的周期性反转,偶极子就会受到交替的作用力,使偶极矩增加和减小(图 7-1)。由于偶极子具有一定的原有振动频率,只有当电磁辐射频率与偶极子频率相匹配时,分子才会与电磁辐射发生相互作用(振动耦合)而增加它的振动能,使振幅增大。此时如果分子的偶极矩发

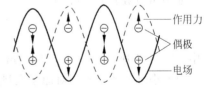

图 7-1 偶极子在交变电场中受到的作用力

生改变,分子就会从原来的基态振动能级跃迁到较高的振动能级,完成能量的转移。需要注意的是,并非所有的分子振动都会引起偶极矩的变化,而只有能够引起分子偶极矩变化的振动才能产生红外吸收,我们称这种振动为红外活性(infrared active)的,反之则为非红外活性(infrared inactive)。

分子是否具有红外活性与其结构有关。同核双原子分子,例如 N_2、O_2、Cl_2 等,它们都没有偶极矩,因此也就没有红外活性;异核双原子分子和非对称分子,例如 HCl、HF、H_2O 等有偶极矩,分子振动都会引起偶极矩改变,因此具有红外活性;中心对称分子的情况比较复杂,例如 CO_2,它的正负电荷中心是重合的,即偶极矩为 0。如果发生非全对称振动,偶极矩就会出现瞬时变化,这种振动方式就是红外活性的,而如果出现全对称振动,则分子的偶极矩没有改变,这种振动就是非红外活性的。

由此可见,当一定频率的红外光照射分子时,如果分子中某个基团的振动频率与红外光的相同,它们就会产生共振。此时如果能够引起分子偶极矩的改变,则红外辐射的能量就通过偶极矩的变化传递给分子,使之完成振动能级的跃迁。表观上体现为分子吸收一定频率的红外光,产生红外吸收光谱。

7.1.2 分子振动

1. 谐振子

分子是由化学键连接起来的原子组成的。分子中的原子以平衡点为中心,以非常小的振幅作周期性的振动。这种分子振动的模型,用经典的方法可以看作是两端连接着的刚性小球的体系。尽管大多数分子都是多原子分子,但它们可以被看作是双原子分子的集合。对于最简单的双原子分子体系,可用一个弹簧两端连着两个刚性小球来模拟。如图 7-2 所示,弹簧的质量忽略不计,两个小球的质量分别为 m_1 和 m_2。当一外力(相当于红外辐射能)作用于弹簧时,两个小球就以平衡点为中心,沿着键轴作周期性的伸缩振动。如果这种振动被视为简谐振动,那么这个体系就被称为谐振子。

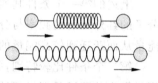

图 7-2 谐振子振动示意图

根据虎克定律,谐振子的振动频率 ν 为

$$\nu = \frac{1}{2\pi}\sqrt{\frac{k}{\mu}} \tag{7-2}$$

式中:k——弹簧的力常数,即化学键的力常数,$dyn \cdot cm^{-1}$($10^{-5} N \cdot cm^{-1}$);

μ——双原子分子的折合质量,$\mu = \dfrac{m_1 \cdot m_2}{m_1 + m_2}$,g。

如果用波数 σ 来表示,得

$$\sigma = \frac{1}{2\pi c}\sqrt{\frac{k}{\mu}} \tag{7-3}$$

式中:c——光速,$c = 2.998 \times 10^{10} cm \cdot s^{-1}$。

根据小球的质量和相对原子质量之间的关系,式(7-2)和式(7-3)可以分别写作:

$$\nu = \frac{N_A^{1/2}}{2\pi}\sqrt{\frac{k}{\mu'}} \tag{7-4}$$

$$\sigma = \frac{N_A^{1/2}}{2\pi c}\sqrt{\frac{k}{\mu'}} \tag{7-5}$$

式中：N_A——阿伏加德罗常数（6.022×10^{23}）；

μ'——折合相对原子质量，设两原子的相对原子质量为 M_1 和 M_2，则 $\mu' = \frac{M_1 \cdot M_2}{M_1 + M_2}$。

式(7-2)~式(7-4)即所谓的分子振动方程式。由此可见，影响分子振动频率的直接因素就是分子化学键的力常数和相对原子质量。化学键的力常数越大，折合相对原子质量越小，则化学键的伸缩振动频率越高，吸收峰将出现在高波数区，反之则出现在低波数区。表 7-1 列出了一些常见化学键的力常数。

表 7-1　一些化学键的力常数

化学键	k/(N·cm^{-1})	化学键	k/(N·cm^{-1})
H—F	9.7	C—F	6.0
H—Cl	4.8	C—Cl	3.5
H—Br	4.1	C—C	5.0
H—I	3.2	C=C	9.6
C—H	5.1	C≡C	15.6
S—H	4.3	C=O	12.1
N—H	6.4	N=O	15.9
O—H	7.8	C≡N	17.7

根据分子振动方程式，可以计算化学键的伸缩振动频率。

例 7-1　求 C=C 键的伸缩振动频率和波数。

解　查表 7-1 可知 C=C 键的力常数为
$$k_{C-H} = 9.6 \text{ N·cm}^{-1} = 9.6\times10^5 \text{ dyn·cm}^{-1}$$

原子折合质量为
$$\mu' = \frac{12\times12}{12+12} = 6$$

将 k_{C-H} 和 μ' 代入式(7-4)和式(7-5)，可得
$$\nu = \frac{N_A^{1/2}}{2\pi}\sqrt{\frac{k}{\mu'}} = \frac{\sqrt{6.022\times10^{23}}}{2\pi}\sqrt{\frac{9.6\times10^5}{6}}\text{ Hz} = 4.94\times10^{13}\text{ Hz}$$

$$\sigma = \frac{N_A^{1/2}}{2\pi c}\sqrt{\frac{k}{\mu'}} = \frac{\sqrt{6.022\times10^{23}}}{2\pi\times2.998\times10^{10}}\sqrt{\frac{9.6\times10^5}{6}}\text{ cm}^{-1} = 1648\text{ cm}^{-1}$$

2. 分子振动的类型

双原子分子的振动只发生在连接两个原子的键轴方向上，且只有一种振动形式，即两原子的相对伸缩振动。多原子分子的振动比较复杂，但可以将其分解为许多简单的基本振动来研究。

设分子由 n 个原子组成，每个原子在空间都有 3 个自由度，原子在空间的位置可以用直角坐标系中的 3 个坐标 x、y、z 表示，因此 n 个原子组成的分子总共应有 $3n$ 个自由度，即 $3n$ 种运动状态。在这 $3n$ 种运动状态中包括 3 个整个分子沿 x、y、z 方向平移运动，以及 3 个整个分子绕 x、y、z 轴的转动运动（图 7-3）。显然，这 6 种运动状态都不是分子的振动，故振动

形式应有$(3n-6)$种。但对于直线型分子,若贯穿所有原子的轴是在 x 方向,则整个分子只能绕 y、z 转动,因此直线形分子的振动形式为$(3n-5)$种。每一个振动形式对应于一个基本振动,这些基本振动称为简正振动。

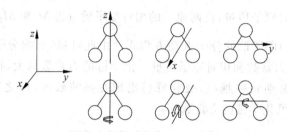

图 7-3　非线性分子的平动和转动

分子的简正振动可以分为两大类:伸缩振动(stretching vibration)和弯曲振动(bending vibration)。伸缩振动是指原子沿着键轴方向作来回周期性运动。按其对称性情况,还可以分为对称伸缩振动和非对称伸缩振动。前者在振动时各键同时伸长或缩短,后者则是某些键伸长其余的键缩短。弯曲振动也叫做变形振动,是指化学键的键角发生周期性变化的振动。弯曲振动包括面内弯曲振动和面外弯曲振动。面内弯曲振动的振动方向位于分子平面内,有剪式振动和平面摇摆振动;面外弯曲振动的方向则是垂直于分子平面,有扭曲振动和非平面摇摆振动。以亚甲基(—CH_2)为例,其振动形式如图 7-4 所示。

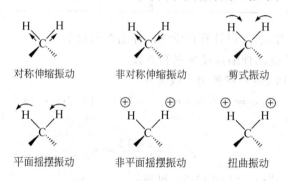

图 7-4　亚甲基的简正振动形式

7.1.3　分子振动与红外吸收

每种振动形式都具有特定的振动频率,在红外吸收光谱图中也有相应的吸收峰。在室温下,绝大多数分子都处于振动能级的基态($v=0$)。如果受到红外辐射的激发,分子振动能级就从基态向第一激发态($v=1$)跃迁,这种跃迁称为基本跃迁,相应的吸收频率称为基频。对于谐振子来说,只有 $\Delta v=\pm 1$ 的跃迁才被允许,这一规则称为谐振子跃迁选律。$\Delta v=+1$ 的跃迁产生吸收光谱,$\Delta v=-1$ 的跃迁则产生发射光谱,后者在红外吸收光谱法中无意义。

事实上,我们观察到的分子红外吸收峰并不仅限于基频吸收,还有很多弱的吸收谱线。原因在于,真实的分子并不完全符合谐振子模型,也就是说它们具有一定的非谐性。$\Delta v=\pm 2,\pm 3,\cdots$ 的跃迁虽然对谐振子来说属于禁阻跃迁,但在真实分子上却会发生。由于相邻能级的能量可视为近似相等,这些由基态直接跃迁到第二激发态、第三激发态所产生的吸收频率分别为基频的两倍和三倍,故称为倍频。如果分子吸收一个红外光子,同时激发了基频分别为 ν_1 和 ν_2 的两种跃迁,此时所产生的吸收频率应该等于上述两种跃迁的吸收频率之和,故称为组频。与倍频类似,尽管谐振子不会发生组频跃迁,但在真实分子中跃迁概率却不是零。基频、倍频和组频的存在使真实分子的红外吸收光谱更加复杂,同时也增加了红外吸收光谱对分子结构特征的表征能力。

此外,有一些因素会导致红外光谱的吸收峰减少。有些振动的形式虽然不同,但振动频率却相等(例如 CO_2 的面内弯曲振动和面外弯曲振动的波数都为 $667 cm^{-1}$),因而产生简并,即在红外吸收光谱图上呈现出同一个吸收峰。如果红外吸收光谱仪的分辨率或灵敏度较差,则会造成无法区别频率很接近的吸收峰,或者检测不到吸收强度很弱的峰。

7.1.4 红外吸收光谱

红外光区的波长范围大约是 $0.8 \sim 1000 \mu m$,通常将其分为三个区域。

(1) 近红外区:波长 $0.8 \sim 2.5 \mu m$,波数 $12500 \sim 4000 cm^{-1}$。这一区域内主要是含氢原子团(C—H、O—H、N—H)伸缩振动的倍频吸收峰,可以用来研究稀土和其他过渡金属离子的化合物,也适用于水、醇、某些含氢原子团化合物的定量分析。

(2) 中红外区:波长 $2.5 \sim 50 \mu m$,波数 $4000 \sim 200 cm^{-1}$。绝大部分有机化合物和无机离子的基频吸收峰都位于这一区域。由于基频吸收在分子中的吸收强度最强,该区域也最适于进行化合物的定性和定量分析。目前关于中红外光谱的研究最广泛,相对的仪器和实验技术也最成熟。

(3) 远红外区:波长 $50 \sim 1000 \mu m$,波数 $200 \sim 10 cm^{-1}$。气体分子的纯转动能级跃迁、某些分子的骨架振动能级跃迁以及晶格振动跃迁的吸收峰都在该区域内。由于远红外光区的能量弱,通常只有当中红外光区没有特征谱带时,才在此范围内进行分析。

用连续改变频率的红外光照射试样,由于该试样对不同频率的红外光的吸收有差别,通过试样后的红外光在一些波长范围内变弱(被吸收),在另一些范围内则较强(不吸收)。将分子吸收红外光的情况用仪器记录,就得到该试样的红外吸收光谱图。通常红外吸收光谱图是以透光率 $T(\%)$ 为纵坐标,表示吸收强度;以波长 $\lambda(\mu m)$ 和波数 $\sigma(cm^{-1})$ 为横坐标,表示吸收峰的位置。波长和波数这两种标尺中有一个是线性变化的(等间距),光栅光谱常使用线性波数标尺,而棱镜光谱则常用线性波长标尺。应注意,同一样品用以线性波数和线性波长所得到的两张红外吸收光谱图的形貌往往差别很大。

能级跃迁所需能量的大小决定了红外吸收谱带的位置。一般来说,键长的改变比键角的改变需要更大的能量,因此伸缩振动出现在高频区,而变形振动出现在低频区。红外吸收谱带的强度取决于分子振动时偶极矩的变化,而偶极矩与分子结构的对称性有关。振动的对称性越高,振动中分子的偶极矩变化就越小,谱带强度也就越弱。极性较强的基团(如 C=O,C—X 等)振动,吸收强度较大;极性较弱的基团(如 C=C、C—C、N=N 等)振动,吸收较弱。红外吸收强度可以根据摩尔吸光系数 ε 的大小来定性的描述,具体如下:

   $\varepsilon > 100$ 非常强峰(vs)
   $20 < \varepsilon < 100$ 强峰(s)
   $10 < \varepsilon < 20$ 中强峰(m)
   $1 < \varepsilon < 10$ 弱峰(w)

在实际研究中,往往以强极性基团(如羰基)的吸收峰作为最强吸收,将其他吸收峰与之比较,做出定性划分。应该指出,即使是非常强的红外吸收峰,其摩尔吸光系数也要比紫外-可见光区的强吸收峰低 2~3 个数量级。另外,红外光的能量较低,测定时必须使用较宽的狭缝,使单色器的光谱通带与吸收峰的宽度相近,这就使测得的红外吸收峰的位置和强度受到所用狭缝的强烈影响,从而导致同一物质的 ε 可能会随着仪器的不同而改变,因此 ε 在定性鉴定中用处并不大。

7.2 红外吸收光谱与分子结构

7.2.1 基团频率区与指纹区

物质的红外吸收光谱是其分子结构的反映,谱图中的吸收峰与分子中各基团的振动形式相对应。组成分子的各种基团,如 O—H、N—H、C—H、C=C、C=O 和 C≡C 等,都有自己的特定的红外吸收区域,分子的其他部分对其吸收位置影响较小。通常把这种能代表其存在、并有较高强度的吸收谱带称为基团频率,其所在的位置一般又称为特征吸收峰。这是红外吸收光谱法对物质进行鉴定的基础。

有机化合物的红外吸收光谱基本上都在中红外辐射范围内。最具有分析价值的区域有两个,即基团频率区和指纹区。

1. 基团频率区($4000 \sim 1500 cm^{-1}$)

基团频率区也称为官能团区或特征区,该区域内的峰是由伸缩振动产生的吸收带,比较稀疏,容易辨认,常用于鉴定官能团。基团频率区还可以分为三个区域。

(1) X—H 伸缩振动区($4000 \sim 2500 cm^{-1}$)

X 代表 O、N、C、S 等原子。这个区域内主要包括 O—H、N—H、C—H 和 S—H 键的伸缩振动。O—H 基的伸缩振动出现在 $3650 \sim 3200 cm^{-1}$ 范围内,它可以作为判断有无醇类、酚类和有机酸类的重要依据。在非极性溶剂中,浓度较小(稀溶液)时,峰形尖锐,强吸收;当浓度较大时,发生缔合作用,吸收峰向低波数方向位移,峰形较宽。但需注意胺和酰胺的 N—H 伸缩振动也在 $3500 \sim 3100 cm^{-1}$,可能会对 O—H 伸缩振动有干扰。

C—H 的伸缩振动可分为饱和和不饱和两种:饱和烃 C—H 键伸缩振动出现在 $3000 \sim 2800 cm^{-1}$,取代基对它们影响很小。例如—CH_3 基的伸缩吸收出现在 $2960 cm^{-1}$ 和 $2876 cm^{-1}$ 附近;—CH_2 基的吸收在 $2930 cm^{-1}$ 和 $2850 cm^{-1}$ 附近;R_2CH—基的吸收峰出现在 $2890 cm^{-1}$ 附近。

不饱和的 C—H 键伸缩振动出现在 $3000 cm^{-1}$ 以上,因此波数 $3000 cm^{-1}$ 是区分饱和烃和不饱和烃的分界线。苯环的 C—H 键伸缩振动出现在 $3030 cm^{-1}$ 附近,它的特征是强度比饱和的 C—H 键稍弱,但谱带比较尖锐。不饱和的双键=C—H 的吸收出现在 $3040 \sim 3010 cm^{-1}$ 范围内,末端=CH_2 的吸收出现在 $3085 cm^{-1}$ 附近。叁键 CH 上的 C—H 的吸收出现在 $3300 cm^{-1}$ 附近。

(2) 叁键和累积双键区($2500 \sim 1900 cm^{-1}$)

位于该区域的红外吸收峰较少,主要有—C≡C、—C≡N 等叁键的伸缩振动和—C=C=C、—C=C=O 等累积双键的非对称伸缩振动。对于炔烃类化合物,可以分成 R—C≡CH

和 R′—C≡C—R 两种类型。前者的伸缩振动出现在 2100～2140cm^{-1} 附近，后者的伸缩振动则出现在 2190～2260cm^{-1} 附近。而分子结构对称的 R—C≡C—R，则是非红外活性的，不产生吸收峰。

—C≡N 基的伸缩振动在非共轭的情况下出现在 2260～2240cm^{-1} 附近，当与不饱和键或芳香核共轭时，该峰位移到 2230～2220cm^{-1} 附近。

(3) 双键伸缩振动区(1900～1500cm^{-1})

该区域主要包括三种伸缩振动：

① C=O 伸缩振动。该吸收峰出现在 1900～1650cm^{-1}，在红外光谱中往往是最强的吸收。据此可以判别酮、醛、羧酸、酯以及酸酐等含羰基的有机化合物。

② C=C 伸缩振动。烯烃的 C=C 伸缩振动出现在 1680～1620cm^{-1}，一般很弱。单核芳烃的 C=C 伸缩振动出现在 1600cm^{-1} 和 1500cm^{-1} 附近，有两个峰，反映了芳环的骨架结构，可用于确认有无芳核存在。

③ 苯的衍生物的泛频谱带。该吸收带出现在 2000～1650cm^{-1} 范围，是 C—H 面外和 C=C 面内变形振动的泛频吸收，虽然强度很弱，但它们的吸收面貌在表征芳核取代类型上是有用的。然而，如果有 C=O 存在时，就会受到严重干扰而不能用于鉴定。

2. 指纹区(1500～600cm^{-1})

这一区域内的吸收光谱很复杂，吸收峰出现的情况受整个分子结构的影响大。分子结构的微小差别，都会造成吸收光谱的面貌差异。这种情况就类似于人的指纹，具有很强的特异性，故称为"指纹区"。指纹区可以分为两个波段。

(1) 波数 1500～900cm^{-1}，这一区域主要包含了由 C—H、C—O、C—N、C—F、C—P、C—S、P—O 和 Si—O 等单键的伸缩振动和 C=S、S=O、P=O 等双键的伸缩振动产生的吸收峰。其中 C—O 的伸缩振动吸收峰出现在 1300～1000cm^{-1}，是该区域内最强的峰。

(2) 波数 900～600cm^{-1}，该区域的吸收峰反映了 C—H 面外的变形振动，根据其吸收峰位置的不同，可以判别分子的顺反构型。例如烯烃 RC=CR′，顺式构型的=C—H 吸收峰出现在 690cm^{-1}，而反式构型的则在 970cm^{-1}。

在红外吸收光谱中，各种官能团和化学键的特征吸收峰是反映其存在与否的重要指标，用红外光谱鉴定化合物时，通常需要查阅相关的基团频率表。表 7-2 列出了常见官能团和化学键的特征频率数据。

表 7-2　常见官能团和化学键的特征频率　　　　　　　　　　　　　　　　　　cm^{-1}

化合物类型	振动形式	波　　数
烷烃	C—H 伸缩振动	2975～2800
	CH$_2$ 变形振动	约 1465
	CH$_3$ 变形振动	1385～1370
烯烃	=CH 伸缩振动	3100～3010
	C=C 伸缩振动(孤立)	1690～1630
	C=C 伸缩振动(共轭)	1640～1610
	C—H 面内变形振动	1430～1290
	C—H 变形振动(—CH=CH$_2$)	约 990，约 910
	C—H 变形振动(顺式)	约 700

续表

化合物类型	振动形式	波数
烯烃	C—H 变形振动（反式）	约 970
	C—H 变形振动（三取代）	约 815
炔烃	≡C—H 伸缩振动	约 3300
	C≡C 伸缩振动	约 2150
	≡C—H 变形振动	650~600
芳香烃	=C—H 伸缩振动	3020~3000
	C=C 骨架伸缩振动	约 1600，约 1500
取代苯	C—H 变形振动（单取代）	770~730，710~690
	C—H 变形振动（1,2-二取代）	770~735
	C—H 变形振动（1,3-二取代）	900~860，810~750，710~690
	C—H 变形振动（1,4-二取代）	860~800
	C—H 变形振动（1,2,3-三取代）	800~720，720~685
	C—H 变形振动（1,2,4-三取代）	约 870，约 805
	C—H 变形振动（1,3,5-三取代）	900~860，865~810，735~675
	C—H 变形振动（1,2,3,4-四取代）	860~800
	C—H 变形振动（1,2,3,5-四取代）	900~860
	C—H 变形振动（1,2,4,5-四取代）	900~860
	C—H 变形振动（1,2,3,4,5-五取代）	900~860
醇	O—H 伸缩振动	约 3650 或 3400~3300（氢键）
	C—O 伸缩振动	1260~1000
醚	C—O—C 伸缩振动（烷基）	1300~1000
	C—O—C 伸缩振动（芳基）	约 1250，约 1120
醛	O=C—H 伸缩振动	约 2820，约 2720
	C=O 伸缩振动	约 1725
酮	C=O 伸缩振动	约 1715
	C—C 伸缩振动	1300~1100
酸	O—H 伸缩振动	3400~2400
	C=O 伸缩振动	1760 或 1710（氢键）
	C—O 伸缩振动	1320~1210
	O—H 变形振动	1440~1400
	O—H 面外变形振动	950~900
酯	C=O 伸缩振动	1750~1735
	C—O—C 伸缩振动（乙酸酯）	1260~1230
	C—O—C 伸缩振动	1210~1160
酰卤（R—CO—X）	C=O 伸缩振动	1810~1775
	C—Cl 伸缩振动	730~550
酸酐	C=O 伸缩振动	1830~1800，1775~1740
	C—O 伸缩振动	1300~900
胺	N—H 伸缩振动	3500~3300
	N—H 变形振动	1640~1500
	C—N 伸缩振动（烷基）	1200~1025
	C—N 伸缩振动（芳基）	1360~1250

续表

化合物类型	振动形式		波　数
酰胺(R—CO—NH—R′)	N—H 伸缩振动		3500～3180
	C=O 伸缩振动		1680～1630
	N—H 变形振动(伯酰胺)		1640～1550
	N—H 变形振动(仲酰胺)		1570～1515
	N—H 面外变形振动		约 700
卤代烃(R—X)	C—F 伸缩振动		1400～1000
	C—Cl 伸缩振动		785～540
	C—Br 伸缩振动		650～510
	C—I 伸缩振动		600～485
腈(—C≡N)	C≡N 伸缩振动		2260～2210
硫腈(—S—C≡N)	C≡N 伸缩振动		2175～2140
硝基化合物	脂肪族—NO_2	—NO_2 对称伸缩振动	1390～1300
		—NO_2 非对称伸缩振动	1600～1530
	芳香族—NO_2	—NO_2 对称伸缩振动	1355～1315
		—NO_2 非对称伸缩振动	1550～1490
亚硝基化合物	N=O 伸缩振动		1600～1500
硝酸酯(R—O—NO_2)	—NO_2 对称伸缩振动		1300～1250
	—NO_2 非对称伸缩振动		1650～1500
亚硝酸酯(R—O—NO)	N=O 伸缩振动(顺式)		1625～1610
	N=O 伸缩振动(反式)		1680～1650
	O—N 伸缩振动		815～750
巯基化合物(—SH)	S—H 伸缩振动		约 2550
砜(R—SO_2—R′)	—SO_2 对称伸缩振动		1160～1120
	—SO_2 非对称伸缩振动		1350～1300
亚砜(R—SO—R′)	S=O 对称伸缩振动		1070～1030
磺酸	S=O 对称伸缩振动		1165～1150
	S=O 非对称伸缩振动		1350～1342
磺酸酯(R—SO_2—OR)	S=O 对称伸缩振动		1200～1170
	S=O 非对称伸缩振动		1370～1335
	S—O 伸缩振动		1000～750
磺酸盐	S=O 对称伸缩振动		约 1050
	S=O 非对称伸缩振动		约 1175
硫酸酯(RO—SO_2—OR)	S=O 对称伸缩振动		1200～1185
	S=O 非对称伸缩振动		1415～1380
膦(R_2P—H)	P—H 伸缩振动		2320～2270
	P—H 变形振动		1090～810
磷氧化合物	P=O 伸缩振动		1210～1140
异氰酸酯	—N=C=O 对称伸缩振动		1400～1350
	—N=C=O 非对称伸缩振动		2275～2250
异硫氰酸酯	—N=C=S 伸缩振动		约 2125
亚胺(R_2C=N—R)	—C=N—伸缩振动		1690～1640

续表

化合物类型	振动形式	波数
烯酮	C=C=O 对称伸缩振动	约1120
烯酮	C=C=O 非对称伸缩振动	约2150
丙二烯	C=C=C 对称伸缩振动	约1070
丙二烯	C=C=C 非对称伸缩振动	2100～1950
硫酮	—C=S 伸缩振动	1200～1050

7.2.2 影响基团频率位移的因素

基团频率主要是由基团中原子的质量和原子间的化学键力常数所决定的。分子结构和分子所处的外部环境对化学键都会造成影响，因此可以将影响基团频率位移的因素归纳为内部因素和外部因素两大类。前者包括电子效应、空间效应、氢键效应、振动耦合效应；后者包括溶剂效应、试样状态与温度。了解这些影响因素对解析红外光谱、推断分子结构十分有用。

1. 电子效应

电子效应(electrical effects)是由于化学键的电子分布不均匀而引起的，是引起基团频率位移的重要因素，主要有诱导效应和共轭效应两大类。

(1) 诱导效应(inductive effect)

由于取代基具有不同的电负性，通过静电诱导作用，引起分子中电子分布的变化，从而改变基团化学键力常数。诱导效应通常是指取代基为吸电子基团的情况，它使化学键力常数增大，基团频率向高频位移。以 C=O 为例，表7-3列出了诱导效应对其伸缩振动频率的影响。

表7-3 诱导作用引起羰基伸缩振动频率的变化 cm^{-1}

化合物分子	$\nu_{C=O}$	化合物分子	$\nu_{C=O}$
R—C(=O)—H	约1730	R—C(=O)—OR'	约1736
R—C(=O)—Cl	约1800	Cl—C(=O)—Cl	约1828
R—C(=O)—F	约1920	F—C(=O)—F	约1928

取代基电负性越强,使基团向高频方向移动的数值越大,常见原子的电负性为:C 2.5、S 2.5、N 3.0、O 3.5、Cl 3.5、F 4.0。

(2) 共轭效应(conjuqative effect)

共轭效应是指由分子形成大 π 键所引起的效应,包括 π-π 共轭效应和 n-π 共轭效应。共轭效应使共轭体系中的电子云密度平均化,导致双键略有伸长,单键略有缩短,双键基团频率向低频移动,单键频率向高频移动。但在红外光谱中,双键基团的特征性往往比单键基团更强,因此其频率改变更有意义。

如果与多重键相连的取代基含有杂原子(如 O、N、S、卤素等),则杂原子产生的诱导效应,和 n-π 共轭效应同时存在。此时,多重键基团吸收峰位移的方向取决于哪种效应占优势,当诱导效应大于共轭效应时,振动频率向高波数移动,反之,振动频率向低波数移动。例如—OR 基团的诱导效应大于共轭效应,所以酮的 C=O 伸缩频率为 $1715cm^{-1}$,而饱和酯的则为 $1735cm^{-1}$。

这里需要指出的是,共轭效应仅存在于共轭体系中,而诱导效应对一切化学键都适用。诱导效应是沿着 σ 键传导的,随着键长的增加会明显衰减;而共轭效应则通过 π 电子的转移沿共轭体系离域传递,不会由于空间距离的增加而削弱,相反随着共轭体系的增大,电子离域更加充分,整个共轭体系的能量就更稳定,共轭效应也就更显著。

2. 空间效应

空间效应包括环状化合物的张力效应、空间位阻效应和偶极场效应,都与分子的几何构型有关。

(1) 环张力效应(ring strain)

环张力效应存在于成环的分子中,它使环内各键的力常数变小,伸缩振动向低频位移。一般来说,环的元数越少(环越小),环张力就越大,频率就越低。

(2) 空间位阻效应(steric inhibition)

取代基的空间位阻效应会影响分子内共轭基团的共面性,从而削弱共轭效应,使吸收峰向高频方向位移。如表 7-4 所示,随着邻位和对位引入的甲基数量增多,空间位阻变大,影响羰基与双键共处同一平面,使共轭效应减弱,因此羰基的伸缩振动频率向高频位移。

表 7-4 空间位阻效应引起的羰基伸缩振动频率的变化　　　　　　　　　　cm^{-1}

化合物分子	$\nu_{C=O}$
苯乙酮	1668
邻甲基苯乙酮	1686
2,4,6-三甲基苯乙酮	1700

(3) 偶极场效应(dipolar field effect)

只有在立体结构上相互靠近的基团才会发生偶极场效应。表7-5显示了1,3-二氯丙酮的三种旋转异构体中羰基伸缩振动的频率。氯原子和氧原子都具有很强的电负性,当它们相互靠近时,就发生负负相斥作用,使—C═O上的电子云由氧原子移向双键的中部,增加了—C═O 键的力常数,从而使其伸缩振动频率升高。显然,对于这三种异构体,两个氯原子在空间上距离—C═O 越近的,吸收峰频率越高,反之则越低。

表 7-5 偶极场效应引起的羰基伸缩振动频率的变化　　　　　　　cm^{-1}

化合物分子	$\nu_{C=O}$
(Cl, Cl 同侧)	1755
(Cl 一侧, Cl 另侧)	1742
(Cl, Cl 反侧)	1728

3. 氢键效应(hydrogen bonding)

氢原子与电负性大、半径小的原子 X(O、N、F 等)以一种特殊的分子间作用力结合,若与电负性大的原子 Y(可以与 X 相同)接近,在 X 与 Y 之间以氢为媒介,生成 X—H⋯Y 形式的键,称为氢键。氢键的形成使电子云密度平均化,从而使 X—H 键伸缩振动频率降低,吸收峰变宽。氢键越强,这种氢键效应就越显著。

氢键可存在于同一分子中,即分子内氢键;也可存在于同种分子或不同种分子之间,称为分子间氢键。分子内氢键大都发生在具有环状结构的邻位取代基上。由于受到环状结构中其他原子键角的限制,分子内氢键不能位于同一直线上,因而形成分子内氢键时,氢键效应对 X—H 的伸缩振动吸收峰的位置、强度和形状的改变均比形成分子间氢键的小。

分子间氢键可以在同种分子或不同分子之间形成两个分子或多个分子的缔合,产生二聚体或多聚体,从而使 X—H 的吸收峰位置、强度和形状都发生明显变化。分子内氢键不受浓度影响,而分子间氢键与溶液浓度和溶剂性质有关。溶剂极性越大,与溶质形成氢键的能力越强。溶质分子的极性基团的伸缩振动频率随溶剂极性的增加而向低频方向移动。

4. 振动耦合效应(vibrational coupling)

振动耦合效应是指当两个振动频率相同或相近的基团之间产生的振动相互作用,其结果使吸收峰发生分裂,一个向高频移动,另一个向低频移动。振动耦合效应越强,分裂峰的频率相差越大。当两个基团的伸缩振动共用一个原子时,可发生强烈的振动耦合,但如果被隔开两个以上的键隔开时,则耦合效应很小甚至消失。

当一个振动的倍频与另一振动的基频相同或接近时,发生相互作用产生很强的吸收峰或发生裂分的现象称为费米共振(Fermi resonance)。例如,苯甲醛中羰基上 C—H 伸缩振动的倍频峰(2800cm^{-1})与C—H的面内弯曲振动(1400cm^{-1})的二倍频峰发生费米共振，产生2780cm^{-1}和2700cm^{-1}两个吸收峰。

5. 溶剂效应

溶剂效应是指使用不同的溶剂溶解待测物质，在溶液状态下绘制红外吸收光谱，会获得不同的吸收光谱的现象。最常见的溶剂效应是极性基团(例如—OH、—NH、—C═O、—N═O、—C≡N)的伸缩振动频率随溶剂极性增大向低频位移，且强度增大。其实造成这一现象的根本原因是极性基团和极性溶剂分子之间形成氢键。因此，为了消除红外吸收光谱中的溶剂效应，应该尽量使用非极性溶剂，例如CCl_4和CS_2等，并且在稀溶液状态下测定红外光谱。

6. 试样的状态与温度

试样在气态、液态、固态时，其分子间的相互作用力差别很大，因此所测得的红外吸收光谱是不同的。气态时，分子间作用力很弱，分子可以自由旋转，此时可以观察到伴随振动光谱的转动精细结构。液态和固态的分子间作用力较强，无法观察到转动光谱。此外，由于分子热运动与温度密切相关，低温下的红外吸收峰比较尖锐，随温度升高，吸收峰会融合变宽，峰的数量减少。

7.3 红外光谱仪和试样制备

7.3.1 红外光谱仪的类型

根据分光原理的不同，可以将红外光谱仪分为两大类：一类是色散型红外光谱仪，以棱镜或光栅作为色散元件来分光；另一类是傅里叶变换红外光谱仪(FTIR)，利用迈克尔逊(Michelson)干涉仪进行干涉分光。

1. 色散型红外光谱仪

色散型红外光谱仪一般均采用双光束，主要由光源、样品池、单色器、检测器和记录器组成，基本结构如图7-5所示。光源发出的红外光被分为强度相等的两束光，一束通过样品池，另一束通过参比池。利用扇形镜的转动使这两束光交替进入单色器中，分光后再交替投射到检测器上进行检测。

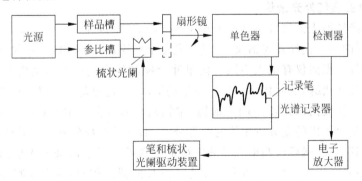

图7-5 色散型红外光谱仪基本结构示意图

"光学零位平衡"是双光束色散型红外光谱仪的基本工作原理。如果某波数的单色光不被样品吸收,则试样光束和参比光束的强度相等,检测器不产生信号。如果试样对某一频率的红外光有吸收,则试样光束强度比参比光束的弱,投射到检测器上的两束光强度不平衡。此时检测器就产生信号,经放大、整流后反馈给连接梳状光阑的同步马达,使光阑移动去更多地遮挡参比光束,直至在检测器上的两束光恢复强度相等,信号归零。试样对不同波数的红外光吸收程度不同,则梳状光阑的移动程度也不相同,记录装置与光阑同步,因此光阑位置的改变相当于试样透光率的改变,它作为纵坐标被直接描绘在记录纸上。由于单色器内棱镜或光栅的转动,使单色光的波数连续发生改变,并与记录纸的移动同步,这就是横坐标。这样就绘制出吸收强度随波数变化的红外光谱图。

红外光谱仪中常用的光源有能斯特灯(Nernst glower)和硅碳棒(globar)两种,都是用电加热使之产生高强度的连续红外辐射。能斯特灯是用混合的稀土金属氧化物烧结而成的空心或实心圆棒,直径 1～3mm,长 20～50mm,其主要成分为氧化锆、氧化钇和氧化钍。能斯特灯在使用前必须预热到 800℃左右,工作温度为 1300～1700℃。能斯特灯的特点是稳定性好,发光强度大,尤其在短波范围的辐射效率高,使用寿命长;但价格较高,机械强度差,操作不太方便。硅碳棒是由碳化硅烧结成的实心棒,两端粗、中间细,直径约 5mm,长 20～50mm,在使用前不需预热,工作温度为 1200～1500℃。硅碳棒的特点是发光面大,坚固,操作方便,在长波范围的辐射效率优于能斯特灯。

红外光谱仪的样品池比较复杂,对于不同状态的样品,需要采用不同的样品池。例如气体样品要用气体吸收池,固体样品要选用能够很好透过所需波长的红外辐射的材料。

使用棱镜作为单色器的是第一代红外光谱仪,其分辨率较低,要求在恒温恒湿的条件下工作,棱镜表面容易受到水汽侵蚀而损坏。第二代红外光谱仪使用光栅作为单色器的色散元件,具有近似线性的色散率,在使用波长范围内分辨率恒定,不会受到水汽侵蚀。狭缝越窄,分辨率越高,但光源的能量损失也会增大,为了寻求一个合适的狭缝宽度,红外光谱仪中通常用程序增减狭缝宽度的方法进行控制。

红外光谱仪的检测器可分为热检测器和量子检测器两类,前者是将大量入射光子的累积能量经过热效应转变为可测的响应值,后者是一种半导体装置,利用光导效应进行检测。真空热电偶是色散型红外光谱仪中最常用的检测器,它利用不同导体构成回路时的温差电现象,将温差转变为电位差进行测定。

2. 傅里叶变换红外光谱仪

傅里叶变换红外光谱仪(Fourier transform infrared spectrophotometer,FTIR)是 20 世纪 70 年代出现的第三代红外光谱仪,是基于光相干性原理而设计的。在仪器结构和工作原理上与色散型红外光谱仪有很大不同。傅里叶变换红外光谱仪基本结构如图 7-6 所示,其中没有色散元件和狭缝,取而代之的是迈克尔逊干涉仪,这也是光谱仪的核心部件。

迈克尔逊干涉仪由固定不动的反射镜(定镜)、可移动的反射镜(动镜)和分束器组成。分束器能够将光源发出的光分成相等的两部分,一部分光束被分束器反射到定镜,另一部分透过分束器射到动镜,然后这两束光又分别被定镜和动镜反射回来射入检测器。由于动镜的移动,使两束光产生了光程差,当光程差为半波长的偶数倍时,落在检测器上的相干光发生相长干涉,强度出现极大值;当光程差为半波长的奇数倍时,则发生相消干涉,相干光强出现极小值;当光程差既不是半波长的偶数倍,也不是奇数倍时,则相干光强度介于上述两者之间。当动镜匀速移动时,即连续改变两束光的光程差,就会得到干涉图。对于两种不同波长的入射光,其干涉图分别如图 7-7(a)和图 7-7(b)所示,如果这两种光一起进入干涉仪,则得到两种单色光干涉图的加合图(图 7-7(c))。同样,当入射光为连续波长的复合光时,就可以得到具有中心极大并向两边迅速衰减的对称干涉图,这就相当于复合光中所有单色光干涉图的加合。

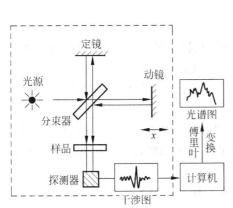

图 7-6　傅里叶变换红外光谱仪基本结构示意图

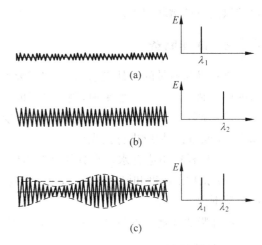

图 7-7　单色光干涉图

迈克尔逊干涉仪所得到的干涉图包含了光源全部频率和强度信息,如果相干光在进入检测器之前被试样吸收,则得到的干涉图就会出现一些变化。从数学上来讲,连续红外辐射的干涉图是红外光谱的傅里叶变换。因此利用计算机将所得的干涉图进行傅里叶逆变换就可以将其还原为普通的红外吸收光谱图(图 7-8)。从傅里叶变换红外光谱仪的基本工作原理上可以看出,它并没有进行"分光",而是将各种频率的光信号通过干涉作用调制为干涉图函数,再通过傅里叶逆变换还原出红外吸收光谱。这样做看似很繁琐,但因为有计算机的参与,庞杂的计算就不再是障碍了。更为重要的是,傅里叶变换红外光谱仪废除了狭缝,提高了光能利用率。样品在全波长范围内进行吸收,检测器接受到的信噪比增大,使检测灵敏度和准确度大幅提升。

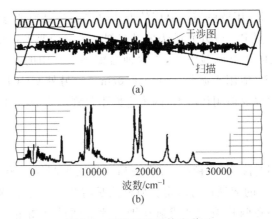

图 7-8　干涉图和红外光谱图

傅里叶变换红外光谱仪的光源、样品池都与色散型的通用,但检测器的扫描速度非常快。常用的有利用硫酸三苷钛(TGS)单晶薄片作检测元件的热释电检测器和碲化汞镉(MCT)检测器,它们可以在不到1s的时间内可获得图谱。

综上所述,傅里叶变换红外光谱仪与色散型红外光谱仪相比,灵敏度、准确度和分辨率都更高,测定的光谱范围更宽,扫描速度极快,特别适合弱红外光谱的测定、快速反应过程的追踪以及与色谱联用等。

7.3.2 试样制备

要获得高质量的红外光谱图,不仅需要性能良好的仪器、最佳的测量参数,还必须有合适的试样制备方法。一般来说,制备试样时要注意以下几点:

(1) 试样应该是单一组分的纯物质(纯度>98%),便于同标准光谱对照进行定性分析。如果试样是混合物应进行预先分离。

(2) 试样中不应含水。水分的存在不仅会侵蚀吸收池的盐窗,还会干扰羟基的测定。

(3) 试样的浓度和厚度要适当,使红外吸收光谱图中大多数吸收峰的透光率处于15%~70%范围内。

红外吸收光谱法的试样制备技术有很多,可以根据样品的聚集状态选用相应的方法。

1. 气体样品

使用气体吸收池来测定气体样品。常用的气体吸收池长度约为10cm,在使用前需要先将其中的空气抽出,然后注入样品,通过调节吸收池内气体样品的压力来控制吸收峰的强度。在进行微量或痕量分析时,往往利用吸收池内壁的反射作用使光程大幅度增加,以满足仪器检测限的要求。

2. 液体样品

液体样品的测定可以使用液膜法、吸收池法和溶液法。液膜法是定性分析中常用的简便方法,即在两个盐片之间滴入1~2滴液体样品,形成一层液膜,用专用夹具将盐片夹住即可进行测定。这种方法适用于沸点较高的试样。

对于沸点较低、易挥发的液体样品,可以将其注入到封闭的吸收池中进行测定,液层厚度一般为0.01~1mm。

有些试样的吸收很强,用调整液层厚度的方法仍然无法得到满意的效果,可以用适当的溶剂来配制成稀溶液来测定。红外光谱法中对溶剂有严格的要求:溶剂对样品有良好的溶解性,在所测光谱区域内没有明显吸收,不侵蚀盐窗等。常用的溶剂为CCl_4(适用于波数4000~1300cm^{-1})和CS_2(适用于波数1300~650cm^{-1}),另外$CHCl_3$、CH_2Cl_2、CH_2SCOH_4也可用作溶剂。水和醇很少被用作溶剂,因为它们不仅强烈吸收红外光,而且会造成盐窗的腐蚀。

3. 固体样品

固体样品可以采用溶液法、研糊法、薄膜法和压片法来制样。溶液法最简单,即选用适当的溶剂配成5%~10%的溶液进行测定。研糊法是将2~10mg研细的样品与几滴悬浮剂相混合,研磨成糊状,夹在两片溴化钾或氯化钠盐片之间进行测定。常用的悬浮剂有石蜡油、氟化煤油等,凡是能够变成粉末的固体样品都可以用该方法测定,但由于糊剂的厚度难以精确控制，所以此法只能用于定性分析。薄膜法主要用于高分子化合物的测定。将样品加热熔融后涂制或压制成膜，也可以将样品溶解在低沸点的易挥发溶剂中，涂在盐片上，待溶剂挥发后成膜测定。

压片法是指将 0.5～2mg 固体样品分散在 100～200mg 干燥的碱金属卤化物（多用溴化钾或氯化钠）中，研细并混匀，在压片机上压成直径约 10mm、厚 1～2mm、几乎透明的圆片后测定。这种制样方法的优点是干扰小，浓度可控，定量准确，可用于定性和定量分析。对于不溶于有机溶剂的无机物以及难以找到合适溶剂的高聚物，压片法尤其适用。

需要注意的是，在固体试样的制备过程中必须要仔细研磨样品，粉末粒径控制在 1～2μm。否则颗粒过大会造成对入射光的明显散射，使测定结果不准确。此外，固体样品须与碱金属卤化物充分混匀、并保持干燥。

7.4 红外吸收光谱法的应用

7.4.1 定性分析

红外吸收光谱法的定性分析包括官能团或化合物的鉴定和分子结构分析两方面。由于红外光谱具有高度的特征性，因此该方法是进行有机化合物定性分析的主要工具之一。

1. 官能团或化合物的鉴定

利用红外吸收光谱法对某种官能团或化合物进行鉴定是非常方便的。可以测定样品的红外吸收光谱图，然后与红外标准谱图对照分析；也可以在相同条件下，分别测定样品和已知标准物质的红外光谱图，将两者进行对照分析。在对照谱图时，依次检查强、中、弱各吸收峰的峰位和相对强度是否一致，如果完全一致，则可以断定为同一种化合物。如果样品谱图中的吸收峰数目少于标准谱图或标准物质谱图的峰数目，则可断定两者不是同一化合物；如果样品谱图中的吸收峰数目较多，则有可能是样品不纯导致的，需要经过分离纯化后再进行鉴定。

2. 分子结构分析

分子结构分析是指通过红外吸收光谱的解析来推断被测物质的结构。要达到这一目的，必须要做好两方面的工作：①获得高质量的红外吸收光谱图。这需要良好的仪器、最佳的测定条件、合适的试样制备方法等多方面的配合。②正确的谱图解析。谱图解析就是根据红外吸收光谱图中吸收峰的位置和形貌，利用基团特征频率和分子结构的关系来确定吸收峰的归属，从而确认分子中所含的基团或化学键，进而推断整个分子的结构。谱图解析通常包括以下几个步骤：

(1) 收集了解与试样性质有关的资料。例如掌握样品的来源、制备过程、纯度、外观、熔点、沸点、溶解度以及通过元素分析确定的化学式等，这有助于缩小化合物的范围，提高解析效率。

(2) 计算未知物的不饱和度。元素分析和质谱分析都可以给出被测物质的分子式，由分子式可以计算出不饱和度。

不饱和度 U 是表示有机化合物分子中碳原子饱和程度的指标，可以用来判断分子中是

否含有双键、叁键、苯环等结构,计算不饱和度的经验公式如下:

$$U = 1 + n_4 + \frac{n_3 - n_1}{2} \tag{7-6}$$

式中,n_1、n_3、n_4 分别为分子中一价原子(如 H、F、Cl、Br、I)、三价原子(如 N、P)、四价原子(如 C、Si)的数目。二价原子(如 O、S)不参加计算。规定链烷烃的不饱和度为 0,双键、饱和环状结构的不饱和度为 1,叁键为 2,苯环为 4,整个分子的不饱和度等于其中各结构的不饱和度之和。

(3) 利用基团特征峰进行推断

对红外吸收光谱图的解析,首先应从基团频率区入手,找到主要的吸收带,初步判断化合物分子中可能含有的基团和不可能含有的基团,以及分子的基本结构。然后再分析指纹区,进一步确定基团的存在及其连接情况,最终推断出整个分子的结构。

(4) 分子结构的验证。根据推断的分子结构,查找该物质的标准红外谱图或实际测定该纯物质的红外谱图。再与被测物质的红外谱图进行对照,核对所推断的被测物质结构是否正确。如果该物质为新化合物,无法查到其标准谱图,则需要用质谱或核磁共振等方法进行验证。

在使用红外吸收标准谱图对照时,应注意被测物和标准谱图上的聚集态、制样方法保持一致。由于真实分子的复杂性,倍频、组频、振动耦合等多种因素的交互作用往往会产生一些难以解释的吸收峰,所以一般情况下不可能也没有必要去解释红外谱图中所有的吸收峰,关键还是从特征峰入手进行推断。

标准谱图是进行红外吸收光谱研究必备的工具,最常用的标准谱图集是萨特勒(Sadtler)红外谱图集。它是由美国费城的萨特勒实验室自 1947 年开始出版的,包括棱镜和光栅谱图集,以及傅里叶变换红外谱图集,现已有 26 万张高质量的红外谱图。此外还有 Coblentz 学会谱图集、API 光谱图集、DMS 光谱图集等。为了由红外光谱图迅速鉴定未知物,在一些红外光谱仪中直接配备有谱库及其检索系统。例如 Sadtler 的 FTIR 检索谱库就有很多种软件包形式,几乎可以在所有红外光谱仪厂商的配套软件上直接使用,这使得红外光谱分析变得更加快捷高效。

例 7-2 某化合物的分子式为 C_7H_8O,红外吸收光谱图如图 7-9 所示,请推测其结构。

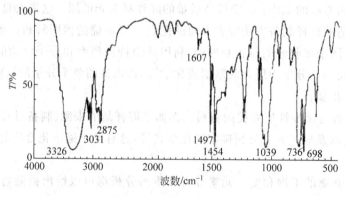

图 7-9 红外吸收光谱图

解 首先计算其不饱和度：

$$U = 1 + 7 + \frac{0-8}{2} = 4$$

推测可能含有苯环。

根据基团特征频率可知：

(1) 在 1700cm^{-1} 附近没有强吸收带，说明不存在羰基，可排除它是羰基化合物的可能性。

(2) 在 3326cm^{-1} 附近有强而宽的吸收峰，这是 O—H 的伸缩振动吸收峰；在 1039cm^{-1} 附近有明显的吸收，是伯醇 C—O 伸缩振动引起的。在 2875cm^{-1} 附近的吸收峰应该是饱和 C—H 伸缩振动吸收峰，这证明该化合物为伯醇。

(3) 在 3030cm^{-1} 附件有尖锐的吸收带，应该是苯环上的 C—H 键伸缩振动引起的；在 1607cm^{-1}、1497cm^{-1} 和 1454cm^{-1} 附近有三个尖锐的吸收峰，是苯环 C=C 骨架伸缩振动吸收峰，是苯环最重要的特征带。这充分证明了该化合物中含有苯环。

(4) 在 736cm^{-1} 和 698cm^{-1} 附近各有一个吸收峰，这是由苯环上 C—H 面外弯曲振动引起的，符合苯环单取代的特征。

因此，推断该化合物为苯甲醇，其分子结构如下：

$$\text{C}_6\text{H}_5\text{—CH}_2\text{—OH}$$

查阅苯甲醇的标准红外谱图，进行对照证明推断正确。

7.4.2 定量分析

红外光谱定量分析的优点在于有很多吸收峰可供选择，适用于混合物中单组分或多组分的定量分析。一些异构体组分在物理和化学性质上极为相似，使用紫外-可见吸收光谱法就无法区别，但这些异构体在指纹区的红外吸收峰形貌上却有较大差别，可以选择合适的红外吸收峰进行定量分析。红外吸收峰的选择需要注意以下几点：①摩尔吸光系数较大，不与其他峰重叠；②吸收峰有较好的对称性；③其他组分、溶剂对于吸收峰没有干扰。

同紫外-可见吸收光谱法一样，红外吸收光谱法定量分析的基础仍然是朗伯-比尔定律。在实际应用中，一般采用测量峰面积定量。红外吸收光谱法定量分析不受样品状态的限制，对于气体、液体和固体样品都可以测定。但需要注意的是，试样的透光率与试样的制备方法有关，因此试样和标准样品必须在相同的条件下进行测定。与紫外-可见吸收光谱法相比，红外吸收光谱法的灵敏度较低，且浓度与吸光度线性变化的范围也较窄，因此红外光谱法适用于常量组分测定，而不适于微量组分定量测定。为了提高检测准确度，样品的透光率不宜过大或过小，一般为 20%～60%。

7.4.3 在环境分析中的应用

红外吸收光谱法以其快速、准确、高效的特点，在化合物鉴定上具有独特的优势。在环境分析领域，一氧化碳、二氧化碳、氮氧化物、二氧化硫、甲烷、氯氟烃等具有红外活性的物质都可以使用红外吸收光谱法进行测定。一些经过化学反应最终能够变成红外活性物质的待测物也可以用红外光谱来检测,例如使用 TOC 分析仪测定水中的总有机碳(TOC),水中的含碳有机物经过酸化和加热后,最终生成了 CO_2,在红外检测器上被定量检测。

利用红外吸收光谱法测定水中的油类物质是该方法的重要应用之一,并且列入了国家标准(红外吸收光谱法测定水中石油类和动植物油 GB/T 16488—1996)。下面就简要的介绍一下该标准方法。

水中的油类物质包括矿物油和动植物油两大类,前者的主要成分为碳氢化合物,来自石油及其炼制产品的加工、运输行业;后者的主要成分为三酰甘油、脂肪酸酯、磷酸酯等,主要来自动植物的分解、居民生活污水等。分散于水中的油类物质可吸附在悬浮微粒上,或以乳化状态存在于水体中,还能少量溶于水中。漂浮于水面的油会形成油膜,阻碍空气与水体氧的交换;油类物质还能被微生物氧化分解,消耗水中的溶解氧,导致水质恶化。

油类物质都能够溶于四氯化碳,而其中的动植物油还能够被硅酸镁吸附。因此,利用四氯化碳萃取水中的油类物质,进行红外吸收光谱法定量检测,然后用硅酸镁吸附脱除萃取液中的动植物油之后再经红外光谱测定石油类。总萃取物和石油类均可在波数 $2930cm^{-1}$ (CH_2 基团中 C—H 键的伸缩振动)、$2960cm^{-1}$ (CH_3 基团中 C—H 键的伸缩振动)和 $3030cm^{-1}$ (芳香环中 C—H 键的伸缩振动)谱带处测定吸光度。

样品经四氯化碳萃取和硅酸镁吸附的步骤在此不再赘述。在测定过程中,不需要使用标准曲线,但要用几种标准试剂来测定校正系数,所起到的也是外标的作用。以四氯化碳为溶剂,分别配制 $100mg \cdot L^{-1}$ 正十六烷、$100mg \cdot L^{-1}$ 姥鲛烷和 $400mg \cdot L^{-1}$ 甲苯溶液,使用 1cm 比色皿,分别测定这三种标准试剂在 $2930cm^{-1}$、$2960cm^{-1}$ 和 $3030cm^{-1}$ 处的吸光度。

设正十六烷、姥鲛烷和甲苯标准试剂的浓度分别为 C_H、C_P 和 C_T($mg \cdot L^{-1}$),它们的吸光度分别以 $A(H)$、$A(P)$ 和 $A(T)$ 表示。X、Y、Z 分别为 $2930cm^{-1}$、$2960cm^{-1}$ 和 $3030cm^{-1}$ 处的校正系数。F 为烷烃对芳香烃的校正因子,由于正十六烷的芳香烃含量为零,因此 F 为正十六烷在 $2930cm^{-1}$ 和 $3030cm^{-1}$ 处的吸光度之比,即 $F=A_{2930}(H)/A_{3030}(H)$。

对于每一种标准试剂来说,都符合下式:

$$C = XA_{2930} + YA_{2960} + Z\left(A_{3030} - \frac{A_{2930}}{F}\right) \tag{7-7}$$

联立方程式求解,即可得出校正系数 X、Y、Z。

水样中总萃取物的含量 C_1($mg \cdot L^{-1}$)可按下式计算:

$$C_1 = \left[XA_{2930}^1 + YA_{2960}^1 + Z\left(A_{3030}^1 - \frac{A_{2930}^1}{F}\right)\right] \cdot \frac{V_0 Dl}{V_w L} \tag{7-8}$$

式中:A_{2930}^1、A_{2960}^1、A_{3030}^1——各波数下测得的总萃取液的吸光度;

V_0——萃取溶剂定容体积,mL;

V_w——水样体积,mL;

D——萃取液稀释倍数;

l——测定校正系数时所用比色皿光程,cm;

L——测定水样时所用比色皿光程,cm。

根据式(7-8),使用在各波数下测得的硅酸镁吸附后滤出液的吸光度,即可计算出水样中石油类的含量 C_2($mg \cdot L^{-1}$)。总萃取物和石油类含量的差值即为动植物油的含量。

该方法的适用范围广，抗干扰能力强。当水样体积为 5L，经过富集之后，使用光程为 4cm 的比色皿检测时，方法的最低检出限为 $0.01\text{mg}\cdot\text{L}^{-1}$。

习题

7-1 红外吸收光谱产生的条件是什么？哪些分子不会产生红外吸收光谱，请举例说明。

7-2 分子的基本振动形式有哪几种？

7-3 什么是基频、倍频和组频？它们是怎么产生的？

7-4 何谓基团频率？影响基团频率位移的因素有哪些？

7-5 请按照羰基振动频率增加的顺序排列下列化合物，并说明原因。

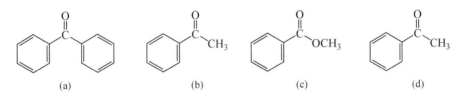

7-6 什么是指纹区？它在红外吸收光谱分析中有什么用途？

7-7 常用的红外光源有哪些？各有什么优缺点？

7-8 请计算下列各化学键的振动频率和波数：
(1) 乙烷中的 C—H 键，$k=5.1\text{N}\cdot\text{cm}^{-1}$；(2) 甲醛中的 C—O 键，$k=12.3\text{ N}\cdot\text{cm}^{-1}$；
(3) 苯中的 C—C 键，$k=7.6\text{ N}\cdot\text{cm}^{-1}$；(4) CH_3CN 中的 C≡N 键，$k=17.5\text{ N}\cdot\text{cm}^{-1}$

7-9 色散型双光束红外光谱仪的工作原理是什么？

7-10 试述迈克尔逊干涉仪的工作原理。

7-11 傅里叶变换红外光谱仪与色散型红外光谱仪相比，在结构上有什么不同？在功能上有哪些优点？

7-12 使用红外吸收光谱法测定固体样品，有哪些制样方法？

7-13 已知某化合物分子式为 $C_4H_6O_2$，而且其结构中含有一个酯羰基（1760cm^{-1}）和一个端乙烯基（—CH=CH$_2$）（1649cm^{-1}），请推测其结构并说明原因。

7-14 某化合物分子式为 C_9H_{10}，红外吸收光谱图如下，试推测其结构。

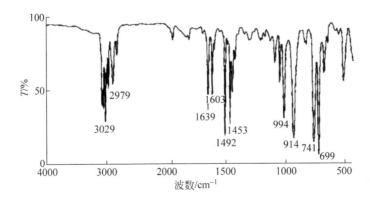

7-15 某化合物分子式为 $C_5H_{10}O_2$，请根据红外光谱图推测其结构。

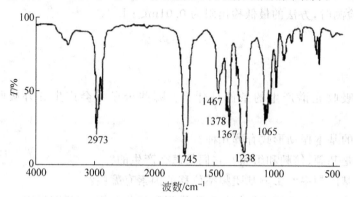

第 8 章

原子吸收光谱法

原子吸收光谱法(atomic absorption spectrometry, AAS)又称为原子吸收分光光度法，是基于蒸气相中被测元素的基态原子对其原子共振辐射的吸收强度来测定试样中被测元素含量的一种分析方法。原子吸收光谱法属于原子光谱分析法，其灵敏度高、选择性好，可以测定绝大多数金属元素和部分非金属元素，尤其在微量/痕量金属元素的分析方面具有突出的优势。

8.1 原子吸收光谱法的基本原理

人类从认识原子吸收现象到建立原子吸收光谱法经历了漫长的过程。早在 1802 年，英国化学家沃拉斯顿(W. H. Wollaston)在研究太阳光谱时，发现阳光的连续光谱中出现暗线。1814 年，德国物理学家夫琅禾费(J. von Fraunhofer)利用光栅进一步研究了这些谱线。后来基尔霍夫(G. Kirchoff)和本生(R. W. Bunsen)确认了每一条谱线所对应的化学元素，并推论在太阳光谱中的暗线是由一些元素吸收造成的。尽管人们很早就发现原子吸收现象，但却无法将其应用于实际分析仪器中。直到 1955 年，澳大利亚物理学家瓦尔什(A. Walsh)等人发表了著名论文《原子吸收光谱在化学分析上的应用》，奠定了原子吸收光谱法的基础。空心阴极灯的出现，解决了原子吸收光谱法光源的难题，原子吸收光谱法才作为一种分析方法诞生。随着商品化原子吸收光谱仪的出现，原子吸收光谱法迅速发展起来，成为元素定量检测的重要技术之一。

8.1.1 共振线与吸收线

原子具有多种能量状态。一般情况下，原子处于能量最低状态，即基态。当原子吸收外界能量后，其最外层电子就会跃迁到较高的能级，此时原子就处于激发态。原子在基态和激发态之间的跃迁伴随着能量的发射和吸收。原子的最外层电子可能跃迁到不同的高能级，可能有不同的激发态，由于基态与第一激发态之间能量差距最小，跃迁最容易发生。当原子外层电子从基态跃迁到第一激发态时要吸收一定频率的光，所产生的吸收谱线称为共振吸收线；处于第一激发态的电子很不稳定，在极短的时间内就跃迁回基态，并发射出同样频率的光，称为共振发射线。共振吸收线和共振发射线都简称为共振线，由于不同元素的原子结构和外层电子排布不相同，当外层电子从基态激发至第一激发态或回迁时，吸收或发射的能量也不同，因而各种元素的共振线各具特征，也被称为元素的"特征谱线"。此外，由于从基态到第一激发态的跃迁最易发生，对大多数元素而言，共振线在所有谱线中最灵敏。因此，原子吸收光谱法就是利用待测元素基态原子对光源发出共振线的吸收进行测定的。

8.1.2 基态原子数与原子吸收定量基础

在进行原子吸收光谱法测定时,通常采用高温使试样原子化来得到处于原子蒸气状态的基态原子。在高温中,必然还有一部分原子吸收了外界能量之后处于激发态。根据热力学原理,当在一定温度下处于热力学平衡时,激发态原子数与基态原子数之比服从玻尔兹曼(Boltzmann)分配定律:

$$\frac{N_i}{N_0} = \frac{g_i}{g_0} e^{\frac{-\Delta E}{kT}} \tag{8-1}$$

式中:N_i 和 N_0——单位体积内激发态和基态的原子数;

g_i 和 g_0——激发态和基态能级的统计权重;

ΔE——基态和激发态的能量差;

k——玻尔兹曼常数,1.38×10^{-23} J·K^{-1};

T——热平衡时的气体热力学温度,K。

在原子光谱中,对于一定波长的谱线,g_i/g_0 和 ΔE 都是已知值,因此只要温度确定,就可以计算出 N_i/N_0。表 8-1 列出了一些金属元素在不同温度下的 N_i/N_0 值。

表 8-1 几种元素共振线的 N_i/N_0 值

元素共振线/nm	g_i/g_0	激发能/eV	N_i/N_0	
			$T=2000$K	$T=3000$K
Cs 852.11	2	1.455	4.44×10^{-4}	7.24×10^{-3}
Na 589.0	2	2.104	0.99×10^{-5}	5.85×10^{-4}
Ba 553.5	3	2.239	6.38×10^{-6}	5.19×10^{-4}
Sr 460.7	3	2.690	4.99×10^{-7}	9.07×10^{-5}
Ca 422.7	3	2.932	1.22×10^{-7}	3.55×10^{-5}
Co 338.2	1	3.664	5.85×10^{-10}	6.99×10^{-7}
Ag 328.1	2	3.778	6.03×10^{-10}	8.89×10^{-7}
Cu 324.8	2	3.817	4.82×10^{-10}	6.65×10^{-7}
Mg 285.2	3	4.346	3.35×10^{-11}	1.50×10^{-7}
Pb 283.3	3	4.375	2.93×10^{-11}	1.34×10^{-7}
Au 267.6	1	4.632	2.12×10^{-12}	1.65×10^{-8}
Zn 213.9	3	5.795	7.45×10^{-15}	5.50×10^{-10}

由式(8-1)可知:当大量原子达到热动平衡时,基态原子数总是大于激发态原子数。温度 T 越高,N_i/N_0 比值越大。在相同温度下,ΔE 越小,共振线波长越长,N_i/N_0 比值越大。在采用火焰光源的原子吸收光谱法中,火焰温度一般低于 3000K,而且大多数元素的共振线波长都小于 600nm,N_i/N_0 比值大都在 10^{-3} 以下,也就是说火焰中处于激发态的原子数远小于基态原子数,因此可以将基态原子数 N_0 视为原子蒸气中待测元素的原子总数。

在实际分析中,要求测定的并不是原子蒸气中某元素的原子浓度,而是样品中该元素的浓度,而此浓度与处于气态的待测元素原子总数成正比。因此,在一定浓度范围内和一定实验条件下,所测得的吸光度 A 和试样中待测元素的浓度 c 成正比,即符合比尔定律:

$$A = Kc \tag{8-2}$$

式中的 K 在一定实验条件下为常数,所以通过测定基态原子的吸光度就可以求出样品中待测元素的含量,这就是原子吸收光谱法定量分析的理论基础。

8.1.3 谱线轮廓及影响因素

一束不同频率、强度为 I_0 的平行光通过厚度为 L 的原子蒸气,一部分光被吸收,透过光的强度与原子蒸气的宽度有关,若原子蒸气中原子密度一定,则透射光的强度和原子蒸气的宽度成正比,即

$$I_\nu = I_0 \mathrm{e}^{-K_\nu L} \tag{8-3}$$

式中:I_ν——透射光的强度;

L——原子蒸气的宽度;

K_ν——原子蒸气对频率为 ν 的光的吸收系数。

吸收系数 K_ν 随着光源辐射频率而改变。原子对于不同频率的光的吸收程度也不同,因此透射光的强度 I_ν 随着光的频率而有所变化。

从图 8-1 可以看出,在频率 ν_0 处透射光的强度最小,即此处的吸收程度最大。我们把这种情况称为原子蒸气在特征频率 ν_0 处有吸收线,由此可见,吸收线并不是绝对单色的几何线,而是具有一定的宽度,即所谓的曲线轮廓。若将吸收系数 K_ν 对频率 ν 作图,所得曲线为就是吸收线轮廓(图 8-2)。

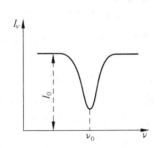
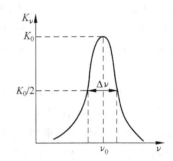

图 8-1 透射光强度与辐射频率曲线　　　图 8-2 吸收线轮廓与半宽度

在频率 ν_0 处,吸收系数 K_ν 有极大值 K_0,该频率称为原子吸收谱线的中心频率或峰值频率。K_0 称为中心吸收系数或峰值吸收系数。当 K_ν 等于 K_0 一半时所对应的吸收线轮廓上两点间的距离称为吸收线的半宽度(half-width)$\Delta\nu$。半宽度的大小直接反映了吸收线的宽度,一般来说,原子吸收线的半宽度约为 0.001~0.005nm,比分子吸收线的半宽度(约为 50nm)小得多,因此原子光谱看起来是一条条的锐线,也被称为线状光谱。

在没有外界影响下,原子吸收谱线的宽度称为自然宽度(natural width),取决于激发态原子的平均寿命,其大小一般在 10^{-5} nm 数量级。在实验条件下,原子吸收谱线宽度受到许多因素的影响,主要有以下几种。

1. 多普勒变宽(Doppler broadening)

在通常原子吸收光谱测定的条件下,多普勒变宽是影响原子吸收光谱线宽度的主要因素。多普勒宽度是由于原子热运动引起的,又称为热变宽。从物理学中已知,无规则热运动的发光原子的运动方向如果背离检测器,则检测器接收到的光的频率较静止原子所发的光

的频率低。反之,发光原子向着检测器运动,检测器接受光的频率较静止原子发的光频率高,这就是多普勒效应。原子吸收分析中,对于火焰和石墨炉原子吸收池,气态原子处于无序热运动中,相对于检测器而言,各发光原子有着不同的运动分量,即使每个原子发出的光是频率相同的单色光,但检测器所接受的光是频率略有不同的光,由此引起了谱线的变宽。当处于热力学平衡状态时,谱线的多普勒变宽 $\Delta\nu_D$ 可由下式决定:

$$\Delta\nu_D = \frac{2\nu_0}{c}\sqrt{\frac{2(\ln2)RT}{M}} = 0.716 \times 10^{-6}\nu_0\sqrt{\frac{T}{M}} \tag{8-4}$$

式中:R——摩尔气体常数;
c——光速;
M——相对原子质量;
T——热力学温度;
ν_0——谱线的中心频率。

由上式可以看出,多普勒宽度与元素的相对原子质量、温度和谱线频率有关。随温度升高和相对原子质量减小,多普勒宽度增加。多普勒变宽可达 10^{-3}nm 数量级。

2. 碰撞变宽(collisional broadening)

碰撞变宽是指由于粒子(原子、分子、离子、电子等)之间相互碰撞而引起的谱线变宽。碰撞变宽通常随着压力的增大而增大,因此也被称作压力变宽。当原子吸收区的原子浓度足够高时,碰撞变宽是不可忽略的。因为基态原子是稳定的,其寿命可视为无限长,因此对原子吸收测定所常用的共振吸收线而言,谱线宽度仅与激发态原子的平均寿命有关,平均寿命越长,则谱线宽度越窄。原子之间相互碰撞导致激发态原子平均寿命缩短,引起谱线变宽。

根据碰撞粒子的不同,碰撞变宽还可以分为两类:①同种原子碰撞,即被测元素激发态原子与基态原子相互碰撞引起的变宽称为共振变宽,又称赫鲁兹马克变宽(Holtsmark broadening)。在通常的原子吸收测定条件下,被测元素的原子蒸气压力很少超过0.1Pa,共振变宽效应可以忽略不计,但当蒸气压力达到10Pa时,共振变宽效应就明显地表现出来。②被测元素原子和其他元素的原子相互碰撞引起的变宽,称为洛伦兹变宽(Lorentz broadening),它是碰撞变宽的主要部分。洛伦兹变宽随原子蒸气压力增大和温度升高而增加,它和共振变宽具有相同的数量级,也可达 10^{-3}nm。

3. 自吸变宽

光源周围温度较低的原子蒸气可吸收同种原子的发射线而导致谱线变宽,这叫做自吸变宽。自吸严重的谱线,其辐射强度明显减弱,谱线轮廓中心下陷,这种现象称为"自蚀"。降低光源强度和原子蒸气的浓度,可以减小自吸变宽。

除了上述因素之外,如果有较强的电场和磁场存在,会导致谱线的分裂,即斯塔克效应(Stark effect)和塞曼效应(Zeeman effect)。但在通常的原子吸收分析实验条件下,吸收线的轮廓主要是受多普勒变宽和洛伦兹变宽的影响,而其他因素则可以忽略。

8.1.4 原子吸收的测量

1. 积分吸收(intergrated absorption)

为了准确测定原子吸收的总能量,可以将吸收线轮廓所包含的吸收系数进行积分,即计

算吸收曲线下面所包括的整个面积。根据经典色散理论,积分吸收与原子蒸气中吸收辐射的原子数成正比,其关系式如下:

$$\int K_\nu \mathrm{d}\nu = \frac{\pi e^2}{mc} N_0 f \tag{8-5}$$

式中:K_ν——吸收系数;
　　　e——电子电荷;
　　　m——电子质量;
　　　c——光速;
　　　N_0——单位体积原子蒸气中吸收辐射的基态原子数,即基态原子密度;
　　　f——振子强度,代表每个原子中能吸收或发射特定频率光的平均电子数,在一定条件对一定元素,f可视为定值。

2. 峰值吸收(peak absorption)

如果能够测定积分吸收,就可以计算出待测元素的原子浓度。但测定谱线宽度仅为 10^{-3} nm 的积分吸收,需要分辨率极高的色散仪器,这实际上是难以实现的。如果采用分子光谱法中使用的连续光源,原子吸收线的半宽度远小于光源发射线的,那么实际被吸收的能量相对于发射的总能量来说极其微小,在这种条件下很难准确记录信噪比,使测定的灵敏度和准确度都极差。这就是原子吸收现象被发现一百多年,迟迟得不到应用的原因。

1955 年,瓦尔什提出用锐线光源(narrow-line source)作为激发光源,测量谱线的峰值吸收系数代替测量积分吸收,从而解决了原子吸收的实际测量问题。锐线光源是发射线半宽度远小于吸收线宽度的光源。在实际应用时,锐线光源的发射线和被测原子吸收线的中心频率一致(图 8-3)。

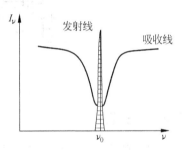

图 8-3　峰值吸收测量示意图

设入射光的光强为 I_0,经过原子蒸气之后透射光的光强为 I_t,它们都是辐射频率 ν 的函数。根据吸光度的定义,并将式(8-3)代入,可得:

$$A = \lg \frac{I_0}{I_t} = \lg \frac{\int_0^{\Delta\nu} I_{0\nu} \mathrm{d}\nu}{\int_0^{\Delta\nu} I_{t\nu} \mathrm{d}\nu} = \lg \frac{\int_0^{\Delta\nu} I_{0\nu} \mathrm{d}\nu}{\int_0^{\Delta\nu} I_{0\nu} e^{-K_\nu L} \mathrm{d}\nu} \tag{8-6}$$

假设锐线光源发射线的半宽度为 $\Delta\nu$,且远小于吸收线的半宽度。此时发射线的轮廓可以看作一个很窄的矩形,吸收系数 K_ν 在此轮廓内不随频率而改变,并近似等于峰值吸收系数 K_0,则

$$A = \lg \frac{1}{e^{-K_0 L}} = \lg e^{K_0 L} = 0.434 K_0 L \tag{8-7}$$

在通常的原子吸收条件下,若吸收线的轮廓主要取决于多普勒变宽,则峰值吸收系数 K_0 和基态原子数 N_0 之间存在如下关系:

$$K_0 = \frac{2\sqrt{\pi \ln 2}}{\Delta\nu_\mathrm{D}} \cdot \frac{e^2}{mc} \cdot N_0 f \tag{8-8}$$

可以看出,峰值吸收系数与原子浓度成正比,只要测出 K_0 就能得到 N_0。

将式(8-8)代入式(8-7)可得：

$$A = 0.434 \cdot \frac{2\sqrt{\pi\ln 2}}{\Delta\nu_D} \cdot \frac{e^2}{mc} \cdot N_0 f = kLN_0 \tag{8-9}$$

当实验条件一定时，式(8-9)中的 k、L 皆为常数。由此表明，使用锐线光源时，所测得的吸光度 A 与原子蒸气中待测元素的基态原子数 N_0 成正比。根据吸光度便可求出样品中待测元素的含量。

8.2 原子吸收光谱仪

原子吸收光谱仪也叫做原子吸收分光光度计，它是由光源、原子化系统、单色器、检测系统组成的。基本构造如图 8-4 所示。

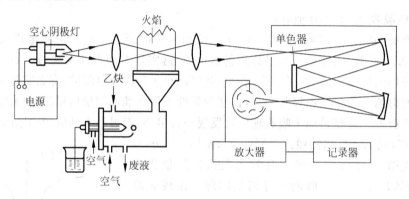

图 8-4 原子吸收光谱仪基本构造示意图

8.2.1 光源

光源的作用是发射待测元素的特征光谱。为了获得较高的灵敏度和准确度，所用光源应满足以下基本要求：

(1) 锐线光源，即发射线的半宽度比吸收线的半宽度窄得多，否则测出的不是峰值吸收。

(2) 能发射待测元素的共振线，并具有足够的强度，以保证有足够的信噪比。

(3) 发射的光强度必须稳定且背景小，而光强度的稳定性又与供电系统的稳定性有关。

蒸气放电灯、无极放电灯和空心阴极灯都可以作为原子吸收光谱仪的光源。这里着重介绍应用最广泛的空心阴极灯(hollow cathode lamp)。

空心阴极灯的结构如图 8-5 所示。它有一个由被测元素材料制成的空心阴极和一个由钛、锆或其他材料制作的阳极。阳极和阴极封闭在带有光学窗口的硬质玻璃管内，管内充有压强为 260~1300Pa 的惰性气体氖和氩，其作用是载带电流，以使产生溅射及激发原子发射特征的锐线光谱。

空心阴极灯放电是一种特殊形式的低压辉光放电，放电集中在阴极空腔内。当在两极之间施加几百伏电压时，便会产生辉光放电。在电场作用下，电子在飞向阳极的途中，与载气原子碰撞并使之电离，放出二次电子，使电子与正离子数目增加，以维持放电。正离子从

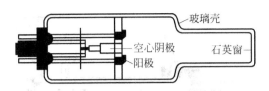

图 8-5 空心阴极灯的结构示意图

电场获得动能。如果正离子的动能足以克服金属阴极表面的晶格束缚,当其碰撞在阴极表面时,就可以将原子从晶格中溅射出来。除溅射作用之外,阴极受热也会导致阴极表面元素的热蒸发。溅射和蒸发出的原子进入空腔内,再与电子、原子、离子等发生第二类碰撞而受到激发,发射出相应元素的特征共振辐射。

空心阴极灯发射的谱线特性不仅与灯的结构有关,而且还与其灯电流有关。使用电流过小,放电不稳定;灯电流过大,溅射作用增加,原子蒸气密度增大,谱线变宽,甚至自吸,导致测定灵敏度降低,灯的寿命缩短。最适宜的灯电流随阴极元素和灯的设计的不同而不同。此外,电流的微小变化就会引起谱线强度的明显改变,所以空心阴极灯要求使用稳流电源,保证灯电流稳定度在 0.1% 左右。目前原子吸收光谱仪中的空心阴极灯通常采用脉冲供电方式,以改善放电特性,同时便于使原子吸收信号和原子化器的直流发射信号区分开。

空心阴极灯发射的谱线稳定性好,强度高而宽度窄,且易更换。每种元素都有相应的灯,如果需要测定多种元素就必须频繁更换灯,这给实际使用带来了一定的不便。

8.2.2 原子化系统

原子化系统的作用是用来提供能量,使试样干燥、蒸发并原子化,产生原子蒸气。其基本要求是原子化效率要高,稳定性要好;雾化后的液滴要均匀、粒细、水平干扰低;背景小,噪声低;安全,耐用,操作方便。使试样原子化的方法有火焰原子化法和无火焰原子化法两种。前者具有简单、快速、对大多数元素有较高的灵敏度和检测极限等优点,因而至今使用仍最广泛。无火焰原子化技术具有较高的原子化效率、灵敏度和检测极限,近年来发展迅速。

1. 火焰原子化装置

火焰原子化装置包括喷雾器、雾化室和燃烧器三部分。其中燃烧器有两种类型,即全消耗型和预混型。全消耗型燃烧器是将试液直接喷入火焰中。预混型燃烧器是用雾化器将试液雾化,在雾化室内将较大的雾滴均匀化,然后再喷入火焰。目前广泛应用的是预混合型燃烧器,其结构如图 8-6 所示。

(1) 喷雾器。喷雾器的作用是将试液雾化,使之形成直径为微米级的气溶胶。雾粒越细、越多,在火焰中生成的基态自由原子就越多。

(2) 雾化室。它的作用是去除大雾滴,较大的雾滴在雾化室内凝聚为大的液珠沿室壁流入泄液管排走。其中的扰流器可以使雾粒变得更细。燃气和助燃气也可以在雾化室内充分混合,使产生的火焰更加稳定。

(3) 燃烧器。燃烧器的作用是产成高温火焰,使进入的试样微粒原子化。燃烧器有单缝和三缝两种,单缝燃烧器较为常用,但产生的火焰很窄,会导致部分入射光未能通过火焰而使测量灵敏度下降。三缝燃烧器产生的火焰能够完全包围入射光束,外侧缝隙还可以起

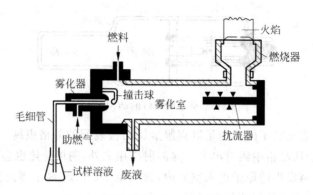

图 8-6　预混合型火焰原子化器示意图

到屏蔽火焰的作用,燃烧更加稳定。

燃烧器产生的火焰应有足够的温度,能有效地蒸发和分解试样,并使被测元素原子化。按照燃气和助燃气的比例(燃助比),可以分为化学计量火焰、富燃火焰和贫燃火焰三类。

① 化学计量火焰

化学计量火焰也称为中性火焰。燃气和助燃气的比例与它们之间的化学反应计量关系接近。火焰的温度高、层次清晰、干扰小、燃烧稳定,适用于很多种元素的测定。

② 富燃火焰

富燃火焰的燃气与助燃气的比例高于化学计量火焰,其中有大量燃气未燃烧完全,温度较低,火焰呈黄色,具有很强的还原性,适用于测定易形成难离解氧化物的元素,例如 Cr、Al、Mo、Si 以及稀土元素等。

③ 贫燃火焰

贫燃火焰的燃助比小于化学计量火焰的。燃烧完全,但多余的助燃气会带走部分热量,使火焰温度降低。贫燃火焰具有氧化性气氛,适于测定易电离的元素(例如碱金属元素)以及不易氧化的元素(如 Cu、Ag、Co、Ni)。

原子吸收测定中最常用的火焰是乙炔-空气火焰。氢-空气火焰和乙炔--氧化二氮高温火焰应用也比较多。乙炔-空气火焰燃烧稳定,重现性好,噪声低,燃烧速度适中,温度约为 2300℃,对大多数元素有足够的灵敏度。氢-空气火焰是氧化性火焰,燃烧速度比乙炔-空气火焰高,但温度较低(约 2050℃),背景较低。乙炔--氧化二氮火焰的特点是火焰温度高,可达 3000℃,通常使用富燃火焰,利用其中强还原性的—CN 和—NH 基团,有效地与氧化物分子反应,提高原子化效率。乙炔--氧化二氮火焰可以使原子吸收光谱法测定的元素种类达到 70 种以上,是目前应用较广泛的一种高温火焰。

在实际应用中还应考虑火焰本身对光的吸收。不同类型的火焰对不同波长光的吸收程度有明显差别。一般来说,火焰对波长较短的光,尤其是 200nm 以下的光有较强的吸收,在选择元素分析谱线和火焰时应特别注意。

2. 非火焰原子化装置

火焰原子化法易于操作,且重现性较好,但其主要缺点是原子化效率较低。仅有约 10% 的试液被原子化,而约 90% 的试液都由废液管排出。原子化效率低就使检测灵敏度难以提高,而非火焰原子化装置可以有效地解决这一问题。顾名思义,非火焰原子化就是不适用火焰进行原子化,有电热原子化、化学原子化、石墨炉原子化等。非火焰原子化装置可以使灵敏度增加10～200倍,因而得到广泛的应用。

管式石墨炉原子化器是最常用的非火焰原子化装置。该原子化器是将一个石墨管固定在两个电极之间,管的两端开口,安装时使其长轴与原子吸收分析光束的通路重合。石墨管的中心有一进样口,试样由此注入。为了防止试样及石墨管氧化,需要在不断通入惰性气体的情况下用大电流(300A)通过石墨管。此时石墨管被加热至高温(3000℃)而使试样原子化。测定时分干燥、灰化、原子化、净化四步程序升温,如图8-7所示。干燥的目的是在低温(通常为105℃)下蒸发去除试样的溶剂,以免溶剂存在导致灰化和原子化过程飞溅。灰化的作用是在

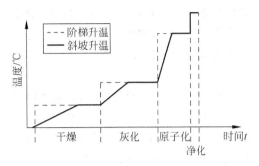

图8-7 非火焰原子化器程序升温过程示意图

较高温度(350～1200℃)下进一步去除有机物或低沸点无机物,以减少基体组分对待测元素的干扰。净化的作用是将温度上升至最大允许值,以去除残留物,消除由此产生的记忆效应。

非火焰原子化方法的最大优点是注入的试样几乎可以完全原子化。特别对于易形成耐熔氧化物的元素,由于没有大量氧的存在,并由石墨提供大量碳,所以能得到较好的原子化效率。当试样含量低,或只能提供很少量的试样时,使用非火焰原子化法非常合适。但其分析结果的精密度比火焰原子化法差,而且记忆效应较严重。

8.2.3 单色器

原子吸收光谱仪中的单色器包括出射、入射狭缝、反射镜和色散元件,其主要作用在于将空心阴极灯阴极材料的杂质发出的谱线、惰性气体发出的谱线以及分析线的邻近线等与共振吸收线分开。在原子吸收光谱仪中,单色器通常位于火焰之后,这样可分掉火焰的杂散光并防止光电管疲劳。由于锐线光源的谱线简单,故对单色器的色散率要求不高。同时,为了便于测定,又要有一定的出射光强度,因此若光源强度一定,就需要选用适当的光栅色散率与狭缝宽度配合,构成适于测定的通带(或宽带)来满足上述要求。通带是由色散元件的色散率与入射狭缝宽度决定的,其表达式为

$$W = DS \tag{8-10}$$

式中:W——单色器的通带宽度,nm;

D——色散率的倒数,nm·mm^{-1};

S——狭缝宽度,μm。

如果采用具有一定色散率的光栅作为色散元件,就可以通过调节狭缝宽度来控制单色器光谱通带。如果狭缝较宽,出射光强度增加,有利于提高灵敏度,但若背景干扰较大则不可取。因此,如果能够保证将分析谱线与其他谱线分开,宜选择较大的狭缝宽度。一般来说,碱金属和碱土金属元素谱线简单,背景干扰小,可选用较大的狭缝宽度,而过渡元素和稀土元素谱线复杂,应选用较小的狭缝宽度。

8.2.4 检测系统

检测系统主要由检测器、放大器、对数变换器、显示装置组成,其作用是将单色器分出的光信号进行光电转换。在原子吸收光谱仪中常用光电倍增管作为检测器。光电倍增管中设置有很多倍增极,即使少量光子射入,也会通过倍增作用,最后在阳极上聚集大量的电子,所形成的光电流通过光电倍增管负载电阻转换成电压信号送入放大器,将电压信号进一步放大。

从式(8-3)可以看出,如果入射光强度一定,经过基态原子吸收后的透射光强度并不直接与浓度成直线关系。因此电信号在进入指示仪表之前须进行对数转换,这可以利用电容的充放电特性和半导体管的电学特性来进行。最终在指示仪表上显示测定值,或者通过计算机来显示、记录和处理数据。

8.3 干扰及其消除方法

原子吸收光谱分析中的干扰因素主要有物理干扰、电离干扰、化学干扰和光谱干扰。

8.3.1 物理干扰

物理干扰是指试样在转移、蒸发过程中因任何物理因素变化而引起的干扰效应。对于火焰原子化法而言,它主要影响试样喷入火焰的速度、雾化效率、雾滴大小及其分布、溶剂与固体微粒的挥发等。物理干扰是由于试样的物理特性(如粘度、表面张力、密度等)的变化而引起原子吸收强度下降的效应。物理干扰是非选择性干扰,对试样各元素的影响基本是相似的。

配制与被测试样具有相似组成的标准样品,是消除物理干扰的常用方法。若无法确定试样组成或无法匹配试样时,可采用标准加入法或稀释法来克服物理干扰。

8.3.2 电离干扰

元素在高温火焰中会发生一定程度的电离,这将影响单位体积内基态原子的总数,使分析的灵敏度降低。电离干扰随温度升高而增加,随电离平衡常数的增大而增大,随元素的电离电位和浓度的增大而减少。可通过加入更易电离的碱金属元素(消电离剂)来抑制电离干扰。例如,在用乙炔—一氧化二氮火焰法测定 Ca 时,加入 KCl 产生大量电子来抑制 Ca 的电离。

8.3.3 化学干扰

化学干扰是指待测元素的原子与干扰物质组分之间形成热力学更稳定的化合物,而影响被测元素化合物的解离和原子化效率,使待测元素的吸光度降低。这类干扰具有选择性,它对试样中各种元素的影响各不相同。化学干扰是原子吸收分光光度法中主要的干扰来源,影响因素很多,随着火焰温度、火焰状态和部位、其他组分的存在、雾滴的大小等条件而变化。典型的化学干扰是待测元素与共存元素发生化学反应生成难挥发的化合物所引起的干扰。

消除化学干扰应根据具体情况不同而采取相应的措施。消除化学干扰的方法有：

(1) 使用合适的火焰。一般情况下，化学干扰会随着温度的提高而减少。在低温火焰中存在的化学干扰，大都在高温火焰中消失。但有时在低温火焰中看不到的干扰，在高温火焰中却呈现出来。此外，火焰位置不同，化学干扰也不相同。例如在乙炔-空气火焰中，火焰上部磷酸对钙的干扰较小，而在火焰下部干扰较大。

(2) 加入释放剂。当待测元素与干扰元素在火焰中形成稳定的化合物时，加入另一种物质使之与干扰元素结合生成更稳定的化合物，从而将待测元素从干扰元素的化合物中释放出来。这种加入的物质就称为释放剂。例如磷酸盐干扰钙的测定，当加入 La 或 Sr 之后，La^{3+}、Sr^{2+} 与磷酸根离子结合而将 Ca^{2+} 释放出来，从而消除干扰。

(3) 加入保护剂。保护剂大多数是络合剂，能够与待测元素或干扰元素形成稳定的络合物，保护待测元素不受干扰元素的影响。例如加入 EDTA，使 Ca 转化为 EDTA-Ca 络合物，可以消除磷酸盐对钙的干扰，EDTA-Ca 络合物在火焰中易于原子化，不会影响原子化效率。

(4) 加入缓冲剂。加入大量过量的干扰组分，使干扰达到饱和并趋于稳定，这种加入的大量干扰物质就称为缓冲剂。例如用乙炔—一氧化二氮火焰测定钛时，铝盐会抑制钛的吸收。但当铝盐的浓度大于 $200\mu g \cdot mL^{-1}$ 之后，干扰就趋于稳定。因此，在标准样品和待测试样中都加入 $200\mu g \cdot mL^{-1}$ 的铝盐，标准样品和试样中铝盐干扰产生的吸光度就可相互抵消，从而间接消除了样品中铝盐对钛的影响。

8.3.4 光谱干扰

光谱干扰可分为谱线干扰和背景干扰两种。

1. 谱线干扰

谱线干扰包括谱线重叠、光谱通带内存在非吸收线等。

被测元素的分析线与共存元素的吸收线相重叠，如用 Ge 的 422.66nm 吸收线测定 Ge 时，Ca 的 422.67nm 线会干扰。由于大多数元素都有几条分析线，可选用其他光谱线测定或用分离手段将干扰元素去除。

与分析线相邻的非吸收线的干扰，如充氩气的铬空心阴极灯，氩的 357.7nm 线干扰铬的 357.9nm 吸收线，这种情况可通过缩小狭缝宽度消除或减小干扰。

2. 背景干扰

包括分子吸收和光散射干扰。分子吸收干扰是指在原子化过程中生成的气体分子、氧化物及盐类分子对辐射吸收而引起的干扰。光散射是指在原子化过程中产生的固体微粒对光产生的散射，使被散射的光偏离光路而不为检测器所检测，造成吸光度值偏高。

当存在背景吸收时，被测元素的总吸光度 A_t 是被测元素无背景吸收时的吸光度 A_x 与背景吸光度 A_b 之和。如果能够测出背景吸光度，并从总吸光度中扣除，则背景吸收可以校正，就可求出被测元素的净吸光度。

背景吸收的校正方法有以下三种：

(1) 邻近非共振线背景校正法。这种方法是使用分析线测量原子吸收与背景吸收的总吸光度，因非共振线不产生原子吸收，用它测量背景吸收的吸光度，两次测量值相减即得到校正背景之后的原子吸收的吸光度。由于背景吸收随波长而改变,因此该校正法的准确度较差,只适用于分析线附近背景分布比较均匀的场合。

(2) 连续光源背景校正法。先用锐线光源测定分析线的原子吸收和背景吸收的总光度,再用氘灯在同一波长测定背景吸收,此时原子对连续辐射的吸收可以忽略不计。计算两次测定吸光度之差,即可使背景吸收得到校正。目前原子吸收光谱仪上一般都配有氘灯作为连续光源的背景校正装置,故此法也称为氘灯扣除背景法。这种方法的主要问题是:连续光源测定的是整个光谱通带内的平均背景,与分析线处的真实背景有差异。连续光源与锐线光源的放电性质不同,光斑大小不同,调整光路平衡比较困难,影响校正背景的能力,容易引起背景校正过度或不足。

(3) 塞曼效应背景校正法。塞曼效应是指谱线在磁场作用下发生分裂的现象。塞曼效应背景校正法是利用磁场将吸收线分裂为具有不同偏振方向的成分,利用这些偏振成分来区别被测元素和背景的吸收。与连续光源背景校正法相比,塞曼效应背景校正法具有很多优点:可以在全波范围内进行校正,能够校正强吸收背景,准确度较高。但这种校正装置比较复杂,且价格昂贵。

8.4 原子吸收光谱法的特点及应用

8.4.1 原子吸收光谱法的特点

原子吸收光谱法作为一种重要的定量分析方法,广泛应用于环境、材料、食品、医药等诸多方面,其优点主要有:

(1) 检出限低、灵敏度高。火焰原子吸收法的检出限为 $10^{-9} \sim 10^{-10}$ g 数量级,而非火焰原子吸收光谱法的检出限更低,可达 $10^{-10} \sim 10^{-14}$ g。因此原子吸收光谱法特别适用于微量及痕量元素的分析。

(2) 干扰小、选择性好。锐线光源发出入射光谱线很简单,且基态原子进行窄频吸收,元素之间的干扰较小。

(3) 分析速度快。原子吸收光谱法的干扰较小,且可以采用相应的方法消除。因此在复杂样品分析中,有可能无需分离即可直接测定多种元素。

(4) 测定范围广。原子吸收光谱法可测 70 多种元素,主要测定金属元素,还可以间接测定卤素、硫、氮等非金属元素以及一些有机化合物。

(5) 精密度和准确度高。原子吸收光谱法测定结果的相对标准偏差大约为 $1\% \sim 2\%$,相对误差约为 $0.1\% \sim 0.5\%$。

(6) 试样处理简单,仪器操作方便。对于溶液样品,一般来说不需要前处理即可对待测元素进行分析。固体样品的处理也相对比较简单。如今原子吸收光谱仪早已是非常成熟的商品化仪器,Perkin-Elmer、Thermofisher、Varian、Jena 等公司都推出了一系列适应不同需求的原子吸收光谱仪,仪器结构更加紧凑,软件操作界面更加人性化。

8.4.2 测定条件的优化

1. 分析线的选择

通常选用共振线为分析线,测定高含量元素时,可以选用灵敏度较低的非共振吸收线为分析线。对于共振线在200nm以下的As、Se等元素,由于乙炔-空气火焰对此也有吸收,需改用其他火焰或选择非共振线进行测定。当待测原子浓度较高时,为避免过度稀释和向试样中引入杂质,可选取次灵敏线。

2. 狭缝宽度选择

调节狭缝宽度,可改变光谱带宽,也可改变照射在检测器上的光强。原子吸收光谱分析中,光谱重叠干扰的几率小,可以允许使用较宽的狭缝。一般狭缝宽度选择在通带为$0.4\sim4.0$nm的范围内,对谱线复杂的元素如Fe、Co和Ni,需在通带相当于1Å(0.1nm)或更小的狭缝宽度下测定。

3. 空心阴极灯的工作电流

灯电流过小,光强低且不稳定,灵敏度下降;灯电流过大,发射线变宽,灵敏度降低且影响光源寿命。选择灯电流的一般原则是:在保证光源稳定且有足够光输出时,尽量选用较低的工作电流(通常是最大灯电流的1/2~2/3)。在具体的分析场合,最佳灯电流通过实验确定。

4. 原子化条件的选择

在火焰原子化法中,火焰类型和特性是影响原子化效率的主要因素。对低、中温元素,使用空气-乙炔火焰;对高温元素,采用一氧化二氮-乙炔高温火焰;对分析线位于短波区(200nm以下)的元素,使用空气-氢火焰较为合适。一般而言,稍富燃的火焰是有利的。为了获得所需特性的火焰,需要调节燃气与助燃气的比例。

在火焰区内,自由原子的空间分布不均匀,且随火焰条件而改变,因此,应调节燃烧器的高度,以使来自空心阴极灯的光束从自由原子浓度最大的火焰区域通过,以获得高的灵敏度。

在石墨炉原子化法中,合理地选择干燥、灰化、原子化及除残温度与时间是十分重要的。干燥应在稍低于溶剂沸点的温度下进行,以防止试液飞溅。灰化的目的是去除基体和局外组分,在保证被测元素没有损失的前提下应尽可能使用较高的灰化温度。原子化温度的选择原则是,选用达到最大吸收信号的最低温度作为原子化温度。原子化的时间应保证可完全原子化。在原子化阶段停止通保护气,以延长自由原子在石墨炉内的平均停留时间。除残的目的是为了消除残留物产生的记忆效应,除残温度应高于原子化温度。

8.4.3 定量分析方法

1. 标准曲线法

标准曲线法是原子吸收光谱定量分析最常用的基本方法。配制一组合适的标准样品,在最佳测定条件下,由低浓度到高浓度依次测定它们的吸光度,以吸光度对浓度作标准曲线。然后在相同条件下测定未知样品的吸光度。在标准曲线上用内插法求出未知样品中被测元素的浓度。

标准溶液的配制应注意以下几点:有合适的浓度范围;标样和试样的测定条件相同;每次测定需重新配制标准系列。标准曲线法简便、快捷,但仅适用于组成简单的试样。

2. 标准加入法

标准加入法又称为直线外推法。当待测样品的组成不完全确知时,就无法配制与其组成匹配的标准样品,此时如果待测样品量足够的话,就适宜采用标准加入法。分别取几份等量的被测试样,其中一份不加入被测元素,其余各份分别加入不同已知量 c_1、c_2、c_3、$\cdots$、c_n 的被测元素,然后在标准测定条件下分别测定它们的吸光度 A,绘制吸光度 A 对被测元素加入量 c_i 的曲线。实际测量中采用作图外推法,将所作曲线外推,与浓度坐标的交点即为试液中未知元素的含量。

使用该法需注意的事项:须线性良好,待测元素的浓度与其对应的吸光度应呈线性关系;为了得到较为精确的外推结果,至少应采用 4 个点来做作外推曲线,并且第一份加入的标准溶液与试样溶液的浓度之比应适当;该法只消除基体效应带来的影响,但不消除分子和背景吸收的影响;对于斜率太小的曲线,即检测方法的灵敏度很低时,容易引入较大的误差。

8.4.4 灵敏度和检出限

1. 灵敏度

原子吸收光谱法的灵敏度有相对灵敏度和绝对灵敏度两种表示方法。

(1) 相对灵敏度

相对灵敏度是指在给定条件下待测元素的最小检出浓度,定义为能产生 1% 吸收或吸光度为 0.0044 时试样中待测元素的质量浓度,常以 $\mu g \cdot mL^{-1}/1\%$ 为单位,其表达式如下:

$$S_{相} = \frac{c \times 0.0044}{A} \tag{8-11}$$

式中:$S_{相}$——相对灵敏度;

c——试样中的待测元素的浓度,$\mu g \cdot mL^{-1}$;

A——试样的吸光度值。

(2) 绝对灵敏度

绝对灵敏度是以质量单位表示的待测元素的最小检出量,定义为能产生 1% 吸收或吸光度为 0.0044 时对应的待测元素的质量,常以 g/1% 为单位,其表达式为

$$S_{绝} = \frac{c \times V \times 0.0044}{A} \tag{8-12}$$

式中:$S_{绝}$——绝对灵敏度;

c——试样中的待测元素的浓度,$g \cdot mL^{-1}$;

V——试样体积,mL;

A——试样的吸光度值。

显然,灵敏度的数值越小,表示灵敏度越高。原子吸收光谱法的吸光度值在 0.1~0.5 时,测定的准确度较高,相应的待测元素浓度范围大约为灵敏度的 25~125 倍。相对灵敏度常用在火焰原子化吸收光谱法中,而在石墨炉原子吸收光谱法中则常用绝对灵敏度。

2. 检出限

检出限(detection limit)是指产生一个能够确证在试样中存在某元素的分析信号所需要的该元素的最小含量。在原子吸收光谱法中检出限定义为待测元素所产生的信号强度等于其噪声强度标准偏差 3 倍时所相应的质量浓度或质量分数,单位为 $\mu g \cdot mL^{-1}$ 或 $g \cdot g^{-1}$。以公式表示如下:

$$D_c = \frac{c}{\overline{A}} \cdot 3\sigma \qquad (8\text{-}13)$$

或

$$D_m = \frac{m}{\overline{A}} \cdot 3\sigma \qquad (8\text{-}14)$$

式中：c——试样中待测元素的质量浓度，$\mu g \cdot mL^{-1}$；

m——试样中待测元素的质量，g；

$\overline{A}$——吸光度多次测定平均值；

σ——空白溶液吸光度的标准偏差（至少连续测定 10 次求得）。

灵敏度和检出限都是衡量分析方法和仪器性能的重要指标，但检出限考虑到了噪声的影响，并明确指出了测定的可靠程度。同一元素在不同仪器上有时灵敏度相同，但由于仪器的噪声水平不同，检出限可相差一个数量级以上。

8.4.5 在环境分析中的应用

原子吸收光谱法是环境分析中常用的方法，在大气、水质、土壤等介质中金属元素的监测分析方法中，大都是采用原子吸收光谱法，例如空气中铅的测定，降水中钙、镁的测定等。下面以环境水体中镉、铜、铅、锌的定量测定为例简要介绍一下该方法的应用。

在测定废水和受污染的水中镉、铜、铅、锌元素时，可采用火焰原子吸收光谱法直接测定；对于含量较低的清洁地面水或地下水，则需先用萃取或离子交换法富集后再用火焰原子吸收光谱法测定，或直接使用石墨炉原子吸收光谱法进行测定。

1. 直接吸收火焰原子吸收法测定废水中的镉、铜、铅、锌

清洁水样可不经预处理直接测定；污染的地面水和废水样需用硝酸或硝酸-高氯酸消解，并进行过滤、定容后，将样品喷雾于火焰中原子化，分别测量各元素对其特征波长光的吸收，用标准曲线法或标准加入法定量。测定条件和方法适用浓度范围列于表 8-2。

表 8-2 镉、铜、铅、锌测定条件和测定浓度范围

元素	分析线波长/nm	火焰类型	测定浓度范围/(mg/L)
Cd	228.8	乙炔-空气，氧化型	0.05～1
Cu	324.7	乙炔-空气，氧化型	0.05～5
Pb	283.3	乙炔-空气，氧化型	0.2～10
Zn	213.8	乙炔-空气，氧化型	0.05～1

2. 萃取-火焰原子吸收光谱法测定地表水中的微量镉、铜、铅

该方法适用于含量低、需进行富集后测定的水样。对一般仪器的适用范围为：镉、铜 $1\sim50\mu g \cdot L^{-1}$；铅 $10\sim200\mu g \cdot L^{-1}$。清洁水样经消解的水样中待测金属离子在酸性介质中与吡咯烷二硫代氨基甲酸铵（APDC）生成络合物，用甲基异丁基甲酮（MIBK）萃取后，喷入火焰进行原子吸收分光光度测定。当水样铁含量较高时，用碘化钾-甲基异丁基甲酮（KI-MIBK）萃取效果更好。

3. 石墨炉原子吸收法测定地表水中的微量镉、铜、铅

将清洁水样和标准溶液直接注入电热石墨炉内石墨管进行测定。根据试样中待测元素

含量的高低,每次进样量 10~20μL,按照干燥、灰化、原子化三阶段加热升温。对组成简单的水样可用直接比较法,每测 10~20 个样品应用标准溶液检查仪器读数 1~2 次。对组成复杂的水样,则宜使用标准加入法。

8.5 原子荧光光谱法

原子荧光光谱法(atomic fluorescence spectrometry,AFS)是一种通过测量待测元素的原子蒸气在辐射能激发下所产生荧光的发射强度,来测定待测元素含量的一种发射光谱分析方法。由于所用仪器与原子吸收法相似,故在本章进行简要介绍。

8.5.1 原子荧光光谱的基本原理

1. 原子荧光光谱的产生

气态自由原子吸收光源的特征辐射后,原子的外层电子跃迁到较高能级,然后经 10^{-8} s 又跃迁返回基态或较低能级,同时发射出与原激发辐射相同或不同的光,这种现象称为原子荧光。各种元素都有特定的原子荧光光谱,可以根据原子荧光的特征波长进行元素的定性分析,根据原子荧光的强度进行定量分析。

原子发射光谱和原子荧光光谱都是由激发态原子发射出的线状光谱,但激发的机理却不同。前者是原子受到热运动粒子碰撞而被激发,而后者则是吸收外来辐射而被激发。当激发光源停止照射之后,原子荧光也随即停止。

2. 原子荧光的类型

根据激发光波长和受激原子回迁发射的荧光波长是否相同,可以把原子荧光分为两大类:共振荧光(resonance fluorescence)和非共振荧光。荧光的波长与激发光波长相同的称为共振荧光,不同的称为非共振荧光。在非共振荧光中,荧光波长大于激发光波长的称为斯托克斯荧光,小于激发光波长的称为反斯托克斯荧光。图 8-8 显示了各种类型原子荧光的产生机理。

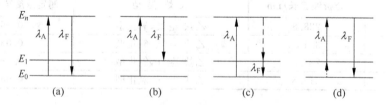

图 8-8 原子荧光的产生机理
(a) 共振荧光;(b) 直跃线荧光;(c) 阶跃线荧光;(d) 反斯托克斯荧光

(1) 共振荧光。气态原子吸收共振线被激发后,再发射与原吸收线波长相同的荧光,即共振荧光。如锌原子吸收 213.86nm 的光,它的发射荧光的波长也为 213.86nm。由于共振跃迁的概率比其他跃迁概率大得多,因此共振荧光的强度最大。

(2) 非共振荧光。当荧光与激发光的波长不同时,产生非共振荧光。非共振荧光包括直跃线荧光、阶跃线荧光、反斯托克斯荧光。

① 直跃线荧光(direct-line fluorescence)。当原子由基态被辐射激发到较高的激发态

后,直接跃迁到高于基态的较低能级激发态,此时发射出波长比激发光波长长的荧光,称为直跃线荧光。如铅原子吸收 283.31nm 的光,而发射 405.78nm 的荧光。直跃线荧光为斯托克斯荧光。

② 阶跃线荧光(stepwise fluorescence)。原子被激发至较高的激发态,随后由于和其他分子发生碰撞以非辐射形式跃迁回到较低的激发态,再辐射跃迁回至基态时发射出的荧光,即为阶跃线荧光。例如钠原子被 330.3nm 的光激发后,会产生波长为 589.0nm 的荧光。

③ 反斯托克斯(anti-Stokes fluorescence)荧光。当原子吸收了热能和激发光的能量后被激发到某一激发态,跃迁至低能态时发射出比激发光波长小的荧光,称为反斯托克斯荧光。由于热能在激发原子时起到了重要作用,所以这种荧光也称为热助(thermally assisted)反斯托克斯荧光。例如用热激发铟原子,再吸收 451.13nm 的激发光,可发射出 410.18nm 的荧光。

原子荧光除了上述种类之外,还有一种比较特殊的情况:如果受激发的原子与另一种原子发生碰撞,并把激发能传递给它使其激发,后者再以辐射的形式去活化而发射荧光,这种荧光称为敏化荧光。

8.5.2 原子荧光光度计

在原子浓度很低时,所发射的荧光强度和单位体积原子蒸气中该元素基态原子数成正比。在一定的激发光强度和原子化条件下,就可以通过测定荧光强度得出试样中待测元素的含量。

原子荧光光度计分为非色散型和色散型,这两类仪器的结构基本一致,但单色器不同,后者使用干涉滤光器来分离分析线和邻近谱线以降低背景。原子荧光光度计与原子吸收光谱仪的结构非常相似,二者的主要区别在于光源和其他组件的放置角度。原子荧光光度计的激发光源和检测器呈直角放置,以避免激发光源发射的辐射对原子荧光检测信号的影响(图 8-9)。

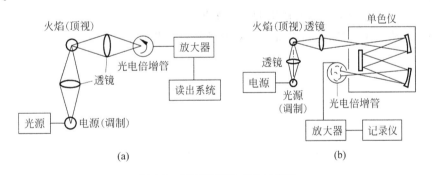

图 8-9 原子荧光光度计示意图
(a) 非色散型;(b) 色散型

原子荧光分析法中同样是利用火焰或非火焰原子化器来实现待测元素的原子化,需要注意火焰成分可能造成荧光猝灭,降低荧光效率,从而使灵敏度变差。实验证明,空气-乙炔火焰具有较强的淬灭作用,可以使用淬灭截面较小的单原子惰性气体 Ar、He 作为保护气来抑制该影响。荧光强度与激发光的强度成正比,采用发射高强度的激发光源,如高强度的空心阴极灯、无电极放电灯、ICP、激光灯等,有助于提高检测灵敏度。

原子荧光分析法具有灵敏度高,光谱简单等优点。应用火焰及非火焰原子化法时,对于某些元素的检出限要优于原子吸收法和原子发射光谱法,但需注意荧光猝灭效应和散射光的影响。

习题

8-1 简述原子吸收分光光度分析的基本原理。

8-2 影响原子谱线轮廓的因素有哪些?

8-3 何谓锐线光源?在原子吸收分光光度分析中为什么要用锐线光源?

8-4 在原子吸收分光光度计中为什么不采用连续点源?而在分光光度计则需要采用连续光源?

8-5 原子吸收分析中,如采用火焰原子化法,是否火焰温度越高,测定灵敏度越高?为什么?

8-6 原子吸收分析中常用的火焰种类有哪些?并说明其主要特点。

8-7 原子吸收测量的必要条件是什么?

8-8 说明空心阴极灯的工作原理及注意事项。

8-9 石墨炉原子化法的工作原理是什么?与火焰原子化法比较,有什么优缺点?

8-10 说明在原子吸收分析中产生背景吸收的原因及影响。如何减免这一类影响?

8-11 应用原子吸收光谱法进行定量分析的依据是什么?进行定量分析有哪些方法?试比较它们的优缺点。

8-12 原子吸收光谱法有哪几种干扰?分别是怎么产生的?如何消除?说明消除的依据。

8-13 原子吸收光谱的背景是怎么产生的?有几种校正背景的方法?其原理是什么?它们各有什么优缺点?

8-14 原子荧光光谱是如何产生的?有哪些类型?

8-15 试从工作原理、仪器设备方面对原子吸收法及原子荧光法进行比较。

第 9 章

原子发射光谱法

原子发射光谱法(atomic emission spectrometry,AES)是根据处于激发态的待测元素原子回到基态时发射的特征谱线对待测元素进行分析的方法。根据发射谱线的波长和强度,可以对待测元素进行定性和定量的分析。

原子发射光谱法是最早出现的一种光学分析方法,具有准确、快速、灵敏的特点,在人类发现和认识物质的进程中发挥了重要作用。新型光源与检测器件的更新和应用,大大提高了原子发射光谱法的分析能力,使其应用范围进一步扩展,现已成为最重要的元素分析方法之一。

9.1 原子发射光谱分析的基本原理

9.1.1 原子发射光谱的产生

原子核外围绕着不断运动的电子,电子处于不同的能级,当电子离核较远时处于高能级,离核较近则处于低能级。一般情况下,原子处于稳定状态,其能量最低,这种状态称为基态。当原子受到外界能量的作用时,原子由于与高速运动的气态粒子和电子相互碰撞而获得能量,使原子的外层电子跃迁到较高的能级上,此时原子就处于激发态。这种将原子中的一个外层电子从基态跃迁至激发态所需的能量称为激发电位。由激发态向基态跃迁所发射的谱线称为共振线。共振线具有最小的激发电位,因此最容易被激发,是该元素的最强谱线。

如果外加的能量足够大,可以把原子中的电子从基态跃迁至无限远处,即脱离原子核的束缚力,使原子成为带正电荷的离子,这种过程称为电离。原子失去一个外层电子成为离子时所需的能量称为一级电离电位。当外加的能量更大时,离子还可以进一步电离成二级离子或三级离子等,并具有相应的电离电位。这些离子中的外层电子也能被激发,其所需的能量即为相应的离子激发电位。

处于激发态的原子是不稳定的,在极短的时间内(约 10^{-8} s)就跃迁回到基态或其他较低的能级上,多余能量以电磁辐射的形式发射出去,这样就得到了发射光谱,谱线波长与能量的关系如下:

$$\lambda = \frac{hc}{\Delta E} \tag{9-1}$$

式中:ΔE——高能级与低能级之间的能量差;
λ——波长;
h——普朗克常数;
c——光在真空中的速度。

由式(9-1)可以看出，所发射的每一条谱线都是原子在不同能级间跃迁的结果。由于原子的各个能级是量子化的，因此产生的谱线也是不连续的，即线状光谱。不同元素的原子结构也不同，故发射谱线的波长和数目会有其特征性，据此可以对物质进行定性分析。

9.1.2 原子能级与能级图

原子光谱是由于原子的外层电子在两个能级之间跃迁而产生的。原子的能级通常用光谱项符号来表示：

$$n^{2S+1}L_J$$

每个核外电子在原子中存在的运动状态，可以用四个量子数 n、l、m、m_s 来规定。主量子数 n 决定电子的能量和电子离核的远近。角量子数 l 决定了角动量的大小及电子轨道的形状，在多电子原子中它也影响电子的能量。磁量子数 m 决定磁场中电子轨道在空间伸展的方向不同时，电子运动角动量的大小。自旋量子数 m_s 决定电子自旋的方向。四个量子数的取值是 $n=1,2,3,\cdots,n$；$l=0,1,2,\cdots,(n-1)$，与其相适应的符号为 s、p、d、f；$m=0$、± 1、± 2、$\cdots$、$\pm l$；$m_s=\pm 1/2$。例如钠原子的核电荷数为 $+11$，核外有 11 个电子，其分布为 $(1s)^2(2s)^2(2p)^6(3s)^1$。最外层电子是 $(3s)^1$，其运动状态为：$n=3, l=0, m=0, m_s=1/2$。

对于含有多个价电子的原子，它的每一个价电子都可能跃迁而产生光谱。不同价电子之间存在着相互作用，光谱项用 n、L、S、J 四个量子数来描述。

(1) n 为主量子数。

(2) L 为总角量子数，其数值为外层价电子角量子数 l 的矢量和，即

$$L = \sum_i l_i \tag{9-2}$$

若有两个价电子，其角量子数 l_2 和 l_1 耦合成总量子数的 L 的方法如下：

$$L = (l_1 + l_2)、(l_1 + l_2 - 1)、(l_1 + l_2 - 2)、\cdots、|l_1 - l_2|$$

L 的可能值为 $0、1、2、3、\cdots$，显然 L 也是整数，共 $(2L+1)$ 个值。

(3) S 为总自旋量子数，自旋与自旋之间的作用也较强，多个价电子总自旋量子数是单个价电子自旋量子数 m_s 的矢量和

$$S = \sum_i m_{s,i} \tag{9-3}$$

其值可取 $0、\pm 1/2、\pm 1、\pm 3/2、\pm 2、\cdots$。

(4) J 为内量子数，是由于轨道运动与自旋运动的相互作用即轨道磁矩与自旋磁矩的相互影响而得到的，它是原子中各个价电子组合得到的总角量子数 L 与总自旋量子数 S 的矢量和，即

$$J = L + S \tag{9-4}$$

J 的求法如下：

$$J = (L+S)、(L+S-1)、(L+S-2)、\cdots、|L+S|$$

若 $L \geqslant S$，则 J 值从 $L+S$ 至 $L-S$，可有 $(2S+1)$ 个值。若 $L<S$，则 J 值从 $S+L$ 至 $S-L$，可有 $(2L+1)$ 个值。例如 $L=2$，$S=1$，则 $J=3,2,1$。$L>S$，$2S+1=3$，有 3 个 J 值可取。

光谱项符号 $n^{2S+1}L_J$ 左上角的 $(2S+1)$ 称为光谱项的多重性，也用符号 M 表示。因每一光谱项可有 $(2S+1)$ 不同的 J 值，把 J 值注在 L 符号的右下角表示光谱支项，每一光谱项有 $(2S+1)$ 个光谱支项。由于 L 和 S 的相互作用，光谱支项的能级略有不同，这 $(2S+1)$ 个

略有不同的能级在光谱中形成(2S+1)条距离很近的线,称为多重线。若(2S+1)等于 2 或 3,分别称为二重线或三重线。当 L<S 时,每一光谱支项只有(2L+1)个支项,但(2S+1)还称多重性,所以"多重性"的定义是(2S+1),不一定代表光谱支项的数目。

钠原子的价电子结构是$(3s)^1$,光谱项为$3^2S_{1/2}$。它表示钠原子的价电子处于 $n=3$,$L=0$,$S=1/2$,$J=1/2$ 的能级状态,J 只有一个取向,只有一个光谱支项 $3^2S_{1/2}$。钠原子第一激发态的电子结构为$(3p)^1$,$n=3$,$L=1$,$S=1/2$,$M=2$,有 2 个光谱支项,$3^2P_{1/2}$ 和 $3^2P_{3/2}$。

在光谱学中,把原子中所有可能存在状态的光谱项,即能级和能级跃迁用图解的形式表示出来,称为能级图。通常用纵坐标表示能量 E,基态原子的能量 $E=0$,以横坐标表示实际存在的光谱项。理论上对于每个原子能级的数目应该是无限多的,但实际上是有限的。发射的谱线为斜线相连。图 9-1 为钠原子和镁离子的能级图。

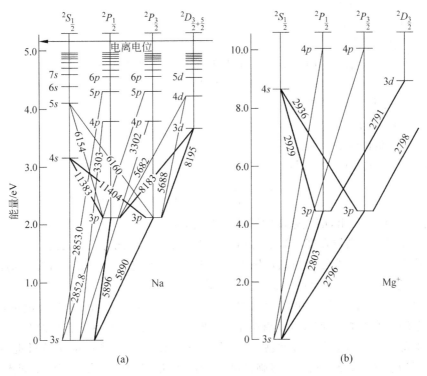

图 9-1 能级图
(a) 钠原子的能级图;(b) 镁离子的能级图

跃迁须遵循一定的选择规则,只有符合下列规则的才能产生跃迁:
(1) 主量子数变化 Δn 为正整数(包括 0)。
(2) 总角量子数的变化 $\Delta L=\pm 1$,跃迁只允许在 S 项和 P 项,P 项与 S 项或 D 项之间,等等。
(3) $\Delta S=0$,即单重项只能跃迁到单重项,三重项只能跃迁到三重项,等等。
(4) 内量子数的变化 $\Delta J=0$,± 1,但当 $J=0$ 时,$\Delta J=0$ 的跃迁是不容许的(禁阻)。

但也有个别的不符合光谱选律跃迁的情况,产生的谱线称为禁阻跃迁线,这种谱线强度很弱。

每一光谱支项还包括$(2J+1)$个可能的状态,在无外加磁场时它们的能级是相同的。

当在外加磁场作用下可分裂为$(2J+1)$个能级,一条谱线分裂为$(2J+1)$条谱线,这种效应称为塞曼效应。当在外加强电场作用下,也可产生谱线分裂效应,这种效应称为斯托克斯效应。

9.1.3 谱线强度

原子由某一激发态 i 向基态或较低能级跃迁发射谱线的强度,与激发态原子数成正比。在激发光高温条件下,温度一定。处于热力学平衡状态时,单位体积基态原子数 N_0 与激发态原子数 N_i 之间遵循玻尔兹曼分配定律:

$$N_i = N_0 \frac{g_i}{g_0} e^{-\frac{E_i}{kT}} \tag{9-5}$$

式中:g_i 和 g_0——激发态和基态能级的统计权重;

E_i——激发电位;

k——玻尔兹曼常数;

T——激发温度。

原子的外层电子在 i、j 两个能级之间跃迁,其发射谱线强度 I_{ij} 如下:

$$I_{ij} = N_i A_{ij} h\nu_{ij} \tag{9-6}$$

式中:A_{ij}——两个能级间的跃迁概率;

h——普朗克常数;

ν_{ij}——发射谱线的频率。

将式(9-5)代入式(9-6)可得

$$I_{ij} = \frac{g_i}{g_0} A_{ij} h\nu_{ij} N_0 e^{-\frac{E_i}{kT}} \tag{9-7}$$

由式(9-7)可以看出,谱线强度的影响因素包括:

(1) 统计权重。谱线强度与激发态和基态的统计权重之比 g_i/g_0 成正比。

(2) 跃迁概率。谱线强度与跃迁概率成正比。跃迁概率为一个原子在单位时间内在两个能级间跃迁的概率,它可通过实验数据计算出来。

(3) 激发电位。谱线强度和激发电位呈负指数关系。当温度一定时,激发电位越高,处于该能量状态的原子数越少,谱线强度就越小。激发电位最低的共振线通常是强度最大的谱线。

(4) 激发温度。温度升高,谱线强度增大。但温度升高,电离的原子数目也会增多,而相应的原子数会减少,导致原子谱线强度减弱,离子的谱线强度增大。所以不同谱线各有其最合适的激发温度,在此温度下,谱线强度最大。

(5) 基态原子数。谱线强度和基态原子数成正比。在一定条件下,基态原子数与试样中该元素浓度成正比。因此,在一定的实验条件下谱线强度与试样中待测元素浓度成正比,这就是光谱定量分析的依据。

9.2 光谱分析仪

原子发射光谱分析使用的仪器设备主要包括光源、分光系统及观测系统三部分。

9.2.1 光源

进行光谱分析的光源对试样具有两个作用过程:首先把试样中的组分蒸发解离为气态

原子,然后将这些气态原子激发,使之产生特征光谱。所以激发光源的基本功能是提供使试样中被测元素原子化和原子激发发光所需要的能量。对激发光源的要求是:灵敏度高,稳定性好,光谱背景小,结构简单,操作安全。常用的激发光源有电弧光源、电火花光源、电感耦合高频等离子体(ICP)光源等。

1. 直流电弧

直流电弧发生器是由一个电压为 220~380V 及电流为 5~30A 的直流电源、一个铁芯自感线圈和一个镇流电阻所组成,如图 9-2 所示。铁芯自感线圈 L 用于防止电流的波动,镇流电阻 R 用于调节和稳定电流。

直流电弧发生器利用直流电源作为激发能源,使上下电极接触短路引燃电弧,也可用高频引燃电弧。当装有试样的下电极置于分析间隙 G 的凹孔处,并使上下电极接触通电,此时电极尖端烧热,引燃电弧后使两电极相距 4~6mm,就形成了电弧光源。燃弧后,从灼热的阴极端发射出的热电子流,高速穿过分析间隙而飞向阳极,冲击阳极时形成灼热的阳极斑,使阳极温度达 3800K,阴极温度 3000K,试样在电极表面蒸发和原子化。产生的原子与电子碰撞,再次产生的电

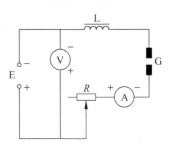

图 9-2 直流电弧发生器
E—直流电源;V—直流电压表;
G—分析间隙;A—直流安培表;
R—镇流电阻;L—电感

子向阳极奔去,正离子则冲击阴极又使阴极发射电子,该过程连续不断地进行,使电弧不灭。直流电弧光源的弧焰温度可达为 4000~7000K,蒸发能力强,分析的绝对灵敏度高、背景小,适用于定性分析及矿石难熔物中低含量组分的测定。但因弧光游移不定,再现性差,电极头温度比较高,且谱线容易发生自吸,所以这种光源不宜用于定量分析及低熔点元素的分析。

2. 交流电弧

交流电弧分为高压电弧和低压电弧两类。高压电弧的工作电压为 2000~4000V,电流为 3~6A,利用高压直接引弧,由于装置复杂,操作危险,因此实际上已很少采用。低压电弧的工作电压为 110~220V,设备简单,操作安全,应用较多。交流电弧随时间以正弦波形式发生周期变化,因而低压电弧不能像直流电弧那样,依靠两个电极接触而点弧,而必须采用高频引燃装置,使其在每一交流半周时引燃一次,以维持电弧不灭。其电路图如图 9-3 所示。

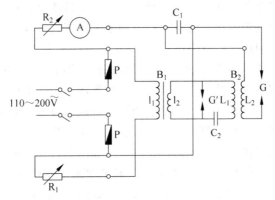

图 9-3 交流电流发生器
B—电感线圈;G′、G—放电盘

3. 高压火花

高压火花发生器的电路如图9-4所示。220V交流电压经变压器T升压至10~25kV，通过扼流线圈D向电容器C充电。当电容器C两端的充电电压达到分析间隙G的击穿电压时，通过电感L向分析间隙G放电而产生电火花。在交流电下半周时，电容器C又重新充电、放电，如此反复进行。

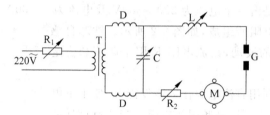

图9-4　高压火花发生器电路图

这种电源的特点是放电的稳定性好，电弧放电的瞬间温度可高达10000K以上。适用于定量分析及难激发元素的测定。由于激发能量大，产生的谱线主要是离子线，又称为火花线。但这种光源每次放电后的间隙时间较长，电极头温度较低，所以试样的蒸发能力较差，适合于分析低熔点的试样。但其灵敏度差，背景大，不宜作痕量元素分析。

4. 电感耦合高频等离子体焰炬

电感耦合高频等离子体(inductive coupled high frequency plasma, ICP)是在当前发射光谱分析最有发展前景的一种新型光源。所谓等离子体是指电离了的但在宏观上呈电中性的物质。这些等离子体的力学性质与普通气体相同，但由于带电粒子的存在，其电磁学性质却与普通中性气体差别甚大。

电感耦合高频等离子体光源通常是由高频发生器、等离子炬管和雾化器三部分组成。高频发生器的作用是产生高频磁场，供给等离子体能量，频率一般为30~40MHz，最大输出功率2~4kW。试液通过雾化器形成气溶胶进入等离子炬管。

等离子炬管由一个三层同心石英玻璃管组成(图9-5)。外层管内通入Ar气避免等离子炬烧坏石英管。中层石英管出口做成喇叭形状，通入Ar气以维持等离子体。内层石英管的内径为1~2mm，由Ar气作为载气将试样气溶胶从内管引入等离子体。

当高频电源与围绕在等离子炬管外的负载感应线圈接通时，高频感应电流流过线圈，产生轴向高频磁场。此时向炬管的外管内切线方向通入冷却气Ar，中层管内轴向(或切向)通入辅助气体Ar，并用高频点火装置引燃，使气体触发产生载流子(离子和电子)。当载流子多至足以使气体有足够的导电率时，在垂直于磁场方向的截面上产生环形涡电流。几百安的强大感应电流瞬间将气体加热至10000K，在管口形成一个火炬状的稳定的等离子炬。等离子炬形成后，从内管通入载气，在等离子炬的轴向形成一通道。由雾化器供给的试样气溶胶经过该通道由载气带入等离子炬中，进行蒸发、原子化和激发。

电感耦合高频等离子体光源各不同部位的温度如图9-6示。典型的电感耦合高频等离子体是一个非常强而明亮的白炽不透明的"核"，核心延伸至管口数毫米处，顶部有一个火焰似的尾巴。电感耦合高频等离子体分为焰心区、内焰区和尾焰区三个部分。

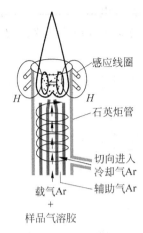

图 9-5 电感耦合高频等离子体炬管示意图

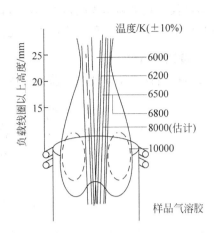

图 9-6 电感耦合高频等离子体光源的温度

焰心区呈白炽不透明,是高频电流形成的涡电流区,温度高达 10000K。由于黑体辐射,氩或其他离子同电子的复合产生很强的连续背景光谱。试液气溶胶通过该区时被预热和蒸发,又称预热区。气溶胶在该区停留时间较长,约 2ms。

内焰区在焰心区上方,在感应线圈以上约 10~20mm,呈淡蓝色半透明,温度约 6000~8000K,试液中原子主要在该区被激发、电离,并产生辐射,故又称测光区。试样在内焰区停留约 1ms,可以得到充分的原子化和激发,有利于测定。

尾焰区在内焰区的上方,呈无色透明,温度约 6000K,仅激发低能态的试样。

以电感耦合高频等离子体作为光源的发射光谱分析具有以下优点:

(1) 电感耦合高频等离子体的工作温度比其他光源高,且又是在惰性气体条件下,原子化条件极为良好,有利于难溶化合物的分解和元素的激发,因而对大多数元素都有很高的分析灵敏度。

(2) 电感耦合高频等离子体是涡流态的,且在高频发生器频率较高时,等离子体因趋肤效应而形成环状。此时等离子体外层电流密度大,中心轴线上最小,与此相应,表面温度最高,中心轴线处温度最低,这有利于从中央通道进样而不影响等离子体的稳定性。同时由于从温度高的外围向中央通道气溶胶加热,不会出现光谱发射中因外部冷原子蒸发造成的自吸现象。这可将线性范围扩展 4~5 个数量级。

(3) 电感耦合高频等离子体中电子密度很高,所以碱金属的电离在 ICP 中不会造成大的干扰。

(4) 电感耦合高频等离子体是无极放电,没有电极污染。

(5) 电感耦合高频等离子体的载气流速较低,有利于试样在中央通道内充分激发,且耗样量较少。

(6) 电感耦合高频等离子体一般使用氩气作为工作气体,产生的光谱背景干扰少。

9.2.2 光谱仪

光谱仪是用来观察光源的光谱的仪器,包括分光系统和检测系统。通过照相方式将谱线记录到感光板上的仪器称为摄谱仪。按分光系统使用的色散元件不同分为棱镜摄谱仪和光栅摄谱仪。直接利用光电检测系统将谱线的光信号转换为电信号，并通过计算机处理、打印分析结果的光谱仪器称为光电直读光谱仪。摄谱仪正逐渐被光电直读光谱仪所取代。

1. 棱镜摄谱仪

棱镜摄谱仪工作原理以目前使用较多的石英摄谱仪为例说明，如图9-7所示。

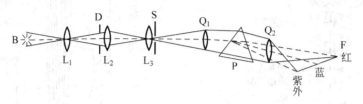

图9-7　棱镜摄谱仪光路示意图

激发光源B把样品蒸发、原子化、激发，被激发的原子（或离子）发射出各元素的辐射线（谱线），经L_1、L_2、L_3三透镜照明系统聚焦在入射狭缝S上。并投射到准光镜Q_1上，Q_1将入射光变成平行光束，再投射到棱镜P上进行色散。由于波长短的折射率大，波长长的折射率小，不同波长的光经石英棱镜色散后按波长大小顺序分开成各个平行光束。再由照像物镜Q_2把它们分别聚焦在感光板F上，便可获得按波长大小顺序展开的光谱。每一条谱线都是进光狭缝的像。

2. 光栅摄谱仪

光栅摄谱仪应用衍射光栅作为色散元件，利用光的衍射现象进行分光。光栅可以用于由几纳米到几百微米的整个光学领域，由于光栅刻划技术的不断提高，并应用了复制技术，因而光栅光谱仪以及其他一些应用光栅作色散元件的光学仪器得到越来越广泛的应用。光栅摄谱仪比棱镜摄谱仪有更高的分辨力，且色散率基本上与波长无关，它更适用于一些含复杂谱线的元素试样的分析。

摄谱仪用感光板记录光谱。感光板放置在摄谱仪投影物镜的焦面上，一次曝光可以永久记录光谱的许多谱线。感光板感光后经显影、定影处理，呈现出黑色条纹状的光谱图。用映谱仪观测谱线的位置进行光谱定性分析，用测微光度计测量谱线的黑度进行光谱定量分析。

9.2.3　光电直读光谱仪

光电直读光谱仪是利用光电测量方法直接测定光谱线强度的光谱仪。由于电感耦合高频等离子体光源的广泛使用，使光电直读光谱仪在光谱仪中占有主要地位。光电直读光谱仪有两种基本类型：多道固定狭缝式和单道扫描式。多道固定狭缝式仪器也被称为光量计，安装有多个固定的出射狭缝和光电倍增管，可接受多种元素的谱线，目前常用前者。单道扫描式只有一个通道，且可以移动（例如转动光栅），这就相当于出射狭缝在光谱仪的焦面上扫描移动，在不同的时间检测不同波长的谱线。

目前常用的是多道固定狭缝式，图9-8是多道光谱仪的示意图。从光源发出的光经透镜聚焦后，在入射狭缝上成像并进入狭缝。进入狭缝的光投射到凹面光栅上，凹面光栅将光色散、聚焦在焦面上，在焦面上安装了一个个出射狭缝，每一狭缝可使一条固定波长的光通过，然后投影到狭缝后的光电倍增管上进行检测。最后经过计算机处理后输出数据。

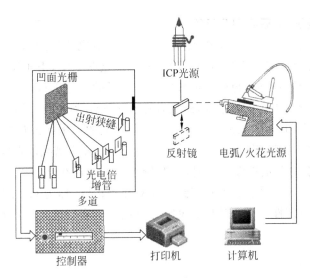

图 9-8 光电直读光谱仪

光电直读光谱仪的色散元件由凹面光栅、一个入射狭缝和多个出射狭缝组成。在曲率半径为 R 的凹面反射光栅上存在一个直径为 R 的圆,称为罗兰圆(图 9-9)。光栅 G 的中心点与罗兰圆相切,入射狭缝 S 在圆上,则不同波长的光都成像在这个圆上,即光谱都在罗兰圆上。这样凹面光栅既起色散作用,又起聚焦作用。聚焦作用是由于凹面反射镜的作用,能将色散后的光聚集。

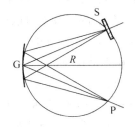

图 9-9 罗兰圆
G—光栅;S—入射狭缝;P—出射狭缝

光电直读光谱仪的检测元件主要是光电倍增管,它既可光电转换又可电流放大。每一个光电倍增管连接一个积分电容器,由光电倍增管输出的电流向电容器充电,进行积分,通过测量积分电容器上的电压来测定谱线强度,积分电容器的充电电压与谱线强度成正比。向积分电容器充电是各元素同时进行的,预先将各元素的校准曲线输入计算机,仅用几分钟即可得到试样中数十种待测元素的含量。

光电直读光谱仪的分析速度快、准确度高,相对误差约为 1%;可用同一分析条件对样品中多种含量范围差别很大的元素同时进行分析;线性范围宽,可做高含量分析。但受环境影响较大,例如温度变化时容易出现谱线漂移,对实验环境要求较高。

9.3 原子发射光谱分析方法

9.3.1 光谱定性分析

光谱定性分析一般多采用摄谱法。试样中所含元素只要达到一定的含量,都可以有其特征谱线被摄谱记录在感光板上。摄谱法操作简单,耗费很低,快速,在几小时内可以将含有数十种元素的多个样品定性检出。它是目前进行元素定性分析的最好方法。

1. 元素的灵敏线、最后线和分析线

原子发射光谱是原子结构的反映，结构越复杂，光谱也越复杂，谱线就越多。例如过渡元素、稀土元素的光谱中有上千条谱线。同一元素的这些谱线，由于激光能、跃迁几率等各方面的原因，其强度是不同的，也就是灵敏度是不一样的。在进行定性分析时，不可能也不需要对某一元素的所有谱线进行鉴别，而只需检出几条合适的谱线就可以了。一般说来，若要确定试样中某元素的存在，只需找出该元素两条以上的灵敏线或最后线。元素的灵敏线一般是指一些激发电位低、强度大的谱线，多是共振线。元素谱线的强度随其含量的降低而减弱，当样品中元素的含量逐渐减少时，一些较不灵敏的谱线必然因灵敏度不够而逐渐消失，当元素含量减至很小，最后仍然观察到的少数几条谱线，称为元素的最后线。最后线一般是最灵敏线。光谱定性分析正是根据灵敏线或最后线来判断元素的存在，所以它们也被称为分析线。

2. 定性分析方法

定性分析的方法主要有标准试样比较法和铁光谱比较法。

(1) 标准试样比较法

欲检出元素的物质或纯化合物与未知试样在相同条件下并列摄谱于同一块感光板上。显影、定影后在映谱仪上对照检查两列光谱，以确定未知样中某元素是否存在。此法多应用于不经常遇到的元素分析。

(2) 铁光谱比较法

此法也被称为标准光谱图（standard spectrum chart）比较法。以铁的光谱为参比，通过比较光谱的方法定性检测试样。由于铁元素的光谱非常丰富，在 210～660nm 范围内有几千条谱线，每条谱线的波长都已准确测定，并且在各个波段都有一些易于记忆的特征谱线，所以铁的光谱线是很好的标准波长标尺。标准光谱图是在相同条件下，在铁光谱上方准确绘制 68 种元素逐条谱线并放大 20 倍的图片。在实际分析时，将试样与纯铁在完全相同条件下并列紧挨着摄谱。摄得的谱片置于映谱仪上，也放大 20 倍，与标准光谱图比较。当两个谱图上的铁光谱完全对准重叠后，检查元素谱线，如果试样中的某谱线也与标准谱图中标绘的某元素谱线对准重叠，即为该元素的谱线。铁谱线比较法可以同时进行多元素定性鉴定。

9.3.2 光谱半定量分析

如果分析任务对准确度要求不高，可以采用光谱半定量分析，给出试样中某元素的大致含量。光谱半定量分析一般采用强度（黑度）比较法。配制一个基体与试样组成近似的被测元素的标准系列，在相同条件下，在同一感光板上标准系列与试样并列摄谱。然后在映谱仪上用目视法直接比较试样与标准系列中被测元素分析线的黑度，以此来大致判断试样中被测元素的含量。

9.3.3 光谱定量分析

1. 定量分析的基本原理

光谱定量分析是根据试样中被测元素的特征谱线的强度来确定其浓度的，元素谱线强

度 I 与该元素的浓度 c 的关系如下：

$$I = ac^b \tag{9-8}$$

这就是赛伯-罗马金(Schiebe-Lomakin)公式,是原子发射光谱定量分析的基本公式。式中的 a 和 b 在一定条件下都为常数。a 与试样的蒸发、激发过程以及试样的组成有关；b 与试样的含量、谱线的自吸有关，称为自吸系数。对公式两边取对数可得

$$\lg I = b\lg c + \lg a \tag{9-9}$$

以 $\lg I$ 为纵坐标，$\lg c$ 为横坐标作图得校准曲线，在一定浓度范围内呈直线。在高浓度时，$b<1$，曲线发生弯曲。

激发源中的等离子体有一定的体积，温度及原子浓度在其各部位分布不均匀。中间温度高，边缘温度低，中心区域激发态的原子多，边缘基态或较低能态的原子较多。某元素的原子从中心发射某一波长的电磁辐射，必然要通过边缘到达检测器，这样所发射的电磁辐射就有可能被处在边缘的同元素基态或较低能态的原子所吸收。因此，检测器接收到的谱线强度就减弱了。这种原子在高温发射某一波长的辐射，被处于边缘低温状态的同种原子所吸收的现象称为自吸。

自吸对谱线中心处的强度影响较大。这是由于发射谱线的宽度比吸收谱线的宽度大的缘故。自吸的程度用自吸系数 b 表示。当试样中元素的含量很低时，不表现出自吸，$b=1$；当含量增大时，自吸现象增强，$b<1$。当达到一定的较大含量时，由于自吸严重，谱线中心的辐射被强烈地吸收，致使谱线中心的强度比边缘更低，似乎变成两条谱线，这种现象称为自蚀，如图 9-10 所示。基态原子对共振线的自吸最为严重，并且常产生自蚀。激发源中弧焰的厚度越厚，自吸现象越严重。不同光源类型，自吸情况不同，直流电弧的蒸气的厚度大，自吸现象比较明显。

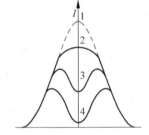

图 9-10 有自吸谱线的轮廓
1—无自吸；2—有自吸；
3—自蚀；4—严重自蚀

在光谱分析中，影响谱线强度的主要因素是蒸发参数和激发温度。蒸发参数影响等离子区原子的总浓度，激发温度影响等离子区激发的原子数。试样的蒸发与激发条件，及试样的组成等都会影响谱线的强度。在实际工作中要完全控制这些因素有一定的困难。因此，用测量谱线的绝对强度进行定量分析，难以获得准确结果。

2. 内标法

内标法是以测量谱线的相对强度来进行光谱定量分析的方法。具体做法是：在分析元素的谱线中选择一条谱线，称为分析线，再在基体元素（或试样中加入定量的其他元素）的谱线中选一条谱线，称为内标线。分析线和内标线称为分析线对。提供内标线的元素称为内标元素。根据分析线对的相对强度与被测元素含量的关系进行定量分析。这种方法可以很大程度上消除以上所述的不稳定因素对测量结果的影响。因为，只要内标元素及分析线对选择合适，各种条件因素的变化对分析线对的影响基本上是一样的，其相对强度也基本不会变化，使分析的准确度得到改善。这就是内标法的优点。

设被测元素的浓度为 c，分析线的强度为 I，则

$$I = ac^b \tag{9-10}$$

内标元素的浓度为 c_1，内标线的强度为 I_1，则

$$I_1 = a_1 c_1^{b_1} \tag{9-11}$$

则分析线对的强度比为

$$\frac{I}{I_1} = \frac{ac^b}{a_1 c_1^{b_1}} \tag{9-12}$$

假设内标元素的含量一定，且无自吸，则内标线的强度为常数，由上式可得被测元素谱线的相对强度 R 为

$$R = \frac{I}{I_1} = \frac{a}{a_1 c_1^{b_1}} \cdot c^b = K c^b \tag{9-13}$$

两边取对数得

$$\lg R = b \lg c + \lg K \tag{9-14}$$

该式即为内标法光谱定量分析的基本公式。

在选择内标元素和内标线时应注意以下几点：

(1) 若内标元素是外加的，则该元素在分析试样中应该不存在，或含量极微可忽略不计，以免破坏内标元素量的一致性。

(2) 被测元素和内标元素及它们所处的化合物必须有相近的蒸发性能，以避免"分馏"现象发生。

(3) 分析线和内标线的激发电位和电离电位应尽量接近。分析线对应该都是原子线或都是离子线，一条原子线而另一条为离子线是不合适的。

(4) 分析线和内标线的波长要靠近，以防止感光板反衬度的变化和背景不同引起的分析误差。分析线对的强度要合适。

(5) 内标线和分析线应为无自吸或自吸很小的谱线，并且不受其他元素的谱线干扰。

3. 光谱定量分析方法

常用的光谱定量分析方法有标准曲线法和标准加入法。

(1) 标准曲线法

标准曲线法又称三标准试样法，是指在分析时，配制一系列被测元素的标准样品（不少于三个），将标准样品和试样在相同的实验条件下，在同一感光板上摄谱，感光板经处理后，测量标准样品的分析线对的黑度值差 ΔS，将 ΔS 与其含量的对数值 $\lg c$ 绘制标准曲线。再由试样的分析线对的黑度值差，从标准曲线上查出试样中被测元素的含量。

(2) 标准加入法

在测定微量元素时，如果不易找到不含被分析元素的物质作为配制标准样品的基体时，可以在试样中加入不同已知量的被分析元素来测定试样中的未知元素的含量，这种方法称为标准加入法。

设试样中被分析元素的含量为 c_x，在试样中加入不同已知浓度 c_1、c_2、c_3、$\cdots$、c_i 的该元素，然后在同一实验条件下摄谱。再测量分析线对的相对强度 R，以 R 对不同浓度 c_i 作图得到一直线，如图 9-11 所示。将直线外推，与横坐标相交的截距绝对值为试样中分析元素的含量 c_x。

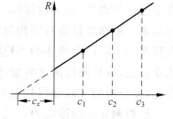

图 9-11 标准加入法

9.4 原子发射光谱法在环境分析中的应用

9.4.1 原子发射光谱法的特点

与其他方法相比,原子发射光谱法具有很多优点:

(1) 选择性好。每种元素因原子结构不同,发射光谱也不同。利用这一特性,就可以将化学性质极其相似的元素进行有效的区分。

(2) 多元素同时检测。每一个样品一经激发后,不同元素都发射特征光谱,这样可同时测定多种元素。

(3) 准确度高,检出限低。使用一般光源的相对误差约为 5%～10%,检出限量级为 $\mu g \cdot mL^{-1}$,而电感耦合高频等离子体光源的相对误差可达 1% 以下,检出限可达 $ng \cdot mL^{-1}$。

(4) 分析速度快。若利用光电直读光谱仪,可在几分钟内同时对几十种元素进行定量分析。分析试样不经化学处理,固体、液体样品均可直接测定。

(5) 可直接分析固体、液体和气体试样,试样消耗少,一般仅需几毫克至几十毫克。

原子发射光谱反映的是原子及其离子的性质,而与分子结构和状态无关。因此,原子发射光谱只能用来确定物质的元素组成的含量,无法给出物质分子的有关信息。此外,常见的一些非金属元素,如氧、氮、卤素等的发射谱线在远紫外区,使用一般的光谱仪无法检测。

9.4.2 在环境分析中的应用

原子发射光谱法能够对 70 多种元素进行分析,大多数为金属元素,是元素含量分析的主要手段之一。使用直流电弧、高压电火花等传统光源以及摄谱仪进行定量分析,存在许多不甚理想之处,随着电感耦合高频等离子体光源和光电直读光谱仪的发展,显著提高了原子发射光谱的分析能力,使之进入一个崭新的时期,更广泛地应用于岩石、土壤、矿物等样品中痕量元素及稀有元素的分析方面。下面就以测定水体环境中的多种痕量元素为例,对该方法的应用进行简要介绍。

水体中存在多种元素,有些是人体健康必需的常量元素或微量元素,而有些则是对人有害的,例如汞、铬、砷、铅等。在工业废水和受到污染的地表水中,这些有害元素的含量会明显增加。对水中多种元素的含量进行测定是环境监测中常见的分析项目。

利用电感耦合高频等离子体光谱法,可以很好地完成测定任务。首先,水样需要经过预处理。测定溶解态元素时,采样后立即用 0.45μm 滤膜过滤,取所需体积滤液,加入硝酸消解;测定元素总量时,取所需体积均匀水样,用硝酸消解。消解好后,均需定容至原取样体积,并使溶液保持 5% 的硝酸酸度。配制标准溶液和试剂空白溶液。调节好仪器参数,选两个标准溶液进行两点校正后,一次将试剂空白溶液、水样喷入电感耦合高频等离子体焰进行测定,扣除空白值后的元素测定值即为水样中该元素的浓度。该方法对于一些元素的测定波长及检出限如表 9-1 所示。

表 9-1　一些元素的测定波长及检出限

元素	测定波长/nm	检出限/(mg·L^{-1})	元素	测定波长/nm	检出限/(mg·L^{-1})
Al	308.21	0.1	Fe	238.20	0.03
	396.15	0.09		259.94	0.03
As	193.69	0.1	K	766.49	0.5
Ba	233.53	0.004	Mg	279.55	0.002
	455.40	0.003		285.21	0.02
Be	313.04	0.0003	Mn	257.61	0.001
	234.86	0.005		293.31	0.02
Ca	317.93	0.01	Na	589.59	0.2
	393.37	0.002	Ni	231.60	0.01
Cd	214.44	0.003	Pb	220.35	0.05
	226.50	0.003	Sr	407.77	0.001
Co	238.89	0.005	Ti	334.94	0.005
	228.62	0.005		336.12	0.01
Cr	205.55	0.01	V	311.07	0.01
	267.72	0.01	Zn	213.86	0.006
Cu	324.75	0.01			
	327.39	0.01			

习题

9-1　原子发射光谱是怎样产生的？为什么各种元素的原子都有其特征的谱线？

9-2　光谱项的意义是什么？

9-3　试比较原子发射光谱中几种常用激发光源的工作原理、特性及适用范围。

9-4　简述电感耦合高频等离子体光源的工作原理及其优缺点。

9-5　光谱仪的主要部件可分为几个部分？各部件分别有什么作用？

9-6　棱镜摄谱仪和光栅摄谱仪的性能各用哪些指标表示？各性能指标的意义是什么？

9-7　比较摄谱仪及光电直读光谱仪的异同点。

9-8　何谓元素的共振线、灵敏线、最后线、分析线？它们之间有何联系？

9-9　何谓自吸收？它对光谱分析有什么影响？

9-10　光谱定量分析为何经常采用内标法？其基本公式及各项的物理意义是什么？

9-11　选择内标元素及内标线的原则是什么？说明理由。

9-12　原子发射光谱分析中，如何选择分析线及分析线对？

第 10 章

分子发光光谱法

分子发光光谱法(molecular luminescence spectrometry)包括分子荧光光谱法、分子磷光光谱法、化学发光法和生物发光法等。这类方法是基于被测物质的基态分子吸收能量被激发到较高电子能态后,在返回基态过程中以发射辐射的方式释放能量的原理,通过检测释放辐射光的强度对待测物质进行定量测定。本章主要讨论分子荧光光谱法,同时也简要介绍磷光分析法和化学发光分析法。

10.1 荧光和磷光的产生原理

10.1.1 分子荧光和磷光的产生

每个分子都包括很多能级状态,有电子能级、分子振动能级和分子转动能级,这些能级的差别很大,每个电子能级中包含很多分子振动能级和转动能级。图 10-1 是分子的电子能级示意图,S_0 表示分子的基态,S_1、S_2 分别表示第一电子激发单重态和第二电子激发单重态,T_1、T_2 分别表示第一电子激发三重态和第二电子激发三重态。每个电子能级都有多个振动能级,在同一电子能级中,最低的线代表该能级的振动基态。

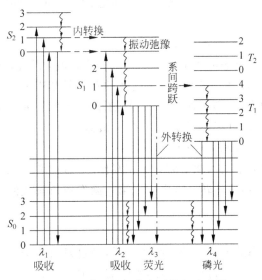

图 10-1 分子的部分电子能级示意图

电子激发态的多重性用 $M=2s+1$ 表示,s 为电子自旋量子数的代数和,其数值为 0 或 1。根据泡利(Pauling)不相容原理,分子中同一轨道所占据的两个电子必须具有相反的自旋方向,即自旋配对。当分子中全部轨道里的电子都是自旋配对的,即分子中电子的净自旋之和为零,则 $M=1$,此时分子体系处于单重态,以 S_0 表示。大多数有机物分子的基态都处于单重态。当分子吸收能量后,如果电子在跃迁过程中并不发生自旋方向的改变,则分子处于激发的单重态,如能级 S_1、S_2 等。如果电子在跃迁过程中还伴随自旋方向的改变,则分子具有两个自旋不配对的电子,即 $s=1$,$M=3$,此时分子处于激发的三重态,以 T 表示,最低三重态以符号 T_1 表示,T_2 表示较高的激发三重态。根据洪特(Hund)规则,处于分立轨道上的非成对电子,平行自旋比成对自旋稳定,因此三重态能级比相应的单重态能级略低。

通常情况下,大多数分子都处于基态(S_0)的最低振动能级,且处于单重态。当吸收外来辐射发生能级跃迁,可跃迁到不同激发态的各振动能级,例如吸收波长 λ_1 的光,从 S_0 跃迁到到 S_2;吸收波长 λ_2 的光,从 S_0 跃迁到 S_1。很少有分子直接跃迁到激发的三重态,因为根据光谱选律,S_0 到 T_1 属于禁阻跃迁。

10.1.2 分子的去活化过程

处于激发态的分子是不稳定的,它可通过辐射跃迁或非辐射跃迁等去活化作用(deactivation)返回基态,分子的去活化过程有以下几种途径。

(1) 振动弛豫(vibrational relaxation)

溶液中溶质分子和溶剂分子的碰撞概率很大,溶质的激发态分子可能将过剩的振动能量以热能方式传递给周围溶剂分子,而自身从激发态的高振动能级跃迁至同一激发态的最低振动能级,这一过程称为振动弛豫。振动弛豫过程极为迅速,约需 $10^{-14} \sim 10^{-12}$ s。

(2) 内转换(internal conversion)

当 S_2 的较低振动能级与 S_1 的较高振动能级的能量相当或重叠时,分子有可能从 S_2 的振动能级以无辐射方式过渡到 S_1 的能量相等的振动能级上,这个过程称为内转换。内转换过程的速率也非常快,约需 10^{-12} s。在激发三重态的电子能级间同样也可以发生内转换过程。

(3) 系间跨越(intersystem conversion)

系间跨越是指不同多重态的两个电子能态之间的非辐射跃迁过程。不同多重态之间的跃迁涉及电子自旋状态的改变,如 $S_1 \rightarrow T_1$,这样的跃迁是禁阻的。但如果两个电子能级的振动能级之间有较大的重叠,则可通过自旋-轨道耦合等作用使 S_1 能态转入 T_1 能态。由于这种跨越是禁阻的,所以过程速率要小得多,一般需要 $10^{-6} \sim 10^{-2}$ s。

(4) 外转换(external conversion)

激发态分子与溶剂分子或其他溶质分子相互作用(如碰撞)而以非辐射形式释放能量回到基态的过程,称为外转换。外转换常发生在第一激发单重态或激发三重态的最低振动能级向基态转换的过程中。

(5) 荧光发射

处于第一激发单重态的最低振动能级的分子,通过发射光子跃迁回到基态的各振动能级的过程称为荧光发射。这一过程比较慢,大约需要 $10^{-9} \sim 10^{-7}$ s。

(6) 磷光发射

处于激发单重态的分子可以通过系间跨越和振动弛豫到达第一激发三重态 T_1 的最低振动能级,由 T_1 态分子经发射光子返回基态,此过程称为磷光发射。磷光发射属于不同多重态之间的跃迁,过程速率很慢,因此磷光的寿命就比荧光长得多,约为 $10^{-3} \sim 10s$。通过比较可以发现,磷光和荧光的根本区别在于荧光是由单重态最低振动能级→基态跃迁产生的,而磷光则是由三重态最低振动能级→基态跃迁产生的。

10.1.3 激发光谱和发射光谱

分子对光的吸收具有选择性,因此不同波长的入射光就具有不同的激发效率。如果固定荧光的发射波长,不断改变激发波长,获得荧光强度-激发波长的关系曲线即为荧光的激发光谱(excitation spectrum)。激发光谱反映了在某一固定的发射波长下,不同激发波长激发的荧光的相对效率。

如果固定激发光的强度和波长(通常规定在最大激发波长处),测定不同发射波长下的荧光强度,获得荧光强度-发射波长的关系曲线就是发射光谱(emission spectrum),也称为荧光光谱(fluorescence spectrum)。它反映了在相同的激发条件下,不同波长处荧光的相对发射强度。

任何荧光(磷光)物质都具有激发光谱和发射光谱。它们不仅可以用于物质鉴定,还可以作为定量分析时选择合适的激发波长和发射波长的依据。

10.1.4 荧光光谱的特征

荧光光谱通常具有如下基本特征。

(1) 斯托克斯位移(Stokes shift)

在溶液中,分子的荧光发射波长总是比其相应的吸收光谱波长长,这种现象称为斯托克斯位移。产生斯托克斯位移的主要原因是激发分子在发射荧光之前,通过振动弛豫和内转换过程损失了部分激发能量。另外,激发态分子跃迁回到基态后,还会通过振动弛豫从高振动能级跃迁到低振动能级,导致能量的进一步损失。总之,斯托克斯位移表明了荧光激发和发射之间的能量损失。

(2) 发射光谱与激发光谱呈镜像对称

荧光发射光谱是激发态分子由第一激发单重态的最低振动能级回到基态不同振动能级所产生的,其形状取决于基态中各振动能级的分布。而激发光谱是分子由基态激发至第一激发单重态的各振动能级所致,其形状反映了第一激发单重态中的振动能级的分布。一般情况下,基态和第一激发单重态中的振动能级分布非常相似,因此荧光发射光谱与激发光谱大致呈镜像对称。图10-2显示了蒽在除氧的环己烷中的激发光谱和荧光光谱,可以看出它们具有良好的对称性。

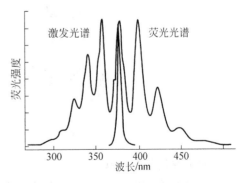

图 10-2 蒽的激发光谱(左)和发射光谱(右)

(3) 荧光发射光谱的形状与激发波长无关

一般来说,用不同波长的激发光所测得的荧光发射光谱形状都是相同的。这是由于荧光分子无论被激发到哪个激发态,激发态的分子经振动弛豫和内转换等过程后最终都要回到第一激发态的最低振动能级。分子的荧光发射总是从第一激发态的最低振动能级跃迁到基态的各振动能级上，因此荧光光谱的形状与激发波长无关。

10.1.5 荧光与分子结构的关系

物质分子能产生荧光必须具备下列两个条件：①物质分子具备一定的结构，能吸收激发光；②吸收了与其本身特征频率相同的能量之后，具有一定的荧光效率。

荧光效率也称为荧光量子产率，是发射出的荧光光子数和吸收激发光的光子数的比值，用来表征物质发射荧光的能力大小：

$$荧光效率(\varphi) = \frac{发射的光子数}{吸收的光子数}$$

荧光效率数值介于 0 到 1 之间，例如罗丹明 B 乙醇溶液的 $\varphi=0.97$，荧光素在 $0.1 mol \cdot L^{-1}$ NaOH 溶液中的 $\varphi=0.92$ 等。由于辐射跃迁只是激发态分子跃迁回到基态的众多途径中的一种，还有多种非辐射跃迁与之竞争，因此很多吸光物质并不一定会发射荧光。

物质分子结构是决定荧光效率的根本因素，下面就来讨论分子结构与荧光的关系。

(1) 共轭双键体系

能强烈发射荧光的分子几乎都是通过 $\pi^* \rightarrow \pi$ 跃迁的去活化过程而产生辐射的，因此具有共轭双键结构体系的分子容易发射荧光。共轭程度越大，则 π 电子的离域程度就越大，越容易被激发，分子的荧光效率也将越大，荧光光谱向长波长方向移动。因此，绝大多数能发生荧光的物质是含有芳香环或杂环的化合物。

(2) 刚性平面结构

具有刚性平面结构的分子，其荧光量子产率高。例如酚酞和荧光素的结构十分相近，但荧光素在溶液中具有很强的荧光，而酚酞却没有荧光。这主要是由于荧光素中的氧桥使分子具有刚性平面构型，这种构型可以减少分子振动，从而减少了体系间跨越跃迁到三重态以及碰撞去活化的可能性。类似地，芴分子中存在成桥的亚甲基，使分子成为刚性的平面，其荧光效率可达到 1，而联苯的荧光效率却仅有 0.18。

酚酞

荧光素

联苯 $\varphi=0.18$

芴 $\varphi=1$

(3) 取代基的影响

芳香化合物的芳香环上，不同取代基对该化合物的荧光强度和荧光光谱有很大的影响。给电基团，例如 —OH、—OR、—NR$_2$、—CN 等，常常使荧光增强，这是由于产生的 p-π 共轭作用增强了π电子的共轭程度,使最低激发单重态与基态之间的跃迁概率增大。而吸电子基团,例如卤素、—COOH、—C=O、—NO$_2$、—NO、—N=N—、—SH 会减弱甚至猝灭荧光。如是卤素原子取代,原子序数越大,荧光越弱。表 10-1 列出在乙醇溶液中不同取代基对苯分子的荧光波长和强度的影响。

表 10-1 取代基对苯分子荧光的影响

化 合 物	化 学 式	荧光波长/nm	相对荧光强度
苯	C_6H_6	270～312	10
甲苯	$C_6H_5CH_3$	270～320	17
丙苯	$C_6H_5C_3H_7$	270～320	17
氟苯	C_6H_5F	370～320	10
氯苯	C_6H_5Cl	270～345	7
溴苯	C_6H_5Br	290～380	5
碘苯	C_6H_5I		0
酚	C_6H_5OH	285～365	18
酚离子	$C_6H_5O^-$	310～400	10
苯甲醚	$C_6H_5OCH_3$	285～345	20
苯胺	$C_6H_5NH_2$	310～405	20
苯胺离子	$C_6H_5NH_3^+$		0
苯甲酸	C_6H_5COOH	310～390	3
苄腈	C_6H_5CN	280～360	20
硝基苯	$C_6H_5NO_2$		0

10.1.6 影响荧光强度的环境因素

除了分子结构之外,分子的荧光还与其所处的环境有关。影响荧光产生的环境因素主要有以下几个方面。

(1) 溶剂效应

溶剂对物质荧光特性的影响较大,同一种荧光物质在不同溶剂中,其荧光光谱的位置与强度都可能会有差距。一般来说,随着溶剂极性的增大,荧光峰的波长会向长波方向移动。这可能是由于在极性大的溶剂中,荧光物质与溶剂的静电作用显著,从而稳定了激发态,使荧光波长发生红移。但也有少数例外,如苯胺萘磺酸类化合物,在戊醇、丁醇、丙醇、乙醇、甲醇五种溶剂中,随着醇极性的增大,荧光强度减小,荧光峰蓝移。

如果荧光物质与溶剂发生氢键作用或化合作用,或溶剂使荧光物质的解离状态发生改变时,荧光峰的位置和强度会发生很大的改变。

(2) 温度的影响

大多数荧光物质都会随着温度降低,荧光效率和荧光强度增大,并出现光谱的蓝移;而温度升高时,则出现相反的情况。这是由于温度降低时,介质的粘度增大,溶剂的弛豫作用大大减小;而温度升高时,碰撞频率增加,使外转换的去活化概率增加。因此,选择低温条件下进行荧光检测将有利于提高分析的灵敏度。

(3) pH 的影响

如果荧光物质为弱酸或弱碱,溶液 pH 的改变对其荧光强度有很大的影响。这是由于荧光物质的分子和它们的离子在电子构型上有所不同,其荧光强度和荧光发射波长就都有差别。例如苯胺在 pH 7～12 溶液中会发出蓝色荧光,而在 pH 小于 2 或大于 13 的溶液中都不发荧光。金属离子与有机试剂形成的荧光络合物,受 pH 的影响更大。其一方面会影响络合物的形成,另一方面还影响络合物的组成,从而改变它们的荧光性质。

(4) 荧光猝灭

荧光分子与溶剂或其他溶质分子之间发生相互作用,使荧光强度减弱的作用称为荧光猝灭(quenching)。能引起荧光强度降低的物质称为猝灭剂。荧光猝灭包括动态猝灭和静态猝灭。动态猝灭是指被激发的荧光分子与猝灭剂发生碰撞,使荧光分子以无辐射形式跃迁回到基态以致荧光猝灭。静态猝灭是荧光分子与猝灭剂形成不发光的基态配合物从而使荧光猝灭。氧是常见的碰撞猝灭剂,在较严格的荧光实验中,一般都需要除氧。利用荧光的这两种猝灭作用可以检测猝灭剂的浓度。

此外,当荧光物质的浓度较大时,激发态的荧光分子与基态的荧光分子会产生碰撞而使荧光猝灭,即为自猝灭。所以在荧光检测中,荧光物质的浓度不应太高。

(5) 内滤作用

当溶液中存在能吸收荧光物质的激发光或发射光的物质时,会使体系的荧光减弱,这种现象称为内滤作用(inner filter)。若荧光物质的荧光发射光谱与该物质的吸收光谱有重叠,当浓度较大时,部分基态分子将吸收体系发射的荧光,使荧光强度降低,这也属于内滤作用。

10.1.7 荧光定量分析原理

按照荧光的产生机理可知,溶液的荧光强度 F 和该溶液的吸收光的强度 I_a 以及荧光物质的荧光效率 φ 成正比:

$$F = \varphi \cdot I_a \tag{10-1}$$

由比尔定律:$I_a = I_0 - I_c = I_0(1-10^{-abc})$,可得

$$F = \varphi I_0 (1-10^{-abc}) = \varphi I_0 (1-e^{-2.303abc}) \tag{10-2}$$

式中:F——荧光强度;

I_a——溶液吸收光的强度;

I_0——激发光强度;

a——为吸光系数;

b——样品池光程;

c——样品浓度。

由于

$$e^{-2.303abc} = 1 - 2.303abc - \frac{(-2.303abc)^2}{2!} - \frac{(-2.303abc)^2}{3!} - \cdots \tag{10-3}$$

对于很稀的溶液,投射到样品溶液上被吸收的激发光低于 2% 时,$abc \leqslant 0.05$。上式第二项后的各项可以忽略不计。整理可得

$$F = 2.303\varphi I_0 abc \tag{10-4}$$

式(10-4)即为荧光定量关系式,是荧光定量分析的依据。这一定量关系只限于稀溶液,对于较浓的溶液,其吸光度超过 0.05 时,荧光强度与浓度的线性关系将发生偏离。当入射光强度、光程不变时,稀溶液的荧光强度与溶液浓度成正比。可以使用标准曲线法对待测溶液的浓度进行测定。此外,还可以看出荧光强度与入射光强度成正比,如果使用强度很高的激发光源(例如激光)就可以获得较高的检测灵敏度。

10.2 荧光和磷光分析仪

利用荧光进行物质定性定量分析的仪器有荧光计和荧光分光光度计,它们均由四个基本部分构成,即激发光源、样品池、用于选择激发波长和荧光波长的单色器或滤光片、检测器。

荧光分光光度计的结构示意图如图 10-3 所示,图 10-4 是爱丁伯格公司的荧光分光光度计实物图。

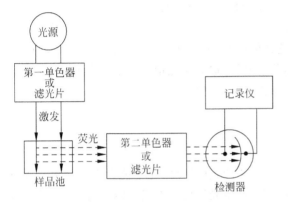

图 10-3　荧光分光光度计结构示意图

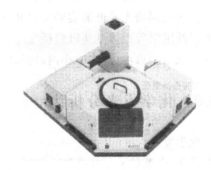

图 10-4　爱丁伯格公司的荧光分光光度计

(1) 激发光源。选择激发光源应考虑它的稳定性和强度,光源的稳定性直接影响测定的精密度和重复性,而强度则直接影响测定的灵敏度和检出限。常见的光源有氙灯和高压汞灯,常用的是氙灯。此外激光器也可用作激发光源,它可提高荧光测量的灵敏度。

(2) 样品池。荧光测量用的样品池通常用四面透光的方形石英池。

(3) 单色器。荧光分析仪上具有两个单色器。第一个单色器置于光源和样品池之间,用于选择所需的激发波长,并使之照射于被测试样上。第二个单色器置于试样池与检测器之间,用于分离出所需检测的荧光发射波长。荧光计采用滤光片作为单色器,而分光光度计采用光栅。

(4) 检测器。荧光的强度通常较弱,需要高灵敏的检测器。现代荧光分光光度计中普遍使用光电倍增管作为检测器,也有使用通量很高的电荷耦合元件检测器,可一次获得荧光二维光谱。为了避免激发光的干扰,检测器的位置一般与激发光成直角。

磷光光谱在原理、仪器和应用等方面与荧光光谱相似。磷光的产生是从激发三重态的最低能级跃迁回基态产生的,而激发三重态的寿命长,这样会使发生 $T_1 \rightarrow S_0$ 的系间跨越以及激发态分子与周围溶剂分子间发生碰撞的概率增大,这些都可能造成磷光强度减弱或消失。为了减少这些去活化过程，通常需要在低温环境下测定磷光。一般是将试样溶于有机溶剂中，在液氮条件下形成刚性玻璃状物后，测定磷光。最常用的溶剂是 EPA，它是由乙醇、异戊烷和二乙醚按体积比 2∶5∶5 混合而成。乙醇、乙醇-甲醇、异丙醇-异戊烷也作为溶剂使用。

测量磷光的仪器与测量荧光仪器的基本结构相同，但盛试样溶液的石英管需放置在装有液氮的石英杜瓦瓶内。会发生磷光的物质常常也会发生荧光，为了把磷光和荧光分开，需要附加一个切光器附件，常用的是一种叫做转筒式磷光镜的装置(图 10-5)。在放置样品管的杜瓦瓶套上一个可以转动的圆筒，圆筒上有一个或一个以上的孔。当圆筒旋转时，来自激发单色器的入射光透过开孔交替照射到试样池上，由试样发出的光也交替到达发射单色器的入口狭缝，但与入射光的相位不同。当圆筒旋转至不遮挡激发光的位置时，测得的是磷光和荧光的总强度。当圆筒旋转至遮挡激发光的位置时，由于荧光的寿命短，一旦激发光被遮挡，荧光随即消失，而磷光寿命长，能持续一段时间，所以此时测得的仅为磷光信号。

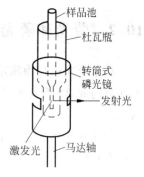

图 10-5 转筒式磷光镜

由于低温磷光受低温实验装置和溶剂选择的限制，近年来发展了室温磷光技术，即在室温下以纤维素等固体基质吸附磷光体，增加分子刚性，提高磷光量子效率。或者利用表面活性剂形成的胶束增稳，来减小内转换和碰撞等去活化的概率。

10.3 化学发光分析法

化学发光(chemiluminescence)是指化学反应过程中释放的化学能激发了体系中某种物质分子，受激的分子从激发态跃迁回到基态时，产生光辐射或将能量转移到另一种分子而发射光子的现象。当化学发光发生于生物体系时，则称为生物发光(bioluminescence)。利用化学发光测定体系中某种物质浓度的方法称为化学发光分析法。

在化学反应过程中，某些反应产物由于吸收了反应产生的化学能，由基态跃迁至较高电子激发态中各个不同能级，然后经过振动弛豫或内转换到达第一电子激发态的最低能级，以辐射的形式释放能量跃迁回到基态的各振动能级。在个别情况下，它可以通过系间跃迁到达三重态，然后再回到基态的各个振动能级，并产生光辐射。

一个化学发光反应包括化学激发和发光两个关键步骤，它必须具备以下条件：

(1) 化学反应能快速提供足够的能量，并激发某种分子。对于能够在可见光范围内观察到的化学发光，所需的能量大约为 150～400 kJ·mol^{-1}。这种能量主要来自反应焓，许多氧化还原反应过程很快，且提供的能量与此相当，所以大多数化学发光反应都是氧化还原反应。

(2) 吸收了化学能处于激发态的分子，必须能释放出光子或将能量转移给其他分子，以产生光辐射的形式回到基态。

发光分子数与参加反应的分子数的比值称为化学发光效率 φ_{CL}，它与生成激发态分子的化学激发效率 φ_{CE} 和激发态分子的发光效率 φ_{EM} 有关，可表示为：

$$\varphi_{CL} = \frac{发光分子数}{参加反应的分子数} = \varphi_{CE} \cdot \varphi_{EM}$$

化学反应的发光效率、光辐射的能量大小以及光谱范围,都取决于该化学反应。每一个化学发光反应都具有其特征的化学发光光谱和发光效率。一般来说,化学发光效率都小于 0.01。

化学发光分析中常见的化学发光反应类型有气相化学发光和液相化学发光。气相化学发光是指化学发光反应在气相中进行,可用于检测大气中 O_3、NO、NO_2、H_2S、SO_2 和 CO 等污染物。

化学发光反应在液相中进行称为液相化学发光。常用的液相化学发光试剂主要有鲁米诺(3-氨基苯二甲酰肼)、光泽精(N,N-甲基吖啶硝酸盐)、洛粉碱(2,4,5-三苯基咪唑)等。一般是在碱性溶液中,在催化剂的作用下,利用 H_2O_2、次氯酸盐等氧化剂氧化发光试剂,产生化学发光。鲁米诺是最有效的化学发光试剂,在碱性溶液中它被氧化生成激发态的 3-氨基邻苯二甲基酸盐为化学发光物质,其反应如下:

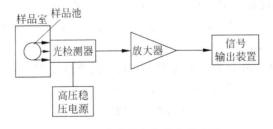

能够作为催化剂的物质有铁氰酸盐、过氧化物酶、金属离子等,金属离子作为催化剂能够使发出的光强增加,且光强与催化离子的浓度成正比。据此可以建立起测定金属离子的分析方法。当被测物的浓度很低时,化学发光反应的发光强度 I_{CL} 与被测物的浓度 c 呈正比:

$$I_{CL} = Kc \tag{10-5}$$

式中 K 为常数,与化学发光效率、化学反应速率等因素有关。发光强度既可以用峰高表示,也可以用发光强度的积分值表示。

化学发光仪比较简单,主要包括样品池、检测器、放大器及记录系统,如图 10-6 所示。

图 10-6 化学发光分析仪示意图

化学发光分析仪通过增加连续流动的进样系统可以设计成连续流动分析仪器,这样在相同的体系中可以连续监测到多个样品。此流动系统也可用作高效液相色谱的柱后监测系统。

化学发光分析具有高选择性、高灵敏度和方法简便等优点,是生物化学研究的重要手段,在环境样品的痕量分析方面也发挥着独特的作用。例如利用鲁米诺试剂测定土壤、水样中的痕量铬。鲁米诺在碱性条件下可被 H_2O_2 氧化,发生化学发光反应,辐射出最大发射波长为 425nm 的光。在金属元素离子 Cr^{3+} 的催化下,反应能够迅速进行。在很大浓度范围内,Cr^{3+} 的浓度与化学发光强度成正比。为了测定样品中的铬元素,将土壤样品用混酸微波消解处理成溶液,使用 H_2SO_3 将 Cr^{6+} 还原为 Cr^{3+},调节 pH 值为 2.5。用 EDTA 和 PAN 联合配位剂掩蔽 Ca^{2+}、Mg^{2+}、Cu^{2+}、Zn^{2+}、Fe^{3+} 等离子。用硝酸铬配制 Cr^{3+} 标准系列溶液,依次向反应池加入鲁米诺溶液(pH≥12)、H_2O_2 溶液、Cr^{3+} 标准溶液,记录发光峰信号。按上述方法测定试样发光信号值,从标准曲线中查得试样中的 Cr^{3+} 浓度。该方法非常灵敏,检出下限仅为 $6.2×10^{-13}$ g·mL^{-1}。

10.4 荧光和磷光分析法的特点及应用

10.4.1 荧光和磷光分析法的特点

与其他光谱分析法相比,荧光和磷光分析法具有显著的特点。

(1) 灵敏度高。荧光和磷光分析法的灵敏度比紫外-可见分光光度法通常高 2~4 个数量级,造成这种差别的原因主要是测量与浓度相关的参量方式不同。荧光和磷光分析法中与浓度相关的参量是荧光或磷光物质发射的光强度,测量的方式是在入射光的直角方向,即在黑背景下检测荧光或磷光的发射信号,可用增强入射光的强度 I_0 或增大荧光信号的放大倍数来提高灵敏度。而在分光光度法中测定的参数是吸光度,该值与入射光强度和透射光强度的比值有关,入射光强度增大,透射光强度也随之增大,增大检测器的放大倍数也同时影响入射光和透射光的检测,因而限制了灵敏度的提高。所以荧光和磷光分析法更适合低浓度物质的分析,其灵敏度要比分光光度法大 2~3 个数量级,它测定的下限在 10^{-7}~10^{-9} g/mL 之间。

(2) 信息丰富,选择性强。荧光和磷光分析法具有两个特征光谱,它既能依据特征发射即荧光发射光谱,又可按照特征吸收,即激发谱来鉴定物质。荧光和磷光分析法能够提供丰富的信息,如激发光谱、发射光谱、荧光强度、荧光效率、荧光和磷光寿命等,这些参数反映了分子的各种特性,因此在测定物质时具有很强的选择性。

(3) 试样量少。由于荧光和磷光分析法灵敏度高,所以测定用的试样量很少。有些微量池,只需要 10μL 的样品。

(4) 应用不够广泛。由于本身能发荧光或磷光的物质不多,使用间接法将非荧光物质转化为荧光物质的手段有限,因此荧光和磷光分析法在试样的定性和定量分析应用上不如其他分光光度法广泛。此外,由于荧光和磷光分析的灵敏度高,对环境因素特别敏感,在测定时要特别注意。

10.4.2 荧光和磷光分析法的应用

(1) 痕量分析。荧光和磷光分析法的灵敏度高,特别适合于环境样品中微量及痕量物质的分析。例如,可以利用荧光分析法测定土壤中硒的含量:将土壤样品用 HNO_3 和

$HClO_4$ 湿式分解,硒被氧化成 H_2SeO_4,再加 HCl 加热,还原为 H_2SeO_3。在酸性溶液中硒与 2,3-二氨基萘发生特异反应,生成能发荧光的 4,5-苯并苯硒脑,用环己烷萃取后进行荧光测定,其荧光强度与硒的浓度在一定条件下成正比。加入 EDTA 和盐酸羟胺,可消除试液中铁、铜、钼及大量氧化物质对全硒测定的干扰,用环己烷萃取后在荧光光度计上选择激发波长 376nm,发射光波长 525nm 处测定荧光强度,利用标准曲线进行定量。该方法最低可检测出 3ng 的硒。

虽然本身能发荧光和磷光的物质不多,但可以通过一些间接的方法实现无机离子和有机分子的痕量测定。例如有些阴离子如氟、氰等能使荧光减弱,减弱的程度与猝灭剂的浓度有关,因此可以利用荧光猝灭法测定这些阴离子。此外,也可将被测物质与能发荧光的试剂(荧光探针)结合形成衍生物,通过测定衍生物的荧光强度间接得到被测物的浓度。

(2) 与色谱法联用。荧光分析法的灵敏度高,可以作为检测手段与高效液相色谱、毛细管电泳多种分析技术联用。近年来出现的激光诱导荧光分析法具有很高的灵敏度高和良好的选择性,是基因芯片、微流控芯片等微型化分析方法理想的检测手段。

(3) 分子结构的性能测定。荧光激发光谱和发射光谱、荧光强度和寿命等参数与分子结构及其所处的环境有关,因此荧光分析法不仅可以进行定量测定,而且能为分子结构及分子间的相互作用的研究提供有用的信息,尤其在蛋白质分子物理特性和构象变化的研究方面发挥着重要作用。

目前,利用荧光和磷光分析法已能够测定数百种化合物,如脂肪族化合物、芳香族化合物、氨基酸、蛋白质、维生素、胺类、胆固醇、激素、药物、毒物、农药以及酶和辅酶等,在食品工艺、生物医药、环境保护、产品检验等众多领域的应用日益广泛。

习题

10-1 荧光和磷光有什么不同?试从产生原理上进行说明。

10-2 名词解释:(1)斯托克斯位移;(2)振动弛豫;(3)系间跨越。

10-3 什么是荧光猝灭?举例说明怎样利用荧光猝灭来进行化学分析。

10-4 激发态分子的去活化过程有哪几种?

10-5 什么是荧光的激发光谱和发射光谱?它们之间有什么关系?

10-6 荧光光谱是什么?有哪些特点?

10-7 何谓荧光效率?如何能够提高它?

10-8 荧光定量分析的基本依据是什么?

10-9 影响荧光强度的环境因素有哪些?

10-10 在实际中,怎样区分荧光和磷光?

10-11 比较荧光光谱法和化学光谱法的仪器特点。

10-12 为什么荧光分析法的灵敏度通常比分子吸收光谱法的高?

10-13 化学发光效率与哪些因素有关?

第 11 章

核磁共振波谱法

核磁共振波谱法(nuclear magnetic resonance spectroscopy,NMR)是研究具有磁性质的某些原子核对射频辐射的吸收的分析方法,是化合物结构分析的最有力的工具之一,与紫外光谱、红外光谱、质谱合称"四大波谱"。

1945年,美国哈佛大学的伯塞尔(E. M. Purcell)和斯坦福大学的布洛赫(F. Bloch)同时发现了核磁共振现象。1951年阿诺德(Arnold)等人发现了乙醇的核磁共振信号是由3组峰组成的,揭示了核磁共振信号与分子结构的关系。1953年美国的Varian公司首先研制出了核磁共振波谱仪,并将其应用于化学领域的研究。核磁共振波谱法一般不用于定量分析,但却是结构分析的重要手段。它能够从多方面给出化合物分子的结构信息,在测定过程中可深入物质内部而不破坏样品,并具有迅速、准确、分辨率高等特点,在环境分析、生物医药、化工材料、临床诊断等各个领域都有广泛的应用。

在核磁共振波谱中,质子的核磁共振波谱(核磁共振氢谱)研究得最多,应用最为广泛。在有机化合物中几乎所有的官能团都与氢原子相关,通过对氢原子的测定可以反映各种官能团之间的联系,推测整个分子的结构。因此,本章主要介绍质子核磁共振波谱法及其应用。

11.1 核磁共振的基本原理

从本质上来讲,核磁共振波谱法属于吸收光谱法,只不过研究的对象比较特殊:处于强磁场中的具有磁性的原子核对能量极小的电磁辐射进行的吸收。

11.1.1 原子核的自旋与磁性

核磁共振主要是由原子核的自旋运动引起的。原子核是带正电荷的粒子,某些原子核具有自旋现象。不同的原子核,自旋运动的情况不同,它们可以用核的自旋量子数 I 来表示 $\left(I=\frac{1}{2}n, n=0,1,2,3,\cdots\right)$。按自旋量子数 I 的不同,可以将核分为三类:

(1) 核电荷数和核质量数均为偶数的原子核,如 ^{12}C、^{16}O、^{28}S 等,自旋量子数 $I=0$,这类原子核没有自旋现象,也没有磁性,这类核不能用核磁共振波谱法检测。

(2) 核电荷数为奇数或偶数,核质量数为奇数,自旋量子数 I 为半整数,如 ^1H、^{13}C、^{15}N、^{19}F、^{31}P 的 $I=\frac{1}{2}$,^{11}B、^{33}S、^{35}Cl、^{37}Cl、^{79}Br、^{81}Br、^{39}K、^{63}Cu、^{65}Cu 的 $I=\frac{3}{2}$,^{17}O、^{25}Mg、^{55}Mn、^{27}Al、^{67}Zn 的 $I=\frac{5}{2}$,这类原子核有自旋现象,可以看做是电荷均匀分布的旋转球体。

这类核具有自旋现象。

（3）核电荷数为奇数，核质量数为偶数，自旋量子数 I 为整数，如 ^{2}H、^{6}Li、^{14}N 等的 $I=1$，^{10}B 等的 $I=3$，这类原子核也有自旋现象。

由此可见，自旋量子数 $I\neq 0$ 的原子核都具有自旋现象，其自旋角动量（P）与自旋量子数（I）的关系如下：

$$P = \sqrt{I(I+1)}\frac{h}{2\pi} \tag{11-1}$$

式中：h——普朗克常数，6.626×10^{-34} J·s。

这些具有自旋角动量的原子核的磁矩 μ 为

$$\mu = rP \tag{11-2}$$

式中：r——磁旋比（magnetogyric ratio），为原子核的特征常数。

自旋量子数 $I=\frac{1}{2}$ 的原子核在自旋过程中核外电子云呈均匀的球形分布，核磁共振谱线较窄，适宜于核磁共振检测，是核磁共振的主要研究对象。$I>\frac{1}{2}$ 的原子核，自旋过程中电荷和核表面非均匀分布，核磁共振的信号复杂。

构成有机化合物的基本元素 ^{1}H、^{13}C、^{15}N、^{19}F、^{31}P 等都有核磁共振现象，且自旋量子数均为 $\frac{1}{2}$，核磁共振信号相对简单，因此可用于有机化合物的结构测定。

11.1.2 核磁共振现象

原子核是带正电荷的粒子，不能自旋的核没有磁矩，能自旋的核有循环的电流，会产生磁场，形成磁矩。磁矩 μ 在数值上等于磁旋比 r 与自旋角动量 P 的乘积（$\mu=rP$）。

微观磁矩在外磁场中的取向是量子化的（方向量子化），自旋量子数为 I 的原子核在外磁场作用下只可能有 $2I+1$ 个取向，每一个取向都可以用一个磁量子数 m 来表示，m 与 I 之间的关系是：

$$m = I、I-1、I-2、\cdots、-I$$

原子核的每一种取向都代表了核在该磁场中的一种能量状态，m 值为 $1/2$ 的核在外磁场作用下只有两种取向，各相当于 $m=+\frac{1}{2}$ 和 $m=-\frac{1}{2}$。$m=+\frac{1}{2}$ 时，自旋取向与外加磁场一致，能量较低；$m=-\frac{1}{2}$ 时，自旋取向与外加磁场方向相反，能量较高。这两种状态之间的能量差 ΔE 值为

$$\Delta E = E_{-1/2} - E_{+1/2} = hrB_0/2\pi \tag{11-3}$$

当自旋核处于磁感应强度为 B_0 的外磁场中时，除自旋外，还会绕 B_0 运动，这种运动情况与陀螺的运动情况十分相像，称为拉莫尔进动（Larmor process）。回旋频率 ν_1 与外加磁场呈正比：

$$\nu_1 = \frac{r}{2\pi}B_0 \tag{11-4}$$

式中：r——磁旋比；

B_0——外加磁场。

若在 B_0 的垂直方向用电磁波照射,核可以吸收能量从低能级跃迁到高能级,吸收的电磁波的能量为 ΔE,即

$$\Delta E = h\nu_2 = hrB_0/2\pi \tag{11-5}$$

其中吸收的电磁波的频率为

$$\nu_2 = \frac{r}{2\pi}B_0 \tag{11-6}$$

当核的回旋频率与吸收的电磁波频率相等,即 $\nu_1 = \nu_2$ 时,核会吸收射频能量,由低能级跃迁到高能级。这种现象叫做核磁共振。

一个核要从低能态跃迁到高能态,必须吸收 ΔE 的能量。让处于外磁场中的自旋核接受一定频率的电磁波辐射,当辐射的能量恰好等于自旋核两种不同取向的能量差时,处于低能态的自旋核吸收电磁辐射能跃迁到高能态,即发生核磁共振。核磁共振的基本关系式为

$$\nu = \frac{r}{2\pi}B_0 \tag{11-7}$$

同一种核,r 为常数,磁场 B_0 强度越大,共振频率 ν 越大。在进行核磁共振实验时,所用的磁场强度越高,发生核磁共振所需的射频频率也越高。

目前研究得最多的是 ^1H 的核磁共振和 ^{13}C 的核磁共振。^1H 的核磁共振称为质子磁共振(proton magnetic resonance),简称 PMR,也表示为 ^1H-NMR。^{13}C 核磁共振(carbon-13 nuclear magnetic resonance)简称 CMR,也表示为 ^{13}C-NMR。

通过上述可知,使 ^1H 发生核磁共振的条件是必须使电磁波的辐射频率等于 ^1H 的回旋频率。可以采用两种方法达到这个要求:一种方法是扫频,逐渐改变电磁波的辐射频率 ν_2,当辐射频率与外磁场感应强度 B_0 匹配时,即可发生核磁共振;另一种方法是固定辐射波的辐射频率,然后从低场到高场,逐渐改变外磁场感应强度 B_0,当 B_0 与电磁波的辐射频率 ν_2 匹配时,也会发生核磁共振,这种方法称为扫场。一般仪器都采用扫场的方法。

11.1.3 饱和与弛豫

^1H 的自旋量子数是 $I = \frac{1}{2}$,所以自旋磁量子数 $m = \pm\frac{1}{2}$,即氢原子核在外磁场中有两种取向。^1H 的两种取向代表了两种不同的能级,在磁场中,$m = +\frac{1}{2}$ 时,$E = -\mu B_0$,能量较低,而 $m = -\frac{1}{2}$ 时,$E = +\mu B_0$,能量较高,两者的能量差为 $\Delta E = 2\mu B_0$。

由于两种能级状态之间的能量差很小,故低能级核的总数仅占很少的多数(每 100 万个核中,低能级的氢核比高能级核多 10 个)。对每个核来说,从低能级向高能级或由高能级向低能级跃迁的概率是一样的。但低能级核的数目较多,因此总体上会产生净吸收现象,即产生 NMR 信号。NMR 的信号正是依靠这些微弱过剩的低能态核吸收射频电磁波的辐射能跃迁到高级而产生的。如高能态核无法返回到低能态,那么随着跃迁的不断进行,这种微弱的优势将进一步减弱直到消失,此时处于低能态的 ^1H 核数目与处于高能态核数目逐渐趋于相等,与此同步,NMR 的信号也会逐渐减弱直到最后消失。这种现象称为饱和。

在正常情况下,在测试过程中,高能级的核可以通过非辐射的方式从高能级回到低能级,这种现象叫做弛豫(relaxation)。因为各种机制的弛豫,使得在正常测试情况下不会出

现饱和现象。弛豫的方式有两种：①自旋晶格弛豫，又叫纵向弛豫，是指处于高能态的核把能量以热运动的形式传递出去，由高能级返回低能级，即体系向环境释放能量，本身返回低能态，这个过程称为自旋晶格弛豫。自旋晶格弛豫降低了磁性核的总体能量，又称为纵向弛豫。自旋晶格弛豫的半衰期用 T_1 表示，T_1 越小表示弛豫过程的效率越高。②自旋-自旋弛豫，又叫横向弛豫，是指两个处在一定距离内，进动频率相同、进动取向不同的核互相作用，交换能量，改变进动方向的过程。自旋-自旋弛豫中，高能级核把能量传递给邻近一个低能级核，在此弛豫过程前后，各种能级核的总数不变，其半衰期用 T_2 表示。

对每一种核来说，它在某一较高能级平均的停留时间只取决于 T_1 和 T_2 中较小者。谱线的宽度与弛豫时间较小者成反比。固体样品的自旋-自旋弛豫的半衰期 T_2 很小，所以谱线很宽。所以，在用 NMR 分析化合物的结构时，一般将固态样品配成溶液。此外，溶液中的顺磁性物质，如铁、氧气等物质也会使 T_1 缩短而谱线加宽。所以测定时样品中不能含铁磁性和其他顺磁性物质。

11.1.4 核磁共振波谱法的灵敏度

自然界广泛存在的 ^{12}C 的 I 值为零，没有核磁共振信号。^{13}C 的 I 值为 $\frac{1}{2}$，有核磁共振信号。通常说的碳谱就是 ^{13}C 核磁共振谱。由于 ^{13}C 与 ^{1}H 的自旋量子数相同，所以 ^{13}C 的核磁共振原理与 ^{1}H 相同。但 ^{13}C 核的磁旋比 r 值仅约为 ^{1}H 核的 1/4，而检出灵敏度正比于 r^3，因此即使是丰度 100% 的 ^{13}C 核，其检出灵敏度也仅为 ^{1}H 核的 1/64，再加上 ^{13}C 的丰度仅为 1.1%，所以，其检出灵敏度仅约为 ^{1}H 核的 1/6000。这说明不同原子核在同一磁场中被检出的灵敏度差别很大。由于 ^{13}C 在环境中的丰度很低，检测灵敏度又较小，因此 ^{13}C 的检测与 ^{1}H 相比在技术上有更多的困难。

11.2 核磁共振波谱仪与样品处理

目前使用的核磁共振波谱仪根据射频源和扫描方式的不同可分为连续波核磁共振波谱仪和脉冲傅里叶变换核磁共振波谱仪。按射频频率的不同可分为 60MHz、90MHz、100MHz、200MHz、300MHz 等。

11.2.1 连续波核磁共振波谱仪

连续波核磁共振波谱仪(continuous wave-NMR，CW-NMR)主要由磁铁、样品管、射频振荡器、射频接收器、扫描发生器和记录系统组成(图 11-1)。

磁铁的作用是给样品提供一个强而均匀的磁场。按磁铁的种类分为永久磁铁、电磁铁和超导磁铁三种。磁场强度越大，仪器越灵敏，做出的 NMR 图谱越简单而且容易解析。超导磁铁能够提供的磁场强度可高达 22.3T，相当于质子共振频率为 950MHz。在磁铁上有一个扫描线圈(又叫 Helmholtz 线圈)，内通直流电，它产生一个附加磁场，可用来调节原有磁场的强度，连续改变磁场强度进行扫描。

待测溶液装在样品管内，放置在磁铁两极间的狭缝中，并以一定的速度旋转，使样品感受到磁场强度平均化，以克服磁场不均匀引起的信号峰加宽。样品管外缠绕着射频振荡器

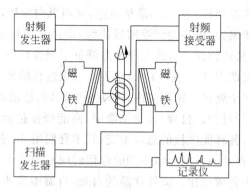

图 11-1 连续波核磁共振波谱仪结构图

的线圈,方向与外磁场垂直,其作用是向样品发射固定频率的电磁波。一般情况下,连续波核磁共振仪射频频率是固定的。射频波的频率越大,仪器的分辨率越高,性能越好。射频接收器线圈也安装在探头中,方向与磁场和射频振荡器方向均垂直,用来检测被吸收的电磁波的能量,此信号被放大后,用仪器记录下来就是核磁共振波谱图。

在进行核磁共振测定时,若固定射频波频率,由扫描发生器线圈连续改变磁场强度,由低场至高场扫描,称为扫场;若固定磁场强度,通过改变射频频率的方式进行扫描则称为扫频。在扫描过程中,样品中不同化学环境的同类磁核,相继满足共振条件,产生核磁共振吸收,接收器和记录系统就会把吸收信号放大并记录成核磁共振谱图。

连续波核磁共振仪的优点是稳定、易操作,仪器价格便宜。但灵敏度低,需要样品量大。只能测定 ^1H、^{19}F、^{31}P,不能测定 ^{13}C、^{15}N 等。

11.2.2 脉冲傅里叶变换核磁共振波谱仪

连续波核磁共振波谱仪是在核进动的频率范围内用扫频或扫场的方式记录 NMR 信号。在每一时刻只能观察一条谱线,所以效率较低。此外,由于 ^{13}C 丰度低,磁旋比小,因此检测信号很弱,为解决这个难题,必须利用可将信号累加的脉冲傅里叶变换核磁共振波谱仪(pulse fourier transfer-NMR,PFT-NMR)进行检测。

脉冲傅里叶变换核磁共振波谱仪是用一个强的射频,以脉冲方式(一个脉冲中同时包含了一定范围的各种频率的电磁波)将样品中所有的核激发,为了提高信噪比,需要多次重复照射、接收,将信号累加。

脉冲傅里叶变换核磁共振波谱仪与连续波核磁共振波谱仪的主要差别在信号观测系统,即在连续波核磁共振波谱仪上增加脉冲程序器和数据采集及处理系统。利用脉冲傅里叶变换核磁共振波谱仪进行测定时,采用发射脉冲使不同化学环境的某一种核同时被激发,各个核通过各种方式弛豫,在接收器中可以得到一个随时间逐步衰减的信号,叫做自由感应衰减信号(FID信号)。它是这种核(在 ^1H NMR 中是质子)在所有不同化学环境核的 FID 信号的叠加,这种信号是随时间衰减的信号,计算机进行傅里叶变换运算,使衰减信号由时间函数转变为频率函数,再经过数模变换后,即可通过显示器或记录仪显示记录通常的核磁共振图谱。

现在生产的脉冲傅里叶变换核磁共振波谱仪大多是超导核磁共振波谱仪,利用超导磁铁产生高的磁场超导线圈浸泡在液氮中。这样的仪器可以做到 200~950MHz。有很高的灵敏度,仪器性能得到很大的提高。目前,核磁共振仪在有机化合物、药物、合成高分子、金属有机化合物、生物分子(糖、酶、核酸、蛋白质等)的结构研究中发挥着重要的作用。

11.2.3 样品的处理

多数情况下,固体样品和粘稠性液体样品需配成溶液后进行测定。通常使用内径为4mm的样品管,内装0.4mL浓度约10%的样品溶液进行测定。对于一些难溶解的物质,如高分子化合物、矿物等,可用固体核磁共振仪测定。

对溶剂的要求是不含质子,对样品的溶解性好,不与样品发生缔合作用。常用的溶剂有四氯化碳、二硫化碳和氘代试剂等。氘代试剂有氘代氯仿、氘代甲醇、氘代丙酮、氘代苯、氘代吡啶、重水等,可根据相似相溶原理选择合适的溶剂。

核磁共振波谱分析中需要用到标准物。标准物的作用是调整谱图的零点。目前使用最多的标准物质是四甲基硅烷(TMS)。一般把四甲基硅烷配制成10%~20%的四氯化碳或氘代氯仿溶液,测样时加入2~3滴此溶液即可。也可用六甲基硅醚(HMOS)作为标准物,其化学位移值$\delta=0.07$。对于极性较大的化合物只能用重水做溶剂时,可采用4,4-四甲基-4-硅代戊磺酸钠(DSS)作内标物。

11.3 核磁共振波谱与分子结构

氢的核磁共振谱提供了三类极其有用的信息:化学位移、耦合常数、积分曲线(谱线强度)。利用这些信息,可以推测质子在碳架上的位置和数目,从而推断整个分子的结构。

11.3.1 化学位移

1. 化学位移的概念

根据核磁共振条件式(式(11-7)),对于同一种核,磁旋比r是相同的。固定了射频频率,所有的核都只能在同一磁感应强度下发生核磁共振。但实验证明:当分子中质子所处化学环境(化学环境是指质子的核外电子以及与质子邻近的其他原子核的核外电子的运动情况)不同时,即使在相同射频频率下,也将在不同的共振磁场下显示吸收峰。

不同的质子(或其他种类的核),由于在分子中所处的化学环境不同,而在不同共振磁感应强度下显示吸收峰的现象称为化学位移。

2. 化学位移产生的原因

分子中磁性核不是完全裸露的,质子被价电子包围着。这些电子在外界磁场的作用下发生循环的流动,会产生一个感应的磁场,感应磁场应与外磁场相反,强度与外磁场强度B_0成正比。感应磁场在一定程度上减弱了外磁场对磁核的作用,这种感应磁场对外磁场的屏蔽作用称为电子屏蔽效应(shielding effect),也叫抗磁屏蔽效应(diamagnetic effect)。通常用屏蔽常数(shielding constant)σ来表示屏蔽作用的强弱。所以,质子实际上感受到的有效磁感应强度称为有效磁场强度,用B_{eff}表示。B_{eff}应是外磁场感应强度减去感应磁场强度,即

$$B_{eff} = B_0(1-\sigma) \tag{11-8}$$

故核磁共振的条件应表达为:

$$\nu = \frac{r}{2\pi}B = \frac{r}{2\pi}B_0(1-\sigma) \tag{11-9}$$

式中,σ为屏蔽常数,是核的化学环境的函数,因为各种核所处的化学环境不同,所以σ不同,故各种核在不同磁场强度下共振,产生化学位移。

与屏蔽较少的质子比较,屏蔽多的质子对外磁场感受较少,在较高的外磁场 B_0 作用下才能发生共振吸收。由于磁力线是闭合的,因此感应磁场在某些区域与外磁场的方向一致,处于这些区域的质子实际上感受到的有效磁场应是外磁场 B_0 加上感应磁场 $B_{感应}$。这种作用称为去屏蔽效应(deshielding effect),也称为顺磁去屏蔽效应(paramagnetic effect)。受去屏蔽效应影响的质子在较低外磁场 B_0 作用下就能发生共振吸收。

由于在相同频率电磁辐射波的照射下,不同化学环境的质子受的屏蔽效应各不相同,因此它们发生核磁共振所需的外磁场 B_0 也各不相同,即化学位移的大小不同。在以扫频方式测定时,核外电子云密度大的质子,σ值大,吸收峰出现在较低频;相反核外电子云密度小的质子,σ值小,吸收峰出现在较高频。如果以扫场方式进行测定,则电子云密度大的质子吸收峰在较高场,电子云密度小的质子吸收峰出现在较低场。

3. 化学位移的表示方法

化学位移的差别约为百万分之几,要精确测定其数值十分困难。因而通常用相对值来表示化学位移,即选用一个标准物质,以该标准物的共振吸收峰所处位置为零点,其他吸收峰的化学位移值根据这些吸收峰的位置与零点的距离来确定。最常用的标准物质是四甲基硅烷(TMS)。

令四甲基硅烷的化学位移为零,其他质子的化学位移公式如下:

$$\delta = \frac{(\nu_x - \nu_{TMS})}{\nu_{TMS}} \times 10^6 \tag{11-10}$$

或

$$\delta = \frac{(B_{TMS} - B_x)}{B_{TMS}} \times 10^6 \tag{11-11}$$

式中:ν_x、B_x——试样中的质子的共振频率和共振磁场强度;

ν_{TMS}、B_{TMS}——四甲基硅烷的质子的共振频率和共振磁场强度;

δ——试样中质子的化学位移。

四甲基硅烷作为标准物的优点是:四甲基硅烷中的四个甲基对称分布,因此所有氢都处在相同的化学环境中,因此信号简单,所有的氢只有一个锐利的吸收峰。另外,四甲基硅烷比一般有机物的质子信号较高场,因此使得多数有机物的信号在其左边。

4. 影响化学位移的因素

在化合物中,质子不是孤立存在的,其周围还连着其他的原子和基团。它们彼此间会相互作用,从而影响质子的化学位移。在 ^{1}H NMR 中影响质子化学位移的因素可分为两类:第一类因素是分子内部因素,即由化合物的分子结构不同引起的,包括诱导效应、各向异性效应、共轭效应、范德华效应及分子内氢键效应等;第二类因素是外部因素,如溶剂效应、分子间氢键等变化引起的化学位移变化。两类影响因素中,外部因素对 OH、NH、SH 及一些带电荷的极性基团影响较大,对非极性碳上的质子的化学位移影响不大。下面对一些主要影响因素进行介绍。

化学位移取决于核外电子云密度,因此影响电子云密度的各种因素都对化学位移有影响,影响最大的是电负性和各向异性效应。

(1) 诱导效应

质子相连的碳原子上，如果有电负性大的原子(或基团)，则由于它们的吸电子诱导效应，使氢核周围的电子云密度减弱，屏蔽效应也就随之降低，质子的化学位移向低场移动。也就是说，质子所连接的基团的电负性越大，质子的化学位移值越大。相反，质子所连接的基团的电负性越小，质子的化学位移值也越小。例如卤代甲烷的化学位移就是一个典型的离子(表 11-1)。

表 11-1　卤代甲烷中质子的化学位移

化合物	取代基和电负性			
	F(4.0)	Cl(3.0)	Br(2.8)	I(2.5)
CH_3X	4.26	3.05	2.68	2.16
CH_2X_2	5.45	5.33	4.94	3.90

(2) 共轭效应

当吸电子基团或给电子基团与乙烯分子上的碳-碳双键共轭时，烯碳上的质子的电子云密度会改变，若使质子周围的电子云密度减弱，则屏蔽作用减弱，导致质子的化学位移增加。下面是乙酸乙烯酯、乙烯、丙烯酸甲酯中的质子位移的情况。

(3) 各向异性效应

当分子中某些基团的电子云排布不呈球形对称时，即在磁场具有磁各向异性时，它对邻近的 ^1H 核产生一个各向异性的磁场，从而使某些空间位置上的质子受到屏蔽，其化学位移值移向高场，化学位移值减小，而另一些空间位置上的质子去屏蔽，其化学位移值移向低场，化学位移值增大，这一现象称为各向异性效应。各向异性效应与共轭效应不同的是共轭效应是通过化学键起作用的，而各向异性效应是通过空间关系其作用的。各向异性效应对于具有 π 电子的基团如芳环、氢键、羰基、叁键的影响更为明显。

例如芳环的大 π 电子云，在外磁场 B_0 的作用下，会在芳环平面的上下方产生垂直于 B_0 的环形电子流，其感应磁场的方向与 B_0 相反，因此，在芳环的上方和下方出现屏蔽区，而在芳环平面上出现去屏蔽区，因为苯环质子处于芳环平面上，即处于苯环的去屏蔽区，所以苯环质子的共振信号出现在低场，其化学位移值较大($\delta=7.27$)。

(4) 氢键效应和溶剂效应

氢键对羟基质子化学位移的影响与氢键的强弱及氢键的电子给予体的性质有关，在大多数情况下，氢键产生去屏蔽效应，使 ^1H 的 δ 值移向低场。在 O、N、S 原子上的质子形成氢键后，其化学位移值移向低场。当形成分子内氢键时，化学位移值移向更低场。例如在含有羟基的化合物中，羟基上的质子的化学位移值在 10～18。由于氢键的形成与溶液浓度、pH、温度、溶剂等有很大的关系，因此氢键质子的化学位移值受测试条件的影响较大。

在核磁共振波谱测定中，同一种样品使用不同的溶剂有时会使化学位移值发生变化，这称为溶剂效应。活泼氢的溶剂效应比较明显。

(5) 范德华效应

当取代基与 ^{1}H 核之间的距离小于范德华半径时，取代基周围的电子云与 ^{1}H 核周围的电子云就互相排斥结果使 ^{1}H 核周围的电子云密度降低，使质子受到的屏蔽效应明显下降，质子峰向低场移动，化学位移值增大。这称为范德华效应。

5. 各类质子的化学位移

质子的化学位移与分子结构之间有十分密切的关系。因此，在化合物的结构测定中，可利用质子的化学位移推断化合物的各种官能团，进而推测化合物的分子结构。各类质子的大致化学位移值如表11-2所示。

表11-2　常见结构单元中质子的化学位移范围

脂肪族 C—H(C 上无杂原子)	0~2.0
β-取代脂肪族 C—H	1.0~2.0
炔氢	1.6~3.4
α-取代脂肪族 C—H(C 上有 O、N、卤素原子或与烯键、炔键相连)	1.5~5.0
烯氢	4.5~7.5
苯环、杂芳环上的氢	6.0~9.5
醛基氢	9~10.5
醇类	0.5~5.5
酚类	4.0~8.0
酸	9~13.0
脂肪胺	0.6~3.5
芳香胺	3.0~5.0
酰胺	5~8.5

具体到不同化合物中，各种质子的化学位移由于受到诱导效应、共轭效应、各向异性效应、范德华效应等各种因素的影响，其质子的化学位移会发生变化，具体数值的大小在核磁共振的专著中都可以查到。要对某一核磁共振波谱图进行解析时，需要参阅相关的工具书。

11.3.2　自旋耦合与自旋裂分

1. 产生原理

多数有机化合物的 NMR 谱都是多重峰，是由邻近磁性核之间的相互作用造成的。例如，1,1,2-三氯乙烷($ClCH_2CHCl$)的 ^{1}H NMR 谱中，有两组质子，及—CH_2 和—CH 质子，其化学位移分别为 3.95 和 5.80。由于邻近磁核之间存在相互相耦合作用，使得—CH_2 质子受—CH 质子的耦合分裂成两重峰，—CH 质子受—CH_2 质子的耦合分裂成三重峰。两者的积分高度比为 2:1。这种核的分裂现象是由于分子中邻近磁性核之间的相互作用引起的。这种核间的相互作用称为自旋-自旋耦合(spin-spin coupling)。由于自旋-自旋耦合引起谱峰分裂的现象称为自旋-自旋裂分(spin-spin splitting)。自旋耦合作用不影响磁核的化学位移，只会使同一种氢核分裂为多重峰。自选耦合可为结构分析提供更多的信息。

对于自旋量子数 $I=\frac{1}{2}$ 的核来说，在外磁场中有两种取向 $m=+\frac{1}{2}$ 和 $m=-\frac{1}{2}$，分别以

α、β表示两种自旋取向。对于乙醇分子(CH_3CH_2OH)中的亚甲基上的两个质子,每个质子的核都可以有 α、β 取向,所以两个氢核就可能产生四种自旋组合:αα、αβ、βα、ββ,而 αβ、βα 是等同的,所以实际上是三种自旋组合,其概率比为 1∶2∶1,这三种自旋组合方式构成了三种不同的局部小磁场,在—CH_2—CH_3 结构中影响着甲基,使甲基的共振峰分裂为三重峰,甲基裂分小峰面积比等于亚甲基核自旋组合概率比,为 1∶2∶1。乙醇的亚甲基则受甲基三个氢的耦合分裂成四重峰,强度比为 1∶3∶3∶1。羟基质子在常温下一般溶剂中不考虑与其他质子的耦合,仍为单峰。甲基、亚甲基、羟基上的三种质子的峰面积比为 3∶2∶1(图 11-2)。

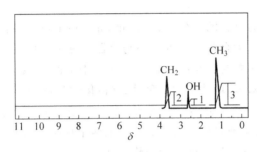

图 11-2 乙醇的核磁共振谱图

2. $n+1$ 规律

NMR 谱中的自旋-自旋裂分现象,对于确定分子中各类氢的相对位置和立体关系很有帮助。例如某亚甲基显示四重峰,说明与它相邻的有三个氢(—CH_3);甲基显示 3 重峰,说明与它相邻的有两个氢(—CH_2)。氢原子受邻近碳上的氢的耦合产生裂分峰的数目可以用 $n+1$ 规律计算:若某组质子有 n 个相邻的质子时,这组质子的吸收峰将裂成 $n+1$ 重峰;若某组质子有两组与其耦合作用不同(耦合常数不等)的邻近质子时,如果其中一组的质子数为 n,另一组的质子数为 m,则该组质子产生 $(n+1)\times(m+1)$ 重峰;若与该组质子相邻的两组质子耦合常数相同,化学环境不同,则该组质子的峰裂分数为 $(n+m+1)$。例如,$HCONHCH_2CH_3$ 中的亚甲基质子会被 CH_3 和 NH 裂分成八重峰,而 $CH_3CH_2CH_2NO_2$ 中间的亚甲基则被相邻的 CH_3 和 CH_2 裂分成六重峰。

由 $n+1$ 规律所得的裂分峰,强度比可用二项式 $(a+b)^n$ 的展开式的各项系数表示。如受 $n=1$ 个氢的耦合,产生两重峰,强度比为 1∶1;受 $n=2$ 个氢的耦合,产生三重峰,强度比为 1∶2∶1;受 $n=3$ 个氢的耦合,产生四重峰,强度比为 1∶3∶3∶1。$n+1$ 规律只适合于互相耦合的质子的化学位移差远大于耦合常数的一级光谱。

3. 耦合质子之间的向心规则

在两组互相耦合的峰中,还会有一个倾斜现象,即两个互相耦合的两组峰中,两个强度应该相等的裂分峰会出现内测高、外侧低的情况,使两个耦合质子的各自两个峰顶点连线构成一个"人"字形。这种现象称为"向心规则"。若两组峰之间没有这种现象,则说明它们之间没有耦合关系。例如,乙醛(CH_3CHO)的 ^1H NMR 谱中的两组质子(CH_3 和 CHO 质子)相互耦合,甲基受醛基质子的耦合裂分成 2 重峰,强度比应为 1∶1。醛基质子受甲基质子的耦合裂分成 4 重峰,强度比为 1∶3∶3∶1。由于两组质子互相耦合,则根据向心规则,两组峰间的关系如图 11-3 所示。

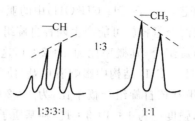

图 11-3　乙醛的核磁共振谱图

4．耦合常数

自旋耦合的量度称为自旋的耦合常数（coupling constant），用符号 J 表示，J 值的大小表示了耦合作用的强弱。耦合常数 J 的大小与仪器和测试条件无关，与化合物的结构密切相关。耦合常数的大小主要与相互耦合的两个磁核间的化学键数目及影响它们之间电子云分布的因素（例如单键、双键、取代基的电负性、立体化学等）有关。

耦合常数的单位是 Hz。J 的左上方常标以数字，它表示两个耦合核之间相隔键的数目。就其本质来看，耦合常数是质子自旋裂分时的两个核磁共振能之差，它可以通过共振吸收的位置差别来体现，这在图谱上就是裂分峰之间的距离。

对于氢谱，根据耦合质子间相隔化学键的数目可分为同碳耦合（^2J），邻碳耦合（^3J）和远程耦合（相隔四个以上的化学键）。一般通过偶数个键耦合（^2J、^4J）的耦合常数为负值，通过奇数个键耦合（^3J、^5J）的耦合常数为正值。但在 NMR 图上表现出来的裂分距离及计算出来的耦合常数值是其绝对值的大小，与正负号无关。

两个氢原子在同一个碳原子上（H—C—H），它们之间相隔的键数为 2，两者之间的耦合常数称为同碳耦合常数，以 ^2J 表示。^2J 一般为负值，其值的变化范围较大。需注意的是，同一碳上的质子尽管都有耦合，但如果它们的化学环境完全相同（例如链状化合物中的 CH_3、CH_2），这种耦合在谱图上表现不出来。

相邻碳上质子通过 3 个化学键耦合（如 H—C—C—H），其耦合常数称为邻碳质子的耦合常数，以 ^3J 表示。^3J 一般为正值。数值大小通常在 0～18 Hz。

芳环氢的耦合可分为邻、间、对位三种耦合。耦合常数都为正值。苯环中邻位耦合常数较大（两个质子间相隔 3 键），在 6.0～9.4 Hz，间位为 0.8～3.1 Hz（两个质子间相隔 4 键），对位小于 0.59 Hz（两个质子间相隔 5 键）。一般来说，对位耦合在常规测试中不易察觉。

$J_{3,4}=7.1～8.1 Hz$　　$J_{2,4}=1.8～1.9 Hz$
$J_{3,5}=1.1～1.7 Hz$　　$J_{4,6}=7.8～8.1 Hz$
$J_{4,5}=7.0～7.7 Hz$　　$J_{2,5}=0.3～0.6 Hz$
$J_{3,6}=0.3～0.6 Hz$

$J_{2,3}=8.5～8.7 Hz$　　$J_{1,2}=8.3～9.1 Hz$
$J_{3,5}=2.3～2.7 Hz$　　$J_{1,3}=1.2～1.6 Hz$
$J_{2,5}=0.3～0.5 Hz$　　$J_{2,3}=6.1～6.9 Hz$
　　　　　　　　　　$J_{1,4}=0～1 Hz$

杂芳环的耦合情况与取代苯类似,存在通过3、4、5键的耦合,耦合常数与杂原子的相对位置有关。

$J_{1,2}=2\sim3Hz$　　　　$J_{2,3}=5\sim6Hz$
$J_{1,3}=2\sim3Hz$　　　　$J_{3,4}=7\sim9Hz$
$J_{2,3}=2\sim3Hz$　　　　$J_{2,4}=1\sim2Hz$
$J_{2,4}=1\sim2Hz$　　　　$J_{3,5}=1\sim2Hz$
$J_{2,5}=1.5\sim2.5Hz$　　$J_{2,5}=0\sim1Hz$
$J_{3,4}=3\sim4Hz$　　　　$J_{2,6}=0\sim1Hz$

两个氢核通过4个或4个以上的键进行耦合,称为远程耦合。远程耦合的耦合常数都比较小,一般在0~3Hz。经常不容易看出远程耦合引起的分裂。

耦合常数的大小与两个作用核之间的相对位置有关,随着相隔键数目的增加会很快减弱,一般来讲,两个质子相隔少于或等于三个单键时可以发生耦合裂分,相隔三个以上单键时,耦合常数趋于零。

化学位移随外磁场的改变而改变。耦合常数与化学位移不同,它不随外磁场的改变而改变。因为自旋耦合产生于磁核之间的相互作用,是通过成键电子来传递的,并不涉及外磁场。

11.3.3 核的等价性

在分子中,具有相同化学位移的核称为化学等价的核。如果分子中有两个相同的原子或基团处于相同的化学环境时,则称它们为化学等价或化学全同的。化学等价的核具有相同的化学位移,例如 CH_3CH_2Cl 中的甲基上的3个质子,它们为化学等价质子,其化学位移相等;同样亚甲基的2个质子也是化学等价质子。

判别分子中的质子是否化学等价,对于识谱是十分重要的。通常判别的依据是:分子中的质子,如果可通过对称操作或快速机制互换,它们是化学等价的。通过对称轴旋转而能互换的质子叫等位质子。等位质子在任何环境中都是化学等价的。通过镜面对称操作能互换的质子叫对映异位质子。

一组化学等价的核,如果它们都以相同的耦合常数与组外其他任何一个核耦合,那么这组核就称为磁等价核或磁全同核。磁等价比化学等价的要求更高,磁等价的核一定是化学等价的,而化学等价的核不一定是磁等价的。例如在单取代苯中 H_a、H_b、H_a' 和 H_b',H_a 和 H_a'、H_b 和 H_b' 是化学等价核,却不是磁等价核。因为 H_a 和 H_b 是邻位耦合,而 H_a' 和 H_b 是对位耦合,耦合常数不同。

11.4 核磁共振氢谱的解析

^1H NMR 核磁共振图谱提供了积分曲线、化学位移、峰形及耦合常数等信息。^1H NMR 图谱的解析就是合理分析这些信息,正确地推导出与图谱相对应的化合物的结构。

^1H NMR 图谱解析的步骤为:

(1)检查谱图是否规则。四甲基硅烷的信号应在零点,基线平直,峰形尖锐对称,积分曲线在没有信号的地方应平直。有的基团,如—$CONH_2$ 峰形较宽。若有 Fe 等顺磁性杂质或氧气,会使谱线加宽,应先除去。

(2) 识别"杂质"峰,在使用氘代溶剂时,由于有少量未氘代溶剂的质子存在,会在谱峰上出现一个 ^1H 的小峰。另外,溶剂中常有少量水,会出现另一个峰,在不同溶剂中水峰的位置不同。确认旋转边带,可用改变样品管旋转速度的方法,使旋转边带的位置也改变。

(3) 已知分子式先算出不饱和度。

(4) 根据积分曲线算出各组信号的相对面积,再参考分子式中氢原子数目,来决定各组峰代表的质子数目。也可用可靠的甲基信号或孤立的次甲基信号为标准计算各组峰代表的质子数。

(5) 先解析 CH_3O-、CH_3N-、CH_3Ph-、$CH_3-C\equiv C$、$CH_3-C=O$ 等孤立的甲基信号,这些甲基为单峰。

(6) 识别低场的信号,醛基(—CHO)、羧基(—COOH)、烯醇(—C=C—OH)、磺酸基质子(—SO_3H)δ 均在 9~16。再考虑其他耦合峰,推导基团的相互关系。

(7) 解释芳烃信号,一般在 6.5~8 附近,经常是一组耦合常数有大(邻位耦合)、有小(间位、对位耦合)的峰。

(8) 若有活泼氢(—OH、—NH_2、—COOH 等),可以加入重水交换,由于这些氢能与 D_2O 发生交换而使活泼氢的信号消失,因此对比重水交换前后的图谱可以基本判别分子中是否含有活泼氢。

(9) 识别图中的一级裂分谱,读出 J 值,验证 J 值是否合理。

(10) 若谱图复杂,可以应用位移试剂、双共振技术等简化图谱。

(11) 结合元素分析、红外光谱、紫外光谱、质谱、^{13}C—NMR 和化学分析的数据推导化合物的结构。

(12) 核对各组信号的化学位移和耦合常数与推定的结构是否相符,已知物可再与标准谱图对照来确定。可用萨特勒(Sadtler)图谱集手工查找,也可在一些网站上用计算机查找,如 http://www.aist.go.jp/RIODB/SDBS/menu-e.html 网站。

例 11-1 一未知物分子式为 $C_8H_{14}O_4$,其 IR 图谱显示有 $\nu_{C=O}$ 吸收,NMR 谱图如下图所示,试推断化合物的结构。

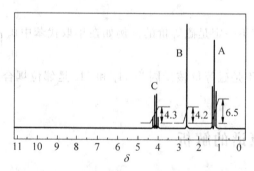

解 (1) 计算不饱和度 $U=2$,IR 图谱显示有 $\nu_{C=O}$,其中至少有一个羰基。

(2) 有 3 组裂峰,则有 3 种不同的质子。

(3) 共有 14 个质子,根据各组信号的相对面积可计算出每组氢原子的个数为:

C 组：$14 \times \dfrac{4.3}{4.3+4.2+6.5} = 14 \times \dfrac{4.3}{15} = 4$

B 组：$14 \times \dfrac{4.2}{15} = 4$

A 组：$14 \times \dfrac{6.5}{15} = 6$

(4) 根据位移值和裂分情况进行解析。A 组 $\delta=1.1$，所以 A 组为甲基氢，A 组有 6 个氢，所以有两个 CH_3。A 组氢分裂为 3 重峰，其邻近应有两个质子与其耦合；C 组 $\delta=4.1$，有 4 个氢，所以 C 组可能为亚甲基，C 组氢分裂为 4 重峰，其邻近应有 3 个质子即 CH_3 与其耦合。B 组 $\delta=2.6$，有 4 个氢，且为单峰，所以 B 组可能为 2 个化学环境一样的 CH_2，可能为 $-CO-CH_2CH_2-CO-$。C 组的 4 个氢，化学位移值较大，应是与氧相连，所以有两组 $-O-CH_2CH_3$。

综合上述分析，该未知物为：
$$CH_3CH_2O-CO-CH_2CH_2-CO-O-CH_2CH_3$$

(5) 核对所有数据与谱图，该化合物的结构正确。

例 11-2 某化合物的分子式为 $C_6H_{10}O_3$，下面是其 NMR 谱图，各组峰从左到右的积分高度比 2∶2∶3∶3。为试推断该化合物的结构。

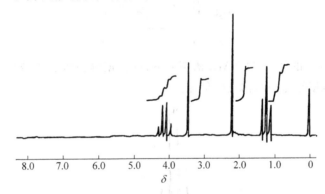

解 从化合物的分子式 $C_6H_{10}O_3$ 求得未知物的不饱和度为 2，说明分子中含有 C=C 或 C=O 双键。但核磁共振谱中化学位移 5 以上没有吸收峰，表明不存在烯氢。谱图中有 4 组峰，化学位移及峰的裂分数目为：$\delta=4.1$（四重峰）；$\delta=3.5$（单重峰）；$\delta=2.2$（单重峰）；$\delta=1.2$（三重峰）；各组峰的积分高度比 2∶2∶3∶3，说明各组峰的质子数比为 2∶2∶3∶3。从化学位移和峰的裂分数可见 $\delta=4.1$ 和 $\delta=1.2$ 互相耦合，表明分子中存在着乙酯基（$-COOCH_2CH_3$）。$\delta=3.5$ 为 CH_2，$\delta=2.2$ 为 CH_3，均不与其他质子耦合。根据化学位移 $\delta=2.2$ 应与吸电子的羰基相连，即 $CH_3-C=O$。综上所述，分子中具有下列结构单元：

$$-CH_3-C=O、-COOCH_2CH_3、-CH_2-$$

这些结构单元的元素组成总和与分子式正好相符，所以该化合物的结构为：

$$H_3C-\overset{\overset{O}{\|}}{C}-CH_2-\overset{\overset{O}{\|}}{C}-O-CH_2CH_3。$$

习题

11-1 所有原子核都能产生核磁共振信号吗？请说明原因，并进行举例。

11-2 核磁共振的基本原理是什么？主要获取什么信息？

11-3 核磁共振波谱法属于光谱分析法吗？与紫外可见吸收光谱法、红外吸收光谱法和原子吸收光谱法相比，它有哪些不同？

11-4 什么是化学位移？其影响因素有哪些？

11-5 核磁共振波谱法中最常用的参比物是什么？为什么选用这种物质？

11-6 何谓自旋耦合和自旋裂分？它们在核磁共振波谱法中有什么作用？

11-7 振荡器产生的射频是 60MHz，如果使 ^1H 和 ^{13}C 产生共振信号，则需要的外加磁场强度分别是多少？

11-8 质子核磁共振谱图能够提供化合物的哪些信息？

11-9 将下列化合物中字母标出的四种质子的化学位移按照从大到小进行排序，并说明原因。

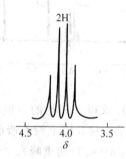

11-10 一个分子的部分 ^1H NMR 谱图如下，试根据峰位置和裂分峰数目，推断产生这种吸收峰的氢核的相邻部分结构及电负性。

11-11 某化合物的化学式为 $C_9H_{13}N$，其 ^1H NMR 谱图如下，试推断其结构。

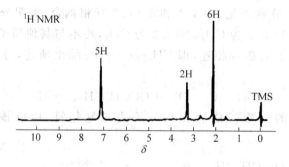

第 12 章

质 谱 法

12.1 概述

质谱分析法(mass spectrometry)是通过对被测样品离子质荷比的测定来进行定性和定量分析的一种分析方法。利用质谱法分析测定样品时,首先要将试样分子在高真空条件下进行加热气化后用适当的方法进行电离,然后利用不同离子在电场或磁场中的运动行为的不同,把离子按质荷比(m/z)分开而得到质谱,通过分析样品的质谱和相关信息,就可以得到样品的定性定量结果。通过质谱分析,可以获得所分析样品的分子质量、分子式、分子中同位素构成和分子结构、元素含量等多方面的信息。

例如,在利用电子电离源(electron ionization,EI)将被测试样进行电离时,首先是使试样以气体形式进入电子电离源,由离子源的灯丝发出的电子束与样品分子发生碰撞,在70eV电子碰撞作用下,有机物分子可能被打掉一个电子形成分子离子,也可能会发生化学键的断裂形成碎片离子。这些离子在质量分析器中,按质荷比大小顺序分开,经电子倍增器检测,即可得到化合物的质谱图。根据质谱图上的分子离子峰可以确定化合物分子质量,根据碎片离子峰可以得到化合物的结构。

图 12-1 是某有机物的质谱图。质谱图的横坐标是质荷比,纵坐标为离子的相对强度。一定的样品在固定的电离条件下得到的质谱图是相同的,这是利用质谱图进行有机物定性的基础。在对获得的质谱图谱进行解析时,可以根据有机物的断裂规律,分析不同碎片和分子离子的关系,由此推测化合物的结构。另外,还可以通过计算机进行谱库检索,查得该质谱图所对应的化合物。

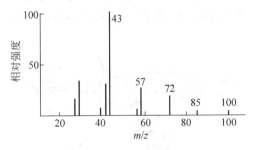

图 12-1 某有机物的质谱图

早期的质谱仪主要是用来进行同位素测定和无机元素分析,20世纪40年代以后开始用于有机物分析,60年代出现了气相色谱-质谱联用仪,成为有机物分析的重要仪器。

质谱法具有灵敏度高、定性能力强等特点,但利用质谱法只能对纯物质进行定性分析,对混合物的分析无能为力。此外,质谱法的定量能力也较差。而色谱法是一种很好的分离定量方法,因此,在利用质谱法对有机化合物进行定性定量分析时,通常将色谱和质谱联用,将质谱仪看做色谱仪的一种检测器。利用色谱的分离功能将混合有机物进行分离得到纯物质后,引入质谱仪得到被分离物质的质谱图。结果是在记录仪(电脑终端)上同时得到混合物质的色谱图和被分开的组分的质谱。利用质谱图可对混合物中的各个组分进行定性分析,利用色谱图的峰面积与含量成正比的关系可进行定量分析。

12.2 质谱仪的结构和工作原理

一般质谱仪的基本组成包括进样系统、离子源、质量分析器、检测器和真空系统等几部分。试样首先按电离方式的需要,通过进样系统被送入离子源的适当部位;在离子源中试样被电离为离子,并会聚成有一定能量和几何形状的离子束后进入质量分析装置,在质量分析装置中在电磁场的作用下将来自离子源的离子束按不同质荷比分开,经检测器检测之后可以得到样品的质谱图。质谱仪的离子源和分析器都必须处在低于 10^{-5} mbar($1\text{mbar}=10^2\text{Pa}$)的真空中才能工作。因此,质谱仪都必须有真空系统。

12.2.1 进样系统

质谱进样方式(Inlet system)大致可以分为两类,第一类是质谱作为独立的分析设备以直接进样的方式进样,第二类是在质谱联用技术中其前端设备兼作质谱的进样装备,通过接口的方式进样。

直接进样方式中,气态和液态样品是利用毛细管导入质谱仪的,固态样品则通过进样杆直接导入。

1. 直接进样(direct injection)

(1) 进样杆进样

进样杆(sampling rod)进样装置如图 12-2 所示,将固体样品置于进样杆顶部的小坩埚中,由进样杆导入到离子化室附近的真空环境中加热后,直接送入离子源。或者可通过在离子化室中将样品从一可迅速加热的金属丝上解析或者使用激光辅助解析的方式进行。这种方法与电子轰击电离、化学电离及场电离结合,适用于热稳定性差或者难挥发物的分析。

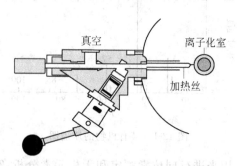

图 12-2 进样杆进样装置

(2) 间歇式进样(intermittent sampling)

间歇式进样系统如图 12-3 所示,将试样(10～100μg)通过试样管引入试样储存器,在低压和加热条件下试样挥发为气态后,通过带有针孔的玻璃或金属膜的漏隙进入离子源。该进样系统适用于气体、液体和中等蒸气压固体样品的进样。

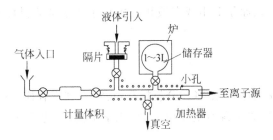

图 12-3 间歇式进样系统

2. 接口式进样(Interface sampling)

在接口进样方式中,接口既可用于直接进样,也可用于和其他设备连接,有些实际上和电离源合为一体。目前质谱进样系统发展较快的是多种液相色谱-质谱联用的接口技术,用以将色谱流出物导入质谱,经离子化后供质谱分析。主要技术包括各种喷雾技术(电喷雾、热喷雾和离子喷雾)、传送装置(粒子束)和粒子诱导解吸(快原子轰击)等。

(1) 电喷雾接口(electrospray interface)

带有样品的色谱流动相通过一个带有数千伏高压的针尖喷口喷出,生成带电液滴,经干燥气除去溶剂后,带电离子通过毛细管或者小孔直接进入质量分析器。传统的电喷雾接口只适用于流动相流速为 1～5μL/min 的体系,因此电喷雾接口主要适用于微柱液相色谱。同时由于离子可以带多电荷,使得高分子物质的质荷比落入大多数四极杆或磁质量分析器的分析范围(质荷比小于 4000),从而可分析相对分子质量高达几十万的物质。

(2) 热喷雾接口(thermospray interface)

存在于挥发性缓冲液流动相(如乙酸铵溶液)中的待测物,由细径管导入离子源,同时加热,溶剂在细径管中除去,待测物进入气相。中性分子可以通过与气相中的缓冲液离子(如 NH_4^+)反应,以化学电离的方式离子化,再被导入质量分析器。热喷雾接口适用的液体流量可达 2mL/min,并适合于含有大量水的流动相,可用于测定各种极性化合物。由于在溶剂挥发时需要利用较高温度加热,因此待测物有可能受热分解。

(3) 离子喷雾接口(ion spraying interface)

在电喷雾接口基础上,利用气体辅助进行喷雾,可提高流动相流速达到 1mL/min。电喷雾和离子喷雾技术中使用的流动相体系含有的缓冲液必须是挥发性的。

(4) 粒子束接口(particle beam interface)

色谱流出物转化为气溶胶,于脱溶剂室脱去溶剂,得到的中性待测物分子导入离子源,使用电子轰击或者化学电离的方式将其离子化,获得的质谱为经典的电子轰击电离或者化学电离质谱图,其中前者含有丰富的样品分子结构信息。但粒子束接口对样品的极性、热稳定性和分子质量有一定限制,适用于相对分子质量在 1000 以下的有机小分子测定。

(5) 解吸附技术(desorption interface)

将微柱液相色谱与粒子诱导解吸技术(快原子轰击,液相二次粒子质谱)结合,一般使用的流速在 $1\sim10\mu L/min$,流动相须加入微量难挥发液体(如甘油)。混合液体通过一根毛细管流到置于离子源中的金属靶上,经溶剂挥发后形成的液膜被高能原子或者离子轰击而离子化。得到的质谱图与快原子轰击或者液相二次离子质谱的质谱图类似,但是本底却大大降低。

12.2.2 离子源

离子源(ion source)的作用是将欲分析样品电离,得到带有样品信息的离子。质谱仪的离子源种类很多,常用的离子源有电子电离源、化学电离源、电喷雾源、大气压电离源、快原子轰击源、激光解吸源等。

1. 电子电离源(electron ionization, EI)

电子电离源的原理如图 12-4 所示,由气相色谱或直接进样杆进入的样品,以气体形式进入离子源,由灯丝发出的电子与样品分子发生碰撞使样品分子电离。一般情况下,灯丝与接收极之间的电压为 70eV,在 70eV 电子碰撞作用下,有机物分子可能被打掉一个电子形成分子离子,也可能发生化学键的断裂形成碎片离子,或者分子离子发生结构重排,形成重排离子,或通过分子离子反应,生成加合离子。此外,还有同位素离子等。总之,一个样品分子可以产生很多带有结构信息的离子,根据分子离子可以确定化合物分子质量,根据碎片离子可以得到化合物的结构。

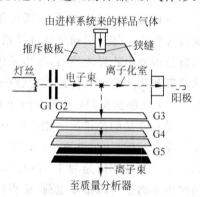

图 12-4 电子电离源的原理

所有的标准质谱图都是在 70eV 下做出的。对于一些不稳定的化合物,在 70eV 的电子轰击下很难得到分子离子。为了得到分子质量,可以采用 $10\sim20eV$ 的电子能量,此时仪器灵敏度将大大降低,因此需要加大样品的进样量。而且,得到的质谱图不再是标准质谱图。

电子电离源是应用最为广泛的离子源,主要用于易挥发性有机样品的电离。GC-MS 联用仪中都用这种离子源。其优点是工作稳定可靠,结构信息丰富,有标准质谱图可以检索。缺点是只适用于易气化的有机物样品分析,对有些化合物得不到分子离子。

2. 化学电离源(chemical ionization, CI)

化学电离源和电子电离源的主体部件基本相同,其主要差别是化学电离源工作过程中要引进一种反应气体(反应气体可以是甲烷、异丁烷、氨等)。将反应气和样品按照一定比例混合进入反应室,在反应室内,反应气首先被电离成离子,然后反应气离子与样品分子进行离子-分子反应,产生出样品离子,由于反应气的量比样品气要大得多(反应气为样品量的1000 倍或 10000 倍),电子束几乎只和反应气分子发生作用。下面以甲烷反应气为例,说明化学电离的过程。在高能量电子(100eV)轰击下,甲烷反应气首发生电离和碎裂:

$$CH_4 + e^- \longrightarrow CH_4^+ + CH_3^+ + CH_2^+ + CH^+ + C^+ + H^+$$

其中生成的 CH_4^+、CH_3^+ 离子占全部离子的 90%,这两个离子与甲烷分子快速反应,生成加合离子：

$$CH_4 + CH_4^+ \longrightarrow CH_5^+ + CH_3$$
$$CH_3^+ + CH_4 \longrightarrow C_2H_5^+ + H_2$$

CH_5^+ 和 $C_2H_5^+$ 不与中性甲烷进一步反应，加合离子与样品分子 M 反应：

质子化：$CH_5^+ + M \longrightarrow (M+H)^+ + CH_4$

$C_2H_5^+ + M \longrightarrow (M+H)^+ + C_2H_4$（产生 $M+1$ 峰）

去质子化：$CH_5^+ + M \longrightarrow (M-H)^+ + CH_4 + H_2$

$C_2H_5^+ + M \longrightarrow (M-H)^+ + C_2H_6$（产生 $M-1$ 峰）

此外，以甲烷为反应气，也可能发生下列的复合反应：

$$CH_5^+ + M \longrightarrow (M+CH_5)^+ \text{产生}(M+17\text{峰})$$
$$C_2H_5^+ + M \longrightarrow (M+C_2H_5)^+ \text{（产生 } M+29 \text{ 峰）}$$

在生成的这些离子中，生成的 $(M+H)^+$ 和 $(M-H)^+$ 比样品分子多一个 H 或少一个 H，可表示为 $(M±1)$，称为准分子离子。由离子产生的质谱很容易测得其相对分子质量。以甲烷作为反应气，除 $(M±1)$ 之外，还可能出现 $(M+17)^+$、$(M+29)^+$ 等离子，同时还出现大量的碎片离子。所有这些离子中，以 $(M+H)^+$ 或 $(M-H)^+$ 的程度为最大，成为主要的质谱峰，通常为基峰。

化学电离源主要应用于气相色谱-质谱联用仪中，适用于易汽化的有机物样品分析。化学电离源是一种软电离方式，有些用 EI 方式得不到分子离子的样品，改用 CI 后可以得到准分子离子，因而可以求得分子质量。由于 CI 得到的质谱不是标准质谱，所以不能进行库检索。

3．大气压电离源（atmosphere pressure ionization，API）

大气压电离源是液相色谱-质谱联用仪常用的离子源。常见的大气压电离源有三种：大气压电喷雾源、大气压化学电离和大气压光电离源。大气压电喷雾电离源是将除去溶剂后的带电液滴电离成离子的一种技术，适用于容易在溶液中形成离子的样品或极性化合物。因具有多电荷能力，所以其分析的相对分子质量范围很大，既可用于极性小分子分析，又可用于多肽、蛋白质和寡聚核苷酸分析。大气压化学电离是在大气压下利用电晕放电来使气相样品和流动相电离的一种离子化技术，要求样品有一定的挥发性，适用于非极性或低、中等极性的化合物。由于极少形成多电荷离子，分析的相对分子质量范围受到质量分析器质量范围的限制。大气压光电离源是用紫外灯取代大气压化学电离的电晕放电，利用光化学作用将气相中的样品电离的离子化技术，适用于非极性化合物。由于大气压电离源是独立于高真空状态的质量分析器之外的，故不同大气压电离源之间的切换非常方便。同一台液相色谱-质谱联用仪上可同时配备这三种离子源。下面详细介绍这三种离子源的结构和工作原理。

电喷雾电离源（electron spray Ionization，ESI）既可作为液相色谱-质谱仪之间的接口装置，同时又是电离装置。电喷雾电离源装置如图 12-5 所示，主要由五部分组成：①流动相导入装置；②大气压离子化区域，通过大气压离子化产生离子；③离子取样孔；④大气压到真空的界面；⑤离子光学系统。电喷雾电离源的主要部件是一个多层套管组成的电喷雾电嘴。最内层是液相色谱流出物，外层是喷射气，喷射气常采用大流量的氮气，其作用是使喷出的液体容易分散成微滴。另外，在喷嘴的斜前方还有一个补助气喷嘴，补助气的作用是使微滴的溶剂快速蒸发。在微滴蒸发过程中表面电荷密度逐渐增大,当增大到某个临界值时,离子就可从表面蒸发出来。离子产生后,借助于喷嘴和锥孔之间的电压,穿过取样孔进入分析器。

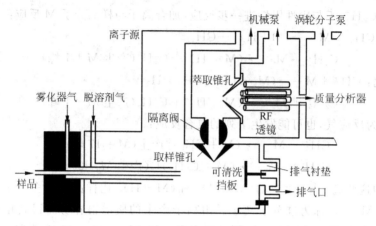

图 12-5　电喷雾电离源

在电喷雾电离中,形成的离子是分析物分子在带电液滴的不断收缩过程中喷射出来的,即离子化过程是在液态下完成的。液相色谱的流动相流入离子源,在氮气流下气化后进入强电场区域,强电场形成的库仑力使小液滴样品离子化,离子表面的液体借助于逆流加热的氮气分子进一步蒸发,使分子离子相互排斥形成微小分子离子颗粒,这些离子可能是单电荷或多电荷,取决于分子中酸性或碱性基团的体积和数量。

电喷雾电离源是一种软电离方式,即便是分子质量大、稳定性差的化合物也不会在电离过程中发生分解,它适合于分析极性强的大分子有机化合物,如蛋白质、肽、糖等。电喷雾电离源的最大特点是容易形成多电荷离子。这样,一个相对分子质量为 10000 的分子若带有 10 个电荷,则其质荷比只有 1000,进入了一般质谱仪可以分析的范围之内。根据这一特点,目前采用电喷雾电离,可以测量相对分子质量在 30 万以上的蛋白质。

大气压化学电离源(atmospheric pressure chemical ionization,APCI)既作为接口装置,又作为离子源使用。大气压化学电离源的结构与电喷雾源大致相同,不同之处在于 APCI 喷嘴的下游放置一个针状放电电极,通过放电电极的高压放电,使空气中某些中性分子电离,产生 H_3O^+、N_2^+、O_2^+ 和 O^+ 等离子,溶剂分子也会被电离,这些离子与分析物分子进行离子-分子反应,使分析物分子离子化,这些反应过程包括由质子转移和电荷交换产生正离子,质子脱离和电子捕获产生负离子等。图 12-6 是大气压化学电离源的示意图。

大气压化学电离源主要用来分析中等极性和弱极性的小分子有机化合物。APCI-MS 离子化模式可以根据样品分子的质子化或脱质子能力来选择。含有碱性官能团的分子常采用正离子模式;含酸性官能团的分子多采用负离子模式。用这种电离源得到的质谱很少有碎片离子,主要是准分子离子。

大气压光电离源(atmospheric pressure photo ionization,APPI)使用紫外线直接将待测物对样品电离,是一种新的电离方法。由于大气压光电离离子源的电离能相对较低,是一种软电离方式,因此试样一般生成分子离子或质子化的离子,很容易鉴定物质的分子质量。用大气压光电离源可以将其他大气压离子化技术无法电离的化合物离子化。大气压光电离源

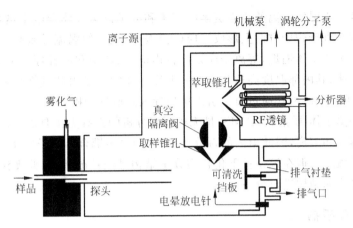

图 12-6 大气压化学电离源

主要用于分析低极性的化合物或非极性化合物。目前大气压光电离源已成功用于很多样品的分析,如止痛药、脂溶性维生素、芳香类化合物等的测定。

4. 快原子轰击源(fast atomic bombardment,FAB)

将样品分散于基质(常用甘油等高沸点溶剂)制成溶液,涂布于金属靶上送入快原子轰击源中。将经强电场加速后的惰性气体中性原子束(如氙)对准靶上样品轰击。基质中存在的缔合离子及经快原子轰击产生的样品离子一起被溅射进入气相,并在电场作用下进入质量分析器。

快原子轰击源主要用于强极性、挥发性低、热稳定性差和相对分子质量大的样品,如肽类、低聚糖、天然抗生素、有机金属络合物等。在 FAB 离子化过程中,可同时生成正负离子,这两种离子都可以用于质谱分析。若样品分子中带有卤素原子,则可产生大量的负离子,目前负离子质谱已成功用于农药残留物的分析。

快原子轰击源所得质谱有较多的碎片离子峰信息,有助于结构解析。缺点是对非极性样品灵敏度下降,而且基质在低质量数区(400 以下)产生较多干扰峰。快原子轰击是一种表面分析技术,需注意优化表面状况的样品处理过程。

5. 激光解吸源(laser description,LD)

将被分析的样品置于涂有基质的金属靶上,用高强度的紫外或红外脉冲激光照射到样品靶上时基质分子吸收激光能量,与样品分子一起蒸发到气相并使样品分子电离,从而实现样品的离子化。由于在激光解吸源中,需要有合适的基质才能得到较高的离子产率,因此又称为基质辅助激光解吸电离(matrix assisted laser desorption ionizatin,MALDI)。常用的基质有 2,5-二羟基苯甲酸、芥子酸、烟酸、α-氰基-羟基肉桂酸等。此方式主要用于相对分子质量可达 10 万的生物大分子,如肽、蛋白质、核酸等的分析。

激光解吸源通常用于飞行时间质谱仪,组成基质辅助激光解吸电离-飞行时间质谱仪(MALDI-TOF)。

6. 电感耦合等离子体(inductively coupled plasma ionization,ICP)

电感耦合等离子体是一种高效的无机电离方式。当有高频电流通过线圈时产生轴向磁场,同时用高频点火装置产生火花引发少量气体电离,所形成的离子和电子在磁场作用下与其他原子碰撞进一步引发电离并积累更多的离子和电子以至气体导电率迅速上升,当电导率足够大时便在垂直于磁场方向上形成感应(电)涡流,强大的涡流导致高热将气体加热并瞬间形成高温的等离子体焰炬,等离子体是由自由电子、离子和中性原子或分子组成,总体上呈电中性的气体,其内部温度高达几千至一万度。此时样品由载气携带从等离子体焰炬中央穿过,迅速被蒸发电离并通过离子引出接口导入到质量分析器。

电感耦合等离子体-质谱(ICP-MS)是无机元素分析的强有力工具之一。由于样品在极高温度下完全蒸发和解离,因此电离的百分比高,利用电感耦合等离子体几乎对所有元素均有较高的检测灵敏度。但在该条件下化合物分子结构已经被破坏,因此无法利用电感耦合等离子体对有机物的结构进行分析。

12.2.3 质量分析器

质量分析器(mass analyzer)是质谱仪的核心部件。其作用是将离子源产生的离子按质荷比顺序分开并排列成谱,用于记录各种离子的质量数和丰度。质量分析器的两个主要技术参数是所能测定的质荷比的范围(质量范围)和分辨率。常用的质量分析器有四极杆分析器、磁式双聚焦分析器、飞行时间质量分析器、离子阱分析器、回旋共振分析器等。

1. 四级杆分析器(quadrupole analyzer)

四极杆分析器由四根棒状电极组成(图 12-7)。电极材料是镀金陶瓷或钼合金。相对两根电极间加有电压($V_{dc}+V_{rf}$),另外两根电极间加有$-(V_{dc}+V_{rf})$。其中V_{dc}为直流电压,V_{rf}为射频电压。四个棒状电极形成一个四极电场。

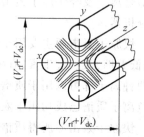

图 12-7 四极杆分析器示意图

离子从离子源进入四极场后,在场的作用下产生振动,在保持V_{dc}/V_{rf}不变的情况下改变V_{rf}值,对应于一个V_{rf}值,四极场只允许一种质荷比的离子通过,其余离子则振幅不断增大,最后碰到四极杆而被吸收。通过四极杆的离子到达检测器被检测。

改变V_{rf}值,可以使另外质荷比的离子顺序通过四极场实现质量扫描。设置扫描范围实际上是设置V_{rf}值的变化范围。当V_{rf}值由一个值变化到另一个值时,检测器检测到的离子就会从m_1变化到m_2,也即得到m_1到m_2的质谱。

为了研究化合物的结构、离子的组成和离子间的相互作用,只依靠一级质谱往往比较困难,于是出现了带有两级或多级质谱功能的 MS-MS 联用仪器。对于四级质谱仪,常用的是三重四级质谱仪。

目前最为常用的四级杆质量分析器是三重四级杆质量分析器(图 12-8)。三重四极质谱仪有三组四极杆,第一组四级杆用于质量分离(MS1),第二组四级杆用于碰撞活化(CAD),第三组四级杆用于质量分离(MS2)。

常用的三重四级杆扫描模式包括:全扫描(full scan)、子离子扫描(daughter scan)、母离子扫描(parent scan)、中性碎片丢失扫描(constant neutral loss scan)、选择离子监测(select ion monitoring,SIM)、多反应监测(multiple reaction monitor,MRM)。

在全扫描模式中,V_{rf}的变化是连续的,四极杆充当随时间变化的质量过滤器,通过逐步增加 dc 和 rf 电压而执行扫描。四极杆质量分析器按顺序扫描,将选定质量范围内的每个

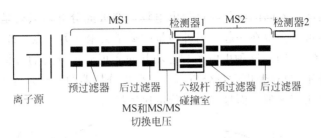

图 12-8 三重四极杆原理图

质荷比传递到检测器。全扫描是指质谱扫描得到一段质量范围从而获得质谱图，主要用于未知物的结构分析、选择离子监测方法的开发、多反应监测方法的开发及寻找母离子最佳电离参数。

子离子扫描是指在一级质谱（MS1）上选择了某一特定质量的母离子，在碰撞池中碰撞产生碎片离子，在二级质谱（MS2）上分析所有母离子产生的碎片离子。子离子扫描用二级质谱质量分析器扫描指定母离子的子离子碎片，所得到的质谱图只能是由指定母离子经碰撞产生。子离子扫描常用于多反应监测方法的开发，寻找最强碎片离子，并确定其最佳碰撞能量及相关质谱参数。

母离子扫描是用一级质量分析器扫描能丢失指定质谱碎片的母离子，所得到的母离子质谱峰一定是能丢失指定质谱碎片的母离子。

中性丢失碎片扫描是一级质谱质量分析器扫描能丢失指定中性碎片的母离子，二级质谱质量分析器扫描已丢失指定中性碎片的离子，只有在碰撞池中丢失的中性部分满足固定质量差的离子才能被检测到。

母离子扫描、中性丢失扫描可用来研究结构相似性化合物（如具有相同结构碎片或相同结构基团的化合物）。

多反应监测（MRM）是指在一级质谱中选某一质量的母离子，在碰撞池中产生碎片离子，二级质谱监测特征离子碎片。多反应监测模式中，两个质量分析器都是静态的。多反应监测用于监测特定母离子产生特定子离子碎片的化合物，主要用于目标化合物的跟踪及大量混合物存在下的小组分的定量分析。利用多反应监测可提高采集灵敏度，是灵敏度最高的定量采集方式。

选择离子监测模式中，一级质谱质量分析器是静态，只监测指定的单个离子或一系列质量的离子，这种监测模式称为选择离子监测。当样品量很少，而且样品中特征离子已知时，可以采用选择离子监测。选择离子监测主要用于目标化合物的跟踪。选择离子监测由于灵敏度高，适合用于定量分析，而且，通过选择适当的离子使干扰组分不被采集，可以消除组分间的干扰。但因为这种扫描方式得到的质谱不是全谱，因此不能进行质谱库检索和定性分析。

2. 磁式双聚焦分析器（magnetic double focusing analyzer）

离子源中的离子有一定的能量分散，经加速后离子的能量也仍然不同，所以同样的离子在磁场中的运动半径也不完全一样。因此不能完全会聚在一起，从而降低了质谱仪的分辨率。使用双聚焦质量分析器可提高质谱仪的分辨本领。

双聚焦分析器在扇形磁场前加一扇形电场，扇形电场是一个能量分析器，不起质量分离作用。质量相同而能量不同的离子经过静电电场后会彼此分开。只要是质量相同的离子，经过电场和磁场后可以会聚在一起。另外质量的离子会聚在另一点。改变离子加速电压可以实现质量扫描(图 12-9)。这种由电场和磁场共同实现质量分离的分析器，同时具有方向聚焦和能量聚焦作用，叫双聚焦质量分析器。双聚焦分析器的优点是分辨率高，缺点是扫描速度慢，操作、调整比较困难。而且仪器造价也比较昂贵。

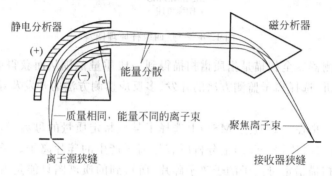

图 12-9 双聚焦质量分析器

3. 飞行时间质量分析器(time of flight analyzer)

飞行时间质量分析器的主要部分是一个离子漂移管(也称真空漂移管)。离子在加速电压作用下得到动能,具有一定的初速度,当离子以这一初速度飞入漂移管后,离子在漂移管中飞行的时间与离子质荷比的平方根成正比。即对于能量相同的离子,离子的质荷比越大,到达接收器所用的时间越长,质荷比越小,所用时间越短。根据这一原理,可以把不同质荷比的离子分开。图 12-10 是这种分析器的原理图,实质上就是提供一段空间距离让离子自由飞行。

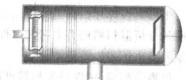

图 12-10 飞行时间质量分析器

飞行时间质量分析器通过采取激光脉冲电离方式,离子延迟引出技术和离子反射技术,可以在很大程度上提高分辨率,并且具有很高的灵敏度。目前,这种分析器已广泛应用于基质辅助激光解吸飞行时间质谱仪中,用于生命大分子的分析。

4. 离子阱分析器(ion trap analyzer)

离子阱的主体是一个环电极和上下两端盖电极,端盖电极施加直流电压或接地,环电极施加射频电压(V_{rf}),通过施加适当电压就可以形成一个势能阱(离子阱)。根据 V_{rf} 电压的大小,离子阱就可捕捉某一质量范围的离子。离子阱可以储存离子,待离子累积到一定数目后,升高环电极上的 V_{rf} 电压,离子按质量从高到低的次序依次离开离子阱,被电子倍增监测器检测。目前离子阱分析器已发展到可以分析质荷比高达数千的离子。离子阱在全扫描模式下仍然具有较高灵敏度,而且单个离子阱通过时间序列的设定就可以实现多级质谱的功能(图 12-11)。离子阱的特点是结构小巧,质量轻,灵敏度高,而且还有多级质谱功能。它可以用于 GC-MS,也可

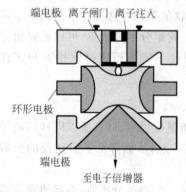

图 12-11 离子阱分析器

以用于 LC-MS。

5. 傅里叶变换离子回旋共振分析器(Fourier transform ion cyclotron resonance analyzer)

傅里叶变换离子回旋共振分析器是在原来回旋共振分析器的基础上发展起来的。分析室是一个立方体结构，它是由三对相互垂直的平行板电极组成，置于高真空和由超导磁体产生的强磁场中。第一对电极为捕集极，与磁场方向垂直，电极上加有适当正电压，其目的是延长离子在室内滞留时间；第二对电极为发射极，用于发射射频脉冲；第三对电极为接收极，用来接收离子产生的信号。

样品离子引入分析室后，在强磁场作用下被迫以很小的轨道半径作回旋运动，由于离子都是以随机的非相干方式运动，因此不产生可检出的信号。如果分析室中各种质量的离子都满足共振条件，那么，实际测得的信号是同一时间内作相干轨道运动的各种离子所对应的正弦波信号的叠加。将测得的时间域信号重复累加，放大并经模数转换后输入计算机进行快速傅里叶变换，便可检出各种频率成分，然后利用频率和质量的已知关系，便可得到常见的质谱图。

利用傅里叶变换离子回旋共振原理制成的质谱仪称为傅里叶变换离子回旋共振质谱仪，简称 FT-MS。FT-MS 有很多明显的优点，如分辨率极高，分析灵敏度高，具有多级质谱功能，可以和任何离子源相联等，扩宽了仪器功能。

12.2.4 检测器

质谱仪的检测器(detector)主要使用电子倍增器，也有的使用光电倍增管。

由四极杆出来的离子打到高能极产生电子，电子经电子倍增器产生电信号，记录不同离子的信号即得到质谱。信号增益与倍增器电压有关，提高倍增器电压可以提高灵敏度，但同时会降低倍增器的寿命，因此，应该在保证仪器灵敏度的情况下采用尽量低的倍增器电压。由倍增器出来的电信号被送入计算机储存，这些信号经计算机处理后可以得到色谱图、质谱图及其他各种信息。

12.2.5 真空系统

质谱仪的离子源和分析器都必须处在低于 10^{-5} mbar 的真空中才能工作。也就是说，质谱仪都必须有真空系统(vacuum system)。一般真空系统由机械真空泵和扩散泵或涡轮分子泵组成。近年来生产的质谱仪大多使用涡轮分子泵。涡轮分子泵直接与离子源或分析器相连，抽出的气体再由机械真空泵排到体系之外。

12.3 质谱谱图解析

12.3.1 质谱图上离子峰的主要类型

质谱图的横坐标为检测到的离子的质荷比(m/z)，纵坐标为离子的相对强度。相对强度(相对丰度)是把质谱图上最强的离子峰定为基峰，并规定其强度为 100%，其他峰以此峰的相对百分数表示。

质谱图上质谱峰的种类主要有：分子离子峰、碎片离子峰、同位素离子峰、基峰等。

图 12-12 给出了苯甲酸的质谱图及质谱图上不同类型的峰。

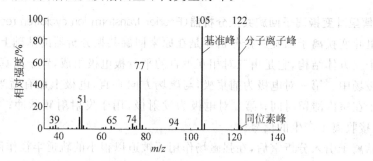

图 12-12 苯甲酸的质谱图

1. 分子离子峰（molecular ion peak）

在电子轰击下，有机物分子失去一个电子所形成的离子峰叫做分子离子峰。常用 M^+ 表示。分子离子峰是表示试样分子质量的一个重要的峰。通常情况下，分子离子峰的质量就是化合物的分子质量，所以分子离子在化合物质谱的解释中具有特殊重要的意义。

在质谱中，分子离子峰的强度与化合物的结构有关。环状化合物比较稳定，不易碎裂，因而分子离子峰较强；支链较易碎裂，分子离子峰就弱；有些稳定性差的化合物经常看不到分子离子峰。一般规律是，碳链越长化合物分子稳定性差，分子离子峰弱；有些酸醇及支键烃的分子离子峰较弱甚至不出现；芳香化合物往往都有较强的分子离子峰，乙醇、脂肪羧酸等容易裂解的物质，不易出现分子离子峰。分子离子峰强弱的大致顺序是：芳环＞共轭烯＞脂环化合物＞硫化物＞直链烷烃＞硫醇≫酮＞胺＞酯＞醚＞羧酸＞支链烷烃＞醇。

一般质谱图上质荷比最大的峰为分子离子峰，但有时有例外。一般常用 N 律判断分子离子峰。所谓 N 律，是指含 C、H、O 及不含或含偶数个 N 的有机化合物，分子离子峰的质量数是偶数，含奇数个 N 的有机化合物，分子离子峰的质量数是奇数。这个规律叫 N 律，凡不符合这一规律者不是分子离子峰。此外，分子离子峰与相邻峰的质量差必须合理。

形成分子离子需要的能量最低，一般约 10eV。

2. 碎片离子峰（fragment ion peak）

碎片离子是分子离子碎裂产生的。一般有机化合物的电离能为 7~13eV，质谱中常用的电离电压为 70eV，即电离电压值高于有机化合物的电离能，因而使有机物发生结构裂解，产生各种"碎片"离子，在质谱图中观察到碎片离子峰。

对于不同有机物，碎片离子的形成是有一定的规律的。如乙醇(CH_3—CH_2—OH)容易发生断裂形成 $CH_2=OH^+$ 碎片离子，因此在乙醇的质谱图中容易形成质荷比为 31 的碎片离子峰；烯烃(R—CH_2—CH=CH_2)容易断裂生成稳定的烯丙离子($CH_2=CH-CH_2^+$)；因此在烯烃的质谱图中容易形成质荷比为 41 的碎片离子峰；烷基苯类化合物的特征碎片离子峰是 91 等。

3. 同位素离子峰（isotope peak）

许多元素在自然界都存在着一定丰度的同位素。表 12-1 是自然界中一些元素的同位素及其丰度。由于同位素的存在，在有机物的质谱图中可以看到比分子离子峰大一个质量单位的峰；有时还可以观察到 $M+2$、$M+3$、…，这些由同位素形成的离子峰叫同位素峰。

这些同位素峰的强度与分子离子峰的强度相比,与自然界中同位素的含量有明显的关系。

表 12-1 各元素的同位素丰度

元素	C		H		N		O			S			Cl		Br	
同位素	^{12}C	^{13}C	^1H	^2H	^{14}N	^{15}N	^{16}O	^{17}O	^{18}O	^{32}S	^{33}S	^{34}S	^{35}Cl	^{37}Cl	^{79}Br	^{81}Br
丰度	100	1.08	100	0.016	100	0.38	100	0.04	0.20	100	0.78	4.4	100	32.5	100	98

例如,在天然碳中有两种同位素——^{12}C 和 ^{13}C,二者丰度之比为 100:1.1,如果由 ^{12}C 组成的化合物质量为 M,那么,由 ^{13}C 组成的同一化合物的质量则为 $M+1$。同样一个化合物生成的分子离子会有质量为 M 和 $M+1$ 的两种离子。如果化合物中含有 1 个碳,则 $M+1$ 离子的强度为 M 离子强度的 1.1%;如果含有 2 个碳,则 $M+1$ 离子强度为 M 离子强度的 2.2%。这样,根据 M 与 $M+1$ 离子强度之比,可以估计出碳原子的个数。氯有两个同位素——^{35}Cl 和 ^{37}Cl,两者丰度比为 100:32.5,或近似为 3:1。当化合物分子中含有 1 个氯时,如果由 ^{35}Cl 形成的分子质量为 M,那么,由 ^{37}Cl 形成的分子质量为 $M+2$。生成离子后,离子质量分别为 M 和 $M+2$,离子强度之比近似为 3:1。如果分子中有 2 个氯,其组成方式可以有 $R^{35}Cl^{35}Cl$、$R^{35}Cl^{37}Cl$、$R^{37}Cl^{37}Cl$,分子离子的质量有 M、$M+2$、$M+4$,离子强度之比为 9:6:1。同位素离子的强度之比,可以用二项式展开式各项之比来表示:

$$(a+b)^n \tag{12-1}$$

式中:a——某元素轻同位素的丰度;

b——某元素重同位素的丰度;

n——同位素个数。

例如,某化合物分子中含有两个氯,其分子离子的三种同位素离子强度之比,由上式计算得:

$$(a+b)^n = (3+1)^2 = 9+6+1$$

即三种同位素离子强度之比为 9:6:1。这样,如果知道了同位素的元素个数,可以推测各同位素离子强度之比。同样,如果知道了各同位素离子强度之比,可以估计出元素的个数。

4. 重排离子峰(rearrangement ion peak)

分子离子裂解成碎片时,有些碎片离子不是仅仅通过键的简单断裂,有时还会通过分子内某些原子或基团的重新排列或转移而形成离子,这种碎片离子称为重排离子。质谱图上相应的峰称为重排离子峰。

重排的方式很多,其中最重要的是麦氏重排(图 12-13)。可以发生麦氏重排的化合物有酮、醛、酸、酯等。这些化合物含有 C=X(X 为 O、S、N、C)基团,当与此基团相连的键上具有 γ 氢原子时,氢原子可以转移到 X 原子上,同时 β 键断裂,生成一个中性分子和一个自由基阳离子。

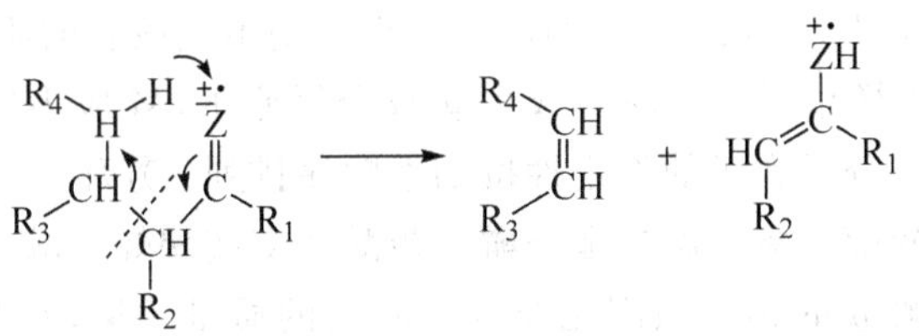

图 12-13 麦氏重排

5. 亚稳离子峰(metastable ion peak)

亚稳离子峰是指离子在离开电离室到达收集器之前的飞行过程中,发生分解而形成低质量的离子所产生的峰。

前面四种离子峰都是由稳定的离子形成的。实际上,在电离、裂解、重排过程中有些离子处于亚稳态。例如,在离子源中生成质量为 m_1 的离子,在进入质量分析器前的无场飞行时发生断裂,使其质量由 m_1 变为 m_2,形成较低质量的离子。这类离子具有质量为 m_1 离子的速度,进入质量分析器时具有 m_2 的质量,在磁场作用下,离子运动的偏转半径大,它的表观质量 $m^* = m_2^2/m_1$,这类离子叫亚稳离子,m^* 形成的质谱峰叫亚稳离子峰,在质谱图上 m^* 峰不在 m_2 处,而出现在比 m_2 更低的 m^* 处。

由于在无场区裂解的离子 m^* 不能聚焦于一点,故在质谱图上 m^* 峰弱而钝,一般可能跨 2~5 个质量单位,并且 m/z 常常为非整数,所以 m^* 峰不难识别。例如,在十六烷的质谱图中,有若干个亚稳离子峰,其 m/z 分别位于 32.9、29.5、28.8、25.7、21.7 处。$m/z=29.5$ 的 m^*,因 $41^2/57 \approx 29.5$,所以 m^* 29.5 表示存在如下裂解机理:

$$C_4H_9^+ \longrightarrow C_3H_5^+ + CH_4$$
$$m/z\,57 \quad m/z\,41$$

由此可见,根据 m_1 和 m_2 就可计算 m^*,并证实有 $m_1 \to m_2$ 的裂解过程,对于解析复杂质谱图很有参考价值。

12.3.2 质谱图解析的一般步骤

质谱法是进行有机物结构鉴定的有力工具。一张化合物的质谱包含着有关化合物的很丰富的信息。在很多情况下,依靠质谱图解析可以确定有机化合物的相对分子质量、分子式和分子结构。但是,对于复杂的有机化合物的定性,还要借助于红外光谱、紫外光谱、核磁共振等分析方法。

质谱图的一般解析步骤如下:

(1) 标出各峰的质荷比数,尤其注意高质荷比区的峰。

(2) 识别分子离子峰,求出分子质量。首先在高质荷比区假定分子离子峰,判断该假定分子离子峰与相邻碎片离子峰关系是否合理,然后判断其是否符合氮律。若二者均相符,可认为是分子离子峰。

分子离子峰在质谱法中是一个很重要的信息。但有些种类的化合物不出现分子离子峰,或易与其他峰混淆,所以需注意下述各项才可确认分子离子峰:①除相伴出现的同位素峰,通常质谱中质荷比最大的峰就是分子离子峰;②降低电离电压测得的光谱,碎片离子峰变弱而分子离子峰的强度则相对增强;③对预估质量为 M 的分子离子,$(M-4) \sim (M-14)$、$(M-21) \sim (M-25)$、$(M-37)$、$(M-38)$ 的碎片离子是不应该有的质量,并且 $(M-19)$ 只对氟化合物才有可能;④样品不含氮原子或含偶数个氮原子,M 应为偶数;含奇数个氮原子 M 应为奇数(氮律);⑤分子离子的稳定性按如下顺序排列:芳环>共轭烯>脂环化合物>硫化物>直链烷烃>硫醇≫酮>胺>酯>醚>羧酸>支链烷烃>醇。

(3) 分析同位素峰簇的相对强度比及峰与峰间的质量差值,判断化合物是否含有 Cl、Br、S、Si 等元素及 F、P、I 等无同位素的元素。依据表 12-1 由质谱的高质量端确定分子离子峰,求出分子质量,初步判断化合物类型及是否含有Cl、Br、S等元素。

(4) 根据分子离子峰的高分辨数据,给出化合物的组成式。

(5) 由组成式计算化合物的不饱和度,即确定化合物中环和双键的数目。计算方法如下:

$$不饱和度(U) = 四价原子数 - \frac{一价原子数}{2} + \frac{三价原子数}{2} + 1$$

例如,苯的不饱和度为:

$$U = 6 - \frac{6}{2} + \frac{0}{2} + 1 = 4$$

(6) 从高质量端离子峰开始(谱图的右侧),研究分子离子丢失碎片的情况。质谱高质量端离子峰是由分子离子失去碎片形成的。从分子离子失去的碎片,可以确定化合物中含有哪些取代基。常见的离子失去碎片如表12-2等。

表 12-2 常见离子丢失碎片

$M-15(CH_3)$	$M-16(O, NH_2)$
$M-17(OH, NH_3)$	$M-18(H_2O)$
$M-19(F)$	$M-26(C_2H_2)$
$M-27(HCN, C_2H_3)$	$M-28(CO, C_2H_4)$
$M-29(CHO, C_2H_5)$	$M-30(NO)$
$M-31(CH_2OH, OCH_3)$	$M-32(S, CH_3OH)$
$M-35(Cl)$	$M-42(CH_2CO, CH_2N_2)$
$M-43(CH_3CO, C_3H_7)$	$M-44(CO_2, CS_2)$
$M-45(OC_2H_5, COOH)$	$M-46(NO_2, C_2H_5OH)$
$M-79(Br)$	$M-127(I)$

(7) 研究特征离子峰,寻找不同化合物断裂后生成的特征离子和特征离子系列。例如,若质谱图中出现系列 C_nH_{2n+1} (m/z 15、29、43、57、71)峰,则化合物可能含长链烷基。若出现或部分出现 m/z 77、66、65、51、40、39 等弱的碎片离子峰,表明化合物含有苯基。若 m/z 91 或 105 为基峰或强峰,表明化合物含有苄基或苯甲酰基。若质谱图中基峰或强峰出现在质荷比的中部,而其他碎片离子峰少,则化合物可能由两部分较稳定结构组成,其间由容易断裂的弱键相连。

(8) 通过上述各方面的研究,提出化合物的结构单元。结合物质的分子式及不饱和度、样品来源、物理化学性质等,提出一种或几种最可能的结构。

(9) 分析所推导的可能结构的裂解机理,看其是否与质谱图相符,确定其结构,并进一步解释质谱,或与标准谱图比较,或与其他谱(红外和核磁数据)配合,确证结构。

除了用以上方法对质谱图进行解析以确定化合物的结构外,还可以通过计算机检索对未知化合物进行定性,称为库检索。检索结果可以给出几个可能的化合物,并以匹配度大小顺序排列出这些化合物的名称、分子式、相对分子质量、结构式等。如果匹配度比较好,比如 900 以上(最好为 1000),那么可以认为这个化合物就是欲求的未知化合物。在检索过程中要注意以下几个问题。一是要检索的化合物在谱库中不存在,计算机挑选了一些结构相近的化合物,匹配度可能都不太好,此时绝不能选一个匹配度相对好的作为检索结果。另外,也可能检索出几个化合物,匹配度都很好,说明这几个化合物均与未知物的结构相近,这时也不能随便取某一个作为结果,应该利用其他辅助鉴定方法,如色谱保留指数等,进行进一步的判断。还有一个问题就是由于其他组分或者本底的影响,造成质谱质量不高,此时检索结果可能匹配度也不高。遇到这种情况,需要尽可能提高色谱和质谱的信噪比,减少干扰,以提高质谱图的质量,增加检索的可靠性。要注意检索结果只能看作是一种可能性,匹配度大小仅表示可能性的大小,不会是绝对正确。为使分析结果更可靠,最好的办法是有了初步结果后,再根据这些结果找来标准样品进行核对。

12.3.3 质谱图解析举例

例 12-1 由元素分析测得某化合物的组成式为 $C_8H_8O_2$,其质谱图如图 12-14,确定该化合物结构式。

解 该化合物相对分子质量 $M=136$。计算该化合物的不饱和度:

$$U = 8 - \frac{8}{2} + \frac{0}{2} + 1 = 5$$

由于不饱和度为 5,而且质谱中存在 m/z 77、51 等峰,可以推断该化合物中含有苯环。

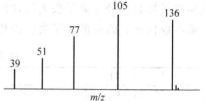

图 12-14 分子式为 $C_8H_8O_2$ 的化合物谱图

高质量端质谱峰 m/z 105 是 m/z 136 失去质量为 31 的碎片(CH_2OH 或 OCH_3)产生的,m/z 77(苯基)是 m/z 105 失去质量为 28 的碎片(CO 或 C_2H_4)产生的。因为质谱中没有 m/z 91 离子,所以 m/z 105 对应的是 136 失去 CO,而不是失去 C_2H_4。

根据以上分析过程,推断化合物的结构为:

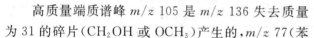

例 12-2 某化合物 $C_{14}H_{10}O_2$,其质谱图如图 12-15,试确定其结构式。

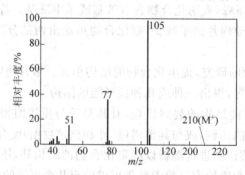

图 12-15 分子式为 $C_{14}H_{10}O_2$ 的化合物谱图

解 该化合物相对分子质量 $M=136$。该化合物的不饱和度为:

$$U = 14 - \frac{10}{2} + \frac{0}{2} + 1 = 10$$

质谱图上出现苯环的系列峰 m/z 51、77,说明有苯环存在。

高质量端质谱峰 $m/z\ 77$ 是 $m/z\ 105$ 失去质量为 28 的碎片（CO 或 C_2H_4）产生的，m/z 51（苯基）是 $m/z\ 77$ 失去质量为 26 的碎片（C_2H_2）产生的。因为质谱图中 $m/z\ 105$ 为基峰或强峰，表明化合物含有苄基或苯甲酰基。$m/z\ 105$ 正好是分子离子峰质量的一半，故该化合物具有对称结构。根据以上分析过程，推断化合物的结构为：

思考题

12-1 质谱仪由哪些部件组成？试说明它们各自的作用。

12-2 在质谱图中，离子的稳定性与其相对丰度有何关系？

12-3 指出含有一个碳原子和一个氯原子的化合物，可能的同位素组合有哪几种？它们将提供哪些分子离子峰？

12-4 某化合物的分子离子峰的 m/z 值为 201，由此可得出什么结论？

12-5 某质谱仪能够分开 CO^+（27.9949）和 N_2^+（28.0062）两离子峰，该仪器的分辨率至少是多少？

12-6 化学电离源主要用于什么样品分析？能得到什么样品信息？

12-7 比较电喷雾源（ESI）和大气压化学电离源（APCI）在工作原理和应用上的区别。

12-8 质谱仪为什么要在真空下工作？如果真空不好就开始工作，可能会造成什么影响？

12-9 在质谱仪中试样经电子轰击电离后，产生哪些重要离子？它们在结构解析时各有什么用处？

12-10 质谱解析的一般步骤是什么？

12-11 三重四级杆质谱仪的扫描模式有哪几种？分别适用于分析那种样品？

12-12 某一脂肪胺的分子离子峰为 $m/z\ 87$，基峰为 $m/z\ 30$。以下哪个结构与上述质谱数据相符？为什么？初步推断某一酯类（$M=116$）的结构可能为 A 或 B 或 C，质谱图上 $m/z\ 87$、$m/z\ 59$、$m/z\ 57$、$m/z\ 29$ 处均有离子峰。试问该化合物的结构为何？

(A) $(CH_3)_2CHCOOC_2H_5$ (B) $C_2H_5COOC_3H_7$ (C) $C_3H_7COOCH_3$

第13章 波谱综合分析法

13.1 四大波谱法简介

有机化合物主要由 C、H 元素的原子以及 O、N、S、P、卤素等元素的原子组成。尽管组成有机物的元素的种类不如无机化合物多,但是有机化合物的种类和数量却远远超过无机化合物。其主要原因是有机化合物结构特殊,并且存在同分异构现象。因此,有机化合物结构分析是有机物分析的重要任务。

波谱分析主要是以光学理论为基础,以物质与光相互作用为条件,建立物质分子结构与电磁辐射之间的相互关系,从而进行物质分子结构分析和鉴定的方法。

波谱分析法主要包括紫外吸收光谱、红外光谱、核磁共振波谱和质谱法。这四种方法被称为"四大波谱法",是有机物结构分析和鉴定的强有力工具。

13.1.1 质谱图解析要点

质谱法是用电场和磁场将运动的离子(包括分子离子、同位素离子、碎片离子、重排离子、多电荷离子、亚稳离子、负离子等)按它们的质荷比分离后进行检测的方法。它提供有机物的相对分子质量、分子式、所含结构单元及连接次序等信息,是有机物结构分析的重要工具之一。

质谱法在综合光谱解析中的主要作用包括:①确定化合物的相对分子质量、分子式。②根据质谱图上的碎片离子峰确定某些结构的存在。例如对于一些特征性很强的碎片离子,如烷基取代苯的 $m/z=91$ 的苄基离子及含 γ 氢的酮、酸、酯的麦氏重排离子等,由质谱即可认定这些结构的存在。③在综合光谱解析得到结构式后,验证所推测的未知物结构的正确性。

质谱图解析的要点包括:①首先由质谱的高质量端确定分子离子峰,求出分子质量,初步判断化合物类型及是否含有 Cl、Br、S 等元素,并根据分子离子峰的高分辨数据,给出化合物的组成式。②由组成式计算化合物的不饱和度,即确定化合物中环和双键的数目。③研究高质量端离子峰。质谱高质量端离子峰是由分子离子失去碎片形成的。从分子离子失去的碎片,可以确定化合物中含有哪些取代基。④研究低质量端离子峰,寻找不同化合物断裂后生成的特征离子和特征离子系列。⑤通过上述各方面的研究,提出化合物的结构单元。再根据化合物的分子质量、分子式、样品来源、物理化学性质等,提出一种或几种最可能的结构。⑥对所提出的机构进行验证,将所得结构式按质谱断裂规律分解,看所得离子和所给未知物谱图是否一致;查该化合物的标准质谱图,看是否与未知谱图相同;寻找标样,做标样的质谱图,与未知物谱图比较等。

13.1.2 紫外吸收光谱解析要点

紫外吸收光谱是以吸光度值(A)为纵坐标,以吸收峰的波长(λ)为横坐标的谱图,也叫做紫外吸收曲线。紫外吸收光谱的特点是谱带数目少,缺少精细结构,光谱的特征不强。它在有机化合物结构鉴定中是一种辅助手段。紫外吸收光谱对于芳香族化合物的鉴定提供了一些有用的信息。

芳香族化合物的紫外光谱的特点是具有由 $\pi \rightarrow \pi^*$ 跃迁产生的 3 个特征吸收带。例如,苯在 180~184nm 附近有一个强吸收带(摩尔吸光系数 $\varepsilon=68000 L/(mol \cdot cm)$),称为 E1 带;在 200~204nm 处有一较强吸收带(摩尔吸光系数 $\varepsilon=8800 L/(mol \cdot cm)$),称为 E2 带;在 254nm 附近或 230~270nm 附近有一个弱吸收带(摩尔吸光系数 $\varepsilon=250 L/(mol \cdot cm)$),称为 B 带。一般紫外光谱仪观测不到 E1 带,E2 带有时也仅以"末端吸收"出现,观察不到其精细结构。B 带为苯的特征谱带,以中等强度吸收和明显的精细结构为特征。

紫外光谱的测定大都是在溶液中进行的,绘制出的吸收带大都是宽带,若紫外光谱在惰性溶剂的稀溶液或气态中测定,则图谱的吸收峰上因振动吸收而会表现出锯齿状精细结构。降低温度可以减少振动和转动对吸收带的贡献,因此有时降温可以使吸收带呈现某种单峰式的电子跃迁。溶剂的极性对吸收带的形状也有影响,通常的规律是溶剂从非极性变到极性时,精细结构逐渐消失,图谱趋向平滑。例如苯在环己烷溶剂中,E1 带在 184nm,E2 带在 204nm,B 带 254nm,在极性溶剂中,精细结构消失。当苯环上带有取代基时,强烈地影响苯的特征吸收带(表 13-1)。

表 13-1 苯及其衍生物的吸收特性

化合物	分子式	溶剂	吸收峰/nm	ε_{max} /(L/(mol·cm))	吸收峰/nm	ε_{max} /(L/(mol·cm))
苯	C_6H_6	碳氢化合物	254	230	204	8800
甲苯	$C_6H_5CH_3$	碳氢化合物	262	225	208	7900
六甲基苯	$C_6(CH_3)_6$	碳氢化合物	271	220	221	10000
氯苯	C_6H_5Cl	碳氢化合物	267	190	210	7400
溴苯	C_6H_5Br	碳氢化合物	261	192	210	7900
碘苯	C_6H_5I	碳氢化合物	258	700	207	7000
苯酚	C_6H_5OH	碳氢化合物	271	1450	213	6200
酚盐离子	$C_6H_5O^-$	NaOH 稀溶液	286		235	9400
苯甲醚	$C_6H_5OCH_3$	乙醇	269	1480	217	6400
苯甲酸	C_6H_5COOH	乙醇	272	970	226	9800
苯甲酸盐	$C_6H_5COO^-$	水	268	560	224	8700
苯甲醛	C_6H_5CHO	乙醇	280	1500	244	15000
苯乙烯	$C_6H_5CHCH_2$	乙醇	282	450	244	12000
苯胺	$C_6H_5NH_2$	甲醇	280	1430	230	7000
苯胺盐离子	$C_6H_5NH_3^+$	稀酸	254	160	203	7500
硝基苯	$C_6H_5NO_2$	乙醇	280	1000	252	10000

利用紫外吸收光谱鉴定有机化合物的方法是在相同的条件下,比较未知物与已知纯化合物的吸收光谱,或将未知物的吸收光谱与标准谱图(例如 Sadtler 紫外光谱图)对比,如果两者的吸收光谱完全一致,则可认为是同一种化合物。

紫外光谱法在综合光谱解析中的主要作用是提供有机化合物共轭体系大小及与共轭体系有关的骨架信息。例如，是否是不饱和化合物，是否具有芳香环结构等化合物的骨架信息。紫外吸收光谱还可提供某些官能团的信息，如是否含有醛基、酮基、羧基、酯基、炔基、烯基等生色团与助色团等。但紫外光谱图的特征性差，在综合光谱解析中一般应用较少。紫外吸收光谱法在实际应用中主要用于定量分析。

13.1.3 红外吸收光谱图解析要点

红外吸收光谱是以透光率(T)为纵坐标，以波数（波长的倒数）为横坐标的谱图。有机物的红外光谱具有鲜明的特征性。组成分子的原子种类、化学键特征、基团的连接次序和空间位置的不同都会在光谱图中显示出来。因此，红外光谱法是定性鉴定和结构分析的有力工具。

图 13-1 列出了有机物主要官能团在红外光谱中的大致分布，详细信息可查阅相关资料。为了便于研究，将红外光谱区划分为四个区域。4000～2500 cm^{-1} 是含氢基团伸缩振动区，2500～2000 cm^{-1} 是叁键和累积双键伸缩振动区，2000～1500 cm^{-1} 是双键伸缩振动区。这三个区域中的吸收峰基本上与化合物中的基团一一对应，特征性强，能用于确定化合物中是否存在某些官能团。因此该区域又统称为基团特征频率区，例如，在双键区 1700 cm^{-1} 左右出现强吸收峰，说明被测物中含有羰基；如果在 2000～1500 cm^{-1} 区域没有吸收峰，则说明被测物中不含有羰基、苯环等双键基团。第四个区域位于 1500 cm^{-1} 以下，吸收峰主要来自各个单键伸缩振动和含氢基团的弯曲振动，数量多而特征性差，但对分子整体结构十分敏感，犹如人的指纹，因而又称为指纹区，一般用于与标准红外谱图比较，以确认被测物质的结构。

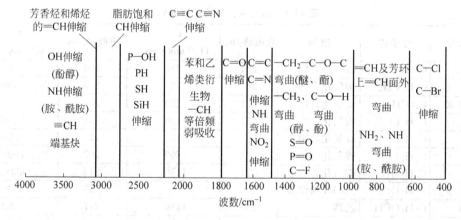

图 13-1 有机物主要官能团在红外光谱中的大致分布

利用红外光谱法对已知物进行鉴定时，将试样的谱图与标准品测得的谱图相对照，或者与文献上的标准谱图（药品红外光谱图集、Sadtler 标准光谱、Sadtler 商业光谱等）相对照，即可对未知物进行定性鉴定。如果两个化合物不仅基团特征频率区，而且指纹区的吸收峰位置、形状、强度都一致，一般可以判断这两个化合物结构相同。现代红外光谱仪配备有标准谱库和计算机检索软件，进行标准谱图的检索十分方便。在使用文献上的标准谱图进行对照时，要注意试样的物态、结晶形状、溶剂、测定条件以及所用仪器类型均应与标准谱图测定相同。

利用红外光谱法对未知物进行鉴定时，若未知物不是新化合物，可对未知物的红外光谱图进行光谱解析，判断试样可能的结构。然后由化学分类索引查找标准光谱对照核实。解析红外光谱图的要点为：①从特征区的最强谱带入手，推测未知物可能含有的基团，判断不可能含有的基团；②用指纹区的谱带验证，找出可能含有基团的相关峰，用一组相关峰来确认一个基团的存在；③对于简单化合物，确认几个基团之后，便可初步确定分子结构；④查对标准光谱核实，以估计结构并验证光谱解析结果的合理性。

红外光谱法在综合光谱解析中的主要作用是提供未知物具有哪些官能团、化合物的类别（芳香族、脂肪族、饱和、不饱和）等。另外，红外光谱法还可提供未知物的细微结构，如直链、支链、链长、结构异构及官能团间的关系等信息。利用谱峰位移可推测基团连接次序和空间位置等分子结构信息。

13.1.4 核磁共振波谱解析要点

核磁共振波谱（NMR）是指具有核磁性质的原子核（或称磁性核或自旋核），在高强磁场的作用下，吸收射频辐射，引起核自旋能级的跃迁所产生的波谱。核磁共振波谱法是一种有机物结构分析的重要方法，被广泛应用于获取化合物分子的结构信息，如确定有机、无机、金属有机、药物、生物等分子内部存在的基团及其相互的连接关系、立体构型与空间分布等静态构造，也广泛应用于跟踪化学反应、化学交换、分子内部运动等动态过程，进而了解这些过程的机理。

核磁共振波谱中，较为常用的是氢核磁共振波谱（^{1}H NMR）和碳-13核磁共振波谱（^{13}C NMR）。

核磁共振氢谱（^{1}H NMR）在主要作用包括：①提供化合物中所含质子的类型，说明化合物具有哪些种类的含氢官能团；②说明各种类型氢的数目；③说明氢核间的耦合关系与氢核所处的化学环境（即核间关系可提供化合物的二级结构信息，如连结方式、位置、距离、结构异构与立体异构等）。

核磁共振碳谱（^{13}C NMR）的主要作用包括：①提供化合物中碳核的类型；②说明各种类型碳的数目；③说明碳核间的关系，主要提供化合物的碳"骨架"信息。碳谱的各条谱线一般都有它的唯一性，能够迅速、正确地否定所拟定的错误结构式。碳谱对立体异构体比较灵敏，能给出细微结构信息。

化学位移是核磁共振波谱法直接获取的首要信息。在一个分子中，各个质子的化学环境有所不同，或多或少地受到周边原子或原子团的屏蔽效应的影响，因此它们的共振频率也不同，从而导致在核磁共振波谱上，各个质子的吸收峰出现在不同的位置上，这种差异称为化学位移。但这种差异并不大，难以精确测量其绝对值，因此人们将化学位移设成一个无量纲的相对值，即某一物质吸收峰的频率与标准质子吸收峰频率之间的差异称为该物质的化学位移，常用符号 δ 表示。在实际应用中，四甲基硅烷（tetramethyl silane，TMS）常被作为参照物（规定 $\delta_{TMS}=0$），因此，$\delta = \dfrac{\nu - \nu_{TMS}}{\nu_{TMS}} \times 10^6 = \dfrac{\Delta \nu}{\nu_0} \times 10^6$。根据国际纯粹与应用化学联合会（IUPAC）规定：TMS 的化学位移值为零，位于谱图的右边。多数有机物的化学位移为正值，在谱图上处于 TMS 的左边。

透过不同质子的化学位移和出峰情况，可以得出这些质子所处的化学环境，从而得出该分子的结构信息，这种过程称为"解谱"。在核磁共振波谱图中，峰的数目表示分子中磁不等价质子的种类有多少种，峰的强度（峰面积）表示每类质子的数目有多少个，峰的位移（δ）表示每类质子所处的化学环境，及每类质子在化合物中的位置，峰的裂分数表示相邻碳原子上质子数。

比如对于乙醇分子，具有3种不同化学环境的质子，即甲基、亚甲基和羟基。在其 H 谱图上,可以看到3个特有的峰信号各自处于特定的化学位移处,其中位于1的峰信号对应甲基,位于4的信号对应亚甲基,位于2~3之间的信号对应羟基,其具体化学位移值和采用的NMR溶剂有关。另外,从峰信号的强度可以得出相对应的质子数量,比如乙醇分子中的甲基拥有3个质子,亚甲基拥有2个质子,在谱图上,对应的甲基和亚甲基峰强度比为3:2。图13-2给出了各种不同化学环境^{1}H的化学位移范围。

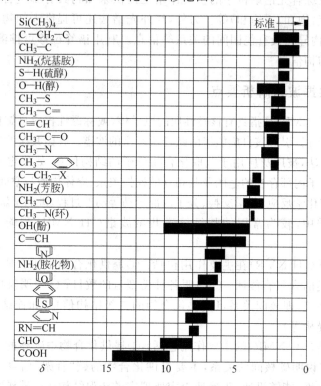

图13-2　各种不同化学环境^{1}H的化学位移范围

核磁共振一级图谱解析的要点为:①通过元素分析获得化合物的化学式,计算不饱和度,了解可能存在的环和双键数目。②根据化学位移值确认可能的基团,一般先辨认孤立的未耦合裂分的基团,即单峰,如CH$_3$O—、CH$_3$N—、CH$_3$—、CH$_3$CO—等中的甲基质子及苯环上的质子或活泼氢如—OH、—SH等,再确认耦合的基团,根据有关图表中的δ可以确认可能存在的基团,这时应注意考虑影响δ的各种因素如电负性原子或基团的诱导效应、共轭效应、磁的各向异性效应及形成氢键的影响等。对^{13}C NMR的定量谱的积分值基本反映碳原子数目。③根据耦合裂分峰的峰数,判断基团的连接关系(可用$n+1$规律,但对含杂原子的不适合),根据积分强度确定各基团中质子数比。④通过以上分析一般可以初步推断出可能的一种或几种结构式。⑤从可能的结构式按照一般规律预测可能产生的NMR谱,与实际谱图对照,看其是否符合,从而可以推断出某种最可能的结构式。

13.2　四大波谱的综合利用

四大波谱综合解析的一般步骤是:①了解样品。首先应了解样品的来源,如样品是否为天然品、合成品、三废样品等;其次应了解样品的物理化学性质与物理化学参数,如物态、熔点、沸点、旋光性、折射率、溶解度、极性、灰分等，一般样品的纯度需大于 98%，此时测得的光谱，才可与标准光谱对比。②确定分子式。由质谱获得的分子离子峰的精密质量数或同位素峰强比确定分子式。必要时，可配合元素分析。质谱碎片离子提供的结构信息，有些能准确无误地提供某官能团存在的证据，但多数信息留作验证结构时用。③计算不饱和度。由分子式计算未知物的不饱和度，推测未知物的类别，如芳香族（单环、稠环等）、脂肪族（饱和或不饱和、链式、脂环及环数）含不饱和官能团数目等。④根据样品的紫外吸收光谱上吸收峰的位置，推测共轭情况（p-π 与 π-π 共轭、长与短共轭、官能团与母体共轭的情况）及未知物的类别（芳香族、不饱和脂肪族）。⑤根据样品的红外吸收光谱推测其类别及可能具有的官能团。红外吸收光谱解析顺序与原则是：先特征（区），后指纹（区）；先最强（峰），后次强（峰）；先粗查，后细找；先否定，后肯定；解析一组相关峰。⑥验证。根据以上综合光谱解析的步骤，拟定出未知物的分子结构，而后需经验证才能确认。验证的程序包括：①根据所得结构式计算不饱和度，与由分子式计算的不饱和度应一致。②按裂解规律，查对所拟定的结构式应裂解出的主要碎片离子，是否能在 MS 上找到相应的碎片离子峰。③核对标准光谱或文献光谱。若上述三项核对无误，则所拟定的结构式可以确认。

例 13-1 已知某未知化合物的质谱（MS）、红外光谱（IR）、核磁共振氢谱（^{1}H NMR）谱图如图 13-3 所示，根据这三张谱图对其结构进行解析。

解 （1）确定相对分子质量和分子式

由质谱图可知未知物的分子离子质荷比为 150，即相对分子质量为 150；从分子离子（m/z 150）与 $M+1$ 同位素离子（m/z 151）的相对强度比约为 9.9，可推测该分子中可能有 9 个碳原子；从 ^{1}H NMR 的积分曲线高度比可知该分子中共有 10 个氢原子；从 IR 图中 1743cm^{-1} 和 1229cm^{-1} 的强吸收峰可推测该化合物含有一个酯基（COO），即分子中含有 2 个氧原子；以上这些原子的相对原子质量总和为 150，与相对分子质量一致。由此可确定该化合物的分子式为 $C_9H_{10}O_2$。

（2）计算分子的不饱和度 U

不饱和度是指分子中所有的环和双键数目总和（一个叁键相当于两个双键）。例如，环己烷和乙烯的不饱和度均为 1；乙炔的不饱和度为 2；苯环有三个双键和一个环，所以不饱和度为 4。不饱和度大于 4 时，化合物可能含有苯环结构。不饱和度的计算通式如下：

$$\text{不饱和度}(U) = \text{四价原子数} - \frac{\text{一价原子数}}{2} + \frac{\text{三价原子数}}{2} + 1$$

本题中，不饱和度 $(U) = 9 - \frac{10}{2} + \frac{0}{2} + 1 = 5$

由此可推测化合物中可能含有苯环。

（3）确定结构单元

由 ^{1}H NMR 提供的信息可以确定含氢基团。参考图 13-3 可知化学位移值（δ）小于 5 的是饱和碳上 ^{1}H 产生的信号，结合积分曲线高度比可以归属 δ≈2 的信号是 CH$_3$，δ≈5 的信号是 CH$_2$。这两个信号均为单峰，说明与它们相连的基团不含氢。δ≈7 是苯环上的 ^{1}H 产生的信号，积分曲线高度比为 5，即苯环上有 5 个 ^{1}H，说明是单取代的苯环。根据红外光谱图，大于 3000cm^{-1} 芳烃的 =CH 以及双键区 1600cm^{-1} 附近和 1498cm^{-1} 苯环双键的伸缩振

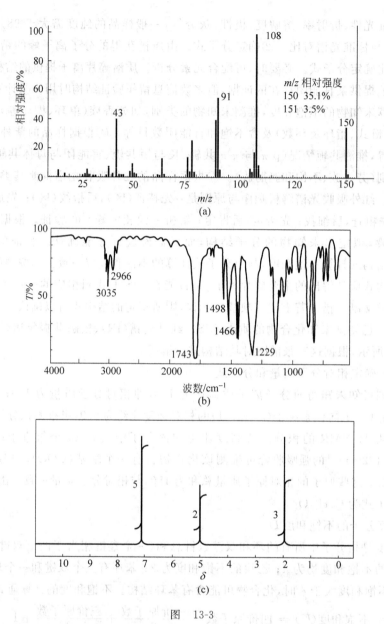

图 13-3

(a) 未知物的质谱图；(b) 红外光谱图；(c) 核磁共振氢谱图

动印证了苯环的存在；1740cm^{-1}的强吸收峰反映的是C═O的伸缩振动，1229cm^{-1}是醚或酯的C—O伸缩振动，综合考虑该化合物可能是酯。

这样已确定的CH$_3$、CH$_2$、COO和单取代苯四个结构单元，它们的原子总和与分子式相符，不饱和度也与计算值一致。

(4) 列出可能结构，并进行验证

将确定的结构单元按化学键理论要求，排列出可能结构，然后逐一进行验证，排除其不合理的，必要时还应对照标准谱图。在本例中，可以列出以下(a)和(b)两种可能结构。

$$\underset{(a)}{\underset{}{\text{C}_6\text{H}_5-\text{CH}_2-\text{O}-\overset{\overset{\displaystyle\text{O}}{\|}}{\text{C}}-\text{CH}_3}} \qquad \underset{(b)}{\underset{}{\text{C}_6\text{H}_5-\text{CH}_2-\overset{\overset{\displaystyle\text{O}}{\|}}{\text{C}}-\text{O}-\text{CH}_3}}$$

验证：两种可能结构的 MS 主要断裂及生成的离子如下所示，结构(a)的主要碎片离子与 MS 图相符。

再用 ^{1}H NMR 化学位移值(参考图 13-2)进行验证，结果如下表：

基团	化学位移 δ		
	结构(a)	结构(b)	实测值
CH_3	2～3	3～4.5	2.1
CH_2	约 5	约 3	5.1
C_6H_5	6.5～9	6.5～9	7.3

可见，结构(a)乙酸苄酯与提供的波谱信息相符，因此结构式(a)是正确的。

例 13-2 某化合物 A 的分子式为 $C_9H_{10}O$，其紫外光谱的最大吸收峰位于 240nm 处，吸光度为 0.95。其红外光谱(IR)、质谱(MS)、核磁共振氢谱(^{1}H NMR)谱图如图 13-4 所示，试根据谱图及其紫外光谱信息对其结构进行解析。

解 (1) 计算分子的不饱和度 U

化合物的分子式为 $C_9H_{10}O$，根据分子式计算不饱和度：不饱和度 $U=9-\dfrac{10}{2}+\dfrac{0}{2}+1=5$。不饱和度大于 4，由此可推测化合物中可能含有苯环。而紫外光谱图在 240nm 处有最大吸收，进一步印证了有苯环存在。

(2) 确定结构单元

根据红外光谱谱图，1688cm^{-1} 有吸收，表明有 C＝O，此吸收与正常羰基相比有一定蓝移，推测此 C＝O 可能与其他双键或 π 键体系共轭；2000～1669cm^{-1} 有吸收，有泛频峰形状表明可能为单取代苯；1600cm^{-1}、1580cm^{-1}、1450cm^{-1} 有吸收，表明有苯环存在；1221cm^{-1} 处有强峰，表明是芳酮的碳-碳吸收；746cm^{-1}、691cm^{-1} 有吸收表明可能为单取代苯。故推测化合物有 $C_6H_5-C=O$ 基团，因为分子式为 $C_9H_{10}O$，所以剩余基团为 C_2H_5。

质谱谱图表明：分子离子峰 $m/z=134$，碎片离子峰 $m/z=77$，可能为 C_6H_5；碎片离子峰 $m/z=105$，可能为 C_6H_5CO；$M-105=134-105=29$，失去基团可能为 C_2H_5。由此推测分子可能结构如下：

$$\underset{}{\text{C}_6\text{H}_5-\overset{\overset{\displaystyle\text{O}}{\|}}{\text{C}}-\text{C}_2\text{H}_5}$$

进一步用核磁共振波谱图进行验证：由 ^{1}H NMR 提供的信息可以确定含氢基团。由图中可知该未知物共有三种氢，积分曲线高度比为 5∶2∶3，说明三种氢个数比为 5∶2∶3。$\delta=7\sim8$，多峰，有 5 个氢，对应于单取代苯环上的氢，即 C_6H_5；$\delta\approx3$，四重峰，二个氢，对应

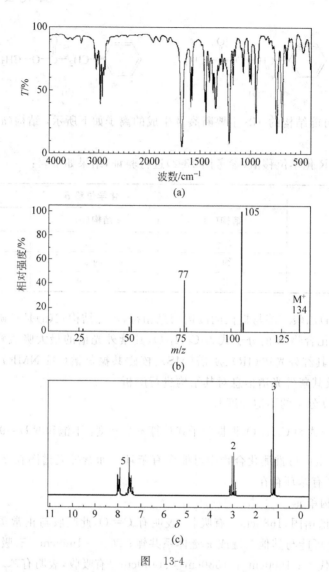

图 13-4
(a) 未知物的红外光谱图；(b) 质谱图；(c) 核磁共振氢谱图

于 CH_2，四重峰表明邻碳上有三个氢，即分子中存在 CH_2CH_3 片断，化学位移偏向低场，表明与吸电子基团相连；$\delta=1\sim1.5$，三重峰，三个氢，对应于 CH_3，三重峰表明邻碳上有两个氢，即分子中存在 CH_2CH_3 片断。

这样已确定的 CH_3、CH_2、COO 和单取代苯四个结构单元，它们的原子总和与分子式相符，不饱和度也与计算值一致。

综合上述分析，验证结果证明所推结构正确。

习题

13-1 波谱综合解析的一般步骤是什么？

13-2 试述在综合解析中各谱对有机物结构推断所起的作用。为何一般采用质谱作结构验证?

13-3　某有机化合物在95%乙醇中测其紫外光谱得 λ_{max} 为290nm 它的质谱、红外(液膜)光谱和氢核磁共振波谱如下图。试推定该化合物的结构,并对各谱数据作合理解释。

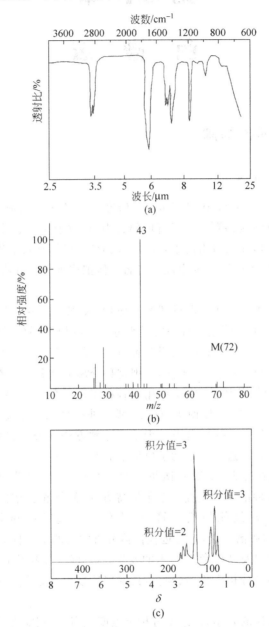

13-4　某固体化合物,其质谱的分子离子峰(m/z)在206。它的 IR 吸收光谱在 $3300\sim2900cm^{-1}$ 有一宽吸收峰,在 $1730cm^{-1}$ 和 $1710cm^{-1}$ 有特征吸收峰。^1H NMR 在 $\delta=1.0$ 有 3H 双峰,2.1 有总共 3 个 H 的多重峰,3.6 有 2H 单峰,7.3 有 5H 单峰和 11.2 有 1H 单峰。试根据上述三谱推测该化合物的结构。

第 14 章

色 谱 法

14.1 色谱分析理论基础

14.1.1 色谱法发展简史

俄国植物学家茨维特(Tswett)在1906年研究植物色素的组成时,把植物色素的石油醚提取液注入一根装有碳酸钙颗粒的竖直玻璃管中,提取液中的色素被吸附在碳酸钙颗粒上,然后再加入纯石油醚,任其自由流下,经过一段时间以后,在玻璃管中形成了不同颜色的谱带,"色谱"(即"有色的谱带")一词由此而得名。他把这种分离方法命名为色谱法,把这根玻璃管称为色谱柱。

人们对这种分离技术进行了不断的研究与应用,发现了一些新的吸附剂,如硅胶、纤维素等。1941年马丁(Martin)等把含有一定量水分的硅胶填充到色谱柱中,然后将氨基酸的混合物溶液加入柱中,再用氯仿淋洗,结果各种氨基酸得到分离。这种实验方法与茨维特的方法形式上相同,但其分离原理完全不同,他把这种分离方法称为分配色谱法。1944年,他又提出了纸色谱法和薄层色谱法,成功地用于各种氨基酸的分离,对许多无机物(如含铁、钴、镍、铜、镉的盐类)和有机物(如糖类、肽类)都可进行分离和鉴定。1952年马丁和辛格(Synge)成功研究气-液色谱法并提出塔板理论。这种方法在分离、鉴定和测定挥发性化合物中,显示了巨大的优越性,进一步推动了色谱法的发展。马丁和辛格由于在色谱法的研究中作出了重大贡献而荣获1952年的诺贝尔奖。1956年荷兰著名学者范弟姆特(Van Deemter)在总结前人经验的基础上提出范弟姆特方程,使气相色谱的理论更加完善。1957年戈雷(Golay)发明了高效能的毛细管柱,使色谱分离效能显著提高。后来霍姆斯(Holmes)将气相色谱与质谱联用,这是近代仪器分析发展的重要标志之一。由于各种新的色谱填充剂的研制成功以及新的色谱技术的发展,20世纪70年代初高效液相色谱已发展成为一种强有力的分离与分析手段,到现在,其发展速度已超过气相色谱,并实现了高效液相色谱-质谱联用。

色谱与其他分析方法的联用,促进了分析灵敏度提高,鉴别能力增加,分析速度加快,而电子计算机的应用可以将大量数据进行计算和存储,这样进一步促进了色谱与其他分析仪器联用技术的发展。

14.1.2 色谱法分类

1. 按两相的状态分类

在色谱分析中有流动相和固定相两相。所谓流动相就是色谱分析过程中携带组分向前移动的物质。固定相就是填充在色谱柱中,在色谱分析过程中不移动的具有吸附活性的固体或是涂渍在载体表面上的液体。用液体作为流动相的色谱法称为液相色谱法,用气体作为流动相的色谱法称为气相色谱法。又因固定相也有两种状态,按流动相和固定相的不同,可将色谱法分为液-固色谱法,即流动相为液体,固定相为具有吸附活性的固体;液-液色谱法,即流动相为液体,固定相为液体;气-固色谱法,即流动相为气体,固定相为具有吸附活性的固体;气-液色谱法,即流动相为气体,固定相为液体。

2. 按色谱过程的机理分类

(1) 吸附色谱法

以吸附剂为固定相,利用它对不同组分吸附性能的差别进行色谱分离和分析的方法。这种色谱法根据使用的流动相不同,又可分为气-固色谱法和液-固色谱法。

(2) 分配色谱法

基于不同组分在流动相和固定相之间分配系数(或溶解度)的不同而进行分离和分析的方法。根据使用的流动相不同,又可分为液-液分配色谱法和气-液分配色谱法。

(3) 离子交换色谱法

用能交换离子的材料为固定相来分离离子型化合物的色谱方法。这种色谱法广泛应用于无机离子、生物化学中各种核酸衍生物、氨基酸等的分离。

(4) 凝胶色谱法

利用某些凝胶对分子大小不同的组分产生不同的滞留作用,以达到分离的色谱方法。这种色谱法主要用于较大分子的分离。

3. 按固定相的性质分类

(1) 柱色谱法

这种色谱法分两大类。一类是将固定相装入色谱柱内,称为填充柱色谱法;另一类是将固定相涂在一根毛细管内壁而毛细管中心是空的,称为开管型毛细管柱色谱法。先将固定相填满一根管子内,再将管子拉成毛细管或再将固定液涂于管内载体上,称为填充型毛细管柱色谱法。

(2) 纸色谱法

以纸为载体,以纸纤维吸附的水分(或吸附的其他物质)为固定相,样品点在纸条的一端,用流动相展开以进行分离和分析的色谱法。

(3) 薄层色谱法

将吸附剂(或载体)均匀地铺在一块玻璃板或塑料板上形成薄层,在此薄层上进行色谱分离的方法。按分离机理可分为吸附、分配、离子交换等法。

4. 按动力学分类

(1) 冲洗法

将试样加在色谱柱的一端,选用在固定相上被吸附或溶解能力比试样组分弱的气体或液体冲洗柱子,由于各组分在固定相上的被吸附或溶解能力的差异,而使各组分被冲洗出来的顺序不同,从而达到分离,采用适当的检测器和记录器将各组分峰的浓度分布曲线测定出来。这种方法的分离效能较高,适合于多组分混合物的分离,是一种使用最广泛的色谱方法。

(2) 迎头法

使多组分的混合物连续地进入色谱柱,混合物中吸附或溶解能力最弱的组分最先流出色谱柱,然后是吸附或溶解能力较强的组分流出色谱柱,最后是吸附或溶解能力最强的组分。利用这种色谱法分离多组分的混合物时,所得到的第一个组分为纯品,其余的均为非纯品。因此,它只适用于从复杂组分中分离某一纯组分的分离与分析,也用于测定某些物理常数。

(3) 顶替法

将混合物试样加入色谱柱,将选择的顶替剂加入惰性流动相,这种顶替剂对固定相的吸附或溶解能力比试样中所有组分都强,当含顶替剂的惰性流动相通过柱子后,试样中各组分依吸附或溶解能力的强弱顺序被顶替出色谱柱,最弱者最先流出,最强者最后流出。利用这种方法可从混合物中分离出几种纯品,有利于组分的分析,该法比迎头法的分离效果更好些。

5. 按色谱技术分类

为了提高组分的分离效能和高选择性,采取了许多技术措施,根据这些色谱技术的性质不同,色谱法可分为程序升温气相色谱法、反应气相色谱法、裂解气相色谱法、顶空气相色谱法、毛细管气相色谱法、多维气相色谱法、制备色谱法等。

14.1.3 色谱术语

色谱分析的结果直观地表现为色谱图,即被分离组分的检测信号随时间分布的图像,如图 14-1 所示。

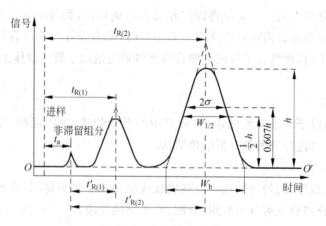

图 14-1 色谱流出曲线

1. 基线(base line)

操作条件稳定后,没有试样通过,仅有载气或载液通过色谱仪时检测器所反映的信号-时间曲线称为基线(O—O')。它反映检测系统噪声随时间变化的情况,稳定的基线应是一条水平直线。

2. 死时间 t_0（dead time）

指不被固定相吸附或溶解的组分（如空气、甲烷等）从进样开始到出现色谱峰对应的时间，如图 t_0 所示。

3. 死体积 V_0（dead volume）

由进样器至检测器的流路中，未被固定相占有的空隙体积称为死体积。包括导管空间、色谱柱中固定相间隙、检测器内腔空间总和。

当色谱柱载气流速为 F_0（mL/min）时，死体积与死时间的关系为

$$V_0 = t_0 \cdot F_0 \tag{14-1}$$

4. 保留值

保留值是色谱分析的定性参数，是在色谱分离过程中，试样中各组分在色谱柱内滞留行为的一个指标。保留值可以用保留时间和保留体积表示。

(1) 保留时间 t_R（retention time）

从进样到柱后出现待测组分浓度最大值时（色谱峰顶点）所需要的时间，称为该组分的保留时间。如图 14-1 中 $t_{R(1)}$、$t_{R(2)}$ 所示。保留时间是待测组分流经色谱柱时，在两相中滞留的时间和。

保留时间与固定相和流动相的性质、固定相的量、柱温、流速和柱体积有关，可用时间单位（min）表示。

(2) 保留体积 V_R（retention volume）

保留体积是指从进样到柱后出现待测组分浓度最大值时所通过的载气体积。当色谱柱载气流速为 F_0（mL/min）时，保留体积与保留时间的关系为

$$V_R = t_R \cdot F_0 \tag{14-2}$$

(3) 调整保留时间 t'_R（adjusted retention time）

扣除死时间后的组分保留时间，如图中的 $t'_{R(1)}$、$t'_{R(2)}$ 所示。t'_R 表示某组分因溶解或吸附于固定相后，比非滞留组分在柱中多停留的时间：

$$t'_R = t_R - t_0 \tag{14-3}$$

(4) 调整保留体积 V'_R（adjusted retention volume）

是指扣除死体积后的保留体积，即

$$V'_R = V_R - V_0 = t'_R \cdot F_0 \tag{14-4}$$

在一定实验条件下，V_R、V'_R 与载气流速无关（$t_R \cdot F_0$ 及 $t'_R \cdot F_0$ 为一常数），反映了柱和仪器系统的几何特性，与被测物的性质无关。

(5) 相对保留值 r_{21}（relative retention value）

指组分 2 和组分 1 的调整保留值之比：

$$r_{21} = \frac{t'_{R_2}}{t'_{R_1}} = \frac{V'_{R_2}}{V'_{R_1}} \tag{14-5}$$

相对保留值的特点是只与温度和固定相的性质有关，与色谱柱（柱径、柱长）及其他色谱操作条件无关。反映了色谱柱对待测两组分 1 和 2 的选择性（r_{21} 越大，两组分分离得越好，$r_{21}=1$ 时，不能分离），是气相色谱法中最常使用的定性参数。

5. 峰高（peak height）

色谱峰顶与基线之间的垂直距离，通常用 h 表示。

6. 色谱的区域宽度（peak width）

通常用三种方法来表示。

（1）标准偏差（standar deviation）

用 σ 表示，为正态分布曲线上拐点间距离之半。对于正常峰，σ 为 0.607 倍峰高处色谱峰宽度的一半。σ 的大小表示组分被带出色谱柱的分散程度，σ 越大，组分流出越分散；反之亦反。σ 的大小与柱效有关，σ 小则柱效高。

（2）半峰宽（peak width at half-height）

峰高一半处的色谱峰宽度，用 $W_{1/2}$ 表示。半峰宽与标准偏差的关系为

$$W_{1/2} = 2\sigma\sqrt{2\ln 2} = 2.354\sigma \tag{14-6}$$

（3）峰宽

或称峰底宽或峰基宽，用 W_b 表示。是指通过色谱峰两侧的拐点作切线，切线与基线交点间的距离。峰宽与标准偏差的关系为：

$$W_b = 4\sigma = 1.699 W_{1/2}$$

14.1.4 色谱分析的基本原理

1. 色谱分离的本质

分配系数的差异是所有色谱分离的实质性的原因。

分配系数是在一定温度下，溶质在互不混溶的两相间的浓度之比。色谱的分配系数是被分离组分在固定相和流动相之间的浓度之比，以 K 表示如下式：

$$K = \frac{C_s}{C_m} \tag{14-7}$$

式中：C_s——每 1mL 固定相中溶解溶质的质量；

C_m——每 1mL 流动相中含有溶质的质量。

2. 色谱分离的塔板理论

马丁等在研究色谱分离时为了阐明色谱的过程，形象化地提出了塔板理论的概念。在化工厂里经常使用分馏塔把数种沸点不同的混合物进行分离，分馏塔是靠一层一层的塔板，按照物质的挥发度不同，把混合物分离开来。被分离的混合物在每一层塔板里进行一次分配平衡，即按照分配系数把溶质分配到气液两相中，经过多次这样的分配平衡之后，达到混合物的分离，有多少层塔板就有多少次的分配平衡，塔板数目越多分离能力就越强，因而塔板多少就成为评定分馏塔分离能力的指标。这一过程和色谱柱内的分离过程有相似之处。马丁等就设想把色谱柱比作一个分馏塔，假设色谱柱也有若干块塔板，塔板数越多分离能力也越强。把这种想法经过物理模型的处理和数学上的推导，形成了"塔板理论"，用以说明色谱分离中的一些现象。塔板理论是在作了一些假设之后推导出来的，尽管不能反映出色谱过程的全貌，但是该理论简单、易懂、能说明一定的问题，所以直到现在人们仍然利用塔板理论来解释说明一些问题，例如可以推导出色谱图的流出曲线和数学表达式。利用这一数学表达式可表征一个色谱柱分离能力的大小，计算理论塔板数的多少。利用塔板理论可以解

样一些基本的色谱现象,如保留时间越长峰越宽等。

物质经过若干次分配平衡之后,离开色谱柱时就形成一个上尖下宽对称的色谱峰,或叫作"流出曲线"。

假设有一个色谱柱,它有五个理论塔板,也就是相当于把色谱柱分成五个互相连续的小段,在每一小段里有同样体积的固定液和气体的空间。

如果有一种物质,它在此色谱柱内的分配系数是 1($K=1$),用载气把此物质带入色谱柱使其在柱内进行分配。如上所示,为了使理论简化,作了以下假设:

(1) 物质在气液两相间的分配瞬间完成。所谓瞬间完成,就是指被分配物一进入某个塔板内,两相间立刻达到按分配系数规定的浓度比,比如有 100 μmol 物质进入零号塔板,按照前面的假定,固定液体积=气相体积,而且 $K=1$,那么立即就有 50 μmol 进入液相,在气相里还留下 50 μmol,就是瞬间达到了平衡。

(2) 所有的物质在开始时全部进入零号塔板里。

(3) 这一物质在气液两相的分配系数不管在哪个塔板里全是一样的,总是一个常数。

(4) 一个塔板和另一个塔板之间没有纵向扩散。也就是说在一个塔板内只有溶质在本塔板内气-液两相间的扩散,在塔板和塔板间不进行扩散。

(5) 载气不是连续地进入色谱柱,而是脉冲式进入色谱柱,即一个"塔板体积"的载气进入后,再进入另一个"塔板体积"的载气。

在上述假设成立的情况下,100 μmol 物质通过这个色谱柱进行分配的过程为载气脉冲式分配过程。

物质进入五个塔板内的过程如图 14-2 所示。

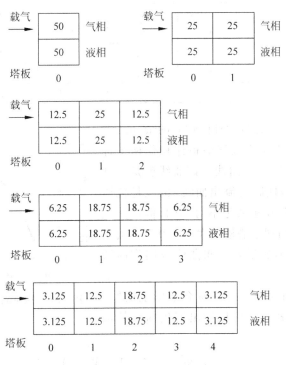

图 14-2　100 μmol 物质经过五个塔板的分配过程

如图 14-2 所示,不断地向色谱柱内一个塔板体积又一个塔板体积地通入载气。气相中含有的物质依次向下一个塔板推移,进行分配平衡,通入 18 个塔板体积载气后,这 100μmol 物质在柱中及柱后的浓度分布表 14-1 所示。

表 14-1 100μmol 物质在柱中及柱后的分布情况

通入柱中载气的塔板体积数	塔 板 号					离开柱子的物质的量/μmol
	0	1	2	3	4	
0	100	0	0	0	0	0
1	50	50				
2	25	50	25			
3	12.5	37.5	37.5	12.5		
4	6.3	25	37.5	25	6.3	
5	3.2	15.7	31.3	31.3	15.7	3.2
6	1.6	9.5	23.5	31.3	23.5	7.9
7	0.8	6.6	16.5	27.4	27.4	11.8
8	0.4	3.2	11.1	22.0	27.4	13.7
9	0.2	1.8	7.2	16.6	24.7	13.7
10	0.1	1.0	4.5	11.9	20.7	12.4
11	0	0.6	2.8	8.2	17.3	10.4
12	0	0.3	1.7	5.5	12.8	8.7
13	0	0.2	1.0	3.6	9.2	6.4
14	0	0.1	0.6	2.3	6.4	4.6
15	0	0	0.4	1.5	4.4	3.2
16	0	0	0.2	1.0	3.0	2.2
17	0	0	0.1	0.6	2.0	1.5
18	0	0	0	0.4	1.3	1.0

如果以表 14-1 中离开色谱柱的物质的量(μmol)作纵坐标,把进入色谱柱的载气塔板体积作横坐标画成曲线,得到如图 14-3 的曲线。该曲线就是一种物质为溶质流过色谱柱后的流出曲线,也就是色谱图。图 14-3 的色谱图看起来是不对称的,但从实践和理论上都可证明,当理论塔板数大于 100 时该流出曲线就是对称的,即形成误差分布曲线或叫作高斯分布曲线。

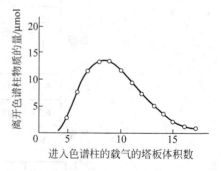

图 14-3 物质流出色谱柱的流出曲线

溶质在气液两相的分配方式符合数学上的"二项式分配"。从二项式分配可以导出流出曲线的数学表达式,即

$$C = \frac{m\sqrt{n}}{V_R \sqrt{2\pi}} \exp\left[-\frac{1}{2}n\left(\frac{V_R - V}{V_R}\right)^2\right] \quad (14-8)$$

上面是从一种物质在色谱柱中的分配,可以看到这一物质离开色谱柱时形成的上窄下宽的色谱峰,下面继续讨论当有两种分配系数不同的物质经过色谱柱时的分配过程。假设有 A、B 二物质,A 的分配系数 $K=3$,B 的分配系数 $K=1/3$,仍假定色谱柱的固定液和气相有相同的体积,这个色谱柱的理论塔板数是 11,那么这两种物质经过色谱柱之后的流出曲线如图 14-4 所示。

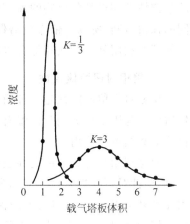

图 14-4　两个物质的流出曲线

从图 14-4 可以看出:由于分配系数不同,两物质经过色谱柱之后,就出现两个峰,而两个峰未完全分离开的原因是由于所使用色谱柱的理论塔板数只有 11,而一般的填充色谱柱的理论塔板数范围是从几百到几千,在这样大的理论塔板数的柱子里分离上述两种物质,就可以得到两个完全分开的色谱峰了。

14.2　色谱定性和定量分析方法

14.2.1　色谱定性分析

1. 用保留时间定性

各种色谱分析的定性及定量分析方法基本上是相同的,下面以气相色谱的定性及定量分析为例进行讨论。

色谱定性分析的基本依据是保留时间,也可用以保留时间计算出来的各种保留值进行定性分析。

用色谱进行定性分析最简单的方法就是把未知物和已知物在完全相同的色谱条件下进样分析,比较它们的保留时间。若保留时间相同则为同一种物质。

在色谱发展的初期人们就认识到,在同一台色谱仪和完全相同的色谱条件下,同一化合物有相同的保留时间。如果仪器运转正常,色谱条件稳定,在同样的色谱条件下,多次测定同一物质的保留时间会有较好重复性。例如在用气相色谱法对烃类物质进行 5 次平行测定时,同碳数的烃出峰时间基本相同,5 次平行测定的偏差在 2% 以内(表 14-2)。利用这种方法可对不太复杂的混合物,用标准物质作对照进行定性分析。

表 14-2　用气相色谱进行烃类定性分析的保留时间重复性

化合物	保留时间/s					
	第 1 次	第 2 次	第 3 次	第 4 次	第 5 次	平均
C7	231	231	232	230	231	231
C8	302	301	305	300	302	302
C9	389	389	395	387	390	390
C10	521	522	528	519	523	523
C12	863	864	868	864	865	865
C14	1191	1190	1195	1193	1192	1192

但是，保留时间并非特征值，同一保留时间可能有很多化合物与之相对应。即使在相同的色谱柱下测得某化合物的保留时间也可能有许多不同的标准已知化合物与之对应，有相同的保留时间，所以仅依靠色谱保留时间进行定性分析并不十分可靠。因此除利用色谱法之外还要利用其他方法相配合以进行更准确的定性分析。

2. 用相对保留值定性

用相对保留值定性是一种简单易行的方法。因为测定相对保留值比较容易，而且相对保留值只与固定相类别和柱温有关，色谱条件对其没有影响，而且在文献中也有不少相对保留值的数据可供使用。

但是利用相对保留值定性也有缺点，因为相对保留值的测定首先需要有一个标准化合物，而要针对所有物质找一个标准是困难的。在气相色谱的定性分析中很早就有人建议采用几种易于提纯、并且具有不同保留值的化合物作标准，例如曾有人提出下列一组化合物：正丁烷、2,2,4-三甲基戊烷（异辛烷）、苯、对二甲苯、萘、甲乙酮、环己酮、环己醇。但是，有这么多标准物还是不方便的。

但是，在上述这些方法中，有一个极为重要的问题影响气相色谱的定性分析，就是所用载气体和固定液用量对结果有很大的影响。例如有人研究了被认为是吸附性最小的聚四氟乙烯载体，在此载体上涂以邻苯二甲酸二壬酯，观察载体对极性和非极性物质所得保留值的影响。发现固定液含量为6%时，对水的保留作用有10%是由载体造成的，而对己烷则有约16%的保留作用是由载体吸附所引起的。可见定性分析所依赖的保留值受载体的影响是很大的。另一方面固定液用量不同也对保留值有影响。在液相色谱中也有类似问题。

3. 利用保留指数定性

(1) 保留指数定性的优点

Kovats 在 1958 年提出保留指数(I)的概念，因为保留指数也是一种相对保留值，很自然可用它来作定性分析的依据，而利用 I 作定性分析有下列优点：①保留指数是用全部正构烷烃作标准，使被测定化合物与标准物质之间尽可能在保留值上接近，这样会使 I 值的计算更为准确。②保留指数值具有形象化的特点，例如丁醇在角鲨烷固定液上于120℃下的保留指数为490，那么当得到这一数值时就可知道丁醇是在戊烷以前流出色谱柱，其保留值与戊烷近似。③保留指数与化合物结构的相关性要比其他保留值强，因而利用保留指数可判别化合物结构。④保留指数是对数值，一组同系物的 I 值与化合物沸点和碳数成直线关系。⑤保留指数值在一定的温度范围内与柱温呈线性关系($I=A+B/T$，式中，A，B 为常数，T 为热力学温度)，但是如果温度范围宽则呈双曲线关系。⑥目前文献中已有大量气相色谱保留指数的数据可供使用。

(2) 几种利用保留指数进行气相色谱定性的方法

① 利用保留指数的文献值定性：由于在文献中有大量保留指数值可供参考，所以使用与文献值所用固定液及色谱条件相同的情况下测定未知物的保留指数，然后与文献值对照来判断未知物的组成。

② 利用保留指数的温度效应定性：人们很早就注意到各种物质保留指数随柱温的变化率($\Delta I/\Delta T$)是很不相同的，例如不同烃类的保留指数随温度的变化率大小的次序为：

$$芳香烃 > 环烷烃 > 三取代烃 > 二取代烃和一取代烃$$

因此，$\Delta I/\Delta T$值随分子质量的增加而增加。根据研究结果，$\Delta I/\Delta T$随分子横截面积的增加而增加。根据上述规律，改变柱温测定保留指数，观察$\Delta I/\Delta T$的大小，可用这一数据协助性地判断所研究的对象是哪一类的化合物。例如，在色谱图中脂肪烃与环烷烃或芳烃相邻，在柱温较低时，芳烃或环烷烃在脂肪烃前出峰，如升高柱温则两峰的位置会倒过来，这样就可以说明位置调到后边的峰是芳烃或环烷烃。

③ 利用双柱或多柱定性：利用一根非极性固定液柱和一根极性固定液柱或再用一个特殊选择性的固定液柱，同时测定未知物的保留指数，把两根色谱柱上得到的保留指数进行对比做图，同系物的各个化合物在这样的平面图上成一条直线，如图14-5所示。用这两根色谱柱测定某一未知物得到两个I值，然后在此图上横、纵坐标上找到此物的I值，各画垂直于坐标轴的直线，两线相交处落在某类化合物的直线上就是这类化合物。

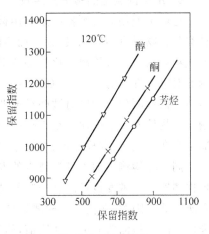

图 14-5　双柱定性

在液相色谱法中，也可以利用色谱柱和流动相的变化进行定性分析。每种化合物的保留值将随流动相组成的变化、固定相的不同而改变，不同的化合物其变化规律是不同的。因此人们常靠改变流动相组成等参数，使一组化合物得到次序不同和保留值不同的分离，因而可用来推测它是哪一类化合物，从而进行定性分析。但是，由于液相色谱是一个包含三个或三个以上因素相互作用的系统，整个系统比较复杂。在以硅胶为固定相的吸附色谱方面人们已经做了大量工作，得到了一系列在局部范围内有参考价值的结构和保留值之间的关系，但离实际应用还有距离。在以键合相为固定相的反相系统中，由于固定相本身就是由两部分组成的，更增加了复杂性。在反相色谱中，由于一个中性分子的保留值随流动相组成变动而变化的规律受该分子上的官能团及其碳数双重影响，因此对于一个未知化合物在既不知道碳数，又不知道官能团的情况下，只凭其保留值的变化规律仍不能作出定性的结论。所以在色谱的定性领域主要还是依靠色谱和质谱的联用来定性。

④ 利用ΔI值判断化合物的结构：利用极性固定液和非极性固定液对某些化合物的保留指数差值，可得到判断化合物类型的信息。

4．用化学反应配合色谱定性

色谱只能给出保留值的数据，作为定性分析的依据不充分。如把传统的化学方法和保留值结合起来，就可以得到更多的信息，更好地确定化合物的类别和组成。

(1) 柱后流出物作官能团分析

一个多组分混合物经色谱分离后，得到单组分或少数几种成分的混合物，让它与官能团显色试剂发生反应，鉴定每个色谱峰是哪一类或哪几类化合物。一般可在非破坏性检测器后接一个多路并联连接管，在每一个支管上接一个注射器针头，把针头伸入官能团试剂中。通过流出物与试剂反应的产物颜色，鉴定它具有何种官能团。

(2) 用柱前反应配合气相色谱定性

被分离混合物在进入色谱柱之前令其与特征性反应试剂进行反应，这种反应会使所含某一化合物生成新的衍生物,于是在色谱图上使该化合物峰的位置发生变化,如消失、提前或拉后,从而鉴定这类化合物的存在。例如有人提出一种使被分离混合物在其进入色谱以前的"针管反应"。这种"针管反应"是在医用注射器中事先放入官能团分类试剂,再把要分离的混合气体抽到针管中使之与试剂进行反应,把反应后的气体注射到色谱仪中进行色谱分离测定。

5. 用不同类型的检测器定性

色谱中使用的检测器都是利用被检测物质的某些特性进行检测的,同一检测器对不同种类化合物具有不同的灵敏度,而不同的检测器对同一种化合物的灵敏度也是不同的。例如气相色谱中氢火焰离子化检测器对碳氢化合物灵敏而对无机气体就不灵敏,电子俘获检测器对电负性强的化合物(如卤代烃)敏感,火焰光度检测器对含硫及含磷化合物敏感等。当某一被检测化合物同时被两种或两种以上检测器检测时,两个检测器或几个检测器对被测化合物检测灵敏度比值是与被测化合物的性质密切相关的,所以常常把不同类型的检测器结合在一起,用双检测器、双笔记录仪,利用在两种检测器上的灵敏度差别进行定性分析。

同一种检测器随着科学技术的发展,灵敏度也在不断提高。不同厂家、不同型号的同一种检测器的灵敏度也可能有一些差别。即使是同一个检测器,随着使用过程灵敏度也可能有所降低。因此,在使用双检测器体系进行定性分析时,最好先用一系列已知种类的化合物来标定两个检测器的灵敏度比值,然后再作未知化合物的定性分析。

最常用于定性鉴定工作的双检测器体系是气相色谱的 FID-ECD 检测器对。图 14-6 是一个含有硫化物的混合物的 FID-ECD 双检测器体系记录的色谱图。三个三硫醚化合物,由于其中 C、H 的相对含量不同,所以在 FID 检测器上的响应值不同,C、H 含量相对最少的二甲基三硫醚在 FID 上几乎不出峰;而 C、H 含量相对较多的二烯丙基三硫醚在 FID 上也有较强的峰;而甲基烯丙基三硫醚在 FID 上有很小的峰。这样通过两个检测器上的相对峰强的比较,就可以将这三个化合物区分开来。

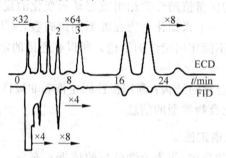

图 14-6 含硫化物混合物的 FID-ECD 同时记录的色谱图
1—二甲基三硫醚;2—二烯丙基三硫醚;3—甲基烯丙基三硫醚

气相色谱中除 FID-ECD 检测器对外,还有 FPD-TCD、FPD-FID、AFID-FID、ECD-AID 等检测器对也常用于定性分析。

在液相色谱中各检测器也都有其特点,示差折光检测器是一种通用性的检测器,但是灵敏度比较低,而紫外、荧光及电化学检测器是选择性检测器,灵敏度比较高。所以如果将一定量的未知化合物进入并联或串联的几种检测器,可以初步了解未知化合物的类别。例如饱和烃及其衍生物在紫外光谱区(190~400nm)吸收很小,而大 π 键的分子如芳香烃,在紫外区有吸收,分子中苯环越多吸收越强,所以可用于液相色谱的初步定性分析。

目前,在液相色谱中,多使用紫外检测器全波长扫描功能进行定性分析。当色谱图上某组分的色谱峰顶出现时,即最高浓度谱带进入检测器时,停泵,然后对滞留在检测器中的组分进行全波长(180~800nm)扫描,得到该组分的紫外-可见光谱图。再取某一标准样品按同样方法处理,也得到一个光谱图。比较这两张光谱图即能鉴定该组分是否与标准品相同。

20世纪80年代以后出现二极管阵列检测器,液相色谱连接二极管阵列检测器的基本特点是在一次色谱操作中可同时获得吸光度、时间和各组分的UV光谱的三维谱图,这是一种很方便的定性分析方法。

6. 色谱和各种光谱或波谱联用

由于基于色谱保留值定性的不确定性,多年来发展了各种各样的色谱仪和其他仪器的联用技术,如气相色谱-质谱、气相色-红外光谱等联用技术。目前常用联用技术对物质进行定性。

14.2.2 色谱定量分析

各种色谱的定量分析方法近似,多用峰高或峰面积或相关的参数作为定量分析的依据,下面就色谱的定量分析中一些相关的基本概念做一简要阐述。

1. 响应值和相对响应值

在考虑色谱定量分析时,必须涉及响应值和相对响应值的概念。所谓响应值是指色谱检测器中有样品通过时产生的信号值。例如对浓度型检测器(如热导检测器、示差折光检测器),其响应值的表示方法为:若被测物是液体样品,当每毫升流动相中含有1mg样品时,在检测器上给出的响应值mV数以S_g表示;若被测物是气态样品,每毫升流动相中含有1mL样品时,在检测器上给出的响应值mV数以S_v表示。对一些质量型检测器(如氢火焰离子化检测器)则采用每秒有1g样品通过检测器时,给出的电流值(A)来表示其响应值,以S_t表示。

以上是绝对响应值。在进行定量分析时不需要知道绝对响应值,只要知道相对响应值就可以了。所谓相对响应值,是被测化合物绝对响应值与标准化合物绝对响应值之比,即

$$S' = \frac{S_{\text{sample}}}{S_{\text{standard}}} \tag{14-9}$$

式中:S'——相对响应值;

S_{sample}——样品的绝对响应值;

S_{standard}——标准化合物的绝对响应值。

2. 相对校正因子

各种化合物在不同的检测器上都有不同的响应值,所以尽管向色谱仪中注入相同质量的物质,但得到的峰面积却不一样,因此用峰面积定量时就必须将由色谱仪上得到的峰面积乘上一个系数,得到此成分的质量。在实际分析中,常常用某一物质作标准,得到一个相对的校正系数,人们把这一相对的校正系数叫作"相对校正因子"(质量相对校正因子f_m)。它的定义是

$$f_m = \frac{1}{S'} \tag{14-10}$$

式中：S'——相对响应值。

相对校正因子有以下几种表示方法。

(1) 质量相对校正因子(f_m)

质量相对校正因子的定义如下：

$$f_m = \frac{\dfrac{A_s}{m_s}}{\dfrac{A_i}{m_i}} = \frac{\dfrac{A_s}{P_s}}{\dfrac{A_i}{P_i}} \tag{14-11}$$

式中：A_s、m_s 和 P_s——标准物质的峰面积、质量和其在混合物中的质量百分含量(质量分数)；

A_i、m_i 和 P_i——被测物质的峰面积、质量和其在混合物中的质量百分含量(质量分数)。

(2) 摩尔相对校正因子(f_{mol})

$$f_{mol} = \frac{\dfrac{A_s}{n_s}}{\dfrac{A_i}{n_i}} \tag{14-12}$$

因为 $m_s = n_s \cdot M_s$，$m_i = n_i \cdot M_i$，所以可把 f_{mol} 换算成 f_m，即

$$f_m = \frac{\dfrac{A_s}{n_s M_s}}{\dfrac{A_i}{n_i M_i}} = f_{mol} \cdot \frac{M_i}{M_s} \tag{14-13}$$

式中：M_s、M_i——标准物质和被测物质的相对分子质量。

(3) 体积相对校正因子(f_v)

如果样品为气体也可以使用体积相对校正因子，如下式：

$$f_v = \frac{\dfrac{A_s}{V_s}}{\dfrac{A_i}{V_i}} \tag{14-14}$$

式中：V_s、V_i——标准物质和被测物质的体积。

标准状况下，$V_i = n_i \times 22.4 \text{L/mol}$，所以有：

$$f_v = \frac{\dfrac{A_s}{n_s \times 22.4}}{\dfrac{A_i}{n_i \times 22.4}} = f_{mol} \tag{14-15}$$

3. 峰面积的测定方法

色谱定量的基础是峰面积(A)和组分含量(m)成函数关系，所以进行定量分析必须测定峰面积，即使用峰高进行定量也是以峰面积为基础。峰面积的测定方法有以下几种。

(1) 峰高乘半高峰宽

从色谱流出曲线计算曲线下面和基线上面所包括的面积即峰面积：

$$A = 1.065 W_{\frac{h}{2}} \cdot h \tag{14-16}$$

在实际计算时，将峰面积(未知与标准，或未知与未知)进行互相比较，可把系数 1.065 约掉，因此在计算时常常把系数略去，即

$$A = W_{\frac{h}{2}} \cdot h \tag{14-17}$$

在用这种方法测量面积时,往往由于半高峰宽的测量误差较大而造成测量面积的误差,当半高峰宽小于3mm时要想把误差控制在小于4%是比较困难的。

(2) 三角形法

用三角形法求某一色谱峰的面积的方法为:从色谱峰的两个拐点作切线和基线相交形成一个三角形,如图14-7。用三角形 ABC 的面积代表色谱峰的面积:

$$A = \frac{H}{2} \cdot AB \qquad (14-18)$$

真正的色谱峰面积是 $0.94A$,和峰高乘以半高峰宽表示峰面积一样可以把系数 0.94 略去。

上边两种测量峰面积的方法都要求峰形对称的峰面积才会准确。

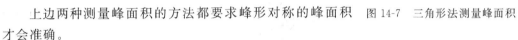

图 14-7 三角形法测量峰面积

(3) 电子数字积分仪和色谱工作站

电子数字积分仪是把从色谱仪出来的直流电压信号经脉冲转换器转变成一个个脉冲存储起来,当峰出完之后把脉冲量加起来,用以表示这个峰的面积,并用打印输出器以数字打印出来。可处理 $0\sim1400$mV 的信号,不需要衰减。这种方法精度高,速度快。

最近几年来将微处理机大量用到色谱仪上,用一台微型计算机处理由色谱仪输出的直流信号,可以更为精确地测定峰面积以计算混合物中各组分的含量。现在使用的多数色谱仪都配有色谱工作站,可以进行多种多样的色谱数据处理,许多色谱工作站还可以对色谱仪进行参数设定和控制。

4. 峰高法和峰面积法的选择

在色谱定量分析中,选用峰高法还是选用峰面积法,主要取决于在检测器的线性范围内,峰高和峰面积测量的准确性和重复性。除了归一化法最好用峰面积法外,其他三种定量方法中峰高和峰面积都可用作精确的定量方法。

在检测器的线性范围内,峰高和峰面积测量的准确性受色谱分离度的影响,要准确地测量峰高和峰面积,色谱分离应达到一定的分离度才行,而且,分离度对峰面积测量的影响较峰高要大。峰高和峰面积的准确测量还受到色谱分离参数,即容量因子(k)、柱理论塔板数(n)和流动相流速(u)的影响。当流动相流速可以准确控制,而影响容量因子的一些因素(如气相色谱的柱温、高效液相色谱的流动相的组成)不能保持恒定(如使用气相色谱的程序升温、高效液相色谱的梯度洗脱)时,用峰面积定量较好;而当容量因子和柱效(n)保持不变,流动相流速不稳定,有微小变化时,峰高受到的影响要小于峰面积,此时用峰高定量能得到较为精确的定量结果。当柱效有所变化时,使用峰面积定量可得到较精确的结果。

总之,在分离度较好,色谱峰形较好,峰面积可以准确测量时,以用峰面积法定量为好。特别是在气相色谱使用程序升温和液相色谱使用多元梯度洗脱时,最好使用峰面积法定量。但当分离度不好,色谱峰形不好(如严重拖尾)时,峰面积测量引起的误差较大,此时使用峰高法定量较好。保留时间短的色谱峰峰形较尖(峰尾宽较小),此时峰高测定较峰面积测定准确,宜用峰高法定量;而保留时间长的色谱峰峰形较宽(峰尾宽较大),此时峰面积测定较峰高测定准确,宜用峰面积法定量。

5. 定量分析方法

色谱分析中,各种物质的峰面积与色谱条件有关,与物质的结构和性质没有固定数量关系,因此在进行定量分析时必须要使用标准物进行对比。由于使用的标准不同,因此定量方法有所不同,常用的色谱定量方法有以下几种。

(1) 归一化法

当试样中所有组分都能流出色谱柱,且在色谱柱上都显示色谱峰时,可用归一化法计算组分含量。归一化法是把样品中所有的组分的峰面积全部测量出来,再乘以各自的校正因子并求和,把此总和作为全部样品的总量,每个单一组分的峰面积和校正因子的乘积除以总量即可求出该组分的百分含量,即

$$w_i = \frac{A_i f_i}{\sum_0^n A_i f_i} \times 100\% \tag{14-19}$$

式中:$\sum_0^n A_i f_i$——各组分峰面积乘各自校正因子的总和(也可以是峰高乘各自校正因子的总和)。

归一化法的优点:①当色谱条件变动时对测定结果影响不大;②当试样中的待测组分为同系物时,可粗略地认为它们的校正因子是一样的,可利用峰面积直接进行归一化处理(但并非所有同系物均如此)。

归一化法的缺点:①样品有某些组分无法出峰时不能利用归一化法进行定量;②样品中有些组分在色谱系统中有部分分解时不能利用归一化法进行定量;③高效液相色谱法中由于经常使用的一些检测器,不仅对不同组分的响应值差别较大而不能忽略校正因子的影响,而且对于某些组分可能没有响应值(即不出峰),因此在高效液相色谱中很少使用归一化法定量。

(2) 外标法

外标法定量是在与测定样品相同的色谱条件下,用标准物单独进行色谱测定(即标准物不加到样品中去),用得到的结果和被测样品进行比较。外标法又有以下几种不同的情况。

① 标准样单点校正法

配制一个与样品组分十分接近的标准样。测定时在相同的色谱条件下分别注射标准样和被测样品,把标准样和未知样的相同组分的色谱峰(出峰时间相同)的峰面积或峰高进行比较,以标准样的含量计算未知样相对应组分的含量。计算公式如下:

$$w_i = \frac{A_i}{A_s} w_s \tag{14-20}$$

式中:w_i——样品中组分 i 的含量;
　　　A_i——样品中组分 i 的峰面积;
　　　A_s——标准样的峰面积;
　　　w_s——标准样的含量。

② 标准曲线法

取纯物质配制成一系列不同浓度的标准溶液,分别取一定体积并注入色谱仪,测出峰面积(或峰高),绘制成峰面积(或峰高)和浓度的关系曲线,即标准曲线。然后在同样条件下注

入相同量的未知物,从色谱图中测出峰高或峰面积,在标准线(或由它计算出的峰高或峰面积与浓度对应表)上查出待测组分的浓度或百分含量。这种方法要求测定样品时的操作条件与标准曲线时的条件完全一致。

外标法适合对大量样品分析,特别是标准曲线绘制后可以使用一段时间,在此段时间内可经常用一个标准样品对标准曲线进行单点校正,以确定该标准曲线是否还可使用。但由于每次样品分析的色谱条件(检测器的响应性能、柱温度、流动相流速及组成、进样量、柱效等)很难完全相同,因此容易出现较大误差。另外,绘制标准曲线时,一般使用待测组分的标准样品,因此对样品前处理过程中待测组分的变化无法进行补偿。

(3) 内标法

内标法是选择合适的物质作为待测组分的内标物,定量加入到样品中去,依据待测组分和内标物在检测器上的响应值(峰面积或峰高)之比和参比物加入的量进行定量分析的方法。

把内标物和被测混合物混合在一起进行分析,在同一张色谱图中出现样品组分峰和标准物的峰,因此内标物必须要能和样品中的各组分分开,此外,内标物要能溶于溶解样品的溶剂中。而且内标物的峰要尽可能接近待测样品的峰。定量时测定峰高或峰面积,用校正因子进行计算。内标法的优点是可以抵消色谱条件(如柱温、载气流速、桥电流和进样量等)对测定结果的影响,特别是在样品预处理(如浓缩、萃取、衍生化等)前加入内标物,然后在进行预处理时,可部分补偿待测组分在样品预处理时的损失。内标法的缺点是选择合适的内标物比较困难,而且每份样品中都要加入准确数量的内标物,这在分析操作中很不方便。同时加入内标物之后,在分离条件上比原样品要求更高一些。

内标法定量的计算结果:

$$\omega_i = \frac{A_i}{A_s} \cdot \frac{m_s}{m_i} \cdot f_m \tag{14-21}$$

式中:ω_i——样品中组分 i 的含量,%;

A_i、A_s——被测物和标准物的峰面积;

m_i、m_s——被测物和标准物的质量,g;

f_m——质量相对校正因子。

(4) 叠加内标法

在找不到合适的内标物时,常用叠加内标法进行定量。叠加内标法是以待测组分的纯物质为内标物,加入到待测样品中,然后在相同的色谱条件下,测定加入待测组分纯物质前后待测组分的峰面积(或峰高),从而计算待测组分在样品中的含量的方法。利用叠加内标法时要注意加入待测组分的纯物质前后两次的进样量和色谱条件要完全相同。

根据下式进行计算:

$$\omega_i = \frac{A_1}{A_2 - A_1} \times \frac{m_s}{m} \times 100\% \tag{14-22}$$

式中:A_1——待测组分 i 的峰面积;

A_2——加入 i 的纯物质后测得的峰面积;

m_s——加入的内标物质量;

m——未加内标物前样品质量。

还可借助被测样品中所测定组分 i 邻近峰 j 来确定加入叠加内标物之后,原样品中的 i

物质的峰面积,避免两次进样要求完全相同的限制。如第一次进样(未加叠加内标物)得到图 14-8(a),加入内标后第二次进样得到的色谱图如 14-8(b)。

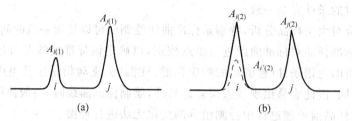

图 14-8 叠加内标法色谱

从图 14-8 得知:

$$\frac{A_{i(1)}}{A_{j(1)}} = \frac{A'_{i(2)}}{A_{j(2)}} \quad A'_{i(2)} = \frac{A_{j(2)}}{A_{j(1)}} \cdot A_{i(1)}$$

设 m 为称得样品质量,ω_i 为组分 i 在样品中的质量百分含量,m_s 为叠加内标物质量,两次测定中 i 物质的绝对响应值相同,所以:

$$\frac{A_{i(1)}}{m \cdot \omega_i} = \frac{A_{i(2)} - A'_{i(2)}}{m'} = \frac{A_{i(2)} - \frac{A_{j(2)}}{A_{j(1)}} A_{i(1)}}{m'} \tag{14-23}$$

$$\omega_i = \frac{m' A_{i(1)}}{m \left(A_{i(2)} - \frac{A_{j(2)}}{A_{j(1)}} A_{i(1)} \right)} \times 100\% \tag{14-24}$$

利用式(14-24)可计算叠加内标法定量的结果。

14.3 气相色谱法概述

14.3.1 气相色谱分析流程

气相色谱仪的主要部件和分析流程如图 14-9 所示。

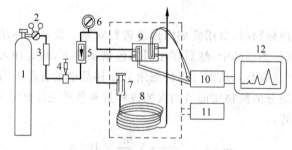

图 14-9 气相色谱结构流程

1—载气钢瓶;2—减压阀;3—净化干燥管;4—针形阀;5—流量计;6—压力表;
7—进样器和气化室;8—色谱柱;9—检测器;10—放大器;11—温度控制器;12—记录仪

气相色谱法是以气体作为流动相的分析方法。气相色谱法的载气(氢气或氮气)由载气钢瓶 1 供给,进减压阀 2 减压后,通过净化干燥管 3 干燥、净化。用气流调节阀 4 调节并控制载气流速至所需值(由流量计 5 和压力表 6 显示柱前流量和压力)而达到气化室 7。试样用注射器由进样口注入,在气化室经瞬间汽化,被载气带入色谱柱 8 中进行分离。分离后的各个组分随载气先后进入检测器 9,检测器将组分及其浓度随时间的变化量转变为易测量的电信号,并将信号放大,用记录系统 11 记录下信号随时间的变化量,从而获得一组峰形曲线,一般情况下每个色谱峰代表试样中的一个组分。

14.3.2 气相色谱仪的主要部件及其性能

1. 载气系统

气相色谱仪的流动相多用高压气瓶做气源,经减压阀把气瓶中 15MPa 左右的压力减低到 0.2~0.5MPa,通过净化器(一般为 (20~25)cm×4cm(i.d.))的金属管或塑料管(内装 5A 分子筛,除去载气中的水分和杂质)到稳压阀,保持气流压力稳定。若气相色谱法使用程序升温,还要有稳流阀,以便在柱温升降时可保持气流稳定,现代气相色谱仪都用程序升温实时监测并显示进样口等部位的流量或者压力。气化室是使液体或固体样品进行气化的装置。毛细管气相色谱仪与填充柱气相色谱仪不同之处是进样系统复杂,如在气化室中装有分流/不分流系统,冷柱头进样系统。另外在毛细管色谱柱末端进入检测器时还要增加一个补充气的管线以保证检测器正常工作。

2. 电路系统部件

气相色谱仪电路部件通常有电源部件、温控部件和微电流放大器等部件。电源部件,对仪器的检测系统、控制系统和数据处理系统各部件提供稳定的直流电压,同时也对仪器的各种检测器提供一些特殊的稳定电压或电流,以便获得稳定的电压、磁场或电流。温控部件、程序升温部件是对气相色谱仪的柱箱、检测器和气化室或辅助加热区进行控制,它们将色谱仪中的气化室、柱箱及检测器或辅助加热区控温在一定的范围。程序升温操作在气相色谱中经常使用。微电流放大器把检测器的信号放大,以便推动记录仪或数据处理系统工作。

3. 色谱分离系统

色谱柱是分离系统的核心,也是气相色谱仪的核心,它的作用是将混合气体分离成单个组分。色谱柱按结构可分为填充柱和毛细管柱两大类。填充柱是在色谱柱内充满细颗粒的填充物,载气在填充物间缝隙孔道内通过;毛细管柱又可分为涂壁毛细管柱和涂覆载体毛细管柱。涂壁毛细管柱是将固定相直接涂在管壁上,而涂覆载体毛细管柱是将固定液涂在一定厚度的多孔载体上。表 14-3 为常用气相色谱柱的种类和特性。根据色谱柱固定相的极性不同,色谱柱还可分为强极性、极性和弱极性色谱柱。

表 14-3 常用气相色谱柱的种类和特性

色谱柱种类	柱长/m	内径/mm	载气流量/(mL/min)	分离能力	特征
填充柱	0.5~5	2~4	20~80	低	样品处理量大,但分离能力以及对极性化合物的适用性比毛细管柱差很多。
涂壁毛细管柱	10~100	0.1~0.8	0.5~1.5	高	柱效高,稳定性好,但一般无法分离分析无机气体及低级碳氢化合物。
涂覆载体毛细管柱	10~100	0.25~0.8	0.5~1.5	中	固定液涂量比涂壁毛细管大,柱负载量稍大,稳定性较涂壁毛细管差。

4. 进样系统

气相色谱仪进样系统的作用是将样品直接或经过特殊处理后引入色谱仪的气化室或色谱柱进行分析，根据不同功能可分为如下几种。

(1) 顶空进样系统

顶空进样器主要用于固体、半固体、液体样品基质中挥发性有机化合物的分析，如水中VOCs、茶叶中香气成分、合成高分子材料中残留单体的分析等。

(2) 手动进样系统

微量注射器：使用微量注射器抽取一定量的气体或液体样品注入气相色谱仪的气化室。微量注射器适用于热稳定的气体和沸点一般在500℃以下的液体样品的进样。用于气相色谱仪的微量注射器种类很多，可根据样品性质选用不同的注射器。

(3) 固相微萃取(SPME)进样器

固相微萃取是20世纪90年代发明的一种样品预处理技术，可用于萃取液体或气体基质中的有机物，萃取的样品可手动注入气相色谱仪的气化室进行热解析气化，然后进色谱柱分析。这一技术特别适用于水中有机物的分析。

(4) 气体进样阀

利用气体进样阀进样不仅定量重复性好，而且可以与环境空气隔离，避免空气对样品的污染。而采用注射器的手动进样很难做到上面两点。采用阀进样的系统可以进行多柱多阀的组合进行一些特殊分析。气体进样阀的样品定量管体积一般在0.25mL以上。液体进样阀一般用于装置中液体样品的在线取样分析。

(5) 液体自动进样器

液体自动进样器用于液体样品的进样，可以实现自动化操作，降低人为的进样误差，减少人工操作成本。适用于批量样品的分析。

(6) 热解吸系统

用于气体样品中挥发性有机化合物的捕集，然后热解吸进气相色谱仪进行分析。

(7) 吹扫捕集系统

用于固体、半固体、液体样品基质中挥发性有机化合物的富集和直接进气相色谱仪进行分析。

(8) 热裂解器进样系统

配备热裂解器的气相色谱称为热解气相色谱(pyrolysis gas chromatography，PGC)，理论上可适用于由于挥发性差依靠气相色谱不能分离分析的任何有机物(在无氧条件下热分解，其热解产物或碎片一般与母体化合物的结构有关，通常比母体化合物的分子小，适于气相色谱分析)。热解气相色谱目前主要应用于聚合物的分析。

热解气相色谱的工作原理：在气相色谱仪的载气中，无氧条件下，将聚合物试样加热，由于施加到聚合物试样上的热能超过了分子的键能，结果引起化合物分子裂解。分子的碎裂包括以下过程：失去中性小分子，打开聚合物链产生单体单元或裂解成无规则的链碎片。聚合物热裂解的机理取决于聚合物的种类，但热解产物的性质和相对产率还与热裂解器的设计和热裂解条件有关。影响特征热裂解碎片产率重现性的关键因素有：终点热解温度、升温时间或升温速率和进样量。

用于固体和高沸点液体的热解器分为两类：脉冲型和连续型。目前常用的居里点热解器和热丝热解器属于第一类,炉式热解器属于第二类。此外还有一些特殊的热解器。

5. 检测器

常用的气相色谱检测器包括:①热导检测器(thermal conductivity detector,TCD),是基于各种物质有不同的导热系数而设计的检测器。②氢火焰离子化检测器(flame ionization ditector,FID),是气相色谱中最常用的一种检测器。它的灵敏度高,线性范围宽,易于掌握,应用范围广,特别适合于毛细管气相色谱使用。氢火焰检测器对大多数有机化合物有很高的灵敏度,但对不电离的无机化合物,如永久性气体、水、二氧化碳、一氧化碳、氮的氧化物、硫化氢等无响应。因此它很适合于水和大气中痕量有机物的分析。③电子俘获检测器(electron capture detector,ECD),是一种用 Ni 或氚做放射源的离子化检测器,它是气相色谱检测器中灵敏度最高的一种选择性检测器,电子俘获检测器广泛应用于食品、农副产品中农药残留的分析,以及大气及水中的污染物分析等。④火焰光度检测器(flame photometric detector,FPD),是基于样品在富氢火焰中燃烧,使含硫、磷化合物经燃烧后又被氢还原而得到特征光谱的检测器。火焰光度检测器对硫、磷化合物具有高选择性和高灵敏度,因而火焰光度检测器主要用于石油产品中硫化合物的测定、食品中农药残留物分析、大气及水的污染分析。⑤氮磷检测器(nitrogen-phosphorus detect,NPD),又称热离子检测器(thermionic detector,TID),它是在 FID 的喷嘴和收集极之间放置一个含有硅酸铷的玻璃珠。适于测定氮、磷化合物的选择性的检测器。⑥光离子化检测器(photoionization detector,PID),是利用紫外光能激发解离电位较低(<10.2eV)的化合物,使之电离而产生信号的检测器。光离子化检测器是一种通用性兼选择性的检测器,对大多数有机物都有响应信号,美国 EPA 已将其用于水、废水和土壤中数十种有机污染物的检测。

表 14-4 中列出了几种常用检测器的性能和特点。

表 14-4 常用气相色谱检测器性能比较

检测器	响应特性	噪声水平/A	基流/A	灵敏度/(g/s)	线性范围	响应时间/s	最小检测量/g
TCD	浓度型	$0.005 \sim 0.01$ mV	无	$1 \times 10^{-6} \sim 1 \times 10^{-10}$ g/mL	$1 \times 10^{4} \sim 1 \times 10^{5}$	<1	$1 \times 10^{-4} \sim 1 \times 10^{-8}$
FID	质量型	$(1 \sim 5) \times 10^{-14}$	$1 \times 10^{-11} \sim 1 \times 10^{-12}$	$<2 \times 10^{-12}$	$1 \times 10^{6} \sim 1 \times 10^{7}$	<0.1	$<5 \times 10^{-13}$
ECD	浓度型	$1 \times 10^{-11} \sim 1 \times 10^{-12}$	^{3}H: $>1 \times 10^{-8}$ ^{63}Ni: $>1 \times 10^{-9}$	1×10^{-14} g/mL	$1 \times 10^{2} \sim 1 \times 10^{5}$	<1	1×10^{-14}
FPD	测磷为质量型,测硫为浓度型	$1 \times 10^{-9} \sim 1 \times 10^{-10}$	$1 \times 10^{-8} \sim 1 \times 10^{-9}$	磷:$\leqslant 1 \times 10^{-12}$ 硫:$\leqslant 5 \times 10^{-11}$	磷:$>1 \times 10^{3}$ 硫:5×10^{2}	<0.1	$<1 \times 10^{10}$
TID	质量型	$\leqslant 5 \times 10^{-14}$	$<2 \times 10^{-11}$	氮:$\leqslant 1 \times 10^{-13}$ 磷:$\leqslant 1 \times 10^{-14}$	$10^{4} \sim 10^{5}$	<1	$<1 \times 10^{-13}$
PID	质量型	$(1 \sim 5) \times 10^{-14}$	$<1 \times 10^{-10}$	1×10^{-13}	$1 \times 10^{7} \sim 1 \times 10^{8}$	<0.1	$<1 \times 10^{-11}$

6. 数据处理系统

记录仪和色谱处理系统是记录色谱保留值和峰高或峰面积的设备，记录仪就是常用的自动平衡电子电位差计，它可以把从检测器来的电压信号记录成为电压随时间变化的曲线，即色谱图。数据处理系统或色谱工作站是一种专用于色谱分析的微机系统。计算积分器则是现今更为普遍使用的色谱数据处理装置，这种装置一般包括一个微处理器、前置放大器、自动量程切换电路、电压-频率转换器、采样控制电路、计数器及寄存器、打印机、键盘和状态指示器等。

14.3.3 气相色谱分析操作条件的选择

1. 色谱柱的选择

(1) 固定液极性的选择

气-液色谱法应根据"相似相溶"的原则，根据分离组分的极性强弱选择相应极性的色谱柱固定相。选择的原则为：①分离非极性组分时，通常选用非极性固定相。各组分按沸点顺序出峰，低沸点组分先出峰。②分离极性组分时，一般选用极性固定液。各组分按极性大小顺序流出色谱柱，极性小的先出峰。③分离非极性和极性的（或易被极化的）混合物，一般选用极性固定液。此时，非极性组分先出峰，极性的（或易被极化的）组分后出峰。④醇、胺、水等强极性和能形成氢键的化合物的分离，通常选择极性或氢键性的固定液。⑤组成复杂、较难分离的试样，通常使用特殊固定液，或混合固定相。

(2) 涂渍量配比的选择

涂渍量配比即固定液在担体上的涂渍量，一般是指固定液与担体的百分比，涂渍量配比通常在5%～25%之间。配比越低，担体上形成的液膜越薄，传质阻力越小，柱效越高，分析速度也越快。但是，固定相的负载量低，允许的进样量较小。分析工作中通常倾向于使用较低的配比。薄液膜（0.1～0.2μm）的负荷量较小，适合于高沸点化合物的分析；标准液膜（0.25～0.33μm），一般用于标准毛细柱分析；厚液膜（0.5～1μm）的负荷量较大，适用于低沸点样品的分析；特厚液膜（1～5μm）可取代填充柱，适合分析沸点200℃以下复杂样品。

(3) 柱内径的选择

柱内径的大小直接影响柱子的效率、保留特性和样品容量。小内径柱比大内径柱有更高的柱效，但内径小的柱子柱容量小。常用的气相色谱柱的内径有0.25mm、0.32mm、0.53mm三种。内径为0.25mm的柱子具有较高的柱效，柱容量较低，分离复杂样品的效果较好；内径为0.32mm的柱子柱效稍低于0.25mm的色谱柱，但柱容量约高出60%；内径为0.53mm的柱子具有类似于填充柱的柱容量，总柱效远远超过填充柱，分析速度快，可用于分流进样，也可用于不分流进样。

当柱容量为主要考虑因素时（如进行痕量分析时），选择大内径毛细管柱较为合适。对于多数分析，选内径为0.32mm的柱子较为便利。

(4) 柱长的选择

填充色谱柱的柱长通常为1～3m，毛细管柱的柱长可达几十米甚至百米。分辨率与柱长的平方根成正比。柱子越长，分辨率越高，即分离效果越好。增加柱长对提高分离度有利，但组分的保留时间会增长，且柱阻力增加，不便操作。柱长的选用原则是在能满足分离目的的前提下,尽可能选用较短的柱,这样有利于缩短分析时间。可根据要求的分离度通过计算确定合适的柱长或实验确定。

一般情况下,15m 的短柱用于快速分离较简单的样品,也适于快速成分扫描分析,一般可用于分离少于 10 个组分的样品;30m 的色谱柱是最常用的柱长,大多数分析在此长度的柱子上完成,可分离 10~15 个组分的样品;50m、60m 或更长的色谱柱用于分离比较复杂的样品,可分离 50 个组分以上的样品。

2. **柱温的确定**

首先应使柱温控制在固定液的最高使用温度(超过该温度固定液易流失)和最低使用温度(低于此温度固定液以固体形式存在)范围之内。

柱温升高时,被测组分的挥发度增大,即被测组分在气相中的浓度增加,分配系数减小,保留时间缩短,低沸点组分峰易产生重叠。柱温升高导致分离度下降,色谱峰变窄变高。

柱温降低时,分离度增大,分析时间增长。对于难分离物质对,降低柱温可在一定程度内使分离得到改善,但是不可能使之完全分离,这是由于两组分的相对保留值增大的同时,两组分的峰宽也在增加,当后者的增加速度大于前者时,两峰的交叠更为严重。

柱温一般选择在接近或略低于组分平均沸点的温度。

当分析组分复杂,沸程宽的样品,采用程序升温。程序升温是指柱温按预定的加热速度,随时间呈线性或非线性地增加。开始时柱温较低,低沸点组分得到很好的分离,随着柱温逐渐升高,高沸点组分也获得满意的峰形。图 14-10 为醇类在恒定温度和程序升温时的分离情况。

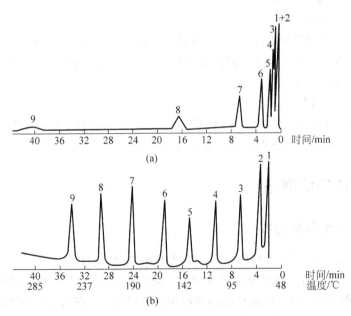

图 14-10 醇类在恒定温度和程序升温时的分离情况

1—甲醇;2—乙醇;3—1-丙醇;4—丁醇;5—1-戊醇;6—环己醇;7—1-辛醇;8—1-癸醇;9—1-十二烷醇

3. 载气种类和流速的选择

(1) 载气种类的选择

载气种类的选择应考虑三个方面：载气对柱效的影响、检测器的要求及载气性质。载气摩尔质量大，可抑制样品的纵向扩散，提高柱效。载气流速较大时，传质阻力项起主要作用，采用较小摩尔质量的载气(如 H_2、He)，可减小传质阻力，提高柱效。在载气选择时，还应综合考虑载气的安全性、经济性及来源是否广泛等因素。热导检测器需要使用热导系数较大的氢气，有利于提高检测灵敏度。在氢焰检测器中，一般选择氮气作为载气。

(2) 载气流速的选择

由图 14-11 可见以板高 H 对载气流速 u 作图时，存在最佳载气流速 $u_{最佳}$。实际流速通常稍大于最佳流速，以缩短分析时间。

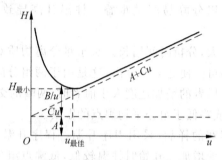

图 14-11 载气流速优化曲线

4. 其他操作条件的选择

(1) 进样方式和进样量的选择

液体试样采用色谱微量进样器进样，微量进样器的规格有 $1\mu L$、$5\mu L$、$10\mu L$ 等几种。进样量应控制在柱容量允许范围及检测器线性检测范围之内。进样要求动作快，时间短。气体样品应采用气体进样阀进样。

(2) 气化温度的选择

色谱仪进样口下端有一气化室，液体样品进样后，在此瞬间气化；气化温度一般较柱温高 30~70℃，同时要防止气化温度太高造成样品分解。

14.4 液相色谱法概述

14.4.1 液相色谱分析流程

高效液相色谱仪的结构示意图如图 14-12 所示，它由三个最主要的部件组成，即高压泵、色谱分离柱和检测器。高压泵提供流动相移动的驱动力，它和气相色谱仪的载气气源作用相同，是极为重要的部件；色谱柱是高效液相色谱仪的核心部件，混合物能否被有效分离决定于色谱柱的优劣，而色谱柱的好坏又取决于固定相的分离能力。被分离开的组分能否被灵敏地检测取决于检测器的好坏。检测器的性能决定了高效液相色谱仪的应用范围、灵敏度、定量精密度等重要。此外，为了能分离极性范围宽的混合物，要采用梯度洗脱装置。

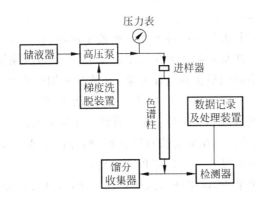

图 14-12 高效液相色谱仪结构示意图

14.4.2 液相色谱仪的主要部件及其性能

1. 流动相储液瓶

高效液相色谱法中的储液瓶是用来盛放液体流动相的部件,为了使储液瓶中的溶剂便于脱气,储液瓶中常需要配备加热器、搅拌器和抽真空及吹入惰性气体的装置。常用的储液瓶是 1L 的试剂瓶加一个电磁搅拌器,在连接到泵入口的管线上要加一个过滤器(例如 $2\mu m$ 的过滤芯),以防止溶剂中的固体颗粒进入泵内。脱去流动相中的溶解气体是非常必要的,尤其是用水和其他极性溶剂做流动相时,脱气更为重要(特别是在梯度洗脱时)。为了防止在检测器中产生气泡,可在流动相储液瓶中强烈搅拌下抽真空几分钟。加热也可提高抽气效率。而以氦气彻底吹扫流动相除去流动相中氧气,被认为是较好的脱气办法。脱气后的流动相液面上应保持有惰性气体,这样可以防止氧再次溶解到流动相中,还可以避免易燃溶剂蒸气着火。注意不管用什么方法脱气,必须保证不使流动相混合物浓度发生变化。

2. 高压泵

高效液相色谱分析中固定相颗粒很小(直径约数微米),柱阻力很大,为了获得高速的液流,进行快速分离,必须使用高压泵以得到很高的柱前压。一般对高压泵要求输出压力达到 $400\times10^4\sim500\times10^5 Pa$,流量稳定,且压力平稳无脉动。

一般使用不锈钢和聚四氟乙烯作泵的材料。泵的密封材料一般由加了填料的聚四氟乙烯(例如,加石墨填料的聚四氟乙烯)制造,这些材料可以适应液相色谱中的绝大多数流动相。有些往复泵的活塞和单向阀球是蓝宝石做成的。当不能用不锈钢时,可完全用聚四氟乙烯和玻璃代替,但是这样泵的压力限制在 3.5kPa 之内。目前较新的高效液相色谱仪也有用精密陶瓷做泵的。

高压输液泵主要有以下一些性能:①可重复性,是指把泵重新调到某一流量的能力,即从较高或较低流量恢复到某一特定流量的能力。②输出液体流量的短周期精密度,是指泵在短时间内(常指几分钟),输出液体体积恒定性的指标。精密度的变差是由于泵的某些故障所引起。例如,往复泵的单向阀无规则地泄漏引起的输出液体流量不稳。③泵噪声,一些类型的泵,例如往复泵,有泵噪声是它所固有的特性,是由活塞的正常运动和单向阀的工作所引起的。④漂移(长周期的测量精度),是指在较长的时间里,泵流量的连续变化的情况,往往是由于室温的变化而引起输出流量的变化。⑤准确度,是指按设定值输出准确流体的能力。

输液泵可分为恒流泵和恒压泵两种类型。恒流泵使输出的液体流量稳定；而恒压泵则使输出的液体压力稳定。往复泵和注射泵属于恒流泵，气动放大泵属于恒压泵。

在高效液相色谱法中应用最多的是往复泵，这种泵使用带有往复活塞或柔韧隔膜的小体积泵室（35～400μL）。往复泵有两种类型，一种是活塞式往复泵，另一种是隔膜式往复泵。活塞式往复泵的活塞直接和流动相接触；隔膜式往复泵的活塞是通过某种介质推动隔膜，隔膜再压缩或吸入流动相。在泵头装有逆止阀，阀和活塞或隔膜同步动作，在活塞或隔膜作一次运动时可以泵出并吸入一个泵体积的流动相。

累积型往复泵有两个泵头，以串联方式连接在一起，这样可以提供平稳的液流。累积性能提供平稳液流的原因是由于两个泵腔排液体积不同，第一级泵腔是第二级泵腔的 2 倍，两个活塞运动的方向呈 180°，因此当第一级泵输出液流时，50% 进入色谱柱，50% 留存在第二级泵腔中（即从第一级泵中吸取液流）。当第一级泵吸入液流时，第二级泵把已吸入的液流泵入色谱柱。

注射泵类似于注射器，用一台步进电机驱动注射泵的活塞把液流从泵腔中挤出，泵腔体积较大（250～500mL），密封性好的活塞使泵腔中的液体等速流出。

3．梯度洗脱

又称为梯度洗提、梯度淋洗。在分离分配比悬殊的混合物时，用同一浓度的流动相进行洗脱（也称等度洗脱）难以实现分离，但是如用梯度洗脱就可以很容易地解决这一问题。液相色谱的梯度洗脱与气相色谱的程序升温类似，只是液相色谱的梯度洗脱是通过改变流动相的组成而不是改变温度实现的。因为流动相组成改变可使溶质的分配比改变。利用梯度洗脱可以提高分离效果和加快分离速度。

4．检测器

高效液相色谱仪最常用的检测器有紫外可见分光光度检测器、荧光检测器、二极管阵列检测器、示差折光检测器、蒸发激光光散射检测器和电化学检测器等。

(1) 紫外光度检测器（ultraviolet photometric detector，UV）

是高效液相色谱中广泛使用的一种检测器。紫外可见分光光度检测器的灵敏度较高，其最小检测浓度可达 10^{-9} g/mL，对温度和流速都不敏感，可用于梯度洗脱，线性范围较宽，测定时不破坏样品。但是紫外可见分光检测器测定的样品必须在紫外光区有吸收，也不能使用能够吸收紫外线的溶剂如苯等。

(2) 示差折光检测器（differential refraction detector，DRD）

示差折光检测器在高效液相色谱仪中的应用也比较多。这种检测器可以连续检测参比池流动相和样品池中流出物之间的试液折射率的变化（折光指数），这一差值和样品的浓度成比例关系。折光指数是体积加和性参数，而各种物质都有不同的折光指数。这种检测器类似于气相色谱的热导检测器，是通用型检测器，特别是在样品对紫外光无吸收的情况下，一般要用示差折光检测器。但是示差折光检测器的灵敏度较低，约为 10^{-7} g/mL，对温度变化敏感，不能用于梯度洗脱。

(3) 荧光检测器（fluorescence detector，FLD）

荧光检测器是把荧光光度计用于高效液相色谱仪的检测部分，它是一种灵敏度高、选择性好的检测器。具有对称共轭结构的有机芳环化合物,在受到紫外线激发后,能辐射出比紫外线波长更长的荧光,都可用荧光检测器检测,如多环芳烃、黄曲霉素、维生素 B 及药物、氨基酸、胺类等。荧光检测器的主要应用范围是生物样品、药物、食品、矿物燃料和环境样品的测定。

荧光检测器的灵敏度高,比紫外光度检测器的灵敏度高 2～3 个数量级,是高灵敏液相色谱检测器之一,选择性好,但线性范围较差。

(4) 二极管阵列检测器(diode array detector,DAD)

从氘灯发出的紫外光通过一个消色差透镜系统,照射在流通池上,经过一个狭缝后光束照在一个全息光栅上,经色散分光后抵达一组光电二极管阵列上,在几毫秒内测定出光谱信息。与普通光谱检测器相比,二极管阵列检测器的分光系统和样品池的相对位置正好相反,因此这种光路结构称为"倒置光学"系统。二极管阵列检测器先让光束通过流通池,然后由分光系统分光后,使所有波长的光在二极管阵列检测器同时被检测。它的信号是用电子学方法快速扫描而获取,扫描速度非常快,远超出色谱的出峰速度,所以可以检测色谱流出物每个瞬间的吸收光谱图,可以得到三维的时间-色谱信号-吸收光谱图。

二极管阵列检测器的特点:①可进行全波长检测,一次进样可以检测到样品中不同吸收波长下的所有组分;②光谱分辨率高,可以检测色谱峰的纯度;③灵敏度高,线性范围宽等。

(5) 蒸发光散射检测器(evaporative light scattering detector,ELSD)

蒸发光散射检测器是近年来出现的通用型高效液相色谱检测器,它可以检测挥发性低于流动相的任何样品,是可以用于高效液相色谱、超临界流体色谱和逆流色谱的通用检测器。ELSD 曾成功地用于无生色团物质的检测,如碳水化合物、类脂物、聚合物、不进行衍生化的脂肪酸和氨基酸、表面活化剂、药物以及结构不明又无标准样品的未知物。

蒸发光散射检测器作为通用型检测器克服了高效液相色谱常碰到的一些问题,它不像紫外光和荧光检测器要依赖于被测化合物的光学性质,所以任何化合物只要其挥发性低于流动相都可以用 ELSD 测定。而且 ELSD 的响应值和被测样品的质量有关,因而它可以用于测定物质的纯度和测定未知物。示差折光检测器是一种通用型检测器,但是它不能用于梯度洗脱,对温度的变化特别敏感,会产生很大的溶剂峰而影响早流出峰的检测。ELSD 消除了这些弊端,可以用于梯度洗脱,当实验室温度和柱温变化时可保持基线稳定,最早流出的溶剂峰不会干扰早流出的峰。ELSD 运行过程:一是用惰性气体把色谱流出物雾化,二是在一个加热管(漂移管)中把流动相蒸发,三是测定留下来样品颗粒的光散射。

14.4.3 液相色谱分析操作条件的选择

1. 高效液相色谱法的分离类型及分离类型的选择

高效液相色谱法根据分离机理的不同,可分为分配色谱法、吸附色谱法、离子交换色谱法和空间排阻色谱法等。

液-液分配色谱的固定相是由担体与其表面涂覆的一层固定液所组成。试样在进入色谱柱后,在流动相和固定液之间进行溶解和分配,通过多次分配平衡后,分配系数不同的组分得到分离。液-液分配色谱中,为避免固定液被流动相溶解而流失,对于亲水性固定液,常采用疏水性的流动相,即流动相的极性弱于固定液,称为正相液-液色谱(normal phase liquid chromatography)。反之,若流动相的极性强于固定液,则称为反相液-液色谱(reverse phase liquid chromatography)。

液-固吸附色谱法采用吸附剂为固定相,溶剂为流动相,根据各物质吸附能力强弱的不同而分离。离子交换色谱法采用离子交换树脂为固定相,以含盐的水溶液作为流动相(淋洗液)。离子交换树脂色谱法多用于离子型试样的分析。空间排阻色谱法以凝胶为固定相,因此也称为凝胶色谱法。空间排阻色谱的分离原理是利用凝胶中孔径大小的不同,当试样随流动相进入色谱柱,在凝胶间隙及空穴旁流过时,试样中体积较大的分子被完全排斥在空穴之外,直接通过色谱柱并最早流出。小分子可以进入所有空穴而形成全渗透,最晚流出。

高效液相色谱法中,选择哪种分离类型能满足分析的要求,首先要考虑分析对象的物理和化学性质。也就是要考虑以下样品信息:①样品是水溶性的还是可溶于有机溶剂;②样品是大分子还是小分子,相对分子质量在什么范围;③样品是离子状态的还是非离子状态的。

在选择高效液相色谱模式时,首先要了解样品的溶解性,如果不知道它的溶解性能,可以用戊烷或氯仿和水作溶剂做一下溶解实验,如果知道样品的化学结构也可以估计它在水或有机溶剂中的溶解性能;其次,要了解的是样品的相对分子质量大小,如果不知道,可以用体积排阻色谱法分离,很快得出数据。按照排阻色谱柱的性能,既可以用于水溶性又可以用于有机溶性样品的分离。用排阻色谱法可以估计样品简单还是复杂。如果样品中只含有相对分子质量大小差别不大的组分,就要使用高效液相色谱的其他模式进行分离。

(1) 水溶性样品的分离

如果是低分子质量的水溶性样品,而且分子质量相差较大,使用小孔填料的排阻色谱法进行分离是比较合适的。如果样品的分子质量相差不大,就要考查样品中是否含有离子型或可电离的组分,若样品中的组分都是非离子型的,最好选用键合相色谱分离,而且应首先试用反相色谱。但在反相色谱中,极性较强的水溶性样品,由于保留值低,很快出峰,分离不好,对于这类样品应该用氨基、二醇基柱的正相色谱进行分离,并用有机溶剂和水的混合液进行洗脱。有些样品可以用硅胶柱的吸附色谱,并以含水或甲醇的溶剂进行洗脱。

如果是低分子质量离子型(或是可电离的)样品,有几种方法可以使用,如为弱酸或弱碱,最为简单的办法是完全抑制电离。例如羧酸样品使用 pH 为 1~2 的流动相,就可以把样品作为非离子型样品进行分离。这样的方法要比使用离子交换色谱更简便,通常可以获得满意的结果。在键合相色谱中,对强碱性样品(pH>6)不能使用离子抑制技术,因为不可能把流动相的 pH 增大到足以抑制样品电离而又不破坏固定相基质(以硅胶为基质的键合填料)的程度。强碱性样品应和强离子型样品一样,用离子对色谱进行分离。离子对色谱几乎适用于所有离子型或可电离的样品,但更适合于电离度较高的组分。

如为小分子的无机或有机离子,离子色谱是首选的方法,特别是一些无机阴离子,离子色谱法是很简便的分析方法。

分子质量较大的水溶性样品,可根据它是离子型或非离子型进行不同的处理,对分子质量较大的离子型组分也可以用离子抑制技术处理;对于相对分子质量在 2000~5000 的各类组分优先用体积排阻色谱法进行分离。

高效液相色谱法是分离分析生物大分子生化样品应用最广泛的方法,各种分离模式(反相色谱、正相离子交换色谱、体积排阻色谱、疏水作用色谱和亲和色谱等)都有应用。在高效液相色谱法的各种分离类型中,反相高效液相色谱应用最为广泛,有 3/4 的工作是用反相高效液相色谱进行的。在分离生物大分子中也是应用反相高效液相色谱为最多。所用的反相色谱柱多为 C18 或 C8 的键合硅胶填料,这种填料有较大的微孔,并把键合以后残余的硅醇基用三甲基氯硅烷封闭。微孔为 30nm 的填料也可以使用,但是如在样品中有酶解不完全的蛋白质,在分离上将造成困难。

离子交换色谱也是分离生物大分子的重要方法,有不少人研究用各种离子交换色谱填料分离蛋白质的性能。胶束液相色谱也广泛用于肽和蛋白质的分离。除去上述的液相色谱模式以外,体积排阻色谱、亲和色谱、疏水作用和亲水作用色谱、免疫色谱也有所应用。

(2) 油溶性样品的分离

在分离油溶性样品时,开始的步骤与水溶性样品相似,首先应使用体积排阻色谱确定样品分子质量大小的特征。分子质量较大的样品可以用适当的大孔硅胶或有机凝胶填料,以有机溶剂为流动相作进一步的分离。对于相对分子量范围在 1000~5000 的样品,可以使用排阻色谱或硅胶吸附色谱。对于含有少量分子质量相差很大的样品,宜优先使用排阻色谱进行分离。硅胶吸附色谱或极性键合相色谱也可以分离许多合成和天然的齐聚物混合物,尤其适于那些非离子型和相对分子质量低于 2000 的齐聚物的分离。

对于相对分子质量低于 2000 的样品,如果样品只有几个组分,而且分子质量又相差较大,使用小孔硅胶或其他凝胶填料的排阻色谱柱进行分离,是较易实现的。在此情况下也可以用反相色谱进行分离。如果样品比较复杂而且分子质量相近,则要考虑其他各种模式的高效液相色谱方法。对离子型或可电离的组分,较为适宜的方法是离子对色谱。

对非离子型样品,如果是强亲脂性的,可以使用以有机溶剂为流动相的硅胶吸附色谱。如果样品为弱亲脂性在极性溶剂中又有一定的溶解性,可以采用反相色谱进行分离。如果样品为含有位置异构体的混合物,可以考虑用硅胶为固定相的液固色谱。如果是手性异构体混合物,那就要用手性固定相的色谱方法,或在流动相中添加手性选择剂进行分离。对分离类型的选择可参考图 14-13。

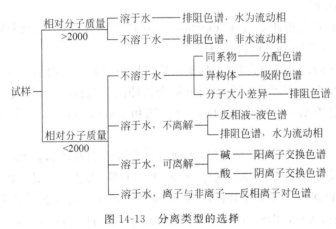

图 14-13 分离类型的选择

2. 色谱条件的选择

(1) 洗脱方法

① 等梯度度洗脱:是用一定组成的流动相进行洗脱的方法,色谱重现性好,操作简单。

但分离含有保留时间相差很大成分的混合物时,分离时间较长。主要用于组分简单样品分析。

②梯度洗脱:是连续改变流动相组成的方法。分离度及灵敏度均比固定组成洗脱法高,并可缩短分析时间。为获得重现性好的结果,梯度洗脱所需的时间、色谱柱平衡时间、色谱柱清洗时间等均须保持一定。适合分离组分较复杂的样品,梯度洗脱是目前常用的洗脱方式。

③分段洗脱:用阀门转换不同组成的流动相进行洗脱的方法。

(2) 流速

流速是调整分离度和出峰时间的重要可选择参数。柱效是柱中流动相线性流速的函数,使用不同的流速可得到不同的柱效。对于一根特定的色谱柱,要追求最佳柱效,最好使用最佳流速。流速增大,分离度增大,峰形较好,但会导致柱压升高,流速过大会把色谱柱损坏;流速减小,分离度减小,峰会展宽。

(3) 流动相的选择

选择流动相时应注意以下几个问题:①尽量使用高纯度试剂作流动相,防止微量杂质长期积累损坏色谱柱和使检测器噪声增加;②避免流动相与固定相发生作用而使柱效下降或损坏柱子,如使固定液溶解流失,酸性溶剂破坏氧化铝固定相等;③试样在流动相中应有适宜的溶解度,防止产生沉淀并在柱中沉积;④选择的流动相应满足检测器的要求,如当使用紫外检测器时,流动相不应有紫外吸收;⑤在选择流动相时,溶剂的极性是选择的重要依据,常用溶剂的极性大小顺序为:水(最大)>甲酰胺>乙腈>甲醇>乙醇>丙醇>丙酮>二氧六环>四氢呋喃>甲乙酮>正丁醇>乙酸乙酯>乙醚>异丙醚>二氯甲烷>氯仿>溴乙烷>苯>四氯化碳>二硫化碳>环己烷>己烷>煤油(最小);⑥当纯溶剂不能满足分离要求时,多采用混合溶剂或梯度洗脱。

(4) 分离柱的选择

正相色谱用的固定相通常为硅胶(silica)以及其他具有极性官能团胺基团,如(NH_2、APS)和氰基团(CN、CPS)的键合相填料。

由于硅胶表面的硅羟基(SiOH)或其他极性基团极性较强,因此,分离的次序是依据样品中各组分的极性大小,即极性较弱的组分最先被冲洗出色谱柱。正相色谱使用的流动相极性相对比固定相低,如正己烷(hexane)、氯仿(chloroform)、二氯甲烷(methylene chloride)等。

反向色谱用的填料常以硅胶为基质,表面键合有极性相对较弱官能团的键合相。反向色谱所使用的流动相极性较强,通常为水、缓冲液与甲醇、乙腈等的混合物。样品流出色谱柱的顺序是极性较强的组分最先被冲洗出,而极性弱的组分会在色谱柱上有更强的保留。常用的反向填料有:C18(ODS)、C8(MOS)、C4(Butyl)、C_6H_5(Phenyl)等。

聚合物填料多为聚苯乙烯-二乙烯基苯或聚甲基丙烯酸酯等,其主要优点是在 pH 为 1~14 时均可使用。相对于硅胶基质的 C18 填料,这类填料具有更强的疏水性;大孔的聚合物对蛋白质等样品的分离非常有效。现有的聚合物填料的缺点是相对硅胶基质填料,色谱柱柱效较低。

思考题

14-1 从一张色谱流出曲线上,能获得哪些信息?

14-2 欲使两种组分完全分离,必须符合那些要求?这些要求与哪些因素有关?

14-3 今有五个组分 A、B、C、D 和 E,在气液色谱上分配系数分别为 480、360、490、496 和 473。试指出它们在色谱柱上的流出顺序。为什么?

14-4 下列各项对柱的塔板高度有何影响?试解释之。

(1) 增大相比;　　　　　(2) 减小进样速度;

(3) 增加气化室的温度;　(4) 提高载气的流速;

(5) 减小填料的粒度;　　(6) 降低色谱柱的柱温。

14-5 用色谱基本理论来解释对载体和固定液的要求。

14-6 用一根柱长为 1m 的色谱柱分离含有 A、B 两个组分的混合物,它们的保留时间分别为 14.4min、15.4min,其峰底宽 W_b 分别为 1.07min、1.16min。不被保留组分的保留时间为 4.2min。试计算 A、B 两组分的:(1)分离度 R;(2)选择性系数 r_{BA};(3)达到分离度 1.5 时所需柱长。

第15章

色谱-质谱联用技术

15.1 气相色谱-质谱联用技术

气相色谱法是一种将分离和分析结合起来的测定方法,具有分离效率高、定量分析快速灵敏的特点,但不适合复杂混合物的定性鉴定;质谱法具有灵敏度高、定性能力强等特点,但其定量分析能力较差,另一方面,质谱法不能对混合物质直接进行分析,所分析的物质必须是纯物质的特点也限制了其应用。二者联用,将复杂混合物经色谱仪分离成单个组分后,再利用质谱仪进行定性鉴定,就可以使分离和鉴定同时进行,对于混合物的分析测定是一种理想的仪器。

气相色谱-质谱法(gas chromatography—mass spectrometry,GC-MS)是将气相色谱仪作为质谱仪的进样装置,在待测混合物进入质谱仪之前,先经气相色谱的分离,使得到的不同组分按时间先后顺序进入质谱仪中进行分析,最终可分别得到混合物中不同组分的质谱图,根据不同组分的质谱图可对组分进行定性分析,根据组分的色谱峰可对组分进行定量分析。

15.1.1 GC-MS联用仪及其工作原理

气相色谱-质谱仪主要由色谱部分、质谱部分和计算机(数据处理系统)三部分组成(图15-1)。色谱部分和一般的色谱仪基本相同,包括分流/不分流进样系统,载气系统,色谱柱、也带有汽化室和程序升温系统、压力、流量自动控制系统等。在进行色谱分析时,仍然是根据待测样品的性质选择合适的色谱柱,并根据样品中组分的性质设置合适的升温程序。但是色谱的检测系统一般不再使用常规的气相色谱检测器(如氢火焰离子化检测器等),而是利用质谱仪作为色谱的检测器。混合样品在色谱部分被分离成单个组分,然后进入质谱仪进行鉴定。

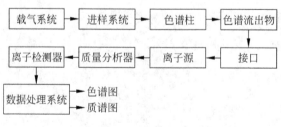

图15-1 气相色谱-质谱仪的流程示意图

色谱-质谱技术的接口技术是联用需要解决的一个核心技术问题。色谱仪是在常压下工作,而质谱仪需要高真空,因此,气相色谱的载气,在进入质谱离子源之前必须除去。对于气相色谱-质谱联用仪,如果色谱仪使用填充柱,则样品经色谱仪分离后,必须经过接口装置——扩散型分子分离器,除去色谱载气后,使经色谱分离获得的组分进入质谱仪。如果色谱仪使用毛细管柱,则可用不锈钢毛细管直接连接色谱柱和质谱的离子源,使经分离获得的组分经不锈钢毛细管直接进入质谱仪的离子源,因为毛细管载气流量比填充柱小得多,不会破坏质谱仪真空。

当经色谱柱分离后的不同组分通过接口按不同顺序逐一进入质谱仪后,只要设定好离子源的电离电压、质谱分析器扫描的质量范围和扫描时间,则不同组分就被离子源电离,从而得到具有组分信息的离子,再经分析器将离子源产生的离子按质荷比(m/z)顺序分开并排列成谱。GC-MS 的质谱仪部分可以是磁式质谱仪、四极质谱仪,也可以是飞行时间质谱仪和离子阱。目前使用最多的是四极质谱仪。离子源主要是电子电离源(EI 源)和化学电离源(CI 源)。

GC-MS 的数据处理系统由计算机控制。GC-MS 的主要操作程序,包括设置色谱和质谱的工作条件,数据的收集和处理以及库检索等由计算机软件控制进行。这样,一个混合物样品进入色谱仪后,在合适的色谱条件下,被分离成一个一个的单一组成并按时间顺序逐一进入质谱仪的离子源,经离子源电离并经分析器分离后即按 m/z 顺序排列成谱,最后经检测器检测即得每个组分的质谱图。这些信息都由计算机储存,经过适当处理,可以得到混合物的色谱图、单一组分的质谱图,经计算机进行谱库检索后可得到化合物的定性结果,根据色谱图还可以进行各组分的定量分析。因此,GC-MS 是有机物定性、定量分析的有力工具。

15.1.2 GC-MS 分析方法

在 GC-MS 分析中,色谱的分离和质谱数据的采集是同时进行的。为了使待测定样品中的每个组分都能得到有效分离并准确加以鉴定,必须设置合适的色谱和质谱分析条件。

色谱条件包括色谱柱类型(填充柱或毛细管柱)、气化温度、载气流量、是否分流进样、分流比、升温程序等。在分析样品前要尽量了解样品的情况,比如样品组分的多少、沸点范围、相对分子质量范围、化合物类型等。这些是选择分析条件的基础。一般情况下如果样品组成简单,可以使用填充柱;如果样品组分复杂,则一定使用毛细管柱。目前的 GC-MS 分析多使用毛细管柱。根据样品类型选择不同的色谱柱固定相,如极性、非极性和弱极性等。分析非极性样品采用非极性毛细管柱,若样品的极性未知,可先选用中等极性的毛细管柱,试用后再调整。气化温度一般要高于样品中最高沸点 20~30℃,柱温要根据样品情况设定。低温下,低沸点组分出峰;高温下,高沸点组分出峰。选择合适的程序升温条件,使沸点范围很宽的各组分都能很好地分离。有关 GC-MS 分析中的色谱条件如气化温度、载气流量、升温程序等的设置方法与普通色谱法的设置原则相同。

质谱条件的选择包括扫描范围、扫描速度、灯丝电流、电子能量、倍增器电压等。扫描范围就是可以通过分析器的离子的质荷比范围,该值的设定取决于欲分析化合物的相对分子质量,应该使化合物所有的离子都出现在设定的扫描范围之内。例如化合物的最大相对分子质量为 350 左右,则扫描范围上限可设到 400 或 450,扫描下限一般从 15 开始,有时为了去掉水、氮、氧的干扰,也可以从 33 开始扫描。扫描速度视色谱峰宽而定,一个色谱峰出峰时间内最好有 7~8 次扫描,这样得到的重建离子流色谱图比较圆滑,一般扫描速度可设在 0.5~2s 扫一个完整质谱即可。灯丝电流一般设在 0.20~0.25mA。灯丝电流小,仪器灵敏度太低,电流太大,则会降低灯丝寿命。电子能量一般为 70eV,标准质谱图都是在 70eV 下得到的。改变电子能量会影响质谱中各种离子间的相对强度。如果质谱中没有分子离子峰或分子离子峰很弱,为了得到分子离子,可以降低电子能量到 15eV 左右。此时分子离子峰的强度会增强,但仪器灵敏度会大大降低,而且得到的不再是标准质谱。倍增器电压与灵敏度有直接关系。在仪器灵敏度能够满足要求的情况下,应使用较低的倍增器电压,以保护倍增器,延长其使用寿命。

实际上,在进行任何样品的分析测定时,在设置色谱和质谱条件前都需要先查阅文献,如果有文献可以参考,就首先采用文献报道的条件进行测定,然后根据测定结果结合样品的情况再做适当的调整。

质谱仪扫描方式有两种:全扫描和选择离子扫描。全扫描(full scan)是对指定质量范围内的离子全部扫描并记录,得到的是总离子色谱图和每一个被分离组分的正常质谱图,总离子色谱图的形状和普通色谱图是一致的,组分的质谱图可以提供组分的分子质量和结构信息,可以进行库检索。另外一种扫描方式叫选择离子监测(select ion monitoring,SIM)。选择离子监测只对选定的离子进行检测,而其他离子不被记录。它的最大优点是选择性好,由于只记录特征的、指定的离子,不相关的、干扰离子统统被排除,因此可以把全扫描方式得到的非常复杂的总离子色谱图变得十分简单。另外,选择离子监测的检测灵敏度也大大提高。在全扫描情况下,假定一秒钟扫描 2~500 个质量单位,那么,扫过每个质量所花的时间大约是 $\frac{1}{500}$ s,也就是说,在每次扫描中,有 $\frac{1}{500}$ s 的时间是在接收某一质量的离子。在选择离子扫描的情况下,假定只检测 5 个质量的离子,同样也用一秒,那么,扫过一个质量所花的时间大约是 $\frac{1}{5}$ s。也就是说,在每次扫描中,有 $\frac{1}{5}$ s 的时间是在接收某一质量的离子。因此,采用选择离子扫描方式比全扫描方式灵敏度可提高大约 100 倍。但是,由于选择离子扫描只能检测有限的几个离子,不能得到完整的质谱图,因此一般情况下不能用来进行未知物定性分析和谱库检索。选择离子扫描方式最主要的用途是目标化合物的定量分析。选择离子扫描技术可以消除其他组分对待测组分的干扰,是进行微量成分定量分析常用的扫描方式。

在所有的条件确定之后,在计算机的色谱和质谱控制软件上输入设定的条件,将样品用微量注射器或自动进样器注入色谱仪的进样口,同时启动色谱和质谱,即可进行 GC-MS 分析。

15.1.3 GC-MS 的实验条件

GC-MS 从开机到正常工作需要对仪器进行一系列的调整,否则将不能进行正常的工作。这些调整工作包括:①抽真空。质谱仪必须在真空条件下才能进行正常工作,因此仪器使用前必须首先抽真空,如果仪器使用的是扩散泵,则需要 2h 左右的时间抽真空,如果仪器使用的是分子涡轮泵,则抽真空的时间只需要 20min 左右。一般的 GC-MS 仪器上都装有真空仪表,当仪表显示小于等于 10^{-5} mbar(10^{-2} Pa)时,就可以进行下一步的工作了。②对质谱仪的质量指示进行校准。一般四极质谱仪使用全氟三丁胺(FC-43)作为校准气。用 FC-43 的 m/z 69,131,219,414,502 等几个质量对质谱仪的质量指示进行校正。这项工作可由仪器自动完成。③设置合适的 GC 和 MS 操作条件。GC 操作条件包括气化温度、载气流量、分流比、升温程序等;MS 操作条件包括质量范围、扫描速度、灯丝电流、电子能量、倍增器电压等。④测定灵敏度。通过 GC 进六氯苯 1pg,在一定的质谱条件下(EI 离子源 70eV 电子能量,0.25mA 电流)采集六氯苯的质谱,用 m/z 282 做质量色谱图,测定质量色谱的信噪比,如果信噪比小于 10,则要增加进样量,达到一定信噪比的进样量为该仪器的灵敏度。调整工作完成后,即可利用选择的 GC 和 MS 条件,进行样品的分析测试工作。

15.1.4 GC-MS 的谱图信息

GC-MS 分析的关键是设置合适的分析条件,使各组分得到满意的分离,得到很好的总离子流色谱图和质谱图,在此基础上才得到满意的定性和定量分析结果。GC-MS 分析得到的主要信息有 3 个:样品的总离子流色谱图、样品中每一个组分的质谱图、每个质谱图的检索结果。一般来说,在总离子色谱图上有几个组分峰,即可得到相应的几个质谱图。此外,还可以得到质量色谱图、三维色谱质谱图等。对于高分辨率质谱仪,还可以得到化合物的精确相对分子质量和分子式。

总离子色谱图的形状和普通色谱图是一致的,它可以认为是用质谱作为检测器得到的色谱图;利用每个组分峰相对应的质谱图可以对组分进行定性分析,利用组分峰的峰面积可对组分进行定量分析。

1. 总离子色谱图

分析测定时,待测样品经色谱柱分离后不断地流入离子源并被连续电离,离子由离子源不断地进入分析器并不断得到质谱,当有样品进入离子源时,计算机就采集到具有一定离子强度的质谱。并且计算机可以自动将每个质谱的所有离子相加,显示出总离子强度,总离子强度随时间变化的曲线就是样品总离子色谱图。也就是说,在计算机终端最终可以得到所有被分离组分的总离子色谱图(total ion chromatogram)。

利用 GC-MS 对某一混合物进行分析测定时,得到的总离子色谱图。总离子色谱图的横坐标是出峰时间,纵坐标是信号强度,图中每个峰表示样品的一个组分,峰面积和该组分含量成正比,可用于定量。由 GC-MS 得到的总离子色谱图与一般色谱仪得到的色谱图外形上基本上是一样的。如果分别用 GC-MS 和一般色谱仪(如 GC-FID)分析同一样品,只要所用色谱柱相同,样品中组分峰的出现顺序就相同。其差别在于两种色谱图中同一成分的校正因子不同。另外,由 GC-MS 的总离子色谱图的组分峰可以得到该组分的质谱图,可以对该组分同时进行定性分析。

2. 质谱图

由总离子色谱图可以得到任何一个组分的质谱图。一般情况下,为了提高信噪比,通常由色谱峰峰顶处得到相应质谱图。但如果两个色谱峰有相互干扰,应尽量选择不发生干扰的位置得到质谱,或通过扣除本底消除其他组分的影响。

3. 库检索

得到质谱图后可以利用图谱解析方法对组分进行定性,也可以通过计算机谱库检索对组分进行定性。目前的 GC-MS 联用仪有几种数据库,主要有 NIST 库、Willey 库、农药库、毒品库等。其中应用最为广泛的有 NIST 库和 Willey 库,前者目前有标准化合物谱图 13 万张,后者有近 30 万张。

一般谱库检索结果会给出几个可能的化合物,并以匹配度大小顺序排列出这些化合物的名称、分子式、相对分子质量和结构式等。如果匹配度比较好,比如 900 以上(最好为 1000),那么可以认为这些化合物就是欲求的未知化合物。也可以根据检索结果和样品组分的相关其他信息,确定最终的检索结果。

4. 质量色谱图(提取离子色谱图)

总离子色谱图是将每个质谱的所有离子加和得到的。同样,由质谱中任何一个质量的离子也可以得到色谱图,即质量色谱图。质量色谱图是由一个质量的离子得到的色谱图,因此,其质谱中不存在这种离子的化合物,也就不会出现色谱峰。假定做质量为 m 的离子的质量色谱图,如果某化合物质谱中不存在这种离子,那么该化合物就不会出现色谱峰。一个混合物样品中可能只有几个甚至一个化合物出峰。利用这一特点可以识别具有某种特征的化合物,也可以通过选择不同质量的离子做质量色谱图,使正常色谱不能分开的两个峰实现分离,以便进行定量分析(图 15-2)。由于质量色谱图是采用一种质量的离子作色谱图,因此,进行定量分析时也要使用同一离子得到的质量色谱图测定校正因子。

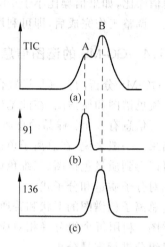

图 15-2　利用质量色谱图分开重叠峰
(a) 总离子流色谱图;
(b) 以 m/z 91 所作的质量色谱图;
(c) 以 m/z 136 所作的质量色谱图

15.1.5　GC-MS 定性及定量分析

1. GC-MS 定性分析

得到质谱图后可以利用图谱解析方法对组分进行定性,也可以通过计算机谱库检索对组分进行定性。GC-MS 最常用的定性方式是库检索。由总离子色谱图可以得到任一组分的质谱图,由质谱图可以利用计算机在数据库中检索。检索结果可以给出几个最可能的化合物,并以匹配度由大到小的顺序列出这些化合物的名称、分子式、相对分子质量、结构式。

利用计算机进行库检索是一种快速、方便的定性方法。但是在利用计算机检索时应注意以下几个问题:①数据库中所存质谱图有限,如果未知物是数据库中没有的化合物,检索结果仍然会给出几个相近的化合物。这种结果显然是错误的。②由于质谱法本身的局限性,一些结构相近的化合物其质谱图也相似。这种情况也造成了检索结果的不可靠。③由于色谱峰分离不好以及本底和噪声影响,使得到的质谱图质量不高,这样所得到的检索结果也会很差。遇到这些情况,需要尽量设法扣除本底,减少干扰,提高色谱和质谱的信噪比,以提高质谱图的质量,增加检索的可靠性。值得注意的是,检索结果只能看作是一种可能性,匹配度大小只能表示可能性的大小,不会是绝对正确。为了分析结果的可靠,最好的办法是有了初步结果后,再根据这些结果找来标准样品进行核对。

因此,在利用数据库检索之前,应首先得到一张很好的质谱图,并利用质量色谱图等技术判断质谱中有没有杂质峰,得到检索结果之后,还应根据未知物的物理、化学性质以及色谱保留值、红外、核磁谱等综合考虑,才能给出定性结果。

2. GC-MS 定量分析

GC-MS 定量分析方法与一般色谱定量分析方法类似。由 GC-MS 得到的总离子色谱图或质量色谱图,其色谱峰面积与相应组分的含量成正比,若对某一组分进行定量测定,可以采用一般色谱分析法中的归一化法、外标法、内标法等不同方法进行。这时,GC-MS 法可以理解为将质谱仪作为色谱仪的检测器,其余均与色谱法相同。与色谱法定量不同的是,GC-MS 法除了可以利用总离子色谱图进行定量之外,还可以利用质量色谱图进行定量,这样可以最大限度地去除其他组分干扰。值得注意的是,质量色谱图由于是用一个质量的离子做出的,它的峰面积与总离子色谱图有较大差别,在进行定量分析过程中,峰面积和校正因子等的测定都要使用质量色谱图。

在 GC-MS 定量分析中,质谱仪还可采用选择离子扫描方式。采用选择离子扫描方式进行定量分析可以大大提高检测的灵敏度和选择性。对于待测组分,可以选择一个或几个特征离子,而相邻组分不存在这些离子。这样得到的色谱图,待测组分就不存在干扰,同时有很高的灵敏度。用选择离子得到的色谱图进行定量分析,具体分析方法与质量色谱图类似。但其灵敏度比利用质量色谱图会高一些,利用选择离子扫描方式进行定量分析是 GC-MS 定量分析中常用的方法。

15.2 气相色谱-质谱法在环境样品分析中的应用

气相色谱-质谱分析法在环境样品分析中有着十分广泛的应用,可用于环境样品中有机污染物成分的鉴定、有机污染物含量的测定等方面。

15.2.1 GC-MS 用于大气颗粒物中多环芳烃的分析

1. 样品的采集和预处理

利用大气采样器采集大气样品,用玻璃纤维滤膜收集空气中颗粒态多环芳烃(PAHs)。将采集了大气颗粒物的玻璃纤维滤膜的尘面向内折成筒状,放入索氏提取器中,加入 125mL 二氯甲烷作提取剂,回流提取 6h,水浴温度控制在 80℃左右。将提取液在旋转蒸发仪上浓缩至 3mL 左右,用微孔滤膜过滤,再用氮吹仪吹至微量后定容 2mL。利用 GC-MS 仪进行测定。

2. GC-MS 分析条件

色谱分析条件。色谱柱:弹性石英毛细色谱柱 J&W DB-5(30m×0.32mm×0.32μm);程序升温设置:起始 50℃保持 1min,升温速率 4.0℃/min 升至 150℃后保持 10min,继续以 8.0℃/min 升至 270℃后保持 5min;进样口温度 280℃;载气为氦气,流速为 1mL/min;进样方式:手动进样;GC-MS 接口温度:280℃。

质谱分析条件。离子源类型:EI;离子源温度:230℃;四级杆温度:230℃;质量扫描范围(m/z):50~500。

通过色谱峰保留时间和 NIST 质谱谱库检索进行定性分析,用外标法进行定量分析。

15.2.2 GC-MS 测定饮用水和地表水中挥发性有机污染物

1. 样品的采集和预处理

用有机玻璃采水器在地表水监测断面或饮用水源监测断面采集一定体积的水样,将 5mL 标准样品或实际水样注入吹扫管,吹扫捕集装置为 HP 7695 Purge & Trap Concentrator,5mL 吹扫管,捕集柱型号为 trap I(VOCARB 4000),吹扫气为高纯氦气,流速 40mL/min,吹扫时间 11min,脱附时间 4min(脱附温度 200℃)后,用 GC-MS 进行分析。

2. GC-MS 分析条件

色谱-质谱仪为 HP 6890GC-5973MS 色质联用仪(美国惠谱),色谱柱为 DB-1701 熔融石英毛细管柱(60m×0.32mm×0.25μm)。

色谱操作条件。进样口温度:230℃;进样方式:不分流进样;载气(99.999%高纯氦气)流速:1.0mL/min;柱温:起始温度30℃,持续2min,以3℃/min升温至180℃后保持10min;色谱质谱传输线温度为250℃。

质谱操作条件。EI(离子源)温度:230℃;四极杆温度:106℃;发射电子能:70eV;质量扫描范围:50~500。

15.2.3 土壤中有机氯农药类 POPs 的测定

土壤的预处理:将 30g 土壤样品装入加速溶剂萃取仪的萃取池中,加入 20μL 5μg/mL 的替代物溶液后上机萃取。溶剂为正己烷-丙酮混合溶剂(1:1),加热温度100℃,静态萃取时间为10min,萃取压力为 1500psi($1.034×10^7$Pa),静态萃取循环次数 2 次,溶剂快速冲洗样品体积为 60%,氮气吹扫收集全部提取液时间为 100s。

萃取完成后冷却萃取溶液,将萃取液转移至锥形瓶中,加铜丝、无水硫酸钠脱硫去水,过滤溶液后转移至茄形烧瓶,旋转蒸发器上浓缩至约 2mL,向茄形烧瓶中加入 15mL 正己烷,在旋转蒸发器上浓缩至约 2mL,该步骤连续重复 2 次用来替换溶剂。将浓缩液完全转移至 10mL 具塞刻度试管中,用氮吹仪浓缩至约 1mL,利用下面的操作进行净化。

将氟罗里硅土柱(2000mg)用 10mL 丙酮洗涤后,再用 20mL 正己烷活化。将待净化的样品溶液转移至已活化的氟罗里硅土小柱上,加入 10mL 丙酮-正己烷(丙酮与正己烷体积比为 2:98)混合溶剂洗脱,用 10mL 具塞刻度试管接收全部洗脱液。用 N_2 浓缩至约 1mL,加入 20μL 内标溶液(5μg/mL),用正己烷定容至 1.0mL,利用 GC-MS 进行分析。进样量为 2μL。

GC-MS 分析条件

色谱分析条件。色谱柱:DB-1(30m×0.32mm×0.25μm);进样口温度:250℃;色谱-质谱接口温度:270℃;离子源温度:230℃;进样方式:不分流进样;程序升温条件:70℃(保持 1min),以 20℃/min 升至 130℃,再以 5℃/min 升至 210℃,再以 15℃/min 升至 300℃。

质谱分析条件。离子源:EI,70eV;扫描范围(m/z):35~500;定性分析为全扫描方式,定量分析为选择离子检测(SIM)模式。

15.3 液相色谱-质谱联用技术

色谱-质谱联用技术是当代最重要的分离和鉴定的分析方法之一。色谱的优势在于分离,色谱的分离能力为混合物的分离分析提供了最有效的工具,但色谱方法难以得到物质的结构信息,其主要靠与标样对比达到对未知物结构的推定,在对复杂混合未知物的结构分析方面显得薄弱。液相色谱法最为常用的检测器为紫外(UV)检测器,紫外检测器对于无紫外吸收化合物的检测和大量未知化合物的定性分析还需依赖于其他手段。质谱法能提供丰富的结构信息,但其需要纯物质进样,不能直接分析复杂的混合物质。长期以来,人们为解决这两种技术的弱点发展了许多技术,其中色谱-质谱联用技术是最具发展和应用前景的技术之一。

目前气相色谱-质谱联用技术(GC-MS)在样品分析中已经得到很广泛的应用。其仪器设备及分析技术已相对十分成熟。但 GC-MS 只适用于分析挥发性和低分子质量的化合物,对于强极性的、离子化的、不易挥发性和热不稳定性的化合物以及一些大分子质量化合物的分析(如蛋白质、多肽等),迫切需要用液相色谱-质谱联用技术解决实际问题。

对于液相色谱常用的几种检测器而言,以质谱作为检测器的液相色谱-质谱联机弥补了传统液相色谱检测器的不足,具有高分离能力、高灵敏度、应用范围更广和具有极强的专属性等特点,目前已越来越受到人们的重视。据估计已知化合物中约 80% 的化合物均为亲水性强、挥发性低、热不稳定化合物及生物大分子,这些化合物广泛存在于当前应用和发展最广泛、最有潜力的领域,包括生物、医药、化工和环境等方面,它们的分离需要用液相色谱。因此,液相色谱与质谱的联用可以解决气相色谱-质谱无法解决的问题。

液相色谱-质谱联用技术(liquid chromatography-mass spectrometry,LC-MS)的研究始于 20 世纪 70 年代,与气相色谱-质谱的发展相比,液相色谱-质谱联用技术经历了一个更长的研究和实践过程,直到 90 年代才出现了商品化的联用仪器。

按照联用的要求,色谱-质谱联用技术首先要解决的问题是接口问题。液质联机可以说就是接口技术的发展。理想的接口应能除去全部的载液(或流动相)而使待测物毫无损失地从色谱仪传输给质谱仪,气相色谱-质谱联用仪最常用的接口是直接导入型接口。直接导入型接口是将毛细管的末端直接引入质谱仪的离子源内,色谱柱中的流出物直接进入离子化区。与气相色谱-质谱的连接相比,液相色谱-质谱的衔接更为复杂,首先要解决的是色谱的高压液相和质谱的低压气相的矛盾。早期的液相色谱-质谱接口技术的研究主要集中在去除液相色谱的流动相方面,近些年发展起来的电喷雾接口和大气压化学电离源接口使得液相色谱-质谱联机技术有了突破性的发展,使得热不稳定和强极性化合物在不加衍生化的情况下的直接分析成为可能,真正实现了仪器的商品化并被广泛应用。

15.3.1 液相色谱-质谱法的主要接口技术

液相色谱-质谱联用仪的基本分析流程为:待测的混合样品经高效液相色谱柱分离后成为多个单一组分,被分开的组分依次通过液相色谱-质谱接口进入质谱仪的离子源,经离子源离子化后的样品组分经过质量分析器分析后由检测系统记录,后经数据系统采集处理,得到带有结构信息的质谱图。

液相色谱-质谱联用仪的液相色谱部分与传统的液相色谱部分相同。包括了储液器、高压泵、梯度洗提装置、色谱柱、检测器和数据记录系统等部件。与普通高效液相色谱法的不同之处在于，普通高效色谱法常用的检测器为紫外光度检测器、光电二极管阵列检测器、荧光检测器、示差折光检测器等，而液相色谱-质谱联用仪一般不再用以上这些常规的液相色谱检测器，而是利用质谱仪作为色谱的检测器。在色谱部分，混合样品在合适的色谱条件下被分离成单个组分，然后进入质谱仪进行鉴定。

液相色谱-质谱法的接口技术是联用需要解决的一个核心技术问题。液相色谱仪是在常压或高压下工作，而质谱仪需要高真空，因此，液相色谱中的溶剂和流动相，在进入质谱离子源之前必须除去。液相色谱-质谱技术的接口的主要作用是分离除去流动相并使待测组分气化，同时完成样品分子的电离。

近些年发展起来的电喷雾电离(ESI)和大气压化学电离(APCI)接口是一项高效的离子化技术。这两种接口既可作为液相色谱-质谱仪之间的接口装置，同时又是电离装置。有关电喷雾电离源和大气压化学电离源的结构和机理已在前面讲述。

电喷雾电离源与大气压化学电离源在结构上有很多相似之处，但也有不同的地方。掌握它们的差异对正确选择不同电离方式用于不同样品的相对分子质量测定与结构分析具有重要的意义。电喷雾电离与大气压化学电离的主要差别包括：①电离机理不同。电喷雾电离源(ESI)是一种"软"电离技术，它采用离子蒸发方式使样品分子电离，对于相对分子质量在1000以下的小分子，会产生$[M+H]^+$或$[M-H]^-$离子，选择相应的正离子或负离子模式进行检测，就可得到物质的相对分子质量。而相对分子质量高达20000的大分子在电喷雾电离中常常生成一系列多电荷离子，根据此特性可分析蛋白质和DNA等生物大分子。大气压化学电离源是借助电晕放电启动一系列气相反应以完成离子化过程。通过放电尖端高压放电促使溶剂和其他反应物电离、碰撞以及电荷转移等方式形成反应气等离子区。大气压化学电离通常用于分析有一定挥发性的中等极性和弱极性小分子化合物，相对电喷雾电离对溶剂、流速和添加物的依赖小。②样品的流速不同。大气压化学电离源允许的流量相对较大，可从0.2mL/min到2mL/min，直径4.6mm的高效液相色谱(HPLC)柱可与大气压化学电离源接口直接相连。而电喷雾源允许流量相对较小，最大只能为1.0mL/min，最低流速可小于$5\mu L/min$，通常与HPLC的微径柱(如2.1mm)或毛细管色谱柱相连。③样品分子的断裂程度不同。大气压化学电离源的探头处于高温，尽管热能主要用于气化溶剂与加热N_2气，对样品影响并不大，但对热不稳定的化合物就足以使其分解，产生碎片，而电喷雾源探头处于常温，所以常生成分子离子峰，不易产生碎片。

15.4 液相色谱-质谱分析条件的选择和优化

15.4.1 接口的选择

在实际应用中，电喷雾电离源和大气压化学电离源有各自的优势和弱点，因此这两种接口技术是测定不同物质互为补充的两种电离手段。一般来说，电喷雾电离源适合分析中等极性到强极性的化合物分子，特别是那些在溶液中能预先形成离子的化合物和可以获得多个质子的大分子(如蛋白质)。只要是极性较强的小分子物质，用电喷雾电离源分析总能得到满意的结果。大气压化学电离源比较适合分析非极性或中等极性的小分子化合物。表 15-1 对电喷雾电离源和大气压化学电离源两种接口技术进行了比较。

表 15-1 电喷雾电离源和大气压化学电离源的区别

项目	电喷雾电离源（ESI）	大气压化学电离源（APCI）
电离原理	电离过程是由电场产生带电液滴，然后通过离子蒸发生成待分析离子，雾化通常通过气动辅助。离子在溶液中生成，除生成单电荷离子外还可以生成多电荷离子。	气态化学电离过程，溶剂或反应气在电晕针的作用下先带电，再转移给化合物形成离子；离子在气态条件中生成，只生成单电荷离子。
可分析样品	是分析热不稳定化合物的首选，化合物无需具有挥发性；可分析蛋白质、肽类、低聚核苷酸、儿茶酚胺、季铵盐、氨基甲酸酯、抗生素等含杂原子的化合物。	分析热稳定并具有一定挥发性的化合物，非极性、中等极性的小分子；脂肪酸、邻苯二甲酸酯类、碳氢化合物、醇、醛、酮和酯、脲、氨基甲酸酯等都可选用大气压化学电离源进行测定。
色谱柱	可用内径为 2.1mm 或 3.0mm 的色谱柱。	可用内径为 2.1mm、3.0mm、4.6mm 的色谱柱；多用 4.6mm 的色谱柱。
基质和流动相的影响	使用反相流动相；对样品的基质和流动相组成比大气压化学电离源敏感，对挥发性很强的缓冲液也要求使用较低的浓度作为流动相；出现 Na^+、K^+、Cl^-、$CFCOO^-$ 等离子的加成。	正相和反相流动相均可；对样品的基质和流动相组成的敏感程度比电喷雾电离源小；可以使用稍高浓度的挥发性强的缓冲液作为流动相；有机溶剂的种类和溶剂分子的加成影响离子化效率和产物。
溶剂	溶剂 pH 对在溶剂中形成离子的分析物有重大的影响；溶剂 pH 的调整会加强在溶液中非离子化分析物的离子化效率。	溶剂选择非常重要并影响离子化过程；溶剂 pH 对离子化效率有一定的影响。
流动相流速	在较低流速下工作良好（小于 $100\mu L/min$）。	在较高流速下工作良好（大于 $750\mu L/min$）。

15.4.2 正负离子模式的选择

电喷雾电离源和大气压化学电离源接口都有正有负，选择的一般原则为：电喷雾电离源的正离子模式适合于测定碱性样品，如胺、氨基化合物、氨基酸、抗生素等以及一些可接受质子的杂原子化合物，如含有—NH_2、—N、—NH、—CO、—COOR 的化合物，样品中含有仲氨或叔氨时优先考虑选择正离子模式，测定时使用酸性流动相，可用乙酸或甲酸对样品进行酸化；负离子模式适合于分析酸性样品。如有机酸、羟基化合物、磷酸盐化合物、硫酸盐化合物等以及一些含有强负电性基团的化合物，如含氯、溴或多个羟基时，可选用负离子模式，测定时使用中性及弱碱性流动相，可用氨水或三乙胺对样品进行碱化。

有些酸碱性不明确的化合物则要进行预实验才可决定。此时也可优先选用 APCI（+）进行测定。

15.4.3 流动相的选择

电喷雾电离源和大气压化学电离源分析常用的流动相为甲醇、乙腈、水和它们不同比例的化合物以及一些易挥发盐的缓冲液，如甲酸铵、乙酸铵等。还可以加入易挥发酸碱如甲酸、乙酸和氨水等调节 pH。应避免使用不挥发的以及一些含磷和氯的缓冲液，高效液相色谱分析中常用的磷酸缓冲液以及一些离子对试剂如三氯乙酸等要尽量避免使用,若必须使用则选用低浓度。流动相中含钠和钾的成分必须小于1mmol/L,盐分太高会抑制离子源的信号和堵塞喷雾针造成仪器污染,含甲酸(或乙酸)小于2%,含三氟乙酸小于0.5%,含三乙胺小于1%,含醋酸铵小于10~5mmol/L。

流量的大小对分析结果的准确度也有很大的影响。要根据柱内径、柱分离效果、流动相的组成等因素选择合适的流量。在条件允许的情况下尽量选用内径小的柱子以便获得较高的离子化效率。一般情况下,0.3mm内径的液相柱在10μL/min的流量下可得到良好的分离;1.0mm内径的液相柱要求30~60μL/min的流量;2.1mm内径的液相柱在200~500μL/min的流量下可得到良好的分离;4.6mm内径的液相柱在大于700μL/min的流量下方可保证分离度。若使用电喷雾电离源接口,则大多采用1~2.1mm内径的液相柱,流动相的最佳流速为1~50μL/min;如果电喷雾电离源接口使用的是4.6mm内径的液相柱,则需要柱后分流,流动相选用300~400μL/min的流量;大气压化学电离源接口常选用内径4.6mm的液相柱,其流动相的最佳流速为1mL/min。

15.4.4 温度的选择

电喷雾电离源和大气压化学电离源操作中温度的选择和优化主要是指接口的干燥气体而言,一般情况下选择干燥气体温度高于分析物的沸点20℃左右即可。对热不稳定的化合物,要选用更低些的温度以避免显著的分解。

15.4.5 系统背景的消除

与气相色谱-质谱相比,液相色谱-质谱的系统噪声要大得多。液相色谱-质谱的系统噪声产生的原因主要是由于大量的溶剂及其所含杂质直接导入离子化室造成的化学噪声及在高电场中的复杂行为所产生的电噪声。这些噪声常常会淹没信号,有时甚至在总离子流图(TIC)上无法看到组分峰。产生系统噪声的原因及消除噪声的一些措施包括:

(1) 有机溶剂和水。市售的溶剂如甲醇、乙腈等在电喷雾电离条件(ESI)下可能会产生某些杂质的强信号。例如经常会在质谱图中发现m/z 149、m/z 315、m/z 391的信号值,造成很高的干扰。为减小或消除这些干扰,购买的溶剂必须是色谱纯,必要时需要用一定的方法进行纯化,分析中所用的水应为超纯水,并保存在塑料容器中以减少钠离子的混入。

(2) 样品的纯化。样品的纯化方法包括液-液萃取、固相萃取、超滤、灌柱净化、去盐等方法。用这些方法可除去大部分干扰基质。

15.5 超高效液相色谱-串联质谱法简介

15.5.1 超高效液相色谱法的特点

液相色谱-质谱联用技术在分析领域具有非常重要的地位,然而随着环境监测、食品安全和药物开发等学科的快速发展,传统LC-MS技术已经难以满足分析工作者对"高效率"的需求。因此,"更快、更精准地得到分析结果"既是广大分析工作者的愿望,也是对仪器分析科学提出的更高要求。

近几年发展起来的超高效液相色谱-串联质谱法(ultra performance liquid chromatography-Tandem mass spectrometry,UPLC-MS/MS)是一种高效快速的分离分析方法,超高效液相色谱是指一种采用小颗粒填料色谱柱(粒径小于 2μm)和超高压系统(压力大于 130MPa)的新型液相色谱技术,能显著改善色谱峰的分离度和检测灵敏度。利用超高效液相色谱法完成一个样品的分析仅需要约 10min 的时间,其灵敏度是普通高效液相色谱法的 3 倍,将超高效液相色谱技术用于分离分析复杂的混合物具有很好的应用前景。它与传统的高效液相色谱相比具有以下几个特点:

(1) 超强的分离能力。UPLC 所用的色谱柱填充物粒径更小,提高了分离能力,可以分离出更多的色谱峰,从而对样品所能提供的信息达到了一个新的水平,而且又极大地缩短了方法所需的时间。

(2) 超高的分析速度。环境分析实验室始终要求在单位时间内处理更多的样品、提供更多的信息并保证数据的高质量。超高效液相色谱柱使用 1.7μm 颗粒的固定相,柱长可以比用 5μm 颗粒时缩短 3 倍而保持柱效不变,而且使分离在高出普通高效液相色谱法 3 倍的流速下进行,结果使分离过程快了 9 倍且分离度保持不变。

(3) 超高的灵敏度。过去几年中,提高灵敏度的工作集中在对检测器的改进方面。液相色谱法常用的检测器包括光学检测器和质谱检测器,然而采用超高效色谱系统不仅可以改善分离度,而且在改善分离度的同时亦可提高色谱峰高即灵敏度。

(4) 简单方便的方法转换。超高效液相色谱法与高效液相色谱法的分离机理相同,故相互之间的方法转换非常容易和方便。现有高效液相色谱方法可以按照比例直接转换成超高效液相色谱方法。相反,超高效液相色谱方法也可以很容易地转换成高效液相色谱方法供常规高效液相色谱系统使用。

面对大批量的环境样品,超高效液相色谱可以以更快的速度和更高的质量完成以往高效液相色谱的工作,为环境分析工作者们节省宝贵的时间和日常溶剂消耗,从而及时、准确地完成环境样品分析的任务。

15.5.2 超高效液相色谱法的原理

色谱柱是液相色谱分离的核心部件,经典的色谱分离理论认为色谱分离与柱效、柱长及理论塔板高度有关,它们之间存在如下关系:

$$n = \frac{L}{H} \tag{15-1}$$

式中:n——理论塔板数,表示色谱柱效能的高低,代表色谱柱分离目标物质的能力;

H——理论塔板高度;

L——色谱柱长度。

由式(15-1)可以看出,提高色谱柱柱效可以通过增加色谱柱长度或降低理论塔板高度的方式实现。对于给定长度的色谱柱(L 为定值),H 越小则 n 值越大,即柱效越高。液相色谱的核心目标是降低理论塔板高度 H,以获得最高柱效。

范第姆特方程(Van Deemeter equation)描述了塔板高度和线速度(流速)的关系,如下式所示:

$$H = A + B/v + Cv \tag{15-2}$$

式中：A——涡流扩散项，色谱柱填料越小且粒径越均匀，该项数值越小；

B——分子扩散项系数，表示纵向扩散或分子的自然扩散趋势，与载液流速 v 成反比，流速越大则该项数值越小；

C——传质阻力项系数，是由分离过程的传质阻抗平衡过程中产生的，动力学阻抗涉及目标物质吸附到固定相，再从固定相解析的时间，该数值与载液流速 v 成正比。

根据式(15-2)可知，与 H 相关的参数主要包括流动相流速 v 和色谱柱填料粒径。Van Deemeter 曲线(图 15-1)描述了理论塔板高度 H 与流动相速度 v 之间的关系：

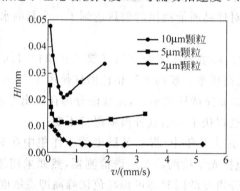

图 15-3 范德米特(Van Deemeter)曲线

根据图 15-3，不同填料粒径达到最佳柱效(H 值最小时)的线速度是不同的。当达到最佳柱效时，小粒径填料的流动相流速更快，且具有更宽的线速度范围。因此色谱柱使用小粒径颗粒填料不仅可以提高柱效，而且也能够提高分析速度。然而，与此同时，系统和色谱柱的压力会大幅增加，并且需要高速检测器，这对仪器性能和色谱柱的机械强度提出了较高要求。

随着科技的进步，使用小粒径填料填充色谱柱已经变为现实。以 Waters 公司生产的 UPLC(超高压液相系统)为例，与之配套的 UPLC 色谱柱填料粒径仅为 $1.7\mu m$，而普通 HPLC 色谱柱填料粒径多为 $5\mu m$，并且可以承受的最高压力超过 15000psi，能够同时得到较高的分离度和分析速度。

15.5.3 串联质谱

超高效液相色谱配备的检测器必须有最小的扩散体积，以确保分离效率不会降低。质谱检测会极大得益于超高效液相色谱的性能特征，因此有助于方法灵敏度的提高。为了研究化合物的结构、离子的组成和离子间的相互关系，只依靠一级质谱往往比较困难，于是在超高效液相色谱仪中常配备有两级质谱功能的串联质谱联用仪器(MS-MS)。最常用的为三重四级杆质谱仪。其主要作用体现在以下几个方面。

(1) 子离子谱。子离子谱(daughter ion)是将一级质谱(MS1)固定在一个质量上，使该质量的离子碰撞活化，生成子离子，用二级质谱(MS2)扫描子离子谱，就可知道对应于 MS1 选定的离子所产生的子离子。如果 MS1 选定的是某化合物的分子离子，则子离子谱就包含有化合物的结构信息。子离子谱是得到结构信息的主要途径。

(2) 母离子谱。母离子谱(parent ion)是将二级质谱(MS2)固定在一个质量,扫描一级质谱(MS1),只有能产生 MS2 所选质量的 MS1 对应的质量才能被记录。这样,记录到的质量即是 MS2 选定质量的母离子。

(3) 中性丢失谱。中性丢失谱(neutral loss)是将一级质谱(MS1)和二级质谱(MS2)同时扫描,但始终保持一个质量差,这个差值即是某个中性分子的质量。记录到的谱即表示 MS1 质谱中丢失某个中性碎片形成的离子。利用中性丢失,很容易确定化合物的特征官能团。

(4) 碎裂途径研究。对于未知化合物,可以研究它的离子组成。取一级质谱(MS1)的某个离子进行碰撞活化,得子离子谱,再从子离子中取某个离子碰撞后得三级谱,这对结构研究很有用处。

(5) 多反应监测(multireaction monitoring,MRM)。在一级质谱(MS1)选定一个质量 m_1,经碰撞活化后,在二级质谱(MS2)选定一个具有特征的离子质量(m_2),那么,此时记录到的是经过 MS1 质谱、MS2 质谱两级选择后的离子,把其他不相关的离子统统排除在外。多反应监测非常适用于大量混合物存在下的小组分定量分析。

15.6 效液相色谱-质谱联用技术在环境样品分析中的应用

15.6.1 液相色谱-质谱联用确定水中微囊藻毒素 MC-LR 的相对分子质量

1. 仪器

LCQ DECA XP Thermo Finnigan 高效液相色谱-质谱联用仪(Thermo Finnigan 公司)。

2. 液相色谱条件

流动相:70%甲醇 + 30% 水(0.1% 三氯乙酸),使用前经 0.5μm 微孔滤膜过滤,再用超声波脱气 15min。

流动相流速:1.0mL/min。

检测波长:238nm。

进样量:50μL。

3. 质谱条件

电喷雾负离子源(ESI(-));喷雾电压:5KV;喷雾电流:0.1A;扫描范围:m/z 200～1200;毛细管电压:15V;毛细管温度 275℃;保护气流量:33mL/min;辅助气流量:0mL/min。

可测得水中微囊藻毒素 MC-LR 的相对分子质量是 995.2。

15.6.2 超高效液相色谱-大气压光化学电离源-串联质谱(UPLC-APPI-MS/MS)分析 16 种多环芳烃

1. 仪器

Waters Acquity 超高效液相色谱-串联质谱联用仪(Wates 公司,仪器配备有 ESI、APCI、APPI 三种离子源,本方法中使用 APPI 离子源)。使用的色谱柱为 Agilent Zorbox Eclipse PAH 色谱柱(该柱内径×长度=2.1mm×50mm,柱填料内径为 1.8μm)。

2. 液相色谱条件

流动相 A:水:乙腈=90:10;流动相 B:乙腈;柱温:15℃;进样量:2μL。梯度洗脱程序见表15-2。

表15-2 超高效液相色谱分析16种多环芳烃梯度洗脱设置

时间/min	流动相流速/(mL/min)	流动相 A/%	流动相 B/%
0.00	0.65	30.0	70.0
0.30	0.65	30.0	70.0
1.5	0.65	0	100.0
3.5	0.65	0	100.0
3.51	0.65	30.0	70.0

3. 质谱条件

大气压光化学电离源(atmospheric pressure photoionization，APPI)；反射电压：1.00KV；萃取电压：3V；射频镜头电压：0.1V；源温度：120℃；APCI 探针温度：550℃；脱溶剂气流量：900L/h；锥孔气流量：0L/h；选择多反应监测模式。

串联质谱(MS-MS)参数：LM 分辨率：1、2.8；HM 分辨率：1、15.7；离子能：1、-0.1；入口：1；碰撞：20；出口：0.5；LM 分辨率：2、2.7；HM 分辨率：2、15.2；离子能：2、0.5；采集：0.5；碰撞气为氩气；流量：0.17mL/min。

可在 3.5min 内完成 16 种多环芳烃的分离分析过程，最低检出限为 21.6pg。

15.6.3 超高效液相色谱-电喷雾电离源-串联质谱(UPLC-ESI-MS/MS)分析消毒副产物卤乙酸(HAAs)

1. 仪器

Waters Acquity 超高效液相色谱-串联质谱联用仪(Wates 公司，仪器配备有 ESI、APCI 两种离子源，本方法中使用 ESI 离子源)。使用的色谱柱为 Acquity UPLC HSS T3 (Waters,USA)(该柱内径×长度=2.1mm×50mm，柱填料内径为 1.8μm)。

2. 样品的预处理方法

测定饮用水中卤乙酸时，首先用 1:5 硫酸将样品 pH 调节至 2.5 左右，然后用 0.22μm 聚醚砜(PES)滤膜过滤后进样分析。

3. 液相色谱条件

流动相 A：甲醇；流动相 B：0.125mmol/L 甲酸水溶液；柱温：35℃；样品室温度：25℃；流速：0.2mL/min；进样体积：10μL；UPLC 梯度洗脱程序见表15-3。

表15-3 超高效液相色谱分析饮用水中消毒副产物卤乙酸梯度洗脱设置

时间/min	流动相 A/%	流动相 B/%
0.00	1	99
1.50	1	99
5.5	50	50
6.5	50	50
6.6	1	99
9.5	1	99

4. 质谱条件

离子源：ESI(−)；毛细管电压：2.5kV；脱溶剂气温度：350℃；离子源温度：110°；去溶剂气(氮气)流量：700L/h；锥孔气(氮气)流量：50L/h；碰撞气(氩气)流量：0.1mL/min；质谱真空度：1.29×10^{-5} MPa；碰撞室真空度：3.2×10^{-3} MPa。

可在7min内完成9种卤乙酸的分离分析过程，最低检出限为 $0.06 \sim 0.16 \mu g/L$。

思考题

15-1　如何实现色谱与质谱的联用？色谱与质谱联用后有什么突出的优点？

15-2　在进行 GC-MS 分析时需要设置合适的分析条件，假如条件设置不合适可能会产生什么结果？比如色谱柱温度不合适会怎么样？扫描范围过大或过小会怎么样？

15-3　总离子色谱图是怎么得到的？质量色谱图是怎么得到的？

15-4　如果把电子能量由 70eV 变成 20eV，质谱图可能会发生什么变化？

15-5　进样量过大或过小可能对质谱产生什么影响？

15-6　如果谱库检索结果可信度差，还有什么办法进行辅助定性分析？

15-7　拿到一张质谱图如何判断相对分子质量？如果没有相对分子质量，还有什么办法得到相对分子质量？

15-8　为了得到一张好的质谱图通常要扣除本底，本底是怎样形成的？如何正确地扣除本底？

15-9　用 GC-MS 法定量分析与 GC 法定量分析有什么相同之处和不同之处？

15-10　在用 GC-MS 进行定量分析时，除了可以使用总离子色谱图的峰面积计算之外，可否利用选择离子色谱图进行定量？为什么？

15-11　用总离子、多离子、单离子色谱图进行定量分析，各有什么特点？

15-12　用 GC-MS 进行定量分析的误差来源在哪里？用内标法能克服哪些因素造成的误差？

第 16 章

电化学分析法

16.1 概述

电化学分析法是应用电化学的基本原理和技术,研究在化学电池内发生的特定现象,利用物质的组成及含量与该电池的电参数(如电导、电位、电流、电荷量等)之间的定量关系而建立起来的一类分析方法。具体的测定过程是将试液作为化学电池的电解质溶液,与外电路及电极构成电化学电池,根据该电池的某种电参数(如电阻、电导、电位、电流、电量或电流-电压曲线等)与被测物质的浓度之间存在一定的关系而进行测定。根据所测电化学参数的不同,电化学分析法主要分为电位分析法、电解法、电导法、库伦分析法、伏安法和极谱分析法等。

电化学分析法概括起来一般可以分为三类。

第一类是通过试液的浓度在特定实验条件下与化学电池某一电参数之间的关系求得分析结果的方法。电导分析法(conductance analysis)、库仑分析法(coulometry)、电位法(potentiometry)、伏安法(voltammetry)和极谱分析法(polarographic analysis)等,均属于这种类型的方法。

第二类是利用电参数的变化来指示滴定分析终点的方法。这类方法仍然以滴定分析为基础,根据所用标准溶液的浓度和消耗的体积求出分析结果。这类方法根据所测定的电参数不同而分为电导滴定(conductance titration)、电位滴定(potentiometric titration)和电流滴定法(amperometric titration)等。

第三类是电重量法(electrogravimetric analysis),或称电解分析法(electro-analysis)。这类方法将直流电流通过试液,使被测组分在电极上还原沉积析出与共存组分分离,然后再对电极上的析出物进行重量分析以求出被测组分的含量。

电化学分析法的特点是灵敏度、准确度和选择性都较高。电化学分析法的最低分析检出限可达 10^{-12} mol/L,近代电分析技术能对质量为 10^{-9} g 的试样做出可靠分析。电化学分析法中的库仑分析法和电解分析法的准确度很高,前者特别适用于微量成分的测定,后者适用于高含量成分的测定。电化学分析方法的测量范围也比较宽,电位分析法及微库仑分析法等可用于微量组分的测定。电解分析法、电容量分析法及库仑分析法则可用于中等含量组分及纯物质的分析。随着电子技术的发展,自动化技术、遥控技术等在电分析化学中的应用已逐渐发展起来,微电极的成功研究,为在生物体内实时(real time)监控提供了可能,目前,电化学分析法在科学研究和生产控制中起着重要的作用。

16.2 电导分析法

电导分析法(conductance analysis)是通过测量溶液的电导率确定被测物质浓度,或直接用溶液电导值表示测量结果的分析方法。电导率越大,说明溶液中所含的可导电的离子及其他导电物质的浓度越大。

电导法分为直接电导法和电导滴定法。直接电导法是通过测定溶液的电导值,根据溶液的电导与溶液中待测离子的浓度之间的定量关系来确定待测离子的含量。电导滴定法是以溶液电导值的突跃变化来确定终点的滴定方法。

16.2.1 电导的基本概念和测量方法

将两个电极(铂电极或铂黑电极)插入试液,可以测出两个电极间的电阻 R。根据欧姆定律,温度一定时,该电阻值与电极间的距离 $L(cm)$ 成正比,与电极的截面积 $A(cm^2)$ 成反比,即

$$F = \rho \frac{L}{A} \tag{16-1}$$

式中:ρ——电阻率,是长 1cm、截面积为 $1cm^2$ 导体的电阻,其大小决定于物质的本性;

$\frac{L}{A}$——电池常数,用 Q 表示。

电导即电阻的倒数,用 S 表示,则

$$S = \frac{1}{R} = \frac{1}{\rho} \times \frac{A}{L} = \frac{1}{\rho Q} \tag{16-2}$$

电导率是电阻率的倒数,用 κ 表示:

$$\kappa = \frac{1}{\rho} = QS = \frac{Q}{R} \tag{16-3}$$

影响电导率的因素有:①电解质的组成。不同离子的电荷数和淌度(淌度是指单位电场强度下离子移动的速率)不相同,因此在相同的条件(指温度和浓度)下,不同的电解质溶液的电导率就不相同,离子所带电荷数越多,淌度越大,则电导率越大。例如相同浓度的 HCl 溶液或 NaOH 溶液比 NaCl 溶液有较大的电导率,这是因为 H^+ 的淌度比 Na^+ 的淌度大,OH^- 的淌度比 Cl^- 的淌度大的缘故。②电解质的电离度。由于强电解质比弱电解质的电离完全,因此强电解质的电导率要比弱电解质大。③溶液浓度。一般说来,当溶液从高浓度开始稀释时,电导率先增大,当电导率达到某一最大值后,继续稀释溶液,则随着稀释电导率减小。原因是由于当溶液被稀释时,单位体积离子数目减少了,而使电导率降低;另一方面当溶液稀释时,对弱电解质来说,离解度将增大,而使电导率增大,而对强电解质来说,由于稀释,离子间的引力减弱,迁移速度增快,使电导率增加。④温度的影响。温度升高,离子的迁移速度加快,电导率增加。一般温度升高 1℃,电导率约增加 2%~2.5%。

电导是电阻的倒数,测量溶液的电导实际上就是测定它的电阻。经典的测量电阻方法是采用惠斯登电桥法,现在使用的电导仪是采用电阻分压法原理对电阻进行测量。

根据式(16-3),当已知电导池常数 Q,并测出水样的电阻后,便可求出电导率 κ。电导池常数 Q 通常选用电导率已知的标准氯化钾溶液求得:

$$Q = \frac{K_{KCl}}{S_{KCl}} = K_{KCl} R_{KCl} \tag{16-4}$$

16.2.2 电导分析方法的应用

水的电导率反映了水中存在电解质的程度。水中的电解质含量越高,水的电导率值越大。利用电导仪测定水的电导率,可判断水质状况。在水质分析中,对锅炉水、工业废水、天然水、实验室制备的去离子水进行质量监测时,测定水的电导率是一个很重要的指标。

1. 检验水质的纯度

利用电导法检验水质的纯度是最适宜的方法。通常以电导率作为水质纯度的重要指标。在测量纯水电导率时要快,以减少空气中 CO_2、NH_3 等的溶入。

影响水质纯度的杂质主要是一些可溶性的无机盐,它们在水中是以离子状态存在的,所以通过测定水的电导率就可以鉴定水的纯度。(注意:一些非导电物质,如有机物、细菌、悬浮杂质等不能在电导率上反映出来)。

25℃时,绝对纯水的电导率为 $0.055\mu S/cm$,超纯水的电导率为 $0.01\sim0.1\mu S/cm$,新蒸馏水为 $0.5\sim2\mu S/cm$,去离子水为 $1\mu S/cm$。

2. 判断水质状况

通过测定电导率可初步判断天然水和工业废水被污染的状况。例如,饮用水的电导率为 $50\sim1500\mu S/cm$,清洁河水为 $100\mu S/cm$,天然水为 $50\sim500\mu S/cm$,矿化水为 $500\sim1000\mu S/cm$ 或更高,海水为 $30000\mu S/cm$,某些工业废水为 $1000\mu S/cm$ 以上。

3. 估算水中的溶解氧

利用某些化合物和水中溶解氧发生反应而产生能电导的离子成分,从而可以测定溶解氧(dissolved oxygen,DO)。例如,氮氧化物(NO_x)与溶解氧作用生成 NO_3^-,使电导率增加,因此测定电导率即可求水中的溶解氧;也可利用金属铊与水中溶解氧反应生成 Tl^+ 和 OH^-,使电导率增加来测定溶液氧,一般每增加 $0.035\mu S/cm$ 的电导率相当于 1ppb(ppb= 10^{-9})溶解氧。

4. 估计水中可滤残渣的含量

水中所含各种溶解性矿物盐类的总量称为水的总含盐量,也称总矿化度。水中所含溶解盐类越多,水中的离子越多,则水的电导率也越高。对于多数天然水,可滤残渣(dissolved solids,DS)与电导率之间的关系可由下式估算:

$$DS = (0.55 \sim 0.70) \times \kappa \tag{16-5}$$

式中:DS——水中的可滤残渣量,mg/L;

κ——25℃时水的电导率,$\mu S/cm$;

(0.55~0.70)——系数,随水质的不同而异。

16.3 电位分析法

电位分析法(potentiometry)是通过测定由试液、电极及外电路构成的原电池的电动势,进而求得试液中待测组分含量的方法。通常是将试液作为电解质溶液,向其中插入两根性质不同的电极,用导线连接组成化学电池。利用电池电动势(E)与试液中离子活度(a_x)之间的能斯特响应关系确定待测离子活度。

在电位分析法中,原电池的装置中包括两根性质不同的电极。其中一根电极的电极电位值随溶液中待测离子的活度变化而变化的电极称为指示电极,另一根电极的电极电位已知且恒定不变称为参比电极。下面分别介绍这两类电极。

16.3.1 电极

1. 参比电极

电极电位值恒定不变的电极称为参比电极(reference electrode)。常见的参比电极包括标准氢电极(standard hydrogen electrode,SHE;normal hydrogen electrode,NHE)、甘汞电极(calomel electrode,CE)、银-氯化银电极(silver-silver chloride electrode,SCE)。

(1) 标准氢电极

标准氢电极是最精确的电极,是参比电极的一级标准。

标准氢电极是将镀有一层海绵状铂黑的铂片,浸入到 H^+ 浓度为 1.0mol/L 的酸溶液中,不断通入压力为 1 标准大气压的纯氢气,使铂黑吸附 H_2 至饱和,这样就构成了标准氢电极(如图 16-1 所示)。国际纯粹与应用化学联合会(International Union of Pure and Applied Chemistry,IUPAC)规定:标准氢电极的电位值在任何温度下都为 0V。

标准氢电极可用于测定其他电极的电极电位值。由于单个电极的电位无法确定,因此,在测定某一电极的电极电位值时,用标准氢电极和该电极组成电池,测得的电池的电动势值(电池两极的电位差值)即是该电极的电极电位。

标准氢电极制作麻烦,氢气的净化、压力的控制等难以满足要求,而且铂黑容易中毒。因此在电化学分析法中一般不用标准氢电极作为参比电极,实际工作中常用的参比电极有甘汞电极、银-氯化银电极等。

(2) 甘汞电极

甘汞电极是汞和甘汞(Hg_2Cl_2)与不同浓度的 KCl 溶液组成的电极(图 16-2)。电极由两个玻璃套管组成,内套管中的铂丝插入纯汞中,纯汞下盛有汞和甘汞混合的糊状物,用浸有饱和 KCl 溶液的脱脂棉塞紧。外管套盛有不同浓度的 KCl 溶液,其下端与被测溶液接触部分是由多孔物质(如玻璃砂芯或陶芯)构成的使溶液互相连接的通路。

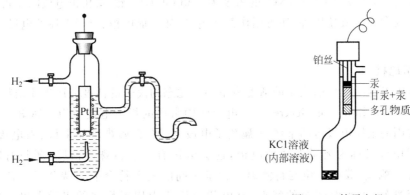

图 16-1　标准氢电极　　　　　　　图 16-2　甘汞电极

甘汞电极可表示为：

$$Hg, Hg_2Cl_2(固) \mid KCl$$

电极反应为：

$$Hg_2Cl_2 + 2e^- \rightleftharpoons 2Hg + 2Cl^-$$

测定甘汞电极的电极电势时，可将甘汞电极与标准氢电极组成原电池，构成的原电池的电动势值即是甘汞电极的电极电位。

甘汞电极的电极电位为(25℃时)：

$$\phi_{Hg_2Cl_2/Hg} = \phi^{\ominus}_{Hg_2Cl_2/Hg} - 0.059 \lg a_{Cl^-} \tag{16-6}$$

由式(16-6)可见，当温度一定时，甘汞电极的电极电位由 KCl 溶液的 a_{Cl^-} 决定，三种常见的甘汞电极的电极电位值如表 16-1 所示。

表 16-1　25℃时甘汞电极的电极电位值(对 SHE)

名　称	KCl 溶液的浓度	电极电位 ϕ/V
饱和甘汞电极(SCE)	饱和溶液	0.2438
标准甘汞电极(NCE)	1.0mol/L	0.2828
0.1mol/L 甘汞电极	0.1mol/L	0.3365

三种甘汞电极中，饱和氯化钾的甘汞电极容易制备，而且使用时可以起盐桥的作用，所以平时用得较多。

(3) 银-氯化银电极

银丝镀上一层氯化银，浸在一定浓度的 KCl 溶液中，即构成了 Ag-AgCl 电极。

银-氯化银电极可表示为：

$$Ag, AgCl(固) \mid KCl$$

电极反应为：

$$AgCl + e^- \rightleftharpoons Ag + Cl^-$$

银-氯化银电极的电极电位为(25℃时)：

$$\phi_{AgCl/Ag} = \phi^{\ominus}_{AgCl/Ag} - 0.059 \lg a_{Cl^-} \tag{16-7}$$

由式(16-7)可见，当温度一定时，银-氯化银电极的电极电位由 KCl 溶液的 a_{Cl^-} 决定。

银-氯化银电极的电极电位稳定，重现性很好，是常用的参比电极。标准银-氯化银电极的电极电位为+0.2224V(25℃，KCl 的浓度为 1.0mol/L)。银-氯化银电极除了可以在电位分析法中作为参比电极使用外，还可用作某些电极(如玻璃电极、离子选择性电极)的内参比电极。

2. 指示电极

对溶液中参与半反应的离子的活度或不同氧化态的离子的活度能产生能斯特响应的电极，称为指示电极(indicator electrode)。电位法中常用的指示电极分为金属电极和膜电极两大类。常用的金属电极包括金属-金属离子电极、金属-金属难溶盐电极、汞电极、惰性金属电极。膜电极又称为离子选择性电极，这类电极有一层特殊的薄膜，薄膜对特定的离子具有选择性响应，膜的电位与待测离子含量之间的关系符合能斯特公式。这类电极由于具有选择性好、平衡时间短的特点，是电位分析法中用得最多的指示电极。现分别加以介绍。

1) 金属电极(Metal Electrode)

(1) 金属-金属离子电极(第一类电极)

将具有氧化还原反应的金属浸入该金属离子的溶液中达到平衡后即组成金属-金属离子电极,可表示为:

$$M \mid M^{n+}(a_{M^{n+}})$$

电极反应为:

$$M^{n+} + ne^- \rightleftharpoons M$$

电极电位为(25℃):

$$\phi_{M^{n+}/M} = \phi^{\ominus}_{M^{n+}/M} + \frac{0.059}{n}\lg a_{M_{n+}} \tag{16-8}$$

金属-金属离子电极的电极电位大小取决于金属离子的活度。这类电极主要用来测定金属离子的活度,或者用于电位滴定法作为指示电极使用。常见的金属-金属离子电极有 $Ag\mid Ag^+$、$Zn\mid Zn^{2+}$、$Hg\mid Hg^{2+}$、$Cu\mid Cu^{2+}$、$Pb\mid Pb^{2+}$ 等电极。

(2) 金属-金属难溶盐电极(第二类电极)

由金属表面带有该金属难溶盐的涂层,浸在与其难溶盐有相同阴离子的溶液中组成的电极即是金属-金属难溶盐电极。如前所述的甘汞电极、银-氯化银电极等,都属于这类电极。这类电极的电极电位随溶液中难溶盐的阴离子活度变化而变化。这类电极常用作参比电极使用。

(3) 汞电极(第三类电极)

将金属汞(或汞齐丝)浸入含有少量 Hg^{2+}-EDTA 配合物和被测金属离子 M^{n+} 的溶液中即构成了汞电极。汞电极也称为第三类电极。

半电池组成为:

$$Hg \mid HgY^{2-}, MY^{(n-4)}, M^{n+}$$

电极反应为:

$$HgY^{2-} + 2e^- \rightleftharpoons Hg + Y^{4-}$$

电极电位为(25℃):

$$\phi_{Hg^{2+}/Hg} = \phi^{\ominus}_{Hg^{2+}/Hg} + \frac{0.059}{2}\lg a_{Hg^{2+}} \tag{16-9}$$

在一定条件下,汞电极电位仅与 M^{n+} 离子的浓度有关,因此可用于以 EDTA 滴定 M^{n+} 的指示电极。汞电极能用于约 30 种金属离子的电位滴定。

(4) 惰性金属电极(零类电极)

惰性金属电极一般由惰性材料如铂、金或石墨作成片状或棒状,浸入含有均相、可逆的同一元素两种不同氧化态的离子溶液中组成,也称为零类电极或氧化还原电极。如将铂片插入 Fe^{3+} 和 Fe^{2+} 的溶液中,其电极构成为:

$$Pt \mid Fe^{3+}, Fe^{2+}$$

电极反应为:

$$Fe^{3+} + e^- \rightleftharpoons Fe^{2+}$$

电极电位为(25℃):

$$\phi_{Fe^{3+}/Fe^{2+}} = \phi^{\ominus}_{Fe^{3+}/Fe^{2+}} + 0.0591\lg \frac{a_{Fe^{3+}}}{a_{Fe^{2+}}} \tag{16-10}$$

惰性金属电极不参与反应，但其晶格间的自由电子可与溶液进行交换。故惰性金属电极可作为溶液中氧化态和还原态获得电子或释放电子的场所，如用于 Fe^{3+}/Fe^{2+} 电对的测量。

2）离子选择电极(膜电极)

离子选择电极(ion selective electrode)，又称为膜电极(membrane electrode)，是通过电极上的薄膜(敏感膜)对各种离子有选择性地电位响应而作为指示电极的。它与上述金属电极的区别在于电极的薄膜并不给出或得到电子，而是选择性地让一些离子渗透，同时也包含着离子交换过程。较常用的膜电极包括玻璃电极、氟电极、钙电极等。

(1) 玻璃电极

玻璃电极(glass electrode)是用对氢离子活度有电势响应的玻璃薄膜制成的膜电极，是常用的氢离子指示电极。

玻璃电极的构造如图 16-3 所示。它的主要部分是一个玻璃泡，内充 pH 为 0.1mol/L 的盐酸缓冲溶液(内参比溶液)，其中插入一支 Ag-AgCl 电极作为内参比电极；玻璃泡下端为球形薄膜(由 SiO_2 基质中加入少量 Na_2O 和少量 CaO 烧结而成)，膜厚约 50μm。

高阻玻璃
Ag/AgCl
内参比电极
(0.1mol·L⁻¹ HC1)
内充溶液
图 16-3 玻璃电极

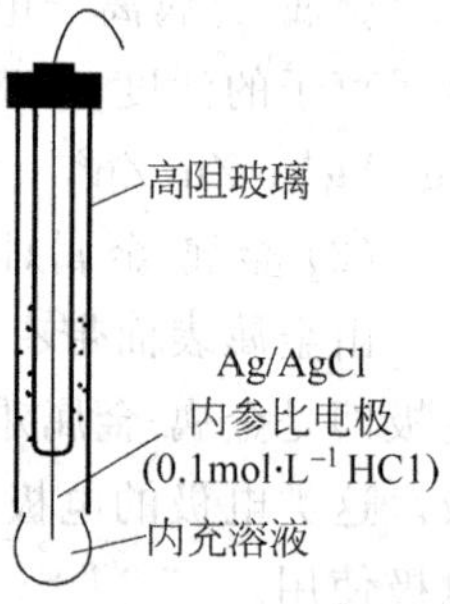

玻璃电极在使用前必须在水中浸泡一定时间。浸泡时，由于玻璃薄膜的硅酸盐结构中的 SiO_3^{2-} 离子与 H^+ 的键合力大于它与 Na^+ 的键合力(约为 10^{14} 倍)，使得玻璃薄膜外面的 Na^+ 与水中的 H^+ 发生交换反应生成水合硅胶层：

$$H^+ + NaGI(固) \rightleftharpoons Na^+ + HGI(固)$$

交换达到平衡后，玻璃薄膜表面几乎全由水合硅胶(HGI)组成。玻璃膜内表面也同样形成水合硅胶层(图 16-4)。

内部缓冲液
a表面点位
被H⁺占据
内水合硅胶
层0.05～1μm
一价阳离子点
位被H⁺和Na⁺
占据
干玻璃层
30～100μm
一价阳离子
点位全被
Na⁺占据
外水合硅胶
层0.05～1μm
一价阳离子点
位被H⁺和Na⁺
占据
外部试液
a₁表面点位
被H⁺占据
φ内
φ膜
φ外
图 16-4 浸泡后的玻璃膜示意图

当将浸泡好的玻璃电极浸入待测溶液时，水合层与溶液接触，由于硅胶层表面和溶液的 H^+ 活度不同，形成活度差，H^+ 便从活度大的一方向活度小的一方迁移，硅胶层与溶液中的 H^+ 建立了平衡，改变了胶-液两相界面的电荷分布，产生一定的相界电位。同理，在玻璃膜内侧水合硅胶层-内部溶液界面间也存在一定的相界电位。其相界电位可用下式表示：

$$\begin{cases} \phi_1 = k_1 + 0.059\lg \dfrac{a_1}{a_1'} \\ \phi_2 = k_2 + 0.059\lg \dfrac{a_2}{a_2'} \end{cases} \tag{16-11}$$

式中：a_1、a_2——外部溶液和内参比溶液的 H^+ 活度；

a_1'、a_2'——玻璃膜外、内水合硅胶层表面的 H^+ 活度；

k_1、k_2——由玻璃膜外、内表面性质决定的常数。

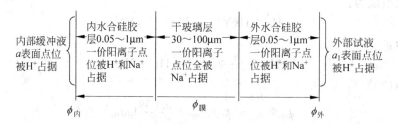

因为玻璃膜内外表面性质基本相同,所以 $k_1=k_2$,又因为水合硅胶层表面的 Na^+ 都被 H^+ 所代替,故 $a_1'=a_2'$,因此玻璃膜内外侧之间的电位差 ϕ 为:

$$\phi = \phi_内 - \phi_外 = 0.059\lg\frac{a_1}{a_2} \tag{16-12}$$

由于内参比溶液 H^+ 活度 (a_2) 为一定值,故:

$$\phi_膜 = k + 0.059\lg a_1 = k - 0.059\mathrm{pH} \tag{16-13}$$

即在一定温度下玻璃电极的膜电位与试液的 pH 呈直线关系。

(2) 氟电极

氟电极属于微溶盐晶体膜电极。这类电极与玻璃电极的不同点在于用微溶盐单晶或多晶膜代替玻璃膜,由于晶体对能通过晶格而导电的离子有严格的限制,因此,这类晶体膜具有很好的选择性。氟电极的膜电位符合能斯特方程式:

$$\phi_膜 = k - 0.059\lg a_{F^-} \tag{16-14}$$

氟电极适用于 $1\sim 10^{-6}\mathrm{mol/L}$ 的 NaF 溶液的测定。

(3) 其他的离子选择电极

离子选择电极种类繁多,如钙电极、钠电极等等。一般来说,对阳离子有响应的电极,25℃时电极的膜电位为:

$$\phi = k + \frac{0.059}{n}\lg a \tag{16-15}$$

对阴离子有响应的电极,25℃时电极的膜电位为:

$$\phi = k - \frac{0.059}{n}\lg a \tag{16-16}$$

16.3.2 直接电位法在环境样品分析中的应用

直接电位法是通过测定电池的电动势值确定被测离子活度的方法。直接电位法在环境样品分析中应用较多的是 pH 的电位测定、氟化物的测定、氨氮的测定和溶解氧的测定。

1. pH 的电位测定

pH 的确切定义为溶液中氢离子活度的负对数,即 $\mathrm{pH}=-\lg a_{H^+}$。

用电位法测定溶液的 pH 时,将玻璃电极作为指示电极,甘汞电极作为参比电极,插入待测液中构成工作电池。构成的电池可用下式表示:

$$\mathrm{Ag,AgCl \mid HCl \mid 玻璃 \mid 试液 \parallel KCl(饱和) \mid Hg_2Cl_2,Hg}$$

(玻璃电极)　　$\phi_膜$　ϕ_L　(甘汞电极)

上述电池的电动势为:

$$E_{电池} = \phi_{Hg_2Cl_2/Hg} - \phi_{玻璃} + \phi_L$$

$$= \phi_{Hg_2Cl_2/Hg} - \phi_{AgCl/Ag} - \phi_膜 + \phi_L$$

因为

$$\phi_膜 = k - 0.059\mathrm{pH}_试$$

所以

$$E_{电池} = \phi_{Hg_2Cl_2/Hg} - \phi_{AgCl/Ag} - k + 0.059\mathrm{pH}_试 + \phi_L \tag{16-17}$$

式(16-17)中,ϕ_L 为液结电位。$\phi_{Hg_2Cl_2/Hg}$、$\phi_{AgCl/Ag}$、ϕ_L 和 k 在一定条件下都是常数,将其合并为

常数 k'，则上式可表示为：

$$E_{电池} = k' + 0.059\text{pH}_{试} \tag{16-18}$$

由式(16-18)可知，由待测液构成的电池的电动势与待测液的 pH 呈线性关系。式中 $E_{电池}$ 值的大小可以用电压表测量，k' 值很难直接测量。实际工作中，用一 pH 已知的标准缓冲溶液作为基准，将两根电极(玻璃电极和甘汞电极)分别插入到待测溶液和标准缓冲溶液中，测定两个电池的电动势值，比较包含待测溶液和标准缓冲溶液的两个工作电池的电动势来确定待测溶液的 pH。25℃时，两个电池的电动势值分别为：

$$E_{电池,试} = k'_{试} + 0.059\text{pH}_{试} \tag{16-19a}$$

$$E_{电池,标} = k'_{标} + 0.059\text{pH}_{标} \tag{16-19b}$$

因为测量 $E_{电池,试}$，$E_{电池,标}$ 时的条件基本一致，因此 $k'_{试} = k'_{标}$，则式(16-19a)减式(16-19b)得：

$$\text{pH}_{试} = \text{pH}_{标} + \frac{E_{电池,试} - E_{电池,标}}{0.059} \tag{16-19c}$$

式中：$\text{pH}_{试}$——待测溶液的 pH；

$\text{pH}_{标}$——标准缓冲液的 pH；

$E_{电池,试}$——待测溶液构成的电池的电动势；

$E_{电池,标}$——标准缓冲溶液构成的电池的电动势。

测定溶液的 pH 时，用到的标准缓冲溶液是 pH 测定的基准，所以标准缓冲溶液的配制及其 pH 的确定是非常重要的。我国标准计量局颁发了六种 pH 标准缓冲液及其在 0～95℃ 的 pH。表 16-2 列出了这六种缓冲溶液 0～40℃时的 pH。

表 16-2　pH 标准缓冲溶液的 pH

标准缓冲溶液	pH								
	0℃	5℃	10℃	15℃	20℃	25℃	30℃	35℃	40℃
0.05mol/kg 四草酸氢钾	1.668	1.669	1.671	1.673	1.676	1.680	1.684	1.688	1.694
饱和酒石酸氢钾						3.559	3.551	3.547	3.547
0.05mol/kg 邻苯二甲酸氢钾	4.006	3.999	3.996	3.996	3.998	4.003	4.010	4.019	4.029
0.025mol/kg 磷酸二氢钾 + 0.025mol/kg 磷酸氢二钠	6.981	6.949	6.921	6.898	6.879	6.864	6.852	6.844	6.838
0.01mol/kg 硼砂	9.458	9.391	9.330	9.276	9.226	9.182	9.142	9.105	9.072
饱和 Ca(OH)$_2$	13.416	13.210	13.011	12.820	12.637	12.460	12.292	12.130	11.975

实际测量中，应选用 pH 与待测溶液 pH 接近的标准缓冲溶液，并尽量保持温度恒定。

溶液的 pH 常用酸度计进行测定。酸度计(或称 pH 计)是根据 pH 的实用定义而设计的测定 pH 的仪器，它由电极和电计两部分组成。电极与待测液组成工作电池，电池的电动势用电计测量。使用时，先用仪器上的温度调节钮对温度进行补偿调节，并用 pH 标准缓冲液(所选的标准缓冲液的 pH 与待测液的 pH 尽可能接近)校正毫伏表上的标度，使毫伏表的读数与表 16-2 中给出的标准缓冲液的值一致，然后再将酸度计插入待测液中测定其 pH。

2. 氟电极法测定水中 F$^-$

氟是人体必需的微量元素之一，缺氟容易患龋齿病。饮用水中含氟的适宜浓度为 0.5～1.0mg/L(F$^-$)，当长期饮用含氟量高于 1.5mg/L 的水时，则易患斑齿病。如水中含氟高于 4mg/L 时,则可导致氟骨病。

氟化物广泛存在于天然水中。有色冶金、钢铁和铝加工、玻璃、磷肥、电镀、陶瓷、农药等行业排放的废水和含氟矿物废水是氟化物的人为污染源。

测定水中氟化物的主要方法包括电位分析法和氟试剂分光光度法。

利用电位分析法测定溶液中氟离子的活度时,以氟离子选择电极作为工作电极,以甘汞电极作为参比电极,将两根电极浸入待测溶液中组成如下电化学电池,并测量其电动势。

$$Hg, Hg_2Cl_2 \mid KCl(饱和) \mid\mid 试液 \mid LaF_3 \mid NaF, NaCl \mid AgCl, Ag$$
（甘汞电极）　　　　　　　$\phi_膜$　　　（氟离子电极）

上述电池的电动势为:

$$E_{电池} = \phi_{氟电极} - \phi_{甘汞} + \phi_L$$
$$= (\phi_{AgCl/Ag} + \phi_膜) - \phi_{Hg_2Cl_2/Hg} + \phi_L$$

因为

$$\phi_膜 = k - 0.059 \lg a_{F^-}$$

所以

$$E_{电池} = (\phi_{AgCl/Ag} + k - 0.059 \lg a_{F^-}) - \phi_{Hg_2Cl_2/Hg} + \phi_L$$

式中,$\phi_{AgCl/Ag}$、k、$\phi_{Hg_2Cl_2/Hg}$、ϕ_L 都是常数,将其合并为常数 k',则上式可表示为:

$$E_{电池} = k' - 0.059 \lg a_{F^-} \tag{16-20}$$

式中 $E_{电池}$ 可用电压表测量,k' 值很难直接测量。实际工作中,常用标准曲线法确定氟离子的活度。

标准曲线法的步骤:配制一系列浓度不同的氟离子的标准溶液,并向每一份标准溶液中都分别加入一定量的惰性电解质(称为总离子强度调节缓冲溶液,total ionic strength adjustment buffer,TISAB),将氟离子电极和甘汞电极分别插入每份溶液中,测定所组成的各个电池的电动势,并绘制 $E_{电池}$-$(\lg c_{F^-})$ 关系曲线,如图 16-5 所示。在一定浓度范围内,关系曲线是一条直线。然后在待测溶液中也加入同样的 TISAB 溶液,并用同一对电极测定其电动势 E_x,再从标准曲线上查出相应的 c_x。

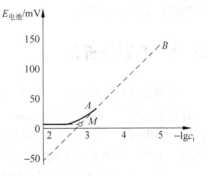

图 16-5　$E_{电池}$-$(-\lg c_{F^-})$ 关系曲线

总离子强度调节缓冲溶液(TISAB)的作用:离子选择电极的膜电位对离子的活度(不是浓度)起能斯特响应 $\left(\phi_膜 = k \pm \dfrac{0.059}{n}\lg a_i\right)$,只有当离子活度系数固定不变时,膜电位才与浓度的对数值呈直线关系:

$$\phi = k \pm \frac{0.059}{n}\lg a_i$$
$$= k \pm \frac{0.059}{n}\lg(\gamma_i c_i)$$
$$= k \pm \frac{0.059}{n}\lg\gamma_i \pm \frac{0.059}{n}\lg c_i \tag{16-21}$$

式中:γ_i——活度系数;

c_i——离子的浓度。

根据式(16-21),只有当每份溶液的活度系数值都相等时,膜电位值才与离子浓度的对数值呈线性关系。所以必须把离子强度大且不与电极起能斯特响应的溶液(即总离子强度调节缓冲溶液)加入到标准溶液和待测液中,使每份溶液的离子强度大小基本相同,从而使离子活度系数不变,这样才可以用标准曲线法来测定离子的浓度。

测定 F^- 时,常用的 TISAB 组成为:NaCl(1mol/L)、HAc(0.25mol/L)、NaAc(0.75mol/L)及柠檬酸钠(0.001mol/L)。

电位分析法测定氟离子浓度具有测定简便、快速、灵敏、选择性好、可测定浑浊及有色水样等优点。最低检出浓度为 0.05mg/L,测定上限可达 1900mg/L。

3. 氨电极法测定氨氮

氨气敏电极是一种复合电极。它以平板型 pH 玻璃电极为指示电极,银-氯化银电极为参比电极。将此电极对置于盛有 0.1mol/L 氯化铵内充液的塑料套管中,在管端 pH 电极敏感膜处紧贴一疏水半渗透薄膜(如聚四氟乙烯薄膜),使内充液与外部被测液隔开,并在 pH 电极敏感膜与半透膜之间形成一层很薄的液膜。当将其插入 pH 已调至 11 的水样时,则生成的氨将扩散通过半透膜(水和其他离子不能通过),使氯化铵电解质液膜层内的 $NH_4^+ \rightleftharpoons NH_3 + H^+$ 的反应向左移动,引起氢离子浓度变化,由 pH 玻璃电极测定此变化。在恒定的离子强度下,测得的电动势与水样中氨浓度的对数呈线性关系。因此,用高阻抗输入的晶体管毫伏计或 pH 计测其电位值便可确定水样中氨氮的浓度。

利用氨电极电位分析法测定水样中氨氮不受水样色度和浊度的影响,水样不需要进行预蒸馏,最低检出浓度为 0.03mg/L,测定上限可达 1400mg/L。水样中氨氮浓度较高时,可用酸碱滴定法进行测定。

16.4 电解分析法

电解是在电解池中进行的,外加电源的正极和负极分别与电解池的阳、阴极相连。在电解过程中,在阳极上发生氧化反应,在阴极上发生还原反应。当实际施加于两极的电压大于理论分解电压、超电压和电解回路的电压降之和时,就能使电解过程持续稳定地进行,被测金属离子以一定组成的金属状态在阴极析出,或以一定组成的氧化物形态在阳极析出。

根据电解原理建立起来的测定和分离元素的方法称为电解分析法(electrolytic analysis)。电解分析法又可分为电质量分析法和库仑分析法。通过测定电解质溶液中待测组分经过电极反应在阴极或阳极上沉积的量进行定量分析的方法称为电质量分析法(也称为电重量法)。测量待测物质进行电极反应的过程中,所消耗的电量的定量分析方法称为库仑分析法。

电重量分析法随电解过程的不同,分为恒电流电解分析法、控制阴极电位电解分析法、内电解分析法和汞阴极电解分析法。其中最主要的是控制阴极电位电解分析法。下面将分别介绍控制阴极电位电解分析法和库仑分析法。

16.4.1 控制电位电解分析法

如图 16-6(a)所示,在 $CuSO_4$ 溶液中插入两只表面积较大的铂电极,并插入一支饱和甘汞电极作为参比电极,并在电极间加直流可调电位,当阴极对参考电极电位从零开始逐渐负向增大时,起初电流很小,称为残余电流。直至阴极电位足够负时,即达到 Cu^{2+} 的还原电位 E_d 时,可观察到电路中有显著的电极反应,电流也随之增加。阴极电位与电流的关系如图 16-6(b)所示。

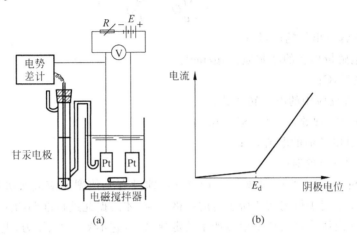

图 16-6 控制阴极电位电解装置(a)与极化曲线(b)

用图 16-6 的装置可进行控制阴极电位电解分析(potentiometric analysis)。各种不同的离子还原电位不同是用电解法分离各种元素的基础。若待测溶液中含有两种或两种以上的金属离子,在分析其中一种离子的含量时就要考虑共存离子是否会造成干扰。若两种金属离子的还原电位相差较大,就可以将两种金属离子定量分离。图 16-6(b)为两种金属离子的阴极极化曲线。图中两种金属离子 A、B 的还原电位值(分别为 a 和 b)相差较大,电解时将阴极电位控制在 a 和 b 之间,就可以使金属 A 定量析出,而金属 B 不会电解。若两种金属离子的还原电位相互接近,可加入一种选择性的配位剂使得两者的还原电位差增大以扩大其区别。

在电解过程中,由于金属离子的浓度越来越小,因此阴极越来越负,同样,阳极电位越来越正。为了保持阴极电位不致负到有干扰性的还原反应产生或阳极电位不致正到有干扰性的氧化反应产生所加的试剂,称为"去极化剂"。它在阴极上优先被还原,或者在阳极上优先被氧化,以稳定电极电位。如电解硫酸铜溶液时,为防止阴极上放出氢气,常加硝酸或硝酸铵等试剂,称为"阴极去极化剂"。又如在盐酸溶液中电解铜时,为防止在阳极上产生氯气,常加入盐酸羟胺或硫酸肼等试剂,称为"阳极去极化剂"。

控制电位电解法不仅可用于混合物的同时电解分析,还可用于电解分离,如极谱分析中用控制阴极电位电解法去除底液中微量可还原杂质,除去样品中大量前还原物质对微量后还原物质测定的干扰,以及在有机电化学中进行电有机合成等。

16.4.2 库仑分析法

库仑分析法(coulometry)是在电解分析基础上发展起来的一种电化学分析法。这种方法不是通过称量电极上析出物质的质量,而是通过测量电解过程中消耗的电量以求出被测物质含量的方法。库仑分析法的依据是法拉第电解定律。

1. 法拉第电解定律

库仑分析法的理论基础是法拉第定律(Faraday's law)。根据法拉第定律,物质在电极上析出的质量与通过电解池的电量成正比,其表达式为:

$$m = \frac{M}{nF}Q = \frac{M}{nF}it \qquad (16-22)$$

式中:m——电解析出物的质量,g;

M——电解析出物的摩尔质量,g/mol;

Q——电量,C;

n——电极反应中的电子转移数;

F——法拉第常数,$F=96485$C/mol;

i——通过电解池的电流,A;

t——电解进行的时间,s。

在库仑分析中,只有当电解效率为100%时,即没有其他副反应或次级反应时,通过电解池的电量才完全用于待测物质所进行的电极反应,才能据此进行准确的定量分析。

法拉第电解定律是自然科学中最严密的定律之一,它不受温度、压力、电解质浓度、电极材料、溶剂性质及其他因素的影响。

2. 控制电位库仑分析法

控制电位库仑分析法是直接根据被测物质在电解过程中所消耗的电量来求其含量的方法。其基本装置与控制电位电解法相似(图16-7)。电解池中除工作电极和参比电极外,还有对电极,它们共同组成电位测量与控制系统。在电解过程中,控制工作电极的电位保持恒定值,使待测组分在该电极上发生定量的电解反应,当电极电流趋近于零时,表示电解完成。用与之串联的库仑计精确测量使该物质被全部电解所需的电量,即可由法拉第电解定律计算其含量。控制电位库仑分析法中常用的工作电极有铂、银、汞、碳电极等。

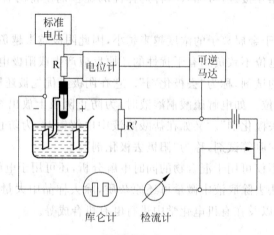

图16-7 控制电位库仑分析装置

由于库仑分析的电流效率要求达到100%,以使电解时所消耗的电量能全部用于被测物质的电极反应,因此必须避免在工作电极上有副反应发生。一般说来,电极上可能发生的副反应有下列几种:

①溶剂的反应。由于电解一般都是在水溶液中进行的,所以要控制适当的电极电位及溶液的 pH 范围,以防止水的分解。当工作电极为阴极时,应避免有氢气析出;为阳极时,则要防止有氧气产生。采用汞阴极,能提高氢的过电位,使用范围比铂电极广。②电极本身参与反应。铂电极在较正电位时,不会被氧化。但当溶液中有能与铂络合的试剂时,有可能被氧化而参与电极反应。③氧的还原。溶液中溶解有氧气,会在阴极上还原为过氧化氢或水,故电解前须通 N_2 数分钟除氧。④电活性杂质的电解。需要进行预电解,消除电活性杂质的影响。即在加入试样前,先在比测定时约负 0.3～0.4V 的阴极电位下进行预电解,直到电流降低至一个很小的数值(即达到背景电流,此时不接通库仑计)时再接通库仑计进行正式电解。⑤析出电位相近的物质或较被测物质易于还原(对阴极反应)、易于氧化(对阳极反应)的物质。一般可采用络合、分离等方法消除。

3. 恒电流库仑分析法(库仑滴定法)

恒电流库仑分析法也称为库仑滴定法,可用于各种类型的滴定分析。库仑滴定法与普通滴定分析方法的不同之处在于滴定剂不是配制的标准溶液,而且滴定剂也不是由滴定管加入到被测溶液中去的。而是用恒定的电流,以 100% 的电流效率对电解质进行电解,使在电解池中产生一种物质,然后该物质与被分析物进行定量的化学反应,反应的计量点可借助于指示剂或其他电化学方法来指示。记录电解开始至滴定终点所需要的时间 t,由于所产生的滴定剂与所消耗的电量成正比,而产生的滴定剂与待测物质按化学计量关系作用,根据法拉第电解定律,试样中待测物质的质量 $W(g)$ 可按下式计算:

$$W = \frac{M}{nF}Q = \frac{M}{nF}it = \frac{M}{9485n}it \tag{16-23}$$

由于在电解过程中保持电流 i 不变,所以只要记录所需的电解时间,即可求出待测物质的质量。

库仑滴定装置由电解系统和终点指示系统两部分组成(图 16-8)。电解系统由工作电极对、指示电极对及电解池构成。将强度一定的电流 i 通过电解池,并用计时器记录电解时间 t。在工作电极上通过电极反应产生"滴定剂",该"滴定剂"立即与试液中被测物质发生反应,当到达终点时由指示终点系统指示终点到达,停止电解。根据法拉第定律,由电解电流和时间求得被测物质的量 $W(g)$。

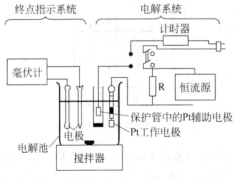

图 16-8 库仑滴定装置

库仑滴定法中指示终点的方法主要有指示剂法和电位法两种。指示剂法与普通滴定分析一样,库仑滴定可以用指示剂来确定终点。例如,在碳酸氢钠缓冲溶液中电解碘化钾使在铂阳极产生碘作为滴定剂,与被测物质三价砷反应,可用淀粉作指示剂。当三价砷全部氧化为五价后,过量的淀粉溶液变为蓝紫色,指示反应终点。库仑滴定也可以用电位法来指示终点。此时,在电解池中另外配置指示电极与参比电极作为指示系统。图 16-8 的装置即是用电位法指示终点。

库仑滴定法有以下一些特点:①由于库仑滴定法所用的滴定剂是由电解产生的,边产生边滴定,所以在普通滴定分析中一些不稳定的试剂或不易标定的试剂,如 Cl_2、Br_2、Cr^{2+}、Ti^{3+}、Cu^+、Fe^{2+} 等,均可用作库仑滴定剂,扩大了滴定分析的应用范围。此外,库仑滴定可广泛用于各种酸碱滴定、配位滴定、沉淀滴定法、氧化还原滴定中,同时可测定无机物、有机物、生化物质等。还可用于环境中有害气体的监测。②库仑滴定法是少数几种不需要标准物质的方法之一。它通过电解可以产生几乎所需任何浓度的酸、碱、氧化剂、还原剂、沉淀剂、配位剂。③库仑滴定法既可以用于常量组分,也可以用于微量物质的分析,方法的准确度很高,相对误差约为 0.5%。

4. 恒电流库仑滴定法在环境样品分析中的应用

(1) 恒电流库仑滴定法测定 COD

库仑式 COD 测定仪的工作原理如图 16-9 所示。由库仑滴定池、电路系统和电磁搅拌器等组成。库仑池由工作电极对、指示电极对及电解液组成。其中,工作电极对为双铂片工作阴极和铂丝辅助阳极(置于内充 3mol/L H_2SO_4、底部具有液络部的玻璃管内),用于电解产生滴定剂;指示电极对为铂片指示电极(正极)和钨棒参比电极(负极),置于内充饱和硫酸钾溶液、底部具有液络部的玻璃管中),以其电位的变化指示库仑滴定终点。电解液为 10.2mol/L H_2SO_4、重铬酸钾和硫酸铁混合液。电路系统由终点微分电路、电解电流变换电路、频率变换积分电路、数字显示逻辑运算电路等组成,用于控制库仑滴定的终点,变换和显示电解电流,将电解电流进行频率换算、积分,并根据电解定律进行逻辑运算,直接显示水样的 COD 值。

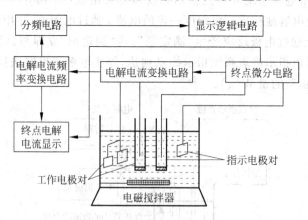

图 16-9 COD 测定仪工作原理

使用库仑式 COD 测定仪测定水样 COD 值的要点是:在空白溶液(蒸馏水加硫酸)和样品溶液(水样加硫酸)中加入同量的重铬酸钾溶液,分别进行回流消解 15min,冷却后各加入等量的硫酸铁溶液,倾入电解池于搅拌状态下进行库仑滴定,则 Fe^{3+} 在工作阴极上还原为 Fe^{2+}(滴定剂)去滴定(还原)$Cr_2O_7^{2-}$。库仑滴定空白溶液中 $Cr_2O_7^{2-}$ 得到的结果为加入重铬酸钾的总氧量,库仑滴定样品溶液中 $Cr_2O_7^{2-}$ 得到的结果为剩余重铬酸钾的氧化量。设前

者需电解时间为 t_0，后者需电解时间为 t_1，则根据法拉第电解定律可得：

$$c_x = \frac{I(t_0-t_1)}{96500} \cdot \frac{M}{V} \tag{16-24}$$

式中：W——被测物质的重量，即水样消耗的重铬酸钾相当于氧的克数；

I——电解电流；

t_0——空白溶液电解所需的时间；

t_1——样品溶液电解所需的时间；

M——氧的相对分子质量(32)；

n——氧的得失电子数(4)。

设水样 COD 值为 c_x(mg/L)；水样体积为 V(mL)，则代入上式，经整理后得：

$$W = \frac{V}{1000} \cdot c_x \tag{16-25}$$

$$c_x = \frac{I(t_0-t_1)}{96500} \cdot \frac{8000}{V} \tag{16-26}$$

利用恒电流库仑滴定法还可以测定大气中的二氧化硫和氮氧化物。恒电流库仑滴定法与化学滴定法相比，具有简便、快速、试剂用量少、不需标准滴定液等特点，因此测定结果较为准确。

16.5 极谱分析法

极谱法(polarography)是一种特殊形式的电解方法，它是以小面积的工作电极与参比电极组成电解池，电解被分析物质的稀溶液，根据所得到的电流-电压特性曲线(伏安曲线)来进行定性和定量分析的方法。极谱分析法属于伏安法，伏安法使用表面不能更新的液体或固体电极，极谱法是使用可周期性更新的滴汞电极为工作电极的一种特殊的伏安分析法。

16.5.1 普通电解法与极谱分析法的区别

前面介绍的电解分析法(控制电位电解分析法和库仑分析法)使用大表面积的工作电极，并在搅拌状态下对电解液进行电解，该类电解分析法中，电极表面与溶液本体的浓度完全一样，不存在浓差极化现象(浓差极化是指电极上有电流通过时，电极表面附近的反应物或产物浓度变化引起的极化)。电极的电流-电压曲线如图 16-10(a)所示。在极谱分析法中，由于使用面积非常小的滴汞电极作为工作电极，使得电极上的电流密度(单位滴汞面积通过的电流)非常大。并且在电解过程中对电解液不加搅拌，因此电极表面存在着浓差极化现象。此时的电流-电压曲线如图 16-10(b)所示。

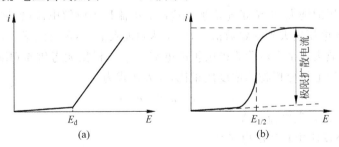

图 16-10 普通电解法(a)与极谱分析法(b)的极化曲线

16.5.2 极谱分析法的基本原理

极谱法是一种特殊条件下的电解分析法,即体系在不加搅拌、工作电极(滴汞电极)处于高度浓差极化、高电流密度条件下进行的电解。极谱分析法的基本装置如图 16-11 所示,以滴汞电极作为阴极,以甘汞电极作为阳极对待测液进行电解。滴汞电极的上部为储汞瓶,下接一塑料管,塑料管下端为一毛细管(内径 0.05mm),汞从储汞瓶中顺着毛细管一滴一滴有规则地滴下,构成滴汞电极。电解时通过滑线变阻器改变电解池两端的外加电压,用检流计记录流经电解池的电流。以电压(V)为横坐标,电流 $i(\mu A)$ 为纵坐标绘制电流-电压曲线,即得到极谱图,根据极谱图可对物质进行定性定量分析。

以极谱法测定水中 Cd^{2+} 为例,将被分析水样($CdCl_2$ 浓度为 1×10^{-3} mol/L)加入电解池中,同时加入大量 KCl(KCl 浓度为 0.1mol/L)作为支持电解质。向电解池中通入氮气或氢气,以除去电解池中的溶解氧,然后以 2~3 滴/10s 的速度滴汞,记录不同电压(0~1V)下的电流值,绘制电解 Cd^{2+} 电压-电流曲线,即得到 Cd^{2+} 的极谱图(图 16-12)。

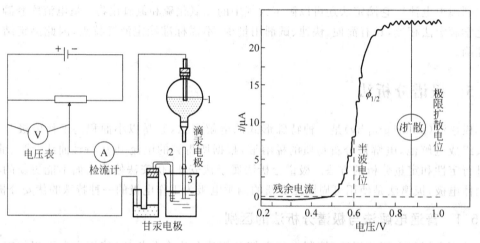

图 16-11 极谱分析基本装置　　　　图 16-12 Cd^{2+} 的极谱图

由图 16-12 所示,在达到 Cd^{2+} 的分解电位之前,电解池中只有微小的电流通过,该电流称为残余电流。当外加电压达到 Cd^{2+} 的分解电压(-0.5~-0.6V 之间)时,Cd^{2+} 开始电解,此时电极反应为:

阴极(滴汞电极):$Cd^{2+} + Hg + 2e^- \rightleftharpoons Cd(Hg)$(镉汞齐)

阳极(甘汞电极):$2Hg + 2Cl^- - 2e^- \rightleftharpoons Hg_2Cl_2$

此时随着电压的增大,电流迅速增加。这部分电流称为电解电流(也称为扩散电流或迁移电流)。当外加电压增大到一定数值时,电流达到极限值,不再继续增大,该电流称为极限电流。极限电流减去残余电流称为极限扩散电流($i_{扩散}$),根据尤考维奇(Ilkovic)公式,极限扩散电流与电活性电解分析物的浓度成正比,其表达式为:

$$i_{扩散} = 706nD^{1/2}m^{2/3}t^{1/6}c \tag{16-27}$$

式中:$i_{扩散}$——极限扩散电流,μA;
　　　n——电极反应中转移的电子数;
　　　D——扩散系数,cm^2/s;

m——汞滴的流速,mg/s;

t——汞滴周期,s;

c——电活性待测物的浓度,mmol/L。

尤考维奇(Ilkovic)公式中,n、D 取决于被测物质的特性,将 $607nD^{1/2}$ 定义为扩散电流常数,该值越大,测定结果越灵敏;m、t 取决于毛细管特性,将 $m^{2/3}t^{1/6}$ 定义为毛细管特性常数。在极谱分析中,保持以上各项因素不变,则:

$$i_{扩散} = kc \tag{16-28}$$

即极限扩散电流的大小与待测物质的浓度 c 成正比。式(16-28)为极谱法的定量依据。

另外,在图 16-12 中,极限扩散电流一半时对应的滴汞电极电位称为半波电位($E_{1/2}$)。半波电位的大小只与待测离子的本性有关,与离子的浓度无关,因此可作为定性分析的依据。

16.5.3 极谱分析法中的干扰电流及消除办法

极谱分析法中,除用于测定的扩散电流外,极谱电流还包括了残余电流、迁移电流、极谱极大、氧波、氢波。这些电流通常干扰测定,应设法扣除。

1. 残余电流(residual current)

在进行极谱分析时,外加电压虽未达到被测物质的分解电压,但仍有微小的电流通过电解池,这种电流称为残余电流。残余电流主要由电解电流(i_f)和电容电流(i_c)两部分组成。电解电流是由于溶液中微量的易被还原的杂质在滴汞电极上还原时所产生的。例如,普通蒸馏水中的微量 Cu^{2+},实验中所用各种化学试剂中的微量 Fe^{2+}、Fe^{3+} 等,这些杂质在外加电压未达到被测物质的分解电压前,即在滴汞电极上还原,产生很小的电解电流。电容电流是由于汞滴表面与溶液之间形成双电层结构,随汞滴面积的周期性变化而发生的充电现象所引起的。电容电流是残余电流的主要组成部分。

减免电解电流的方法是提高试剂的纯度,如使用二次蒸馏水及规格在分析纯级以上的试剂。也可以通过预电解和除氧减免电解电流。对电容电流一般采用作图的方法加以扣除。

2. 迁移电流(migration current)

在极谱分析中,待测离子由溶液主体向滴汞电极表面的运动除了扩散运动外,还有一种运动叫做迁移运动。迁移运动来源于电解池的正负极对待测离子的静电吸引或排斥力。这种由于迁移运动,而使主体溶液中的离子受静电引力的作用达到电极表面,在电极上还原而产生的电流称为迁移电流。

消除迁移电流的方法是在溶液中加入大量惰性电解质(即支持电介质,浓度约为待测离子的 100 倍),这些电解质在溶液中电离出大量的阴阳离子,由于滴汞电极对所有阳离子均有静电引力,因此作用于被分析离子的静电引力就大大减弱了,以致由静电引力引起的迁移电流趋向于零,从而达到消除迁移电流的目的。极谱分析法中常用的支持电解质有 KCl、HCl、KNO_3 等。

3. 极谱极大(polarographic maximum)

极谱极大也称为畸峰,是极谱波中的一种异常或特殊现象。它是指在电解开始后,电流随滴汞电极电位的增加而迅速增大的一个极大值,当滴汞电极电位变得更负时,这种现象消失,电流下降到正常的扩散电流值时趋于正常,这种现象称为极谱极大。

造成极谱极大最主要的原因是由于汞滴表面粘附着溶液,所以,汞滴转动时,也带动了溶液的流动,搅动了溶液,将"额外"多的电极反应物带到了滴汞电极表面,还原产生电流,从而产生了极谱极大。

可以通过向电解液中加入表面活性剂来抑制或者消除极谱极大,抑制极谱极大的表面活性剂称为极大抑制剂,常用的极大抑制剂有明胶、聚乙烯醇及某些有机染料等表面活性剂。

4. 氧波

在室温下,氧在溶液中的溶解度约为8mg/L。溶解在溶液中的氧,能在滴汞电极上发生电极反应而产生两个极谱波,这两个极谱波均称为氧波。这两个氧波波占据了从$0 \sim -1.2V$的整个电位区间,这正是大多数金属离子还原的电位范围。氧波将重叠在被测物质的极谱波上而干扰测定。消除氧波的方法有:①在溶液中通入 N_2、H_2 或 CO_2 等惰性气体消除氧波。N_2 或 H_2 可用于任何溶液,而 CO_2 只能用于酸性溶液;②在中性或碱性溶液中,可加入亚硫酸钠除氧;③在强酸性溶液中,加入 Na_2CO_3 而生成大量 CO_2 气体以驱氧;④在弱酸性溶液中,可以利用抗坏血酸除氧。

5. 氢波(hydrogen wave)

溶液中的氢离子在滴汞电极上还原而产生的极谱波,称为氢波。如果被测物质的极谱波与氢波近似,则氢波对测定会有干扰。在酸性溶液中,氢波在滴汞电极上产生的电位区间是$-1.2 \sim -1.4V$。所以若待测离子的半波电位($E_{1/2}$)较 1.2V 负,则不能在酸性溶液中测定该离子。在碱性溶液中,氢离子浓度很小,因此在很负的电位时才产生氢波,且产生的氢波很小,一般不干扰测定。例如,在极谱分析中,Co^{2+}、Ni^{2+}、Mn^{2+} 等的 $E_{1/2}$ 较负,一般不适宜在酸性溶液中测定,可在氨性溶液中测定。

16.5.4 几种极谱分析法简介

1. 经典极谱法(classical direct current polarography)

以滴汞电极为工作电极对试液进行电解时,根据尤考维奇公式 $i_{扩散} = 706nD^{1/2}m^{2/3}t^{1/6}c$,扩散电流与电活性待测组分的浓度成正比。通过测定电解过程中产生的扩散电流的大小对待测物质含量进行定量分析的方法称为经典极谱法。经典极谱法在20世纪50～60年代的地质试样分析中发挥了重要的作用。能测定大约30多种金属元素的含量,常见的有 Cu、Pb、Zn、Cd、Cr、Sn、Bi、In、Se、Te、Mn、Au 等10余种。

经典极谱法中,加入扫描电压的速度缓慢,一般为 0.2V/min,分析速度慢,汞消耗量大,分析灵敏度及相邻波的分辨率均较低。因此目前应用较少。

2. 单扫描示波极谱法(single-sweep oscillographic polarography)

单扫描示波极谱法也称为直流示波极谱法,是根据经典极谱原理而建立起来的一种快速极谱分析方法。

单扫描示波极谱法中,用时间控制器控制每一滴汞的生长周期为7s,在7s周期结束时,仪器发出一敲击信号将汞滴击落,新的一滴汞又开始生长,这样可保证每次测定期间汞滴的大小均相等。在每一滴汞生长的前 5s 内不加扫描电位，在后 2s 期间施加线性扫描电位，以 250mV/s 的速度快速扫描，如图 16-13 所示。由于在每一滴汞的生长周期内都施加一次扫描电压，在示波器上记录一次电流-电压曲线，因此该方法称为单扫描示波极谱法。单扫描示波极谱法的一滴汞产生一个极谱图。

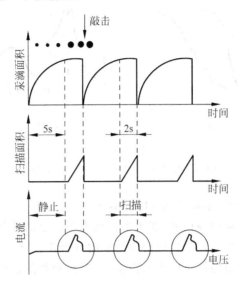

图 16-13　单扫描示波极谱法中的滴汞周期、扫描周期、静止周期的关系

单扫描示波极谱法的仪器装置中，必须装有时间控制器和电极震动器，使滴汞电极滴下时间为某一定值，并在滴下时间的后期的某一时刻才加上扫描电压，这样能够保证电极的面积基本上保持恒定，即把滴汞电极当做面积固定的电极使用。此外，仪器还需要有一个补偿装置，消除电流对电位的影响，保证电极电位是时间的线性函数。

示波极谱法与经典极谱法相比有许多优点。经典极谱需 40～80 滴汞形成一条极谱曲线，示波极谱法在一滴汞上即能形成一条曲线，因此示波极谱法的分析速度较快，且汞的消耗量小。示波极谱法的分辨率也高于经典极谱法，示波极谱法可分辨相邻峰电位差为 40mV 的两种电活性物质，而经典极谱法中，只有当相邻峰电位差大于 200mV 才能进行分辨。示波极谱法比经典极谱法的灵敏度高 4～6 倍。图 16-14 为两者极谱图。如图 16-14，经典极谱图为 S 形状，扩散电流大小为：$i_{扩散}=706nD^{1/2}m^{2/3}t^{1/6}c$；示波极谱图呈峰形，示波极谱电流为：

$$i_p = 2.69 \times 10^5 n^{3/2} AD^{1/2} v^{1/2} c \tag{16-29}$$

式中：i_p——示波极谱的峰电流，A；

　　　n——电极反应中转移的电子数；

　　　A——电极表面积，cm^2；

　　　D——离子扩散系数，cm^2/s；

　　　v——电位扫描速度，V/s；

　　　c——电活性待测物的浓度，mol/L。

单扫描示波极谱法中峰电位 E_p 与经典极谱半波电位 $E_{1/2}$ 的关系如下：

$$E_p = E_{1/2} - 1.1RT/nF \tag{16-30}$$

可见,峰电位是一个与半波电位及电子转移数 n 有关的常数,温度为25℃时峰电位比半波电位负 $\frac{28}{n}$ mV,可用来对试样中电活性未知物进行定性分析。

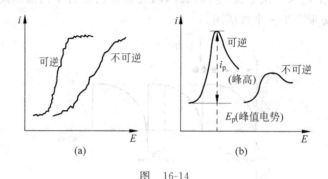

图 16-14

(a) 经典极谱曲线;(b) 单扫描示波极谱曲线

3. 极谱催化波(polarographic catalytic wave)

极谱催化波是一种特殊的极谱波,属于平行动力波。电活性待测物质的电极反应与反应产物的化学反应平行进行。化学反应再生出来的电活性物质,又在电极上还原,形成了循环。催化电流比电活性物质的扩散电流大得多,并与被测物的浓度在一定范围内有线性关系。化学反应的速率常数越大,催化波越灵敏。可用于对超纯物质、冶金材料、环保监测和复杂的矿石分析作微量、痕量甚至超痕量测定。极谱催化波大致可分三类,分别是平行催化波、络合吸附波、催化氢波。下面将分别加以介绍。

(1) 平行催化波

平行催化波是指化学反应与电极反应平行的极谱波:

$$
\begin{array}{l}
\mathrm{O}_x + n\mathrm{e}^- \longrightarrow \mathrm{Red} \quad (\text{电极反应}) \\
\quad\quad\quad\quad\quad\quad\quad\quad\downarrow \\
\mathrm{Red} + \mathrm{Z} \longrightarrow \mathrm{O}_x \quad (\text{化学反应})
\end{array}
\tag{16-31}
$$

根据式(16-31),待测物质 O_x 为电活性物质,在电极上被还原生成 Red。这时溶液中事先加入过量的另一种物质 Z,Z 又能与 Red 反应生成 O_x,此再生的 O_x 在电极上又被还原。这样循环往复,使电流大大的增加,从而提高了测定的灵敏度。

在该反应中,电活性物质 O_x 的浓度实际上未变化,消耗的是物质 Z。所以反应中 O_x 相当于一种催化剂,催化了 Z 的还原。反应中的电流因催化反应的进行而大大增加,称为催化电流。催化电流的大小与催化剂 O_x 的浓度成正比。与普通的扩散电流相比,催化电流可以提高 3~4 个数量级,使得灵敏度大大增加。所以平行催化波对于痕量物质的分析具有特别重要的意义。

(2) 络合吸附波

络合吸附波也称为配合物吸附波。这类催化波的共同点是络合和吸附,所以称为络合吸附波。络合吸附波主要包括以下三种波:

① 催化前波。在有合适的、能吸附在汞电极上的非电活性物质存在下,在还原电极不可逆的金属离子(如 Co^{2+}、Ni^{2+}、Ga^{3+}、In^{3+}、Ge^{4+}、Sn^{2+})时会产生催化前波,它是指在水合金属离子的还原波电位之前(电位较正)呈现的波,它仍是金属离子的还原波。催化前波产生

的电流比普通扩散电流大,因而也就提高了灵敏度。这种波多数不用来测定金属离子,而是用来测定非电活性的阴离子、有机酸、苯酚、吡啶等,测定的浓度范围为 $10^{-2} \sim 10^{-5}$ mol/L,个别的可达 10^{-7} mol/L。

② 配位体催化波。配位体催化波与催化前波的区别在于,金属离子在溶液中形成相当稳定的络合物,而且测定的是金属离子,配位体起络合、吸附和催化的作用。例如 Cd^{2+} -KI 体系,吸附的碘离子对碘化镉发生诱导吸附,使还原电位负移,电流因而增高,可测量 10^{-8} mol/L 的 Cd^{2+}。又如 Co^{2+}、Fe^{2+}、Mn^{2+} 共存时,波形不好,加入少量硫脲,则还原电位前移,波形改善,在 Mn^{2+} 存在下可以测定微量的钴和铁。

③ 络合物吸附波。铝、镁、锆、钍等离子没有良好的还原波,利用它们与某些染料(如媒染紫 B)、指示剂或有机试剂发生络合和吸附,产生一个与试剂分裂的波来间接测定这些金属离子,称为络合物吸附波。

(3) 催化氢波

在酸性溶液或缓冲溶液中存在某些微量有机物或金属配合物时(如四氯化铂),能促进 H^+ 在汞电极上的还原,并使其还原电位正移,这种现象称为催化氢波。这些有机物或配合物即为催化剂。催化氢波的电流比催化剂本身的电流大得多,但是小于溶液中 H^+ 产生的正常氢波。在一定浓度范围内催化剂的浓度与氢的催化电流呈线性关系,因而可利用催化氢波测定痕量催化剂。

可以形成催化氢波的物质有两大类:一类是由于去极化剂的还原,在电极上沉积有催化活性的物质能催化氢离子还原的电极反应。例如,0.1mol/L HCl 中,正常的氢还原波在 -1.25V,但若有 $10^{-6} \sim 10^{-5}$ mol/L 的 $PtCl_4$ 存在,产生了催化氢波,就会使氢的还原波正移至 -1.05V,在此浓度范围内,电流的大小与 $PtCl_4$ 的含量成正比。另一类则是有机化合物、金属配合物的催化氢波。一些有机化合物或金属配合物含有可质子化的基团 B,当这些化合物与溶液中含质子给予性质的基团 DH^+(例如 H_3O^+)相互作用时,产生质子化的反应产物 BH^+,由于这些产物可吸附于电极表面催化析出氢的电极反应,电极反应产物又从质子给予体中得到质子,如此形成一个催化氢放电的循环,产生催化氢波。可用下式表示:

$$\begin{aligned} B + DH^+ &\longrightarrow BH^+ + D \\ BH^+ + e^- &\longrightarrow B + \frac{1}{2}H_2 \end{aligned} \tag{16-32}$$

这类催化氢波也可用于微量金属的测定,如中国学者提出的铑、铂与邻苯二胺或六次甲基四胺和铱与硫脲、碘化钾等的催化氢波,用示波极谱(单扫描极谱)的导数波可测定 $10^{-9} \sim 10^{-11}$ mol/L 上述离子,是非常灵敏的分析方法,该方法已成功地应用于矿石中痕量铑、铂、铱的测定。

4. 阳极溶出伏安法(anodic stripping voltammetry)

阳极溶出伏安法是在充分搅拌条件下,使被测定物质在选定的电位下电解富集一定时间,将待测物从体积较大的电解液中通过电解富集到悬汞电极(或表面镀汞的玻碳电极、镀汞膜电极)上,使其浓度大大提高。然后以由负向正的方向进行电位扫描,使富集在电极上的物质氧化溶出,并记录氧化波,根据溶出过程的极化曲线来进行分析的方法。根据溶出峰电位进行定性,根据峰电流大小进行定量。其全过程可表示为:

$$M^{n+} + Hg + ne^- \underset{溶出}{\overset{富集}{\rightleftharpoons}} M(Hg)$$

因为电解还原富集缓慢(1~10min),而溶出却在瞬间完成(以 50~200mV/s 的扫描速度进行),故使溶出电流大为增加,从而使方法灵敏度大大提高。可测量低至 10^{-10}~10^{-11} mol/L 的痕量物质。

5. 循环伏安法(cyclic voltammetry)

循环伏安法是以等腰三角形的脉冲电压加在工作电极上,得到的电流-电压曲线包括两个分支,如果前半部分电位向阴极方向扫描,电活性物质在电极上还原,产生还原波,那么后半部分电位向阳极方向扫描时,还原产物又会重新在电极上氧化,产生氧化波。因此一次三角波扫描,完成一个还原和氧化过程的循环,故该法称为循环伏安法,其电流-电压曲线称为循环伏安图。

循环伏安法是一种常用的电化学研究方法。该法控制电极电压以不同的速率,随时间以三角波形一次或多次反复扫描,并记录电流-电压曲线。根据曲线形状可以判断电极反应的可逆程度、中间体、相界吸附或新相形成的可能性,以及偶联化学反应的性质等。循环伏安法很少用于定量分析,常用来测量电极反应参数,判断其控制步骤和反应机理,并观察整个电势扫描范围内可发生哪些反应,及其性质如何。对于一个新的电化学体系,首选的研究方法往往就是循环伏安法,循环伏安法被称为"电化学的谱图"。循环伏安法除了可使用汞电极作为工作电极外,还可以用铂、金、玻璃碳、碳纤维微电极以及化学修饰电极等作为工作电极。

16.5.5 极谱法在环境样品分析中的应用

极谱法可用来测定大多数金属离子,特别适合于金属、合金、矿物及化学试剂中微量杂质的测定,如金属锌中的微量 Cu、Pb、Cd,钢铁中的微量 Cu、Ni、Co、Mn、Cr,铝镁合金中的微量 Cu、Pb、Cd、Zn、Mn,矿石中的微量 Cu、Pb、Zn、Cd、W、Mo、V、Se、Te 等的测定。此外,极谱分析法在电化学、界面化学、络合物化学和生物化学等方面都有着广泛的应用。下面举几个极谱法在水质分析中的应用实例,加以说明。

1. 极谱法测定溶解氧

极谱型氧电极的构成是由黄金阴极、银-氯化银阳极、聚四氟薄膜、壳体等部分组成(图 16-15)。

电极腔内充入氯化钾溶液,聚四氟乙烯薄膜将内电解液和被测水样隔开,溶解氧通过薄膜渗透扩散。当两极间加上 0.5~0.8V 固定极化电压时,则水样中的溶解氧扩散通过薄膜,并在阳极上还原,产生与氧浓度成正比的扩散电流。电极反应如下:

阴极:$O_2 + 2H_2O + 4e^- \longrightarrow 4OH^-$

阳极:$4Ag + 4Cl^- \longrightarrow 4AgCl + 4e^-$

产生的还原电流 i 可表示为:

$$i = K \cdot n \cdot F \cdot A \cdot \frac{p_m}{L} \cdot c_0 \quad (16\text{-}33)$$

式中:K——比例常数;

n——电极反应得失电子数;

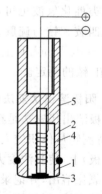

图 16-15 溶解氧电极结构
1—黄金阴极;2—银丝阳极;
3—薄膜;4—KCl 溶液;5—壳体

A——阴极面积;

p_m——薄膜的渗透系数;

L——薄膜的厚度;

c_0——溶解氧的分压或浓度。

根据式(16-33),当实验条件固定后,除 c_0 外的其他项均为定值,故只要测得还原电流就可以求出水样中溶解氧的浓度。溶解氧测定仪就是根据这一原理设计的。测定时,首先用无氧水样校正零点,再用化学法校准仪器刻度值,最后测定水样,便可直接显示其溶解氧浓度。

利用溶解氧测定仪测定溶解氧不受水样色度、浊度及化学滴定法中干扰物质的影响,快速简便,适用于现场测定。但水样中含有藻类、硫化物、碳酸盐、油等物质时,会使薄膜堵塞或损坏,应及时更换薄膜。

2. 示波极谱法测定水中 Cd^{2+}、Cu^{2+}、Pb^{2+}、Zn^{2+}、Ni^{2+}

利用示波极谱法测定水中的 Cd^{2+}、Cu^{2+}、Pb^{2+}、Zn^{2+}、Ni^{2+} 等金属离子,所用仪器为极谱分析仪,工作电极为滴汞电极、铂碳电极,参比电极为饱和甘汞电极。利用标准曲线法进行测定。测定条件见表16-3。具体步骤如下。

表16-3 示波极谱法测定 Cd^{2+}、Cu^{2+}、Pb^{2+}、Zn^{2+}、Ni^{2+}

测定元素	底 液	峰电位(对SCE)(V)	电 极 反 应
Cd^{2+}	$1mol/L NH_4Cl—NH_4O$	-0.85	$Cd(NH_3)_4^{2+} + Hg + 2e^- \rightleftharpoons Cd(Hg) + 4N$
Cu^{2-}	$1mol/L NH_4Cl—NH_4O$	-0.55	$Cu(NH_3)_4^{2+} + Hg + 2e^- \rightleftharpoons Cu(Hg) + 4N$
Zn^{2+}	$1mol/L NH_4Cl—NH_4O$	-1.35	$Zn(NH_3)_4^{2+} + Hg + 2e^- \rightleftharpoons Zn(Hg) + 4N$
Ni^{2+}	$1mol/L NH_4Cl—NH_4O$	-1.10	$Ni(NH_3)_4^{2+} + Hg + 2e^- \rightleftharpoons Ni(Hg) + 4N$
Pb^{2+}	$1mol/L\ HCl$	-0.44	$PbCl_4^{2+} + Hg + 2e^- \rightleftharpoons Pb(Hg) + 4Cl^-$

(1) 在氨性底液中测定水中 Cd^{2+}、Cu^{2+}、Zn^{2+}、Ni^{2+}

① 标准曲线的绘制:分别取四种离子的标准溶液于10mL比色管中,加入1mL氨性支持电解质和0.5mL极大抑制剂水溶液及盐酸羟氨少量,溶解后用蒸馏水稀释至刻度,混匀,转入电解池中,分别进行扫描。铜、镉、锌、镍的起始电位分别为:$-0.25V$、$-0.5V$、$-0.85V$、$-1.1V$,然后绘制峰高-浓度标准曲线。

② 水样的测定:取已处理好的水样放入10mL比色管中,按测定标准溶液程序加入支持电解质、极大抑制剂、盐酸羟氨等试剂进行极谱测定,由水样的峰高,在标准曲线上查出对应的金属离子含量。

(2) 在盐酸底液中测定水中 Pb^{2+}

① 标准曲线的绘制:分取铅的标准溶液于10mL比色管中,加入1mL 1:1 HCl溶液、0.5mL极大抑制剂水溶液抗坏血酸0.05g,溶解后用蒸馏水稀释至刻度,混匀,转移到电解池中,分别在 $-0.25\sim-1.0V$ 之间进行扫描。铅的起始电位为 $-0.25V$。然后绘制峰高-浓度标准曲线。

② 水样的测定:取已处理好的水样放入10mL比色管中,按测定标准溶液程序加入支持电解质、极大抑制剂、盐酸羟氨等试剂进行极谱测定,由水样的峰高,在标准曲线上查出对应的金属离子含量。

用示波极谱法测定以上几种金属离子适用于工业废水和生活污水的测定。对于饮用水、地面水和地下水，应富集后测定。方法的检出限为 10^{-6} mol/L。

3. 阳极溶出伏安法测定水中 Cd^{2+}、Cu^{2+}、Pb^{2+}、Zn^{2+}

(1) 标准曲线的绘制

分别取一定量的 Cd^{2+} 标准溶液于 10mL 比色管中，加入 1mL 支持电解质(0.1mol/L 高氯酸)，用蒸馏水稀释至刻度，混匀，倒入电解池中，将电位扫描范围选在 $-1.30\sim+0.05$V。通氮除氧，在 -1.30V 极化电压下于悬汞电极上富集 3min(浓度低时，可延长富集时间)，则试液中部分待测离子被还原富集并结合成汞齐。静置 30s 后，使富集在悬汞电极表面的金属均匀化。将极化电压均匀地由负向正方向进行扫描，记录伏安曲线(图 16-16)，对峰高(峰电流高度)进行空白校正后，绘制峰高-Cd^{2+} 浓度曲线。

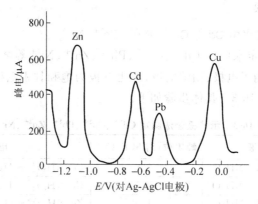

图 16-16　阳极溶出伏安曲线

(2) 水样的测定：取一定量水样放入 10mL 比色管中，加入 1mL 同类支持电解质，用蒸馏水稀释至 10mL，以下按测定标准溶液程序进行测定，根据经空白校正后的峰高，在标准曲线上查出对应的金属离子含量。按同样的方法可分别测定 Cu^{2+}、Pb^{2+}、Zn^{2+} 的含量。

当样品成分比较复杂时，需采用标准加入法测定。操作过程为：准确吸取一定体积水样于电解池中，加 1mL 同类支持电解质，用蒸馏水稀释至 10mL，按测定标准溶液的方法测出各组分的峰电流高，然后再加入与样品含量相近的标准溶液，依同法再次进行峰高测定。用下式计算水样中金属离子的浓度(c_x)：

$$c_x = \frac{hc_s V_s}{(V+V_s)H - Vh} \tag{16-34}$$

式中：h——水样峰高，mm；

H——水样加标准溶液后的峰高，mm；

c_s——加入的标准溶液的浓度，μg/L；

V_s——加入的标准溶液体积，mL；

V——测定所取水样的体积，mL。

阳极溶出伏安法适于饮用水、地面水和地下水中 Cd^{2+}、Cu^{2+}、Pb^{2+}、Zn^{2+} 的测定，可检出 $1\sim 1000\mu$g/L 范围内的金属离子。若富集时间为 6min，检出下限可达 0.5μg/L。

16.5.6 电化学工作站简介

电化学工作站(electrochemical workstation)是电化学研究和教学常用的测量设备,利用电化学工作站可进行循环伏安法、交流阻抗法、交流伏安法、电流滴定、电位滴定等多种电分析方法。电化学工作站是将恒电位(恒电流)仪、信号发生器、高速数据采集系统及相应的控制软件组成一台整机,利用电脑的控制完成电位监测、恒电位(流)极化、动电位(流)扫描、循环伏安、恒电位(流)方波、恒电位(流)阶跃以及电化学噪声监测等多项功能。电化学工作站可直接用于超微电极上的稳态电流测量。如果与微电流放大器及屏蔽箱连接,可测量 1pA 或更低的电流。如果与大电流放大器连接,电流范围可拓宽为 ±2A。

电化学工作站的工作方式包括两电极、三电极及四电极系统。多数的电化学工作站使用三电极体系,其系统组成包括:①工作电极(也称研究电极);②参比电极;③辅助电极(对电极);④电解质溶液;⑤恒电势(位)仪;⑥PC 计算机(接口+软件)。参比电极一般选用饱和甘汞电极,工作电极是要考察的电极,辅助电极是为了和工作电极形成回路,因为参比电极的电势一定,所以只要测出工作电极和参比电极之间的电势差,也就知道了工作电极的电势。另一方面工作电极和辅助电极之间的电流可以测定,所以就能做出描述工作电极性质的伏安曲线,以完成对物质的测量过程。

电化学工作站主要的应用领域包括:①电化学机理研究;②生物技术;③对物质进行定性定量分析;④常规电化学测试;⑤纳米科学研究;⑥传感器研究;⑦金属腐蚀研究;⑧电池研究;⑨电镀研究等。

电化学工作站已经是商品化的产品,不同厂商提供的不同型号的电化学工作站具有不同的电化学测量技术和功能,但基本的硬件参数指标和软件性能是相同的。不同型号的电化学工作站主要可分为单通道工作站和多通道工作站两大类,利用多通道电化学工作站可以同时进行多个样品测试,可以显著的提高分析速度,具有较高的测试效率,适合大批样品的同时测定。

思考题

16-1 参比电极和指示电极有哪些类型?它们的作用是什么?

16-2 玻璃电极在使用前为什么必须用水浸泡?简述 pH 玻璃电极的作用原理。

16-3 直接电位法的依据是什么?直接电位法测定溶液的 pH 时,为什么用 pH 标准缓冲溶液校准 pH 计?

16-4 电导法在水质分析中的应用有哪些?

16-5 测定 F^- 浓度时,在溶液中加入 TISAB 的作用是什么?

16-6 要保证库仑分析法电流效率达 100%,应注意哪些问题?

16-7 应用库仑分析法进行定量分析的关键问题是什么?

16-8 库仑分析要求 100% 的电流效率,在恒电位和恒电流两种方法中采用的措施是否相同?是如何进行的?

16-9 库仑分析和极谱分析都是在进行物质的电解,它们有什么不同?在实验操作上各自采用了什么措施?

16-10 库仑滴定和极谱分析都需加入某一量较大的电解质,它们的作用是否相同?为什么?

16-11 简述经典极谱法、阳极溶出伏安法测定水样中铅、镉、锌的原理。解释阳极溶出伏安法测定水样中铜、铅、镉、锌的电极过程。

16-12 说明电极法测定溶解氧的原理。比较电极法和碘量法测定溶解氧的优缺点。

16-13 根据库仑滴定法和重铬酸钾法测定 COD 的原理,分析两种方法的区别、联系和影响测定准确度的因素。

环境分析化学中的预处理技术

环境样品的形式多种多样,既包括水样、大气样品,还包括了土壤、固废、底质、生物样品等。而实际分析测定时往往需要首先把待测样品制成溶液的形式。此外,环境样品的组成也是非常复杂的,且被测组分一般都在痕量和超痕量级范围。因此测定前必须对样品进行复杂的预处理后才能分析测定。环境样品的预处理包括了试样的分解、待测组分的分离和富集、提取和浓缩,以及对干扰组分的掩蔽或消除等,这些工作都属于样品的预处理过程。总之,对环境样品进行合适的预处理是获得准确的分析结果的关键环节。

17.1 试样的分解

17.1.1 试样的溶解

在分析测定工作中,除少数方法(如原子发射光谱法、差热分析等)可对固体试样直接进行测定外,多数测定方法都要求待测试样是溶液的形式。因此试样的分解是分析工作的一个基本步骤。常用的分解试样的方法可分为湿法和干法两类。湿法是用水、有机溶剂、酸或碱溶液来分解试样。干法(也称熔融法)是用固体碱或酸性物质熔融或烧结来分解试样。分解试样时,尽量采用湿法。在实际工作中通常会将各种分解方法配合使用。

湿法分解中选择溶剂的选择是:能溶于水的先用水溶解,不溶于水的酸性无机物质用碱性溶剂,碱性无机物质用酸性溶剂。还原性无机物质用氧化性溶剂,氧化性无机物质用还原性溶剂。对于溶于水的有机物,如低级醇、多元酸、糖类、氨基酸、有机酸的碱金属盐均可用水溶解。不溶于水的有机物可用有机溶剂溶解。根据相似相溶原理选择合适的有机溶剂。一般极性有机化合物易溶于甲醇、乙醇等极性有机溶剂,非极性有机化合物易溶于氯仿、四氯化碳、苯、甲苯等非极性有机溶剂。

17.1.2 试样的消解和灰化

消解的目的是破坏有机物,溶解悬浮性固体,将各种价态的欲测元素氧化成单一高价态或转变成易于分离的无机化合物。常用的消解方法可分为湿式消解法、微波消解法和干式分解法(干灰化法)。

1. 湿式消解法(digestion using acid or base)

湿法消解是用酸液或碱液并在加热条件下破坏样品中的有机物或还原性物质的方法。湿式消解法一般在电热板上进行。湿式消解法中常用的酸解体系有:氢氟酸、硝酸、硝酸-硫酸、硝酸-高氯酸、硫酸-磷酸、硫酸-高锰酸钾、硝酸-盐酸、氢氟酸、过氧化氢等,它们可将待测物中的有机物和还原性物质全部破坏。湿式消解法中常用的碱为苛性钠溶液。

湿法消解的酸有很多种,应根据不同样品的特性选择不同的酸体系和消解方法进行消解。湿式消解法中常用的一些酸的特性如下。

氢氟酸:主要用于分解含硅样品(如土壤),利用氢氟酸分解样品时,需在铂或聚四氟乙烯容器中处理。

硝酸:除铂、金和某些稀有金属外,浓硝酸能分解几乎所有的金属试样(但铁、铝、铬会发生钝化反应,不宜用硝酸分解)。硝酸最适用于消解生物样品如脂肪、蛋白质、糖类、植物材料以及废水、颜料和聚合物,也广泛用于淋洗土壤样品。试样中有机物存在干扰时,可用浓硝酸加热氧化破坏。

硫酸:硫酸具有沸点高、脱水能力及氧化能力强等特点,可破坏几乎所有的有机化合物。测定水样 COD 时,使用 $H_2SO_4 - K_2Cr_2O_7$ 溶液作氧化剂。硫酸还经常用于溶解氧化物、氢氧化物、碳酸盐;分解硫化物、砷化物、氟化物、磷酸盐等。但消解样品一般避免使用硫酸。硫酸严重干扰原子吸收光谱法(AAS)的测定,特别是石墨炉 AAS 分析。因此,利用 AAS 测定样品组分含量时,避免使用硫酸分解样品。

磷酸:磷酸是一种中强酸,可用于分解硅酸盐矿物、多数硫化物矿物、稀土元素磷酸盐。磷酸最重要的应用是测定铬铁矿、铁氧化体和硅酸盐的二价铁。

高氯酸:高氯酸是最强的酸,能迅速分解几乎所有的有机物,但使用时危险性大,只能在特定的通风橱中进行。使用高氯酸时需注意在任何情况下,不能将高氯酸消解的水样蒸干。

在对较复杂样品进行消解时,常采用混酸消解法,常用的混酸体系包括:硝酸-高氯酸消解体系、硝酸-硫酸消解体系、硫酸-磷酸消解体系,硫酸-高锰酸钾消解体系等。硝酸-高氯酸消解法中,两种酸都是强氧化性酸,联合使用可消解含难氧化有机物的试样,硝酸-高氯酸消解生物样品是破坏有机物比较有效的方法,但使用时要严格按程序进行操作,防止发生爆炸。硝酸-硫酸消解法中,两种酸都有较强的氧化能力,其中硝酸沸点低,而硫酸沸点高,二者结合使用,可提高消解温度和消解效果,硝酸-硫酸体系不适用于处理测定易生成难溶硫酸盐组分(如铅、钡、锶)的试样。硫酸-磷酸消解法中的两种酸的沸点都比较高,其中,硫酸氧化性较强,磷酸能与一些金属离子如铁离子等络合,故二者结合消解试样,有利于测定时消除铁等离子的干扰;硫酸-高锰酸钾消解法常用于消解测定汞的试样。高锰酸钾是强氧化剂,在中性、碱性、酸性条件下都可以氧化有机物,其氧化产物多为草酸根,但在酸性介质中还可继续氧化。在消解完成后需要滴加盐酸羟氨溶液破坏过量的高锰酸钾。

2. 微波消解法(microwave digestion)

微波消解通常是指利用微波加热封闭容器中的消解液(各种酸、部分碱液以及盐类)和试样从而在高温增压条件下使各种样品快速溶解的湿法消化法。微波消解的原理是利用试样和适当的溶剂吸收微波能产生热量加热试样,同时微波产生的交变磁场使介质分子极化,极化分子在高频磁场中交替排列导致分子高速振荡,使分子获得高的能量,再结合密闭容器提高的压力和温度,使试样表层不断被搅动而破裂,促使试样迅速溶解。在制样过程中,易挥发元素或组分几乎不损失,试剂用量少,降低了测定空白值对环境的污染。此方法已在原子吸收光谱法、等离子发射光谱法、质谱法等使用。

3. 熔融法（fusion method）

熔融法是利用熔剂与试样在高温下进行分解反应,使预测组分转变为可溶于水或酸的化合物,根据所用的熔剂性质可分为酸熔法和碱熔法。熔融法主要用于对矿石样品的消解。

(1) 酸熔法

酸熔法常用焦硫酸钾($K_2S_2O_7$)或硫酸氢钾($KHSO_4$)作熔剂,$KHSO_4$加热脱水也生成$K_2S_2O_7$。这类熔剂在300℃以上可分解一些难溶于酸的碱性或中性氧化物、矿石,如Fe_2O_3、刚玉(Al_2O_3)、金红石(TiO_2)等,生成可溶性的硫酸盐。例如：

$$TiO_2 + 2K_2S_2O_7 = Ti(SO_4)_2 + 2K_2SO_4$$

熔融常在瓷坩埚中进行,熔融温度不宜过高,时间也不要太长,以免硫酸盐再分解成难溶氧化物。熔块冷却后用稀硫酸浸取,有时还需加入酒石酸或草酸等配位剂,抑制某些金属离子的水解。

(2) 碱熔法

常用的碱性熔剂有碳酸钠、碳酸钾、氢氧化钠、氢氧化钾、过氧化钠或它们的混合熔剂等。碱熔法常用于酸性试样的分解。如碳酸钠常用于分解硅酸盐、硫酸盐等。分解硫、砷、铬的矿样,用碳酸钠或碳酸钾作熔剂宜在铂坩埚中进行。氢氧化钠和氢氧化钾都是低熔点的强碱性熔剂,常用于分解铝土矿、硅酸盐等试样,可在铁、银或镍坩埚中进行分解。过氧化钠是一种具有强氧化性、强腐蚀性的碱性熔剂,能分解许多难溶物,如铬铁矿、硅铁矿、黑钨矿、辉钼矿、绿柱石、独居石等,能将其大部分元素氧化成高价态。有时将过氧化钠与碳酸钠混合使用,以减缓其氧化的剧烈程度。用过氧化钠作熔剂时,不宜与有机物混合,以免发生爆炸。过氧化钠对坩埚腐蚀严重,一般用铁、镍或刚玉坩埚。

熔融法分解样品时,操作费时费事,且易引入坩埚杂质,所以熔融时,应根据试样的性质及操作条件,选择合适的坩埚,尽量避免引入干扰。

4. 干灰化法（dry ashing method）

常用于分解有机试样或生物试样。干灰化法是在一定温度下(500～600℃),于马弗炉内加热,使试样分解、灰化,然后用适当的溶剂将剩余的残渣溶解,作为样品待测溶液。干灰化法适用于食品和植物样品等有机物含量多的样品测定,不适用于土壤和矿质样品的测定。大多数金属元素含量分析适用干灰化法,但在高温条件下,汞、铅、镉、锡、硒等易挥发损失,不适用该方法。干灰化法的主要优点是：能处理较大样品量,操作简单、安全。

氧气瓶燃烧法属于特殊的干灰化法。该法是将试样包裹在定量滤纸内,用铂片夹牢,放入充满氧气并盛有少量吸收液的锥形瓶中进行燃烧,试样中的硫、磷、卤素及金属元素,将分别形成硫酸根、磷酸根、卤素离子及金属氧化物或盐类等溶解在吸收液中。

分解无机试样最常用的方法是溶解法和熔融法；测定有机试样中的无机元素时,则通常采用干式灰化(高温分解和氧瓶燃烧法)和湿式消化法分解试样。这几种方法的主要区别为：

(1) 分解无机试样的熔融法和分解有机试样的干式灰化法虽然都是在高温进行的,但其作用不同,且熔融法需要熔剂。熔融法是借助高温使试样与熔剂熔融以形成能水溶或酸溶的形态；而干式灰化法是借助高温使有机试样燃烧以消除有机物的干扰,燃烧后留下的残渣可用酸提取后进行分析测定。

(2) 分解无机试样的溶解法和分解有机试样的湿式消解法虽有相似之处,但所用溶剂和其作用也不同。湿式消解法常采用 HNO_3 或 HNO_3 与 H_2SO_4、HNO_3 与 $HClO_4$ 混酸作溶剂,利用酸的氧化性破坏有机物以消除其干扰;溶解法使用的溶剂有水、酸、碱或各种混酸,依据试样的性质和待测元素选择适当的溶剂,以使试样成为水溶的形态。

(3) 分解无机试样和有机试样的主要区别在于:无机试样的分解时将待测物转化为离子,而有机试样的分解主要是破坏有机物,将其中的卤素、硫、磷及金属元素等元素转化为离子。

例如测定土壤样品中的重金属离子或有机农药时,首先要将土壤样品进行分解,制备成溶液后才能进行测定。分解土壤样品的方法有碱熔法和酸消解法。碱熔法常用的有碳酸钠碱熔法和偏硼酸锂($LiBO_2$)熔融法。碱熔法可使土壤样品完全分解,其缺点是向试样中添加了大量可溶性盐,易引进污染物质。特别是用原子吸收光谱法和等离子发生光谱法测定土壤中的金属离子时,会在喷燃器上有盐结晶析出而导致火焰的分子吸收使测定结果偏高。酸消解法是选用各种混合酸(如盐酸-硝酸、硝酸-硫酸、硝酸-高氯酸等)对土壤样品进行消化。当测定土壤中的金属离子含量时,一般选用酸消解法分解土壤,既可以破坏、去除土壤中的有机物,还可将各种形态的金属变为同一可测态。另外,测定生物样品中的微量金属和非金属元素时,常采用混酸进行消解或者灰化对生物样品中存在的大量有机物进行分解破坏。

17.2 试样的分离和富集

对于复杂的多组分试样,需要选用适当的分离方法使待测组分与干扰组分分离。当环境样品中待测组分含量低于分析方法的检测限时,就必须进行富集或浓缩;当有共存干扰组分时,就必须采取分离或掩蔽措施。富集和分离往往是同时进行的。

一般说来,评价样品的分离富集方法选择是否合理,要从以下几个方面考虑:①是否能最大限度地除去影响测定的干扰物;②被测组分的回收率是否高;③操作是否简便、省时、成本是否低廉;④是否影响人体健康及环境;⑤应用范围尽可能广泛,尽量适合各种分析测定方法等。

常用的预处理方法包括过滤、沉淀分离、蒸馏法、溶剂萃取分离法、离子交换、吸附、层析、低温浓缩、固相萃取法、固相微萃取法、色谱法等,下面将分别加以介绍。

17.2.1 挥发分离法

挥发分离法(volatilization separation)是利用某些污染组分挥发度大,或者将待测组分转变成易挥发物质,然后用惰性气体带出而达到分离目的。例如,用冷原子荧光法测定水样中的汞时,先将汞离子用氯化亚锡还原为原子态汞,再利用汞易挥发的性质,通入惰性气体将其带出并送入仪器测定。用分光光度法测定水中的硫化物时,先使之在磷酸介质中生成硫化氢,再用惰性气体载入乙酸锌-乙酸钠溶液吸收,从而达到与母液分离的目的。测定硫化物的吹气分离装置如图17-1。测定废水中的砷时,将其转变为砷化氢气体(H_3As),用吸收液吸收后再用分光光度法测定。

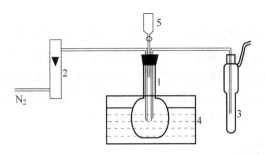

图 17-1　测定硫化物的吹气装置

1—500mL 平底烧瓶(内装水样)；2—流量计；3—吸收管；4—50～60℃恒温水浴；5—分液漏斗

17.2.2　沉淀分离法

沉淀分离法(precipitation separation)是根据溶度积原理利用沉淀反应进行分离的方法。沉淀分离法可分为沉淀分离法和共沉淀分离法两种方法。

沉淀分离法是指将待测组分通过化学反应或者其他方式直接转化为沉淀后，进行分析测定的方法。如测定某一水样中 SO_4^{2-} 的含量时，向水样中加入过量的 Ba^{2+}，使 SO_4^{2-} 与 Ba^{2+} 生成 $BaSO_4$ 沉淀后，再将 $BaSO_4$ 沉淀从试液中分离出来进行测定。沉淀分离法适用于常量组分的分离。

共沉淀法是指在含有痕量物质和另一常量物质的溶液中，当常量物质沉淀时，痕量物质自溶液转移到生成的沉淀中的现象，称为共沉淀。共沉淀现象是由于沉淀的表面吸附作用、混晶或固溶体的形成、吸留或包藏等原因引起的。在利用重量法对常量组分进行分析时，由于共沉淀现象的发生，使所得沉淀混有杂质，因而要设法消除共沉淀现象；在微量或痕量组分的分离与分析中，可以利用共沉淀现象分离和富集痕量组分。例如测定水中痕量 Hg^{2+}（浓度约为 0.01μg/L），由于浓度太低，不能使它直接沉淀下来，如果向水中加入适量的 Cu^{2+}，再通入 H_2S 气体，使 Cu^{2+} 与 S^{2-} 生成 CuS 沉淀，可将痕量 Hg^{2+} 共沉淀下来并获得富集，然后用 2mL 酸将沉淀溶解测定(此时 Hg^{2+} 浓度提高了 500 倍)。CuS 称为载体或共沉淀剂。共沉淀法的成功与否主要取决于载体选择得是否合适。常用的共沉淀剂分为无机共沉淀剂和有机共沉淀剂两类。

利用无机共沉淀剂进行共沉淀分离：常用的无机共沉淀剂有 $Fe(OH)_3$、$Al(OH)_3$、$Mg(OH)_2$、$MnO(OH)_2$、$CaCO_3$、硫化物等。例如预分离富集微量稀土离子，可向试液中预先加入 Ca^{2+}，再用草酸作沉淀剂，则利用生成的 CaC_2O_4 作为共沉淀剂，可将稀土离子共沉淀下来。又如可利用 $Fe(OH)_3$ 分离富集天然水中痕量组分 As、Cd、Co、Cr、Cu、Ni 等离子。

利用有机共沉淀剂进行共沉淀分离：有机共沉淀剂一般是大分子物质，它的离子半径大，在其表面电荷密度较小，吸附杂质离子的能力较弱，因而选择性较好。另外利用有机共沉淀剂进行沉淀时形成的沉淀体积也较大。并且有机共沉淀剂可利用灼烧的方式除去，不影响后面的分析过程。这些特点都有利于对痕量组分的富集，因此利用有机沉淀剂对待测痕量组分进行富集的应用十分广泛。如海水中痕量 Au、Ag、Co、Fe、Mn、Ni、V 等离子的共沉淀富集，通常将 8-羟基喹啉与海水中上述离子作用形成疏水性螯合物，再继续向溶液中加入酚酞的酒精溶液时，酚酞析出沉淀，这些离子的螯合物被酚酞的析出所诱导，形成固溶体而沉淀下来。

常用的有机共沉淀剂可分为三类：①动物胶、单宁、辛可宁及一些碱性染料，被共沉淀的组分有硅酸、钨酸、铌酸和钽酸等；②甲基紫、结晶紫、甲基蓝、甲基橙、酚酞、β-萘酚等，这些有机共沉淀剂可与某些金属的络阴离子生成难溶性正盐而使这些金属离子沉淀下来；③一些惰性载体，如8-羟基喹啉等，使用时，可使欲分离富集的痕量组分先形成螯合物，这些螯合物可随着加入的惰性载体析出时被共沉淀下来。

17.2.3 液-液萃取分离法

液-液萃取法（liquid-liquid extraction）是一种简单、快速、应用范围广泛的分离方法。这种方法是基于物质在互不相溶的两种溶剂中分配情况不同而达到分离和富集的目的。例如，当溶液中的待测组分 A 同时接触两种互不相溶的溶剂时，如果一种是水，另一种是有机溶剂，A 就分配在这两种溶剂中：

$$A_{水} \Longleftrightarrow A_{有机}$$

当分配达平衡时，分配比 D 的大小为：

$$D = \frac{c_{有}}{c_{水}} \tag{17-1}$$

式中：$c_{有}$——待测组分 A 在有机相中各种存在形式的总浓度；

$c_{水}$——待测组分 A 在水相中各种存在形式的总浓度；

D——待测组分 A 在有机相和水相中的分配比。

一般认为当 $D \geqslant 10$ 时，就可以用该种有机溶剂作为萃取剂从水相中萃取溶质 A。在分析工作中，一般用与水相等体积的有机溶剂进行 3 次萃取。当 3 次萃取所使用的溶剂总体积为水相体积的 3 倍时，萃取效率可达到 99.9% 以上 $\left(萃取效率 = \dfrac{A 在有机相中的总含量}{A 在两相中的总含量} \times 100\%\right)$。

多数无机物质在水溶液中以离子形态存在，并与水分子结合成水合离子，因而多数无机物质易溶解于极性溶剂水中。而萃取过程是用非极性或弱极性有机溶剂，从水中萃取无机离子或者无机物，为了使该萃取过程能顺利进行，需要向水相中加入某种试剂，使被萃取物质与试剂结合成不带电荷的、难溶于水而易溶于有机溶剂的分子，这种试剂称为萃取剂。若欲测定的组分是水相中的某种金属离子，则根据被萃取组分与萃取剂形成的分子性质的不同，可将萃取体系分为螯合萃取体系、离子缔合萃取体系、三元配合物萃取体系三种。

螯合萃取体系是利用被萃取的金属离子与螯合剂形成疏水性的螯合物后再被萃取到有机相。例如欲从水相中萃取 Pd^{2+}，可向水样中加入 8-羟基喹啉与 Pd^{2+} 形成难溶于水的 8-羟基喹啉铅螯合物，所生成的螯合物难溶于水，可用有机溶剂氯仿萃取。

螯合萃取体系可用于天然水、污水以及其他水样中含量为 $\mu g/L$ 或 ng/L 级的痕量金属元素的分离富集。常用的萃取剂包括 8-羟基喹啉、双硫腙、乙酰基丙酮、铜试剂等。

离子缔合萃取体系是指带不同电荷的离子，互相缔合成疏水性的中性分子，而被有机溶剂所萃取。例如用乙醚从 HCl 溶液中萃取 Fe^{3+} 时，Fe^{3+} 与 Cl^- 配合成络阴离子 $FeCl_4^-$，而溶剂乙醚可与溶液中的 H^+ 结合成 $(C_2H_5)_2OH^+$，该离子可与 $FeCl_4^-$ 缔合成中性分子 $(C_2H_5)_2OH \cdot FeCl_4$，$(C_2H_5)_2OH \cdot FeCl_4$ 是疏水性的分子，可以被有机溶剂乙醚萃取。

许多金属的络阳离子如 $Cu(H_2O)_4^{2+}$、UO_2^{2+}，金属络阴离子如 $FeCl_4^-$、$CaCl_4^-$ 等，都能与

乙醚或者磷酸三丁酯形成可被萃取的离子缔合物。因此可用有机溶剂萃取。

形成三元配合物的萃取体系具有选择性好、灵敏度高等特点,常用于稀有元素、分散元素的分离和富集。例如为了萃取 Ag^+,可使 Ag^+ 与邻二氮菲配位成配阳离子,并与溴邻苯三酚红缔合成三元配合物后,再在中性条件下用硝基苯萃取。

若待测组分是分散在水相中的有机物,则对待测有机物进行萃取分离时,要根据"相似相溶"原理选择合适的萃取剂。萃取极性有机化合物和有机化合物的盐类时,常用水作为萃取剂;萃取非极性有机化合物时,用非极性有机溶剂如苯、四氯化碳、环己烷、氯仿、环己烷等。例如利用 4-氨基安替比林光度法测定水样中的挥发酚时,将水样经蒸馏分离后再用三氯甲烷进行萃取;用紫外光度法测定水中的油和用气相色谱法测定有机农药时,用石油醚作为萃取剂进行萃取。

实际分析时,一般使用梨形漏斗进行萃取操作,有时也可用各种不同形式的连续萃取器进行萃取。液-液萃取法的优点是简便、快速、分离效果好。缺点是萃取剂的消耗量较大,比较费时。液-液萃取法在水质分析中应用较广,可用于水中痕量金属元素及痕量有机物的萃取。液-液萃取法也是水中有机污染物分离富集的标准方法之一。

17.2.4 蒸馏法

蒸馏法(distillation)是利用水样中不同组分具有不同沸点而使其彼此分离的方法。蒸馏法的一般操作是在水样中加试剂使预测组分形成挥发性的化合物,并将水样加热至沸腾,然后使蒸汽冷凝,收集冷凝液,可达到预测组分与样品中干扰物质分离的目的。

例如测定水样中的挥发酚、氰化物、氟化物时,需先在酸性介质中进行蒸馏分离。利用纳氏试剂比色法测定水样中的氨氮时,常用蒸馏法将水中氨氮富集并去除干扰组分。具体操作为,取一定体积的待测水样放入凯氏烧瓶中,用氢氧化钠或盐酸溶液调节水样 pH 至 7 左右,加入氧化镁,连接氮球和冷凝管进行加热蒸馏并收集流出液。图 17-2 为氨氮蒸馏装置的示意图。

利用液液萃取法分离待测组分时,由于萃取液中溶剂的量较大而导致待测组分浓度过低,难于直接测定,一般常用旋转蒸发仪(图 17-3)将萃取液浓缩。旋转蒸发仪是在减压情况下,当溶剂蒸馏时,蒸馏烧瓶连续转动,主要用于在减压条件下连续蒸馏大量容易挥发的溶剂。

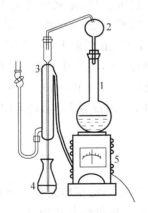

图 17-2 氨氮蒸馏装置
1—凯氏烧瓶;2—定氮球;3—直形冷凝管及导管;
4—收集瓶;5—电炉

图 17-3 旋转蒸发仪

17.2.5 离子交换法

离子交换法(ion exchange method)是利用离子交换剂与溶液中的离子发生交换反应进行分离的方法。离子交换剂可分为无机离子交换剂和有机离子交换剂。目前应用较广泛的是有机离子交换剂,即离子交换树脂。

离子交换树脂是可渗透的三维网状高分子聚合物,在网状结构的骨架上含有可电离的,或可被交换的阳离子或阴离子活性基团。

强酸性阳离子树脂含有活性基团—SO_3H、—SO_3Na 等,一般用于富集金属阳离子。

强碱性阴离子交换树脂含有—$N(CH_3)_3^+X^-$ 基团,其中 X^- 为 OH^-、Cl^-、NO_3^- 等,能在酸性、碱性和中性溶液中与强酸或弱酸阴离子交换。

用离子交换树脂进行分离的操作程序为:①制备交换柱。如分离阳离子,则选用强酸性阳离子交换树脂。首先用稀盐酸浸泡树脂以除去杂质并使之溶胀完全转化为 H 式,然后用蒸馏水洗至中性,装入充满蒸馏水的交换柱中,装柱时要防止气泡进入树脂层。如用 NaCl 溶液处理强酸性树脂,可转变成 Na 型;用 NaOH 溶液处理强碱性树脂,可转变为 OH 型。②交换。将试液以适宜的流速倾入交换柱,则欲分离离子从上到下一层层地发生交换过程。交换完毕,用蒸馏水洗涤,洗下残留的溶液及交换过程中形成的酸、碱或盐类等。③洗脱。将洗脱液以适宜速度倾入洗净的交换柱,洗下交换在树脂上的离子,达到分离的目的。对阳离子交换树脂,常用盐酸溶液作为洗脱液;对阴离子交换树脂,常用盐酸溶液、氯化钠或氢氧化钠溶液作为洗脱液。对于分配系数相近的离子,可用含有机络合剂或有机溶剂的洗脱液,以提高洗脱过程的选择性。

离子交换法在富集和分离微量或痕量元素方面应用较广泛。例如,测定天然水中的 K^+、Na^+、Ca^{2+}、Mg^{2+}、SO_4^{2-}、Cl^- 等组分时,可取数升待测水样,使其流过阳离子交换柱,再流过阴离子交换柱,则待测的 K^+、Na^+、Ca^{2+}、Mg^{2+} 被交换在阳离子交换树脂上,待测的 SO_4^{2-}、Cl^- 交换在阴离子交换树脂上。用几十至一百毫升盐酸溶液作为洗脱液洗脱阳离子,用稀氨溶液洗脱阴离子,这些组分的浓度能增加数十倍至百倍。又如,废水中的 Cr^{3+} 以阳离子形式存在,Cr^{6+} 以阴离子形式(CrO_4^{2-}、$Cr_2O_7^{2-}$)存在,用阳离子树脂分离 Cr^{3+},而 Cr^{6+} 由于以阴离子的形式存在而不能被交换在树脂上而随流出液流出,据此可测定不同形态的铬。欲分离 Ni^{2+}、Mn^{2+}、Co^{2+}、Cu^{2+}、Fe^{3+}、Zn^{2+},可加入盐酸将它们转化成络阴离子,然后让其通过强碱性阴离子树脂进行交换,则这些络阴离子被交换在树脂上,再用不同浓度的盐酸溶液洗脱,就可达到彼此分离的目的:Ni^{2+} 不生成络阴离子,不发生交换,在用 12mol/L HCl 溶液洗脱时,最先流出;接着用 6mol/L HCl 溶液洗脱 Mn^{2+},用 4mol/L HCl 溶液洗脱 Co^{2+},用 2.5mol/L HCl 溶液洗脱 Cu^{2+},用 0.5mol/L HCl 溶液洗脱 Fe^{3+},最后用 0.05mol/L HCl 溶液洗脱 Zn^{2+}。洗脱曲线如图 17-4。

17.2.6 柱色谱法

柱色谱法(column chromatography)又称柱层析法,是将固定相填充在玻璃柱内,试液由柱顶加入,流动相(淋洗液)靠重力自上而下通过固定相实现色谱分离的方法。柱色谱法既区别于用于分离分析的气相色谱法和高效液相色谱法,也区别于样品在平面形固定相内移动的纸层析和薄层色谱法。柱色谱法的固定相粒径一般大于 $100\mu m$,试样容量大,不需

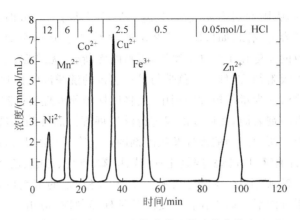

图 17-4 离子交换分离法的洗脱曲线

要特殊的仪器设备,因此常用于复杂混合物的预分离和净化,有时也起到浓缩富集作用。在环境分析测试中,柱色谱法广泛用于污染严重的地面水水样、河流底质、生物类试样等的前处理操作,以分离试样中存在的脂肪、蜡质、色素等,避免干扰下一步分析或污染仪器。另外对于复杂混合物,如残留农药、石油烃、中药成分等的分析,也可用柱色谱法进行预分离以利于下一步的分析测定。例如分析水和气溶胶中的有机污染物时,先用有机溶剂萃取水中的有机污染物,然后将萃取液转移到层析柱内,而后用环己烷洗脱烷烃部分,用苯洗脱多环芳烃类污染物,用乙醇洗脱极性组分。又如用吸附色谱法分离石油烃中的脂肪烃和多环芳烃时,可利用氧化铝层析柱分离石油烃中脂肪烃和多环芳烃。先用正己烷淋洗色谱柱并将流出液倒掉,再将石油样品配制成正己烷溶液,上样后用正己烷淋洗脂肪烃,用苯淋洗多环芳烃,用干燥称重后的三角瓶接收流出液。流出液供气相色谱分析用。在土壤分析中,可用氧化铝柱捕集分离稀土元素钍、铊等。

吸附柱色谱分离复杂混合物的原理是由于在玻璃管中填入了表面积很大并经过活化的多孔性或粉状固体吸附剂。当待分离的混合物溶液流过吸附柱时,各种成分同时被吸附在柱的上端。当洗脱剂(淋洗液)流下时,由于不同化合物吸附能力不同,向下洗脱的速度也不同,于是形成了不同层次,即溶质在柱中自上而下按对吸附剂的亲和力大小分别形成若干色带,再用溶剂洗脱时,已经分开的溶质可以从柱上分别洗出并可分别收集。

根据试样体系及组分性质,可选用不同的柱填料(固定相),如硅胶、氧化铝、离子交换树脂、凝胶等。下面主要介绍在有机污染物分析中常用的吸附柱色谱法。

吸附柱色谱法所用的填料有硅胶、氧化铝、弗罗里硅土、活性炭、氧化镁等。填料不同,其应用也不同。硅胶可用于分离大多数不同极性的有机化合物,但对非极性化合物如芳烃化合物吸附能力较低。分离各种石油制品时,常选用吸附性更强的氧化铝。弗罗里硅土适宜于从含脂肪或油脂量高的试样中分离其他有机物质。中性氧化铝可用于分离农药残留物质。活性炭对色素有很好的分离效果。

色谱柱通常选用玻璃管,管下端拉细并用少许玻璃棉塞住,或者装有烧结玻璃滤板作填充料的支持体。柱色谱中填充剂的装填情况是影响柱效的主要因素。装柱方法有干法和湿法两种。干法是直接将填料加入管中并轻敲柱侧使之填装匀实,然后用溶剂淋洗,一般来说粒径大于 $20\mu m$ 时常用干法装柱;湿法是将吸附剂悬浮于溶剂中缓慢注入柱中,注意保持吸附剂不露出溶剂面,吸附剂层内无气泡、裂缝。当粒径小于 20μm 时,由于比表面能及粒子间的吸引力使粒料容易成团,如果用干法装填的就不均匀,影响分离效果,因此常用湿法装柱。柱色谱法成败的关键在于装柱要紧密,填料间无断层、无缝隙;在装柱、洗脱过程中,始终保持有溶剂覆盖吸附剂,而且一个色带与另一色带的洗脱液的接收不要交叉。

进样时将试样溶解在少量低极性溶剂中,或将试样经前处理后得到的试液倾入柱顶,使之均匀地被吸附在吸附剂表面,然后以溶剂进行淋洗展开。展开与淋洗是色谱分离的关键操作。淋洗液的选择与所用溶剂的极性及吸附剂的性能有关(常用有机溶剂极性由小到大的顺序为:正丁烷、石油醚、环己烷、四氯化碳、苯、甲苯、氯仿、乙醚、乙酸乙酯、正丁醇、正丙醇、1,2-二氯乙烷、丙酮、吡啶、乙醇、甲醇、水、乙酸)。将选定的溶剂以适当比例混配,可调成极性梯度更细的混合溶剂。通常在初次使用某种柱填料时,应由实验来确定最佳的淋洗条件,以达到用最少的淋洗液将被分离组分完全淋洗下来的效果。

17.2.7 固相萃取法

固相萃取法(solid-phase extraction,SPE)是一项重要的样品前处理净化技术,它是由液固萃取和柱液相色谱技术相结合发展起来的,是一个柱色谱分离过程。该方法是根据试样中不同组分在萃取柱填料上的作用力强弱不同,使待测组分与其他组分分离的方法。

当待测液通过萃取柱吸附剂时,被测组分由于与吸附剂作用力较强留在吸附剂上,再选用适当强度溶剂洗去萃取柱上的杂质,最后用少量的溶液洗脱分析物,从而达到快速分离净化与浓缩的目的。若将固相萃取系统与液相色谱相连,可用流动相作为溶剂洗脱填料上捕集的待测组分使其进入液相色谱仪进行分析;也可选择性吸附干扰杂质,而让被测物质流出;或同时吸附杂质和被测物质,再使用合适的溶剂选择性洗脱被测物质。或与气相色谱相连,可用惰性气体作洗脱剂加热脱附,再进行气相色谱分析。利用固相萃取法既可以将上样中的待测组分通过装有填料的短柱进行组分分离或净化,同时又可将其中的痕量组分进行浓缩。改变洗脱剂组成、填料的种类及其他操作参数可以达到不同的分离目的。

固相萃取装置如图 17-5 所示。常见的固相萃取柱(solid phase extraction column,SPE column;或称为 solid phase extraction cartridges,SPE cartridges)大多是以聚乙烯为材料的注射针筒型装置,该装置内装有两片以聚丙烯或玻璃纤维为材料的塞片,两个塞片中间装填有一定量的色谱吸附剂(填料)。固相萃取柱上端敞开,下端为出液口,液体经过吸附剂后从出口排出。表 17-1 为固相萃取柱使用的不同吸附剂及其相关应用。其中 C18 小柱是常用的一种萃取有机化合物的固相萃取柱。它对非极性有机化合物具有出色的强保留特性,由于 C18 对水溶性基质中大多数的有机物质都具有保留性能,因此 C18 小柱最常被用来处理含有多种结构或是结构相差很大的分析物样品。主要用于反相萃取,适合于非极性到弱极性的有机化合物的萃取。

固相萃取柱的缺点是截面积小,允许流量低,容易堵塞,传质慢等,目前研制出的固相萃取膜片(solid phase extraction disk,SPE disk)是针对各种大体积水样而设计生产的一种特殊的固相萃取材料,其萃取的基本原理与经典的固相萃取柱相同。与固相萃取柱相比,其最大的特点是直径大、面积大。采用固相萃取膜片对大体积水样进行处理,载样时间可大大缩短。对于 1L 水样而言,6mL 固相萃取柱的载样时间约需 66min,而 47mm 固相萃取膜片仅需约 10min。固相萃取膜片的另外一个特点是比较适用于污水样品的萃取。因为污水中含

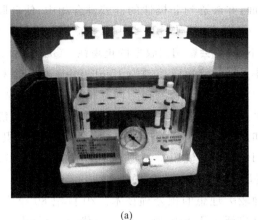
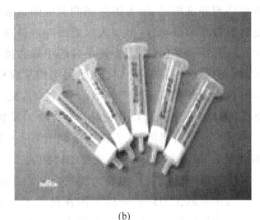

图 17-5
(a) 固相萃取装置；(b) 固相萃取小柱

有许多肉眼可见或不可见的颗粒，采用经典固相萃取柱对污水进行处理时很容易发生萃取柱堵塞。而固相萃取膜片由于面积大，堵塞的机会相对于固相萃取柱就小很多。固相萃取膜片的使用步骤与固相萃取柱基本相同。

表 17-1　固相萃取柱使用的不同吸附剂及其相关应用

吸附剂	洗脱溶剂	分析物的性质	环境分析中的应用
键合了硅胶的 C18 和 C8	有机溶剂	非极性和弱极性	芳烃、多环芳烃、多氯联苯、有机磷和有机氯农药、烷基苯、多氯苯酚、邻苯二甲酸酯、多氯苯胺、非极性除草剂、脂肪酸、氨基偶氮、氨基蒽醌
多孔苯乙烯-二乙烯基苯苯共聚物	有机溶剂	非极性到中等极性	苯酚、氯代苯酚、苯胺、氯代苯胺、中等机型的除草剂（三嗪类、苯磺酰脲类、苯氧酸类）
石墨炭	有机溶剂	非极性到相当极性	醇、硝基苯酚、极性强的除草剂
离子交换树脂	一定 pH 的水溶液	阴阳离子型有机物	苯酚、次氯基三乙酸、苯胺和极性衍生物、邻苯二甲酸类
金属络合物吸附剂	络合的水溶液	金属络合物	苯胺衍生物、氨基酸、2-巯基苯并咪挫、羧酸

与液-液萃取法相比，固相萃取法具有以下一些优点：①萃取过程简单快速，所需时间比液-液萃取所需的时间少；②固相萃取法所用溶剂的量仅是液-液萃取法溶剂量的 1/10 左右；③萃取过程中不存在乳化现象，因此测定结果的准确度较高；④应用范围较广，可作为 GC-MS、HPLC-MS 等方法的前处理技术，可应用于环境样品中多种痕量物质的检测。

固相萃取法的基本操作步骤包括以下几步：①选择 SPE 小柱或滤膜。可根据表 17-1 选择合适的 SPE 萃取小柱。根据待测物的理化性质和样品基质，选择对待测物有较强保留能力的固定相。若待测物带负电荷，可用阴离子交换填料，反之则用阳离子交换填料。若为中性待测物，可用反相填料萃取。SPE 小柱或滤膜的大小与规格应视样品中待测物的浓度大小而定。对于浓度较低的体内样品，一般应选用尽量少的固定相填料萃取较大体积的样品。②活化。活化的目的是为了除去小柱内的杂质并创造一定的溶剂环境，萃取前先用充满小柱的溶剂冲洗小柱或用 5~10mL 溶剂冲洗固相萃取膜片。一般可先用甲醇等水溶性有机溶剂冲洗填料,因为甲醇能润湿吸附剂表面,并渗透到非极性的硅胶键合相中,使硅胶更容易被水润湿,之后再加入水或缓冲液冲洗。加样前,应使SPE填料保持湿润,如果填料干燥会降低样品保留值,而各小柱的干燥程度不一,则会影响回收率的重现性。③上样。上样的目的是将样品转移入柱。使用固相萃取柱上样时流速应控制在15mL/min,使用固相萃取膜片上样时流速为100mL/min左右,流速太快不利于待测物与固定相结合。④淋洗。淋洗的目的是为了最大程度去除干扰物。反相SPE的清洗溶剂多为水或缓冲液,可在清洗液中加入少量有机溶剂、无机盐或调节pH。加入小柱的清洗液应不超过一个小柱的容积,如果使用SPE萃取膜,则淋洗液的体积为5~10mL。⑤洗脱待测物。应选用5~10mL离子强度较弱但能洗下待测物的洗脱溶剂。在洗脱过程中流速应较慢。

固相萃取法为环境分析工作者提供了一种较为理想的预处理技术。20世纪80年代,在我国的松花江、黄浦江、太湖等水质分析中已广泛采用SPE技术测定卤代烃、含氯农药、氯苯、氯酚、苯胺、硝基物、多氯联苯、多环芳烃和肽酸酯等。固相萃取技术目前已经被广泛地应用在许多国标和行业标准中。

17.2.8 固相微萃取法

固相微萃取技术(solid-phase microextraction,SPME)是20世纪90年代兴起的一项较新的样品预处理与富集技术,属于非溶剂型选择性萃取法。固相微萃取装置类似于一支气相色谱的微量进样器(图17-6),由萃取头(fiber)和手柄(holder)组成。手柄用于安装或固定萃取头。萃取头是在一根石英纤维上涂上固相微萃取涂层,外套细不锈钢管以保护石英纤维不被折断,萃取头可在钢管内伸缩。平时萃取头收缩在手柄内。萃取时,压下活塞,露出萃取头,浸渍在样品中,或置于样品上空进行顶空萃取,同时搅拌溶液以加速两相间达到平衡的速度,经2~30min后吸附达平衡后,拉起活塞,萃取头收缩于鞘内,把萃取装置撤离样品。将萃取头取出插入气相色谱气化室里脱附气化进行分析。

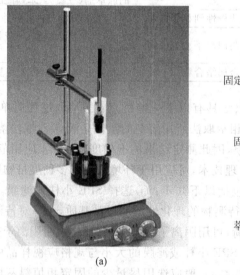
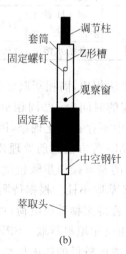

图17-6 微萃取装置
(a)固相微萃取采样台;(b)固相微萃取萃取头

固相微萃取头所能萃取的组分与涂层的性质有关,常见的涂层与萃取的物质见表 17-2。

表 17-2 固相微萃取萃取头的固相涂层及被萃取物质

固 相 涂 层	被萃取物质
$100\mu m$ PDMS	挥发性物质
$7\mu m$ PDMS	中极性和非极性半挥发性物质
$65\mu m$ PEG-DVB	极性物质
$85\mu m$ PA	极性半挥发性物质
$30\mu m$ PDMS	非极性半挥发性物质
$65\mu m$ PDMS-DVB	极性挥发性物质
$50\mu m$ DVB Carboxen	香料、气味
$65\mu m$ Carbowax DVB	醇类及极性物质
$75\mu m$ Carboxen PDMS	气体硫化物和挥发性物质

注:PDMS—聚二甲基硅氧烷;DVB—二乙烯基苯;PEG—聚乙二醇;Carboxen—碳分子筛;PA—聚丙烯酸酯;Carbowax—碳蜡。

固相微萃取与气相色谱联用(SPME-GC)是研究最早也是目前发展得最成熟的技术。一般先用固相微萃取头萃取试液中的待测组分(多为挥发性或半挥发性的化合物)后,再将萃取头取出插入气相色谱气化室,热解吸涂层上吸附的物质。被萃取物在气化室内解吸后,靠流动相将其导入色谱柱,完成提取、分离、浓缩的全过程。SPME-GC 的缺点是适用范围较窄,只能用于分析挥发半挥发性物质,不能用于分析生物大分子物质。

固相微萃取技术与高效液相色谱联用(SPME-HPLC)已成功应用于非挥发性有机物的分析。固相微萃取与液相色谱联用的关键在于固相微萃取的解吸过程是否能与高效液相色谱的进样系统匹配,即能否使解吸液的体积足够小,以避免在进样后产生明显的柱外效应或出现超负荷现象而导致色谱峰拓宽,最终导致分辨率和灵敏度下降。利用固相微萃取-高效液相色谱技术分析非挥发有机物时,将萃取头直接接触试液,等到吸附平衡后,再送入到进液相色谱样器内进行脱附后分析。近些年来,固相微萃取-液相色谱技术已成功应用于环境水、气中痕量有机物的萃取和分析。

固相微萃取在环境样品预处理中的主要对象为样品中的各种有机污染物。固相微萃取最早应用于环境样品中苯及取代苯的提取和富集。此外,固态(沉积物、土壤)、液态(地下水、地表水、饮用水、污水)、气态(空气及废气)样品中的有机磷农药、有机氯农药、除草剂、多环芳烃、多氯联苯、酚类化合物、四乙基铅、各种丁基锡、有机汞、二甲基次砷酸、甲基砷酸、芳香酸、芳香碱、脂肪酸、邻苯二甲酸酯、异环芳香化合物、氯乙醚、硫化物、沥青和杂酚油、甲醛、挥发性氯代烃、苯、甲苯、乙苯和二甲苯等,都可用固相微萃取技术进行提取和富集。

17.3 提取和浓缩

测定环境生物样品中的农药、石油烃、酚等有机污染物时,需要用溶剂将待测组分从样品中提取出来,提取效率的高低直接影响测定结果的准确度。如果存在杂质干扰和待测组分浓度低于分析方法的最低检测浓度等问题,还要进行净化和浓缩。

17.3.1 提取方法

提取生物样品中有机污染物的方法包括振荡浸取法、组织捣碎提取法和组织提取器提取法等。选择提取方法时应根据样品的特点、待测组分的性质、存在形态和数量以及分析方法的要求等进行选择。

1. 振荡浸取法

振荡浸取法是将切碎的生物样品置于容器中,加入适当的溶剂,放在振荡器上振荡浸取一定时间,滤出溶剂后,用新溶剂洗涤样品滤残或再浸取一次,合并浸取液,供分离、富集或分析用。蔬菜、水果、粮食等生物样品可使用该方法进行提取。

2. 组织捣碎提取

取定量切碎的生物样品,放入组织捣碎杯中,加入适量的提取剂,快速捣碎 3~5min,过滤,滤渣重复提取一次,合并滤液备用。组织捣碎提取法的应用较多,特别是当从动植物组织中提取有机污染物时,使用该方法能达到很好的提取效果。

3. 索氏提取器提取

索氏提取法(Soxhlet)常用于提取生物样品、土壤样品中的农药、石油类、苯并(a)芘等有机污染物质。提取方法是:将制备好的生物样品放入滤纸筒中或用滤纸包紧,置于提取筒内。在蒸馏烧瓶中加入适当溶剂,连接好回流装置,并在水浴上加热,则溶剂蒸气经侧管进入冷凝器,凝集的溶剂滴入提取筒,对样品进行浸泡提取。当提取筒内溶剂液面超过虹吸管的顶部时,就自动流回蒸馏瓶内,如此重复进行。由于在提取过程中样品一直与溶剂接触,所以提取效率高,其溶剂用量较少,提取液中被提取物的浓度较大,有利于下一步分析测定。但该法较费时,一般提取时间都超过 6h。图 17-7 为索氏提取器示意图。

图 17-7 索氏提取器
1—蒸馏烧瓶;2—样品纸筒;
3—提取筒;4—虹吸管;
5—冷凝管

17.3.2 浓缩方法

环境样品中的待测组分经富集和分离或者提取后,其浓度往往低于分析方法的检测限,这时就需要浓缩。常用的浓缩方法有蒸馏法、氮吹仪浓缩法、K-D 浓缩器浓缩法、蒸发法等。其中,氮吹仪浓缩法和 K-D 浓缩器法是浓缩有机污染物的常用方法。

氮吹仪浓缩法是将氮气吹入加热样品的表面进行样品浓缩,具有省时、操作方便、容易控制等特点。氮吹仪浓缩法可与固相萃取(SPE)联合使用对有机待测组分进行分离、富集和浓缩,是气相色谱、液相色谱等分析方法中常用的预处理手段。

K-D 浓缩器法常用于生物样品中的农药、苯并(a)芘等有机污染物的浓缩。为防止待测物损失或分解,加热 K-D 浓缩器的水浴温度一般都控制在 50℃ 以下,一般不超过 80℃。

思考题

17-1 常用的无机共沉淀剂有哪些？常用的有机共沉淀剂有哪几种？举例说明螯合有机共沉淀剂的应用。

17-2 什么是液-液萃取法？液-液萃取法中选择萃取剂的原则是什么？举例说明螯合萃取体系和离子缔合萃取体系在环境样品分析中的应用。

17-3 举例说明如何用萃取法从水样中分离富集有机污染物质和无机污染物质？

17-4 简要说明用离子交换法分离和富集水样中阳离子和阴离子的原理。各举一例说明。

17-5 什么是固相萃取法？固相萃取的一般步骤是什么？

17-6 什么是固相微萃取法？固相微萃取法在环境样品分析中有哪些应用？

17-7 什么是柱色谱法？简要说明如何用氧化铝层析柱分离石油烃中的脂肪烃和多环芳烃。

17-8 什么是蒸馏法？举例说明蒸馏法在环境样品分析中的应用。

17-9 欲分别测定环境样品中的无机污染物和有机污染物质，各自选用哪些预处理方法（概括方法要点）？

17-10 用索氏提取器提取污染土壤中有机污染组分，与其他提取方法相比，有何优缺点？

参 考 文 献

[1] 常建华,董绮功. 波谱原理及解析[M]. 2版. 北京:科学出版社,2005.
[2] 陈玲,郏洪文. 现代环境分析技术[M]. 北京:科学出版社,2008.
[3] 陈培榕,邓勃. 现代仪器分析实验与技术[M]. 2版. 北京:清华大学出版社,2006.
[4] 但德忠. 环境分析化学[M]. 北京:高等教育出版社,2009.
[5] 邓芹英. 波谱分析教程[M]. 2版. 北京:科学出版社,2007.
[6] 方惠群,于俊生,史坚. 仪器分析[M]. 北京:科学出版社,2002.
[7] 傅若农. 色谱分析概论[M]. 2版. 北京:化学工业出版社,2005.
[8] 高俊杰,余萍,刘志江. 仪器分析[M]. 北京:国防工业出版社,2005.
[9] 国家环境保护总局《水和废水监测分析方法》编委会. 水和废水监测分析方法[M]. 4版. 北京:中国环境科学出版社,2002.
[10] 何燧源. 环境污染物分析监测[M]. 北京:化学工业出版社,2001.
[11] 华东理工大学分析化学教研组,四川大学工科化学基础课程教学基地. 分析化学[M]. 6版. 北京:高等教育出版社,2009.
[12] 黄君礼. 水分析化学[M]. 3版. 北京:中国建筑工业出版社,2008.
[13] 李春鸿,刘振海,译. 仪器分析导论(第2册)[M]. 2版. 北京:化学工业出版社,2005.
[14] 刘密新,罗国安,张新荣,等. 仪器分析[M]. 2版. 北京:清华大学出版社,2002.
[15] 钱沙华,韦进宝. 环境仪器分析[M]. 北京:中国环境科学出版社,2004.
[16] 孙宝盛,单金林. 环境分析监测理论与技术[M]. 北京:化学工业出版社,2004.
[17] 孙福生,朱英存,李毓. 环境分析化学[M]. 北京:化学工业出版社,2011.
[18] 田丹碧. 仪器分析[M]. 北京:化学工业出版社,2004.
[19] 屠一峰,严吉林,龙玉梅,等. 现代仪器分析[M]. 北京:科学出版社,2011.
[20] 王瑞芬. 现代色谱分析法的应用[M]. 北京:冶金工业出版社,2006.
[21] 王宇成. 最新色谱分析检测方法及应用技术实用手册[M]. 长春:吉林省出版发行集团,2004.
[22] 奚旦立,孙裕生. 环境监测[M]. 4版. 北京:高等教育出版社,2010.
[23] 向文胜,王相晶. 仪器分析[M]. 哈尔滨:哈尔滨工业大学出版社,2006.
[24] 闫吉昌,徐书绅,张兰英. 环境分析[M]. 北京:化学工业出版社,2002.
[25] 张华. 现代有机波谱分析学习指导与综合练习[M]. 北京:化学工业出版社,2007.
[26] 郑重. 现代环境测试技术[M]. 北京:化学工业出版社,2009.
[27] 朱明华,胡坪. 仪器分析[M]. 4版. 北京:高等教育出版社,2008.
[28] 朱为宏,杨雪艳,李晶. 有机波谱及性能分析法[M]. 北京:化学工业出版社,2007.
[29] 刘劲松,傅军,金旭忠. 吹扫捕集与气相色谱-质谱联用测定饮用水和地表水中挥发性有机污染物[J]. 中国环境监测,2000,16(4):18-22.
[30] 史双昕,周丽,邵丁丁,等. 北京地区土壤中有机氯农药类POPs残留状况研究[J]. 环境科学研究,2007,20(1):24-29.
[31] 吴蔓莉,史新斌,杨柳青. 城市工业区大气颗粒物中多环芳烃的含量及来源分析[J]. 西安建筑科技大学学报:自然科学版,2007(4):259-262.